W0257882

Computer im Praktikum

Springer
Berlin
Heidelberg
New York
Barcelona
Hongkong
London
Mailand
Paris
Singapur
Tokio

Uli Diemer
Björn Baser
Hans-Jörg Jodl

Computer im Praktikum

Moderne physikalische Versuche

Mit 121 Abbildungen

 Springer

Prof. Dr. H.-J. Jodl
Dr. U. Diemer
Fachbereich Physik
Universität Kaiserslautern
Erwin-Schrödinger-Straße
D-67663 Kaiserslautern
*e-mail: jodl@physik.uni-kl.de
       diemer@physik.uni-kl.de*

B. Baser
Institut für Mikrotechnik Mainz GmbH
Abteilung Mikroabformung
Carl-Zeiss-Straße 18-20
D-55129 Mainz
e-mail: baser@imm-mainz.de

Die Deutsche Bibliothek - CIP-Einheitsaufnahme
Computer im Praktikum. Moderne physikalische Versuche/ Diemer, U., Jodl, H.-J., Baser, B.
Berlin; Heidelberg; New York; Barcelona; Budapest; Hongkong; London; Mailand; Paris;
Singapur; Tokio: Springer, 1999
     ISBN-13:978-3-642-64135-0   e-ISBN-13:978-3-642-59813-5
     DOI: 10.1007/978-3-642-59813-5

ISBN-13:978-3-642-64135-0

Dieses Werk ist urheberrechtlich geschützt. Die dadurch begründeten Rechte, insbesondere die der Übersetzung, des Nachdrucks, des Vortrags, der Entnahme von Abbildungen
und Tabellen, der Funksendung, der Mikroverfilmung oder der Vervielfältigung auf anderen Wegen und der Speicherung in Datenverarbeitungsanlagen bleiben, auch bei nur aus-
zugsweiser Verwertung, vorbehalten. Eine Vervielfältigung dieses Werkes oder von Teilen
dieses Werkes ist auch im Einzelfall nur in den Grenzen der gesetzlichen Bestimmungen
des Urheberrechtsgesetzes der Bundesrepublik Deutschland vom 9. September 1965 in der
jeweils geltenden Fassung zulässig. Sie ist grundsätzlich vergütungspflichtig. Zuwiderhand-
lungen unterliegen den Strafbestimmungen des Urheberrechtsgesetzes.

© Springer-Verlag Berlin Heidelberg 1999
Softcover reprint of the hardcover 1st edition 1999

Die Wiedergabe von Gebrauchsnamen, Handelsnamen, Warenbezeichnungen usw. in diesem Werk berechtigt auch ohne besondere Kennzeichnung nicht zu der Annahme, daß solche
Namen im Sinne der Warenzeichen- und Markenschutz-Gesetzgebung als frei zu betrachten wären
und daher von jedermann benutzt werden dürften.

Umschlaggestaltung: Künkel + Lopka, Heidelberg
Satz: Reproduktionsfertige Autorenvorlage mit Springer T_EX-Makro
Gedruckt auf säurefreiem Papier SPIN: 10477128   56/3142 - 5 4 3 2 1 0

Vorwort

Es wundert sich heute niemand mehr darüber, daß der Computer die physikalische Meßtechnik revolutioniert hat. Die Bearbeitung von Daten, sei es z.B. bei der Erfassung bei Experimenten zur Elementarteilchenphysik in großen Teilchenbeschleunigern oder ihre grafische Aufbereitung z.B. in der Astronomie, ist ohne ihn nicht mehr denkbar. Eine weitere große Rolle spielt der Computer bei der Simulation von Vorgängen. Sei es in der Wettervorhersage, wo heute zur Erfahrung des Meteorologen[1] zunehmend die Fähigkeiten des Kollegen Computer bei der Erstellung der Vorhersage gefragt sind, oder auch bei der Planung neuer Techniken, sei es in der Forschung oder Industrie, wo die Computersimulation das Verfahren „trial and error" inzwischen auf wenige real gebaute Prototypen beschränkt (Simultaneous Engineering), womit erhebliche Entwicklungszeit und -kosten gespart werden können, wenngleich es auch hier noch Risiken gibt (siehe aktuelle Probleme bei der Entwicklung neuer PKW-Modelle).

Ganz im Gegensatz dazu steht noch häufig die Ausbildung eines Physikers. Natürlich haben viele Schüler heute einen Computer zu Hause, verfügen über erste Programmierkenntnisse und sind auch sonst im Umgang mit dem Gerät vertraut. In den seltensten Fällen beschäftigen sie sich aber mit Themen, die in der Physik wichtig sind, seien es Datenerfassung und Experimentsteuerung in der Experimentalphysik oder numerische Methoden in der theoretischen Physik. Auch im Verlauf des Studiums in seiner klassischen Form kommen Studierende kaum mit den Themen „Moderne Meßtechnik mit Hilfe des Computers", „Simulationsmethoden", „Computational Physics" oder „Numerik" in Kontakt. Viele erwerben die hier notwendigen Kenntnisse erst während der Zeit ihrer Diplomarbeit.

Diesen Zustand, zumindest für Experimentalphysiker, zu ändern, war Aufgabe eines von der Bundesrepublik Deutschland und dem Land Rheinland-Pfalz finanzierten Modellversuchs, der von 1991-1995 am Fachbereich Physik der Universität Kaiserslautern durchgeführt wurde. Aufbauend auf einer Analyse bereits bestehender Ansätze und offensichtlicher Defizite wurden konkrete Beispiele zur Verbesserung der Ausbildungssituation vor allem im

---

[1] In diesem Buch werden durchweg männliche Bezeichnungen wie Meteorologe, Kollege, Physiker, Student u.s.w. gebraucht. Die Leserinnen mögen dies den Autoren nicht verargen und wohlwollend annehmen, daß hier immer beide Geschlechter gemeint sind.

Bereich der Praktika erarbeitet. Das vorliegende Buch faßt die wesentlichen Ergebnisse dieses Modellversuchs beispielhaft zusammen und wendet sich an Praktikumsleiter, Assistenten, Dozenten und Lehrer. Das Buch gliedert sich, entsprechend den Themenschwerpunkten des Modellversuchs, in drei Teile.

Der *erste Teil* befaßt sich damit, wie ein modernes Praktikum aufgebaut sein sollte. Dabei wird auch berücksichtigt, wie die moderne Meßtechnik die Lernziele eines klassischen Praktikums verändert, ohne dabei aus dem Auge zu verlieren, was auch weiterhin in klassischer Manier gelernt werden sollte.

Der *zweite*, und weitaus umfangreichste Teil, stellt eine Sammlung von Beispielen dar, wie man moderne Meßtechnik in ein Praktikum einbringen kann, ohne dabei die Kunst des Messens zu vernachlässigen. Das bedeutet, daß in einem Anfängerpraktikum nicht mehr als 25-30% der Experimente mit einem Computer ausgestattet sein sollten. Obwohl das Projekt zunächst ausschließlich für den Hochschulbereich konzipiert war, zeigte sich sehr bald, daß fast alle erarbeiteten Beispiele in leicht abgewandelter Form auch im Schulunterricht eingesetzt werden können.

Im *dritten Teil* wird ein Praktikum beschrieben, in dessen Verlauf der Physikstudent die Handhabung des Werkzeugs Computer erlernen soll. Neben den für alle Physiker wichtigen Grundlagen der Numerik und Computeranwendung lernen hier Theoretiker und Experimentalphysiker die jeweils für sie wichtigen Methoden kennen.

Die Beschreibung der Experimente im zweiten Teil des Buches reicht von ganz konkreten Versuchsanleitungen, unter der Berücksichtigung der Möglichkeiten und Grenzen der speziell für diese Versuche entwickelten Programme, bis zu allgemeinen Beschreibungen der Einsatzmöglichkeiten von Programmen, die zusammen mit der entsprechenden Hardware ein universelles Meßinstrument darstellen. Es wird auch darauf hingewiesen, wo Simulationen parallel zu Experimenten sinnvoll eingesetzt werden können. Die Beschreibungen sind so angelegt, daß einerseits ganz konkrete Teile direkt übernommen werden können, andererseits aber weitere Anregungen für eigene Varianten und Weiterentwicklungen aufgezeigt werden. Dabei kommen die Anregungen aus der Praxis und sind für Praktiker entwickelt. Wo dies möglich ist, enthalten die Beschreibungen darum Hinweise, wie wahlweise, je nach den lokalen Gegebenheiten, kommerzielle Produkte oder aber billige Eigenbauversionen (für die die nötigen Tips und Tricks angegeben sind) eingesetzt werden können.

Die von uns entwickelten Programme zu den einzelnen Experimenten werden jeweils besprochen. Dabei wird Wert darauf gelegt, zu verdeutlichen, wie groß der jeweilige Funktionsumfang für den entsprechenden Einsatz sein sollte. Dies soll ermöglichen, unter Berücksichtigung der Erkenntnisse des o.g. Modellversuchs, selbst eigene, den lokalen Gegebenheiten besser angepaßte, Applikationen zu entwickeln. Immer wieder wird auf die, durch manche Fehlentwicklung bestätigte Erkenntnis verwiesen, daß nicht alles, was machbar ist, auch sinnvoll ist.

Die Struktur des zweiten Teils des Buchs, betrachtet man die Themen der einzelnen Versuche, mag zunächst sehr heterogen erscheinen. Dies kommt daher, daß, genau wie in einem Praktikum auch, Themen aus allen Teilbereichen der Physik angesprochen werden. Trotzdem wurde versucht, eine gewisse Gliederung nach diesen Teilbereichen zu schaffen. Darüber hinaus findet sich eine übergreifende Struktur darin, daß sowohl der Schwierigkeitsgrad der Themen, als auch die Komplexität der Experimente zum Ende hin immer weiter steigen. Dies zeigt sich darin, daß zum Schluß Experimente aus dem Fortgeschrittenen-Praktikum ebenso beschrieben werden, wie solche, bei denen eine begleitende Simulation eingesetzt werden kann. Am Ende des zweiten Teils werden zwei Programme vorgestellt, die ganz im Zeichen des multimedialen Zeitalters stehen und deren Einsatz weniger ein spezielles Experiment, als vielmehr die Einsatzmöglichkeiten von Multimedia in der Ausbildung zeigen sollen.

Im letzten Kapitel des zweiten Teils werden allgemeine Aspekte des Computereinsatzes im Praktikum besprochen. Es werden die Vor- und Nachteile von Eigenentwicklungen (sog. „lokaler Lösungen") im Vergleich zu kommerziellen Lösungen diskutiert, wobei zwischen der Datenerfassung und deren Auswertung unterschieden wird. Weiterhin wird angesprochen, wo Simulation im Praktikum eingesetzt werden kann, und wo besser darauf verzichtet werden sollte.

Während im zweiten Teil des Buches vor allem die Benutzung bestehender Programme geschildert wird, stellt das im dritten Teil beschriebene Praktikum *Numerik und Interfacing* einen Ansatz dar, die physikspezifischen Programmier- und Hardwarekenntnisse der Studenten zu vertiefen. Dabei wird sowohl auf numerische Grundlagen, als auch auf die Meßdatenerfassung, -verarbeitung und -dokumentation Wert gelegt. Dieses Praktikum ist so konzipiert, daß es als Alternative für die ohnehin meist vorgeschriebenen Numerikkurse dienen kann. Dadurch tritt keine Studienzeitverlängerung ein, im Gegenteil: dadurch, daß Kenntnisse nicht wie bisher oft üblich, erst zu Beginn der Diplomarbeit erworben werden, sondern bereits während der normalen Studienzeit, wirkt es sogar studienzeitverkürzend. Darum wurde es auch fest in den Studienplan unseres Fachbereichs aufgenommen.

Dieses Buch will und kann kein Praktikumsbuch wie z.B. Kohlrausch [4.6] oder Walcher [1.13] ersetzen. Es zeigt die Möglichkeiten des Computereinsatzes in der Physikausbildung auf und verschweigt auch nicht die dabei auftretenden Probleme. Es ist gedacht für alle Personen, die sich mit dem Computereinsatz in der Physikausbildung beschäftigen. Dies reicht vom Praktikumsleiter, der nach sinnvollen Einsatzmöglichkeiten moderner Meßtechnik sucht, über den engagierten Physiklehrer, der seinen Unterricht moderner gestalten will und konkrete Hinweise auf solche Experimente sucht, bis zur wissenschaftlichen Hilfskraft, die neue Experimente konkret aufbaut und austestet. Sie alle finden hier nicht nur konkrete Beschreibungen von Experimenten, sondern immer wieder auch Hinweise darauf, was beachtet werden sollte, um den Erfolg nicht zu gefährden. Darüber hinaus finden sich zahlreiche Tips, wie manches Problem besonders elegant oder auch kostengünstig gelöst werden kann.

Die Leser sollten sich nicht daran stören, daß manchmal längst veraltete Rechnertypen genannt werden, oder alle Programme nur für das Betriebssystem DOS entwickelt wurden (sie laufen auch unter Windows; bis mindestens Windows95). Sowohl moderne Hardware als auch Software veralten sehr schnell. Die Ideen, die hinter den beschriebenen Experimenten stehen, bleiben unabhängig davon gültig.

Kaiserslautern,
August 1998

U. Diemer
B. Baser
H.J. Jodl

Danksagung

Die Autoren möchten all denen danken, die im Hintergrund dazu beigetragen haben, dieses Buch zu vollenden.

Das Bundesministerium für Bildung und Wissenschaft in Bonn, das Ministerium für Bildung, Wissenschaft und Weiterbildung in Mainz, sowie der Fachbereich Physik der Universität Kaiserslautern haben durch ihre finanzielle Unterstützung erst ermöglicht, daß der Modellversuch durchgeführt werden und dieses Buch entstehen konnte.

Besonderer Dank gilt den Autoren der einzelnen Programme. Dies waren: B. Ruffing (*STREC*); B. Baser, J. Becker (*SWING*); B. Baser (*RAP*); A. Kuhn (*XLINES*, *VIVIAN* und *CARMEN*); A. Schuch (*FLAP*); C. Kothe, M. Wahl (*EFELD*); M. Pütz (*WAERME*); B. Ruffing, C. Laue, R. Getto (*MOTOR*); J. Hussong (*ROMA*) und T. Kettenring, A. Schuch, J. Grohs (*CHAOSGEN*).

Zahlreiche Staatsexamensarbeiten beschäftigten sich inhaltlich mit Teilaspekten des Computereinsatzes im Praktikum: K. Schmalenberger [2.6] (Lernzielkatalog); K. Burkhardt [16.1] (Computerpraktikum: Numerik und Interfacing); B. Schwitzgebel [1.11] (Kriterienkatalog für Computereinsatz im Praktikum und Praktikumsanleitungen); D. Clüsserath [4.3] (Einsatzmöglichkeiten von Dehnungsmeßstreifen) und C. Franz [14.3] (Einsatzmöglichkeiten von *CARMEN*).

Dank gilt auch jenen Mitarbeitern, die direkt bei der Erstellung des Manuskripts behilflich waren. Dazu zählen A. Gingrich, der den Text des 3. Teils dieses Buches entworfen hat ebenso wie A. Schuch, der zahlreiche Kapitel korrekturgelesen hat und die technische Zeichnerin des Fachbereichs, Frau Wollscheid, aus deren Hand viele Bilder stammen. Ebenso B. Eckart für seine Bereitschaft, das Buch Korrektur zu lesen.

Dem Springer-Verlag und seinen Mitarbeitern ist für die Unterstützung bei der Erstellung des Manuskripts und die Bereitschaft zur Veröffentlichung zu danken.

Zum Schluß sei den Mitgliedern des wissenschaftlichen Beirats (R. Linke, Kiel; K. Luchner München; G. Ruickoldt, Rostock und H.M. Staudenmaier, Karlsruhe), der den Modellversuch begleitet hat zu danken. Ihre konstruktive Kritik hat den Blick für Probleme geschärft und der Arbeit des Modellversuchs stets neue Impulse gegeben.

Inhalt

Teil II. Computerunterstützte Experimente im Praktikum

Teil III. Das Computerpraktikum
Numerik und Interfacing

Anhang

Teil I

Das moderne Praktikum

Das vorliegende Buch stellt eine Sammlung ausgewählter computerunterstützter Experimente dar. Wer sich nur für diese Experimente interessiert und sie weitgehend unverändert übernehmen will, kann diesen ersten Teil überblättern. Wer aber wissen will, welche Überlegungen hinter den Konzepten der Experimente stehen, wird diese im Teil I finden. Er hat damit die Möglichkeit, eigene Konzepte zu überprüfen und bereits im Vorfeld des Praktikumseinsatzes eine Vielzahl von Fehlern zu vermeiden.

Teil I gibt eine allgemeine Übersicht über die relevanten Themen beim Rechnereinsatz im Praktikum. Als erstes wird dargestellt, wie heute ein typisches Praktikum aussieht und welche Lernziele vermittelt werden. Dazu gehört auch eine kritische Betrachtung der derzeit üblichen Praktikumsbücher. Vergleicht man diesen Stand der Dinge mit den Berufsanforderungen an einen heutigen Physiker, kommt man zu der Erkenntnis, daß eine Erneuerung der Praktika unumgänglich ist.

Es folgen Überlegungen zu den Lernzielen eines modernen Praktikums. Dabei stellt sich zwangsläufig die Frage, welchen Stellenwert der Computer in der modernen Physik hat. Der Einsatz dieses Werkzeuges verändert sowohl die Lernziele als auch die Lehrinhalte eines Praktikumsversuches entscheidend.

Sehr wichtig erscheint auch eine didaktische Analyse der Praktikumsversuche, bei denen Computer eingesetzt werden. Hier können sehr viele Fehler gemacht werden, die das Erreichen der gewünschten Lernziele verhindern, oder den Versuch bei den Studenten auf Ablehnung stoßen lassen. Dabei beschränkt sich die Analyse nicht nur auf das Experiment, sondern geht auch auf das Konzept des verwendeten Programms und der Praktikumsanleitung ein.

Diese Überlegungen führen schließlich zu einem Gesamtbild, wie ein modernes Praktikum aussehen sollte, damit der Student mit den Meßmethoden vertraut gemacht wird, die er auch später bei seiner alltäglichen Arbeit brauchen wird.

1. Grundzüge eines modernen Praktikums

Im Verlauf dieses Kapitels wird dargestellt, wie derzeit ein typisches physikalisches Praktikum aussieht. Dabei wird selbstverständlich berücksichtigt, daß bereits jetzt dort Computer eingesetzt werden. Trotzdem kommt in heutigen Praktika, von wenigen Ausnahmen abgesehen, kaum moderne physikalische Meßtechnik zum Einsatz. Es wird darum aufgezeigt, wie diese verändert werden können, um den aktuellen Anforderungen besser zu entsprechen.

1.1 Derzeitiger Stand der Anfängerpraktika

Ein heute übliches Anfängerpraktikum umfaßt etwa 30 – 40 Versuche. Die Mehrzahl von ihnen findet sich seit mehr als 50 Jahren in fast unveränderter Form in den meisten Praktika wieder. Der Studienplan diktiert dabei die Randbedingung, daß diese Experimente in wenigen Stunden durchführbar sein müssen, wobei wenig Raum für Eigeninitiative der Studenten bleibt. Darüber hinaus muß der Tatsache Rechnung getragen werden, daß viele Praktika Massenbetriebe darstellen, die von bis zu 1000 Studenten pro Semester durchlaufen werden, wobei ein Großteil der Studenten Physik nicht als Hauptfach belegt haben.

Die Studenten führen die Experimente zwar selbständig durch, der Aufbau ist aber weitgehend vorbereitet, die Abfolge der Messungen in den Anleitungen festgelegt. Es besteht kein Raum für Eigeninitiative oder Kreativität. Die Betreuer des Praktikums sind je nach Finanzlage für unterschiedlich viele verschiedene Gruppen und Experimente zuständig. Dementsprechend unterschiedlich fällt auch die Betreuung der einzelnen Gruppen aus, die darüberhinaus auch wesentlich vom Engagement und der didaktischen Kompetenz des einzelnen Betreuers abhängt.

Die Möglichkeit für die einzelnen Gruppen eigene Ideen zu verwirklichen besteht in diesem Umfeld praktisch nicht.

Einer Modernisierung der Praktika steht allerdings die Tatsache im Weg, daß sie sich in ihrer derzeitigen Form meist schon seit Jahren bewährt haben. Dagegen beinhalten Neuentwicklungen immer die Gefahr, daß sie sich als Fehlentwicklung herausstellen, weshalb sie nur sehr zögerlich angegangen werden. Verschärft wird dies noch dadurch, daß die Umrüstung oder

Neukonzeption eines Experiments immer mit Kosten verbunden ist. Außerdem, so paradox es klingen mag, veraltet moderne Meßtechnik schneller als herkömmliche (ein Computersystem das als Basis eines Meßwerterfassungssystems dient ist innerhalb weniger Jahre überholt und wird von Studenten nur noch belächelt, während ein einfaches Voltmeter fast während seiner gesamten Lebensdauer genutzt werden kann).

1.1.1 Ziele eines Praktikums

Global gesehen sollen Studenten im Rahmen eines Praktikums das Experimentieren erlernen. Dazu zählt sowohl das Kennenlernen der *Meßtechnik* (Handwerkszeug), als auch das der *Technik des Messens* (Handhabung desselben). Idealerweise wäre ein Student nach erfolgreichem Durchlaufen aller Praktika dazu in der Lage, weitgehend selbständig in einem Labor zu experimentieren. Daß dieses hohe Ziel heute weniger denn je erreicht wird, liegt selten am mangelnden Engagement der Studenten, sondern vor allem am wenig zeitgemäßen Aufbau und der Struktur, vor allem der Anfängerpraktika.

Ein nicht zu unterschätzendes weiteres Ziel der Praktika besteht zweifellos darin, die zu Beginn des Studiums abstrakt und theoretisch in Vorlesungen behandelten Phänomene im wahrsten Sinn des Wortes zu begreifen. Weiterhin sollte der Forschergeist der Studenten geweckt und gefördert werden. Aber auch diese Ziele geraten bei Praktika herkömmlicher Prägung zunehmend unter Druck.

1.1.2 PC-Einsatz im Praktikum

Seit etwa 10 Jahren werden in den meisten Praktika Computer eingesetzt [1.3]. Allerdings sind sowohl Art als auch der Umfang des Einsatzes sehr unterschiedlich. Viele Experimente wurden dadurch „modernisiert", daß der Computer lediglich ein Meßgerät ersetzt. Dadurch leidet die Durchschaubarkeit des Meßvorgangs für die Studenten.

1.1.3 Praktikumsbücher

Es gibt zahlreiche Praktikumsbücher, die sowohl für den Ausbildenden beim Aufbau neuer Experimente als auch für den Studenten bei der späteren Durchführung nützliche Tips enthalten. Die folgende Liste stellt nur einen kurzen Überblick dar, wobei in runden Klammern jeweils das Jahr der Erstausgabe angegeben ist.

- Walcher: [1.13] (1967)
- Pohl: [1.8] (1967)
- Kohlrausch: Praktikum der Physik [1.7] (1870)
- Westphal: [1.14] (1937)
- Ilberg, Geschke: Physikalisches Praktikum [1.5] (1966)
- Becker, Jodl: Physikalisches Praktikum [1.1] (1991)

Die ersten vier Werke der Liste stellen Klassiker dar, die bereits vielfache Überarbeitungen und Neuauflagen erlebt haben. Die beiden letzten Bände sind noch relativ neu (die letzte, 10. Auflage von [1.5] stammt von 1994). Alle Bücher beinhalten die Beschreibungen von grundlegenden Experimenten, wie es sie seit mehr als 50 Jahren gibt. Die beschriebene Meßtechnik ist durchweg zeitlos, meßtechnische Modeerscheinungen werden gemieden. Selbst die neuesten beschriebenen Verfahren sind zum Zeitpunkt des Erscheinens einer Neuauflage bereits seit vielen Jahren fest in den Labors etabliert und gehören somit zum Alltag des Physikers. Darum verwundert es auch nicht, daß ein so modernes und (aber erst seit kurzem) wichtiges Hilfsmittel wie der Computer gar nicht oder bestenfalls in einer Randnotiz erwähnt wird.

1.2 Warum eine Erneuerung nötig ist

Das bisher Gesagte läßt bereits die Notwendigkeit einer Erneuerung der bestehenden Praktika erkennen. Es gibt aber noch weitere Gründe dafür:

- **Die drastische Veränderung der Arbeitswelt des Physikers.** Die Arbeitswelt eines Physikers hat sich in den letzten Jahrzehnten dramatisch verändert. War er früher Forscher, der allein, oder bestenfalls in einer kleinen Gruppe überschaubare, von Hand zu bedienende Experimente durchführte, deren Ergebnisse ebenfalls von Hand protokolliert und ausgewertet wurden, so ist er heute Mitglied eines großen Teams, möglicherweise verteilt auf Forschungsstätten in verschiedenen Kontinenten, der Teilbereiche eines großen Experiments bearbeitet, das er in seiner Gesamtheit nicht mehr überblicken kann. Um die anfallenden Datenmengen zu bearbeiten, auszuwerten und die Kommunikation und Koordination mit den anderen Teammitgliedern zu bewerkstelligen, ist modernste Computertechnik notwendig. Die Experimente, die in heutigen Praktika stehen, haben in den seltensten Fällen etwas mit dieser Wirklichkeit zu tun. Sie sind aufgrund ihrer Struktur nicht dazu in der Lage, den Studenten auf ihre zukünftige Arbeitswelt vorzubereiten. Darum wäre es denkbar, als einen Teil eines Praktikums (für Ingenieure schon lange als Industriepraktikum selbstverständlich) einen Aufenthalt in einem Forschungslabor vorzuschreiben. Erste Ansätze dazu gibt es bereits, so müssen in Kaiserslautern Studenten der technischen Physik an einem Laborpraktikum teilnehmen.
Ein weiterer wichtiger Punkt stellt in diesem Zusammenhang die Nutzung von Netzwerksdiensten dar. Im *World Wide Web* kann man eigene Ergebnisse darstellen und weltweit zugänglich machen, genauso, wie man dort innerhalb kürzester Zeit fast jede gesuchte Information finden kann. Literaturrecherchen finden nicht mehr in der Bibliothek sondern am Computer statt und kommuniziert wird via e-Mail. Hat man Fragen zu einem speziellen Sachverhalt, kann man sie in sog. *Newsgroups* im Internet stellen und bekommt fast immer innerhalb kurzer Zeit Antworten.

Manchmal bilden sich so Diskussionsgruppen mit Teilnehmern, die über die ganze Welt verteilt sind.

Allerdings besteht hier kein Handlungsbedarf von Seiten der Ausbildung. Haben Studenten erst einmal einen Internetzugang, erlernen sie die Nutzung der Dienste ganz selbständig und schnell durch Kommunikation mit ihren Kommilitonen.

- **Veraltete Versuchsaufbauten und Meßtechnik.** In einem Anfängerpraktikum werden im allgemeinen sogenannte klassische Versuche durchgeführt (sowohl im Sinne des physikalischen Inhalts, als auch der verwendeten Meßtechnik). Das heißt, es handelt sich um Experimente, die vor vielen Jahrzehnten aktuell waren. Dies verleitet dazu, sie auch weiterhin so durchzuführen, wie dies seit jeher geschah. Dabei wird übersehen, daß durch den Einsatz von moderner Meßtechnik und Datenverarbeitung Bereiche zugänglich gemacht werden, die den klassischen Methoden verschlossen bleiben (vgl. z.B. Kap. 12 mit dem Themenkreis Chaos oder Kap. 15, wo u.a. auf den Einsatz von Simulationsprogrammen im Praktikum eingegangen wird).

- **Didaktisch wenig sinnvoller Computereinsatz.** Oft wird versucht, Experimente dadurch zu modernisieren, daß man sie mit einem Computer ausstattet. Dadurch verändert sich aber die gesamte Struktur des Versuchs. Viele Vorgänge werden beschleunigt, aber gleichzeitig auch schwerer durchschaubar. Berücksichtigt man diese Veränderungen nicht dadurch, daß man sowohl die Versuchsanleitung als auch die Aufgabenstellung entsprechend anpaßt, werden solche Modernisierungen zum Flop. Entweder sie stoßen auf Ablehnung bei den Studenten (zu langweilig, was soll der Computer hier eigentlich, ...), oder man wird feststellen, daß wesentliche Lernziele nicht mehr erreicht werden. (Siehe dazu auch [1.10, 1.11].)

- **Keine aktuellen Experimente, keine moderne Sensorik.** In den meisten Praktika wird man kaum aktuelle Experimente oder Sensorik finden. Nur vereinzelt werden z.B. Dehnungsmeßstreifen zur Messung von Kräften eingesetzt (vgl. Kap. 4). In welchem Praktikum findet sich z.B. ein Experiment zur Hochtemperatur-Supraleitung, oder ein Rastertunnelmikroskop? Die Studenten fragen danach, ja entwickeln sogar Eigeninitiative, solche Experimente durchzuführen, sofern man ihnen dazu den Freiraum läßt. So haben in Kaiserslautern Studenten im Fortgeschrittenen-Praktikum selbst Hochtemperatur-Supraleiter besorgt, um deren Eigenschaften im Rahmen eines bestehenden Tieftemperaturexperiments zu untersuchen. Eine andere Gruppe hat in Eigeninitiative ein Rastertunnelmikroskop samt Software zum Einsatz im Anfängerpraktikum entwickelt.

In jedem Anfängerpraktikum finden sich Experimente zur Optik; Brennweitenbestimmung und Nachweis von Linsenfehlern, aber fast ausschließlich mit Hilfe der klassischen Methoden. Diese Methoden wird man heute in keinem Labor mehr finden. Die heute übliche MTF-Methode (Modulation Transfer Function) zur Bestimmung der Güte einer Optik findet sich hingegen in kaum einem Praktikum. Dies soll nicht heißen, daß die klassischen Methoden ihre Daseinsberechtigung im Praktikum verloren haben, wohl aber, daß eine Verzahnung klassischer und moderner Methoden wünschenswert ist.

- **Kein Spielraum für Eigeninitiative.** Ein typisches Praktikumsexperiment hat zur Aufgabe, eine bestimmte Größe zu messen. Dabei sitzen die Studenten, vor allem in den Anfängerpraktika, meist vor fest vorgegebenen Versuchsaufbauten, ohne jede Möglichkeit, die Meßmethode selbst auszuwählen. Wie sollen sie aber lernen, Vor- und Nachteile verschiedener Methoden und Aufbauten gegeneinander abzuwägen (vgl. [1.4])? Nur selten bieten optionale Aufgabenstellungen dem Studenten die Möglichkeit zu wählen und Eigeninitiative zu entwickeln. Die im Teil II vorgestellten Experimente enthalten zum großen Teil Anregungen zu solchen optionalen Aufgabenstellungen.

  Ein Versuch mit einem solchen freien Praktikum hat es in der 70er Jahren an der TU Berlin unter der Leitung von Prof. Heydt gegeben. Es nannte sich Projektpraktikum und bestand darin, daß den Studenten eine Aufgabe gestellt wurde, zu deren Lösung sie sich selbst eine Strategie überlegen mußten. Leider konnte sich diese Form des Praktikums nicht weiter durchsetzen.

Gerade den beiden letzten Punkten wird bei einer Umfrage von G. Ruickoldt [1.9] ebenfalls große Bedeutung zugemessen. Er befragte bundesweit Mitglieder der Deutschen Physikalischen Gesellschaft (Studenten, Lehrende und Physiker in der Industrie) nach ihrer Meinung über die gängigen Praktika. Ein Großteil sah in ihnen den zu geringen Einsatz moderner Meßtechnik und zu wenig Spielraum für Eigeninitiative. Zwei Zitate belegen den Tenor der Antworten, z.B.: „Die meisten Versuche leiden an Überalterung oder unvollkommener Ausstattung. In 70% der Fälle muß der Betreuer den Praktikanten erklären, warum gerade was nicht geht – das macht beiden Seiten keinen Spaß!" oder „Praktikumsaufgaben so stellen, daß eigenständig eine Lösung erarbeitet werden muß (bisher: messen, in Formel einsetzen, fertig, nix gelernt)".

1.2.1 Probleme bei der Erneuerung

Die oben genannten Kritikpunkte an den heutigen Praktika lassen eine Erneuerung als dringend notwendig erscheinen. Sicherlich kann diese nicht von heute auf morgen stattfinden. Gegen eine möglichst schnelle Umsetzung der Vorschläge spricht eine Reihe von Gründen:

- **Geld und immer wieder Geld.** In Zeiten leerer Kassen stößt jeder, der etwas neues aufbauen will, schnell an Grenzen. Trotzdem sollte Geldmangel im Praktikum kein Thema sein (die Autoren kennen die Tatsache

lächerlich magerer Praktikumsetats – bezogen auf die Summen von Dritt-
mittelgeldern für Forschungszwecke – aus eigener Erfahrung). Dabei muß
natürlich über den Tellerrand des Praktikums hinausgeschaut werden:
Ein Student, der zu Beginn seiner Diplomarbeit alle wesentlichen Kenntnisse dazu mitbringt, wird wesentlich effizienter arbeiten können als ein
solcher, der erst dann seine Wissenslücken entdeckt und sie auffüllen muß;
von der Qualität der Arbeit bei einem fest vorgegebenem Zeitrahmen gar
nicht zu reden.

- **Rahmenbedingungen Studienzeit und -plan.** Die bestehenden Studienpläne und die Forderung nach Verkürzung der Studienzeit lassen wenig Spielraum für eine Neugestaltung der Praktika. Werden Studienpläne
  überarbeitet, muß darauf geachtet werden, daß den Praktika der richtige
  Stellenwert zugemessen wird. Gleichzeitig müssen sie genügend Freiraum
  erhalten, um auf sich ändernde Anforderungen flexibel zu reagieren.

- **Lernziele heute.** Die heute gültigen Lernziele eines Praktikums sind
  fast ebenso alt wie die klassischen Praktikumsbücher. Erst 1994 wurde
  im Rahmen einer Staatsexamensarbeit [1.10] untersucht, welche Lernziele ein modernes Praktikum haben sollte und wie sich die klassischen
  Lernziele durch den Einsatz moderner Meßtechnik verändern.

- **Die Betreuer.** Den Betreuern des Praktikums kommt eine zunehmend
  größere Bedeutung zu. Bisher kannten sie die meisten Experimente aus
  eigener Erfahrung. Neue Versuche verunsichern sie. Darum ist es sinnvoll, sie an diesen Neuerungen selbst zu schulen. Je freier und flexibler
  ein Praktikum gestaltet wird, um so wichtiger ist das Engagement und
  die fachliche und pädagogische Kompetenz der Betreuer. Sind sie unmo-
  tiviert, leidet die Qualität eines freien Praktikums wesentlich mehr als
  die eines klassischen. Darauf muß bei der Auswahl der Betreuer unbedingt geachtet werden, denn der beste Ansatz ist zum Scheitern verurteilt, wenn der Betreuer, was es durchaus gibt, ihm ablehnend gegenüber
  steht. Diese Erfahrung mußten die Autoren im Verlauf des Modellversuchs machen, als ein Ansatz, der beim ASK-Softwarewettbewerb[1]den
  ersten Preis errang (*LAmDA*, [1.2]), wieder aus dem Praktikumsbetrieb
  genommen werden mußte, nur weil von Betreuerseite keine Bereitschaft
  vorhanden war, sich mit den Anlaufschwierigkeiten zu beschäftigen, die
  es im Praktikumsbetrieb immer gibt.

- **Die Trägheit des Systems.** Als letzter Punkt, der Änderungen erschwert, ist die Trägheit des Systems zu nennen. Vielerorts wird die drin-
  gende Notwendigkeit zur Erneuerung nicht gesehen; oder auch aus verschiedenen Gründen z.B. Geld-, Personal- oder Ideenmangel verdrängt,
  zumal Neuerungen immer die Gefahr von Fehlentwicklungen beinhalten.
  Hier führt das Handeln nach der Devise „never change a running system"
  schnell in eine Sackgasse, wenn nicht beachtet wird, daß die Aufgabe eines Praktikums nicht in erster Linie die Durchführung von Experimenten

---

[1] Akademische Software Kooperation; Universität Karlsruhe

ist, sondern die den Anforderungen des Berufslebens entsprechende Ausbildung der Praktikanten.

1.3 Das moderne Praktikum

In ein modernes Praktikum gehört moderne Meßtechnik und damit auch der
Computer. Viele Studienanfänger kennen den Computereinsatz schon aus der
Schule, wobei man allerdings sehen muß, daß die wenigsten Erfahrung mit
dem Computer als Meß- und Steuergerät haben. Auch die zur Simulation
notwendige Numerik dürfte weitgehend unbekannt sein. Dies muß vor allem
bei den Anfängerpraktika berücksichtigt werden.

Der Einsatz eines Computers als intelligentes Meßgerät allein macht aber
noch lange kein modernes Praktikum aus. Die in diesem Buch gezeigten Beispiele machen deutlich, daß selbst klassische Versuche wie die am elektrolytischen Trog (vgl. Kap. 8) durch den Einsatz moderner Sensorik und des
Computers eine völlig neue Dimension erhalten können.

Neben der Modernisierung der apparativen Ausstattung ist es weiterhin
nötig, den starren Rahmen bestehender Praktika aufzubrechen. Optionale
Aufgabenstellungen sind hier nur der Anfang, die freie Wahl der Meßmethode wäre ein erstrebenswertes Ziel. Dies stellt sicherlich eine sehr radikale
Forderung dar. Allerdings muß man sich fragen, ob es sinnvoll ist, daß Studenten erstmals bei ihrer Diplomarbeit selbstverantwortlich forschen können.
Die Wahl einer falschen Methode im Praktikum kann lehrreich sein, in der
Diplomarbeit ist es eine Katastrophe.

Weltweit wird die Notwendigkeit gesehen, Praktika zu modernisieren und
mit Computern auszustatten. Es gibt zahlreiche Ansätze dazu, wie dies geschehen könnte. Dies führt zu einem Druck von außen, die Praktika zu erneuern, um attraktiv für neue Studenten zu bleiben (vgl. [1.6]).

In den USA gibt es z.B. das *CUPLE*-Projekt [1.15], das sowohl Meßwerterfassung und -verarbeitung mit dem Computer erlaubt, als auch das
Selbststudium ermöglicht. Eine etwas andere Form stellt *Studio Class* dar, wo
eine Mischung zwischen computerorientiertem (*CUPLE*-unterstütztem) und
normalem Unterricht stattfindet. Beide Ansätze sind allerdings auf das amerikanische Ausbildungssystem zugeschnitten und bedürften intensiver Anpassung, sollten sie bei uns angewandt werden.

Auch in Deutschland gibt es eine Reihe von Lösungsversuchen. In Kiel
bietet der Fachbereich Physik ein spezielles Computerpraktikum an, das allerdings als zusätzlicher Kurs zu verstehen ist. In Karlsruhe gibt es ebenfalls seit
vielen Jahren ein interdisziplinäres Computerpraktikum. In den neuen Bundesländern war ein Elektronikpraktikum, in dem heute auch der Computer
seinen Platz gefunden hat, eine Pflichtveranstaltung während des Physikstudiums. Das im letzten Teil dieses Buches beschriebene Computerpraktikum
stellt ebenfalls ein Beispiel eines Praktikums dar, das die Forderungen nach
moderner Meßtechnik und freiem Schaffen der Studenten erfüllt. Es kann

aber nicht die hergebrachten Praktika ersetzen, sondern erfüllt zusätzliche Ausbildungsziele.

Langfristig sollte darüber nachgedacht werden, ob die starre Strukturierung des Physikstudiums in Vorlesungen, Übungen und Praktika nicht aufgebrochen werden kann. Es ist sicherlich sinnvoller und motivierender, wenn Studenten direkt Experimente zu den in der Vorlesung gerade behandelten Themen durchführen können, als wenn dies unabhängig davon geschieht, wobei es, was besonders schlimm ist, auch schon mal vorkommen kann, daß Experimente zu noch gar nicht behandelten Themen durchgeführt werden müssen. Ende der 70er Jahre wurde in Kaiserslautern im Rahmen eines Modellversuchs untersucht, wie eine solche kombinierte Lehrveranstaltung aussehen könnte (vgl. [1.12]).

2. Lernziele im Praktikum

Im vorhergehenden Kapitel wurde bereits ausgeführt, daß die Praktika sich im Umbruch befinden. Der Umgang mit neuen Meßtechniken und Geräten muß gelernt werden, gleichzeitig verlieren althergebrachte Methoden an Bedeutung.

War es früher z.B. üblich, kleinste Ströme mit Hilfe von Spiegelgalvanometern zu messen, ist an deren Stelle heute moderne Elektronik getreten. Dies bedeutet, daß der Student sich heute nicht mehr mit der Funktionsweise eines Spiegelgalvanometers auseinandersetzen sollte, sondern damit, wie mit Hilfe der Elektronik (z.B. Verstärker und Digitalmultimeter) die Ströme gemessen werden und welche Fehler dabei auftreten können. Dies stellt eine völlige Veränderung der Lernziele dar, die sich nicht nur auf dieses Beispiel beschränkt, sondern weite Bereiche innerhalb der Praktika betrifft.

Bisher gab es kaum Untersuchungen darüber, wie der Einsatz moderner Meßtechnik die Lernziele eines Praktikums verändert. Dies wurde erstmals im Rahmen einer Staatsexamensarbeit untersucht [2.6]. Dabei wurde durch eine Umfrage in Kaiserslautern und an vier anderen Universitäten auch berücksichtigt, welche klassischen Lernziele Praktikumsleiter und Dozenten trotz der veränderten Situation weiterhin für wichtig erachten und welche sie unabhängig davon noch zusätzlich berücksichtigt haben möchten. Die verteilten Fragebögen wurden von etwa 30 Professoren und ebensovielen Betreuern, sowie etwa 150 Studenten beantwortet.

2.1 Der bisherige Stand

Die beiden Hauptlernziele eines Praktikums sind unverändert:
Das *Messen physikalischer Größen* erlernen und die *Vertiefung des Stoffes der Vorlesungen* durch praktische Anwendung.

Alle anderen Lernziele müssen daraufhin überprüft werden, ob sie *noch zeitgemäß sind*, den *richtigen Stellenwert besitzen* und ob ihr *Erreichen in einem geänderten Versuchsumfeld besser gewährleistet* sein könnte.

2.1.1 Exemplarische Darstellung der Lernzieltaxonomien

Lernziele werden oft in Taxonomiestufen eingeteilt. Sie bauen so aufeinander auf, daß man das Lernziel einer bestimmten Stufe nur dann erreichen kann, wenn man das der vorhergehenden bereits erreicht hat. Sinnvollerweise sollte der Versuchsablauf eines Praktikumsexperiments sich an diesen Taxonomiestufen orientieren. Eine mögliche Einteilung für den kognitiven Lernbereich wurde in [2.1] von B. S. Bloom vorgeschlagen und sieht im wesentlichen wie folgt aus:

1. **Wissen.**
   Dazu zählen u.a. das Kennen der physikalischen Grundlagen des Experiments, der notwendigen mathematischen Verfahren, der verwendeten Sensorik oder möglicher Fehler.
2. **Verstehen.**
   Beispiele hierzu sind die sinnvolle Planung eines Versuchsaufbaus und -ablaufs, kritische Beurteilung von Meßwerten, ihre sinnvolle grafische Darstellung oder Bearbeitung mit dem Computer, sowie das Verständnis kausaler oder vernetzter Sachzusammenhänge.
3. **Anwendung.**
   Hier wäre z.B. der Aufbau des Experiments nach den gegebenen Randbedingungen (zu verwendende Meßmethode, vorhandene Geräte etc.) zu nennen, oder aber die sachgemäße Justierung (incl. einer evtl. notwendigen Eichung) und Benutzung der Geräte.
4. **Analyse, Synthese und Evaluation.**
   Hierzu zählt während der Versuchsdurchführung das Erkennen und Beseitigen von Fehlern. Danach die kritische Betrachtung der Ergebnisse (nicht der Meßwerte), die Diskussion der verwendeten Methode und Vergleich mit anderen Methoden, sowie Überlegungen zu weiteren Experimenten, um die zu überprüfende Hypothese zu stützen.

2.1.2 Bisherige Literatur zu Lernzielen

Neben den allgemeinen Lernzielen für ein physikalisches Praktikum, die in fast jedem Praktikumsbuch, wenn auch nur kurz, genannt werden, gibt es auch einige spezielle Veröffentlichungen, die sich im Detail mit diesem Thema befassen, wobei sich darunter aber (nach Kenntnis der Autoren) bisher keine findet, die dem Computereinsatz aus heutiger Sicht ausreichend Rechnung trägt.

H. Nägerl nennt in seinem Artikel [2.4] eine große Anzahl praktischer Lernziele, die sowohl für Anfänger- als auch für Fortgeschrittenenpraktika gelten, ohne daß er den Anspruch der Vollständigkeit erhebt.

R. Malek (TU Dresden) erweiterte 1988 diesen Katalog [2.3] um einige Aspekte des Rechnereinsatzes. Diese Erweiterung muß vor dem Hintergrund gesehen werden, daß sie aus der Mitte der 80er Jahre stammt und die dort

zur Verfügung stehenden Computer in ihrer Leistung so beschränkt waren,
daß die dort untersuchten Einsatzmöglichkeiten in keinster Weise mit den
heutigen vergleichbar sind. Außerdem bezieht sich der Lernzielkatalog auf
die Physikausbildung von Ingenieuren, die sicherlich andere Schwerpunkte
als die von Physikern hat.

H. Luft hat sich ebenfalls an der TU Dresden besonders mit den Lernzielen unter Berücksichtigung des Computereinsatzes in Praktika auseinander-
gesetzt [2.2]. Sie betrachtet die Lernziele eines ganz speziellen Praktikums,
das von ihr auch selbst betreut wurde. Somit hatte sie die Möglichkeit, gezielt zu überprüfen, wie die theoretischen Erwartungen an ihre Lernziele in
der Praxis erreicht werden. Auch bei dieser Arbeit muß die (aus heutiger
Sicht) geringe Leistungsfähigkeit der eingesetzten Computer berücksichtigt
werden.

Der wohl umfangreichste und detaillierteste Katalog stammt von G.
Ruickoldt [2.5] aus Rostock. Dabei muß man beachten, daß in seiner Liste Lerninhalte aufgeführt sind. Lehrziele beinhalten neben dem Inhalt auch
immer noch ein bestimmtes Verhalten[1]. Obwohl auch dieser Katalog seinen
Ursprung schon in den 80er Jahren hat, kann er aufgrund seiner Detailliert-
heit am besten auf heutige Verhältnisse übertragen werden.

Diese kurze Literaturliste zu Lernzielen im Praktikum macht eines deutlich: In der westdeutschen Literatur findet sich bis heute außer [2.6] keine
Veröffentlichung, die sich mit dem Einfluß des Computereinsatzes auf die
Lernziele eines Praktikums beschäftigt. Dagegen wurde in der ehemaligen
DDR schon sehr früh erkannt, welchen Stellenwert der Computer im Praktikum und im späteren Berufsleben für den Physiker haben wird, und es
wurden die damit verbundenen Probleme untersucht.

2.2 Neue Lernziele durch den PC-Einsatz

Es steht also außer Frage, daß ein überarbeiteter Lernzielkatalog, der den
Einsatz moderner Computer und Meßtechnik im Praktikum berücksichtigt,
erarbeitet werden mußte.

Bei der Erstellung eines solchen Kataloges besteht immer die Gefahr, daß
man zu subjektiv, aus der Sicht der lokalen Gegebenheiten, urteilt. Darum
wurden in diesem Fall auch Dozenten, Betreuer und Studenten anderer Universitäten danach befragt, welche Lernziele sie im Praktikum als wichtig erachten (Sollzustand) und ob diese in dem von ihnen betreuten bzw. besuchten
Praktikum erreicht würden (Istzustand).

---

[1] Ein Lehrinhalt besagt z.B. *ein bestimmtes Meßgerät in seiner Funktionsweise
kennen*, während ein entsprechendes Lernziel heißt zusätzlich *dieses Meßgerät
benutzen können*.

2.2.1 Befragung anderer Fachbereiche nach Lernzielen

Die genannte Umfrage fand außer in Kaiserslautern an den Physikfachbereichen der Universitäten Rostock und Regensburg, der Ludwig-Maximilian-Universität und der TU München statt.

Die Fachbereiche erhielten Fragebögen, in denen etwa 100 Lernziele aufgeführt waren. Diese Liste basierte auf den Lernzielen, die in der Literatur aus Abschnitt 2.1.2 genannt werden und waren um einige weitere ergänzt worden, die die Autoren zur Diskussion stellen wollten. Es bestand weiterhin die Möglichkeit, eigene, nicht aufgeführte Lernziele hinzuzufügen. Gefragt wurden die Professoren nach dem Sollzustand (wie es im Idealfall sein sollte) und die Studenten nach den Istzustand, d.h., inwieweit sie ein Lernziel im Praktikum für erreicht hielten. Die Wertung konnte innerhalb einer fünfteiligen Skala abgegeben werden.

2.2.2 Auswertung der Befragung

Um alle Fragebögen nach dem gleichen Prinzip auswerten zu können (die Rückläufe von den einzelnen Universitäten und Personengruppen unterschieden sich zu stark, um sie ungewichtet zusammen auszuwerten), wurden zwei zusätzliche Kriterien bei der Berücksichtigung der Antworten eingeführt:

1. **Einführung einer 5%-Hürde:** Erfahrungsgemäß kommt es aufgrund von Desinteresse (Fragen nicht sorgfältig gelesen) oder auch versehentlich zu falschen Antworten bei Umfragen. Darum wurden nur solche Bewertungsgruppen berücksichtigt, auf die insgesamt mehr als 5% der Antworten entfielen.

2. **Reduzierung auf drei Bewertungsgruppen:** Nach Abzug der 5% wurde überprüft, ob alle Werte innerhalb von drei benachbarten Bewertungsgruppen lagen. War dies der Fall, so wurde die entsprechende Antwort mit

   - mehrheitlich positiv (Bewertungsgruppen ++, + und 0)
   - mehrheitlich Null (Bewertungsgruppen +, 0 und −)
     sowie
   - mehrheitlich negativ (Bewertungsgruppen 0, − und −−)

eingeteilt. War die Schwankungsbreite größer als drei der alten (fünf) Bewertungsgruppen, so wurde von Fall zu Fall entschieden, ob eine Tendenz erkennbar war, oder es wurde auf eine entsprechende Wertung verzichtet.

Die Antworten der Dozenten konnten addiert werden, da sich hier speziell als Sollzustand zeigen sollte, wie ein modernes Praktikum auszusehen hat. Bei den Antworten der Betreuer und Studenten bezüglich des Istzustandes, war dies nicht möglich, da dazu die lokalen Randbedingungen zu verschieden waren. So müssen sich in Regensburg die Studenten aus einem Schrank die passenden Geräte zu einem Experiment selbst zusammenstellen (was der

Idealvorstellung der Autoren nach einem frei gestalteten Praktikum schon recht nahe kommt), während in Kaiserslautern alle Geräte fest vorgegeben werden.

Ergebnisse. Eine detaillierte Auflistung der Ergebnisse dieser Umfrage würde den Rahmen dieses Buches sprengen, zumal sie in der Arbeit von Schmalenberger [2.6] nachgelesen werden können. Darum soll hier eine kurze Zusammenfassung der den Autoren wichtig erscheinenden Punkte genügen.

Erstaunlicherweise unterscheiden sich die Bewertung von Soll- und Istzustand innerhalb der drei befragten Gruppen kaum. Dies bedeutet, daß die Meinungen der Dozenten, Betreuer und Studenten sowohl zum Stellenwert als auch im Grad des Erreichens eines Lernziels weitgehend übereinstimmen.

Die meisten klassischen (nicht den Einsatz von Computern betreffenden) Lernziele werden als wichtig bewertet.

Die Meinungen zu den Lernzielen, die moderne Sensorik und Computereinsatz betreffen, streuen von Universität zu Universität stark. Dabei ist klar, daß sie dort, wo Computer eingesetzt werden, eher als wichtig, und dort, wo dies nicht der Fall ist mehrheitlich als eher unwichtig beurteilt werden (z.B. im vorher als positiv dargestellten Fall Regensburg; wo 1994 keine Computer im Anfängerpraktikum eingesetzt wurden). Unklar bleibt, ob der Computereinsatz primär die Lernziele veränderte, oder umgekehrt veränderte Lernziele zum Computereinsatz führten. Trotzdem zeigt sich vor allem bei den Dozenten eine mehrheitlich positive Bewertung solcher, moderne Sensorik betreffende Lernziele.

Ein auch den Autoren wichtig erscheinendes Lernziel, das im ursprünglichen Katalog nicht vorgesehen war, hat sich ebenfalls im Laufe der Umfrage als bedeutsam herauskristallisiert: Studenten müssen davon wegkommen, als wichtigstes Ziel ihrer Messungen die möglichst exakte Reproduktion von Literaturwerten zu sehen. Sie sollen ihre Meßergebnisse nicht schönreden, sondern zu ihnen stehen und möglichst objektiv alle Fehlerquellen der eigenen Meßanordnung diskutieren. Die Erkenntnis, einen Meßfehler begangen zu haben (z.B. durch einen Bedienungsfehler eines Gerätes) und dessen Einfluß auf das Ergebnis sinnvoll zu diskutieren, sollte bei weitem positiver beurteilt werden als möglichst exakte Ergebnisse (die, so zeigt die Erfahrung vieler, die einmal in einem Praktikum tätig waren, oft genug auf verfälschten Meßwerten beruhen!). Dazu können auch die Dozenten und Betreuer ihren Beitrag leisten, indem sie immer wieder betonen, daß die Kunst des Messens nicht zuletzt darin besteht, die Qualität der Meßwerte zu beurteilen und nicht darin, möglichst die Werte anderer zu reproduzieren.

2.2.3 Lernzielkatalog

In die endgültige Liste wurden all die Lernziele übernommen, die in der Umfrage mit *überwiegend positiv* bewertet wurden (vgl. dazu auch 2.2.2). Der schließlich entstandene, kompakte und handliche Katalog gliedert sich in vier

verschiedene Teile, von der Versuchsvorbereitung über die Durchführung bis
zur Auswertung. Insgesamt umfaßt er 32 Lernziele.

Die Reihenfolge der Nennungen entspricht ungefähr der, wie sie bei der Bearbeitung eines Versuchs auftritt. Selbstverständlich tritt nicht jedes Lernziel
in jedem Versuch auf. Manche Lernziele treten aufgrund ihrer Komplexität
bzw. des zum Erreichen notwendigen Zeitaufwandes erst in den Fortgeschrittenenpraktika auf.

Zur Verdeutlichung, welche Lernziele in der bisherigen Literatur noch
nicht genannt wurden, sind diese *kursiv* gedruckt. Sie betreffen meist den
Einsatz von Computern und moderner Meßtechnik.

Vergleicht man die hier angegebenen Lernziele des endgültigen Kataloges
mit den auf dem Fragebogen genannten (vgl. Anhang A), so stellt man fest,
daß fast die meisten klassischen Lernziele übernommen wurden, während einige der modernen Lernziele als weniger wichtig beurteilt wurden. Eine weitere
Reduzierung der Anzahl kommt dadurch zustande, daß einige der Lernziele
im Fragebogen mehrfach in ähnlicher Form auftraten und zusammengefaßt
werden konnten, andere finden sich nicht wieder, weil sich die Einschätzung
ihrer Bedeutung in den einzelnen Antworten zu sehr unterschied (vgl. dazu
2.2.2).

Der endgültige Katalog umfaßt folgende Punkte:

Versuchsvorbereitung (VV):
Der Student soll ...

VV. 1: die physikalischen Grundlagen des Versuchs, die zu erwartenden Zusammenhänge und Vorgänge verbal beschreiben und mathematisch formulieren können.

VV. 2: zu erwartende Zusammenhänge in qualitativen und quantitativen
Diagrammen darstellen können.

VV. 3: physikalische Beziehungen durch Dimensionsanalyse überprüfen können.

VV. 4: bei indirekten Messungen zwischen Meßgröße und zu messender
Größe unterscheiden können.

VV. 5: prinzipiell angeben können, wie eine Eichkurve aufgenommen wird.

VV. 6: *die Anwendungsmöglichkeiten des zu benutzenden Programms während der Versuchsvorbereitung mit Hilfe der Programmanleitung erarbeiten können.*

Versuchsaufbau (VA):
Der Student soll ...

VA. 1: eine Prinzipskizze (Schaltbild, schematische Skizze) für eine vorgegebene experimentelle Situation anfertigen können.

VA. 2: bei gegebenen Aufbauten die Funktion der einzelnen Geräte beschreiben können.

VA. 3: verschiedene Anordnungen für eine bestimmte Aufgabe in Bezug auf Meßgenauigkeit, Empfindlichkeit usw. miteinander vergleichen können.

VA. 4: Geräte sinnvoll und sicherheitsbewußt einsetzen können.

VA. 5: *ein Grundwissen (d.h. Kenntnisse der Begriffe und eine Vorstellung von den Vorgängen) über Sensoren, Interfaces und die Kopplung des Experiments an den Computer haben.*

Versuchsdurchführung (VD):
Der Student soll ...

VD. 1: die Meßergebnisse in übersichtlicher Form festhalten können; die Form soll selbstständig gewählt werden und z.B. die Spalteneinteilung von Tabellen vorausschauend gestaltet werden.

VD. 2: die Gewohnheit entwickeln, alle Meßwerte und Tätigkeiten zu protokollieren.

VD. 3: Nullabgleich und Justierung von Geräten und einfachen Anordnungen durchführen können.

VD. 4: bei Variation einer unabhängigen veränderlichen Größe die Intervallschritte im Hinblick auf die Auswertung geeignet wählen können.

VD. 5: Fehler, die im Versuchsaufbau auftreten, erkennen, finden und beseitigen können.

VD. 6: äußere Faktoren, die das Versuchsergebnis beeinflussen (z.B. Änderung des Luftdrucks), erkennen können.

VD. 7: *on-line-Programme zur Durchführung der Versuche benutzen können.*

Auswertung (AW):
Der Student soll ...

AW. 1: lernen, daß die Ergebnisse zusammengestellt, beschrieben und diskutiert (gedeutet) werden.

AW. 2: Informationen, die in Diagrammen, Tabellen und Matrizen vorliegen, lesen und erläutern können.

AW. 3: die Meßpunkte (mit Fehlern!) in Diagramme einzeichnen können.

AW. 4: den Maßstab der Darstellung so festlegen können, daß die Darstellung der Genauigkeit der dargestellten Werte entspricht.

AW. 5: Meßwerte in linearisierter Form darstellen können, d.h. die Skalierung der Achsen (quadratisch, logarithmisch, etc.) geeignet wählen.

AW. 6: die Steigung einer Geraden mit den zugehörigen Fehlern aus einem Diagramm per Hand (mit Lineal und Bleistift) bestimmen können.

AW. 7: *numerische Verfahren wie lineare Regression, Glätten, Filtern, Anpassen von Meßwerten an eine Modellkurve (Erwartung) etc. anwenden können (auch wenn er die mathematischen Hintergründe der Verfahren im Detail noch nicht kennt).*

AW. 8: *die Daten, die der Computer sowohl bei der Messung als auch bei der Auswertung liefert, kritisch beurteilen können.*

AW. 9: *Versuche mittels vorgegebener on- oder off-line-Programme auswerten können (d.h. entweder mit den Möglichkeiten, die das Meßprogramm bereits selbst beinhaltet, oder mit eigenständigen Auswerteprogrammen).*

AW. 10: Fehlerformeln zu den zur Auswertung nötigen Formeln herleiten können.

AW. 11: Abweichungen erkennen, die durch das Meßverfahren und den Versuchsaufbau bedingt sind (systematische Fehler), und diese von zufälligen Fehlern unterscheiden können.

AW. 12: systematische Fehler der Meßwerte soweit möglich korrigieren und die durch die systematischen Fehler gegebenen Grenzen einer Versuchsanordnung abschätzen können.

AW. 13: die Zuverlässigkeit der Meßwerte und Ergebnisse beurteilen können.

AW. 14: die Übereinstimmung bzw. Abweichung innerhalb der Fehlergrenzen mit bekannten Gesetzmäßigkeiten erkennen und diskutieren können.

Die Autoren sind der festen Überzeugung, daß einige der momentan noch als eher unwichtig bewerteten Lernziele schon bald eine deutliche Aufwertung erfahren werden. Als Beispiel dafür sei nur der Vergleich von Ergebnissen einer Simulationsrechnung mit denen einer Messung zu nennen. Wo soll der Student die notwendigen Kenntnisse zu diesem Themenkreis erwerben, wenn nicht im Praktikum. Nur hier ist es möglich, ohne negative Begleiterscheinungen (z.B. Zeit- und Geldverlust in Forschung und Industrie durch nötige Einarbeitungszeit und/oder unbeabsichtigte oder gar unerkannte Fehler) zu untersuchen, wie die Ergebnisse von der Numerik oder dem verwendeten Modell abhängen.

Ein weiteres Beispiel fällt unter das Stichwort „freies Lernen“. Wie soll ein Student die ökonomischen Aspekte eines Experiments (z.B. erforderliche Genauigkeit der Ergebnisse bei Berücksichtigung der verfügbaren Zeit und Finanzmittel) richtig abschätzen lernen; wie Problemlösungsstrategien entwickeln lernen, wenn er bei der Durchführung der Experimente auf ein bestimmtes Meßverfahren und die Verwendung vorgegebener Meßgeräte und Versuchsabläufe festgelegt ist?

2.3 Zusammenfassung

Die klassischen Lernziele eines Praktikums werden in zahlreichen Praktikumsbüchern erwähnt und in zahlreichen Publikationen näher untersucht. Auf die Veränderung der physikalischen Meßtechnik durch den Einsatz von moderner Sensorik und Computern wird dabei nicht eingegangen. Die Frage, wie diese die klassischen Lernziele in ihrer Bedeutung verändert und welche Lernziele neu auftreten, wurde bisher nicht behandelt. Dieses Kapitel faßt die Ergebnisse einer Arbeit zusammen, die sich erstmals mit dieser Frage eingehend und überregional beschäftigt hat.

Um dem zu erstellenden Lernzielkatalog eine breite Basis, losgelöst von eigenen Einschätzungen und lokalen Gegebenheiten, zu geben, wurde eine Umfrage an fünf deutschen Universitäten durchgeführt. Gefragt wurden unabhängig voneinander Dozenten, Praktikumsbetreuer und Studenten nach der Bedeutung einzelner Lernziele (Sollzustand) und wie weit diese erreicht werden (Istzustand). Diese getrennte Befragung sollte mögliche Fehleinschätzungen (z.B. die Studenten schätzen sich besser ein, als sie sind) aufzeigen. Erstaunlicherweise förderte die Befragung aber keine großen Unterschiede in der Bewertung der einzelnen Gruppen – Dozenten, Betreuer und Studenten – zutage.

Es ergab sich, daß die meisten klassischen Lernziele ihre Bedeutung nicht verloren haben, wenngleich es auch kleinere Verschiebungen in ihrer Wertigkeit gibt. Etwa 20% der Lernziele sind allerdings neu. Sie betreffen größtenteils den Einsatz moderner Technik.

Nach gründlicher Diskussion aller etwa 100 ursprünglichen Lernziele entstand ein kompakter und handlicher Katalog von 32 Lernzielen. Er kann als Anhaltspunkt für die Gestaltung eines modernen Praktikums dienen. Obwohl versucht wurde, dem Katalog eine breite Basis zu geben, kann er doch nur eine Diskussionsgrundlage für zukünftige Kataloge sein, denn die sich rasant entwickelnde Meßtechnik erfordert eine sehr hohe Flexibilität, will man ein Praktikum möglichst nah an der aktuellen Physik durchführen. Diese Flexibilität wird auch noch von anderer Seite gefordert: Sowohl das Profil der Studenten bezüglich Vorkenntnissen und Erwartungen in ihre Ausbildung als auch das Profil des fertig ausgebildeten Physikers, wie es von der Arbeitswelt erwartet wird, ändert sich schneller als je zuvor. Dies erfordert neben den entsprechenden finanziellen Mitteln ein erhebliches Engagement der Dozenten und Betreuer.

3. Didaktische Überlegungen zum sinnvollen Computereinsatz in Praktika

Die meisten Studenten werden erstmals im Anfängerpraktikum einen Computer dazu benutzen, ein Experiment zu steuern und Meßwerte zu erfassen. In einem solchen Praktikum muß aber die Physik im Vordergrund stehen. Darüber hinaus verbieten die bestehenden Rahmenbedingungen (Zeit, starrer Themenkatalog, etc., von lokalen Gegebenheiten ganz zu schweigen), tiefergehende Kenntnisse über Interfacing, moderne Sensorik und alle damit zusammenhängenden Phänomene zu vermitteln.

Ziel des Computereinsatzes in diesen Praktika muß es also sein, die Studenten mit dem damit verbundenen Instrumentarium zumindest vertraut zu machen. Die Studenten sollen erkennen, daß der Computer zum Handwerkszeug des Physikers gehört und ihm die verschiedensten Tätigkeiten erst ermöglicht, erleichtert oder gar abnimmt. Dazu gehören zum ersten, daß Messungen möglich werden, bei denen die Daten in sehr großer Zahl oder sehr kurzer Zeit anfallen und damit mit konventionellen Meßgeräten nicht zu erfassen sind. Zum zweiten erleichtert er die Erstellung von Meßprotokollen und die Auswertung. Die Vermittlung dieser Lernziele muß so geschehen, daß der Student (und ggf. der Schüler im Unterricht) erkennt, wo diese Vorteile zum Tragen kommen. Dabei sollte auch gleich eine kritische Haltung gegenüber dem Computereinsatz entwickelt werden: nicht immer ist die modernere Methode auch die bessere, berücksichtigt man den Zeit- und Materialeinsatz.

Eine Möglichkeit, wie die Studenten trotzdem die notwendigen Kenntnisse erwerben können, ohne daß es durch einen zusätzlichen Kurs zu einer Verlängerung der Studienzeit kommt, zeigt das in Teil III dieses Buches beschriebene Computerpraktikum *Numerik und Interfacing*.

Nochmals soll hier darauf hingewiesen werden (dieser Aspekt wird doch allzu oft übersehen), daß bei der Abwägung zwischen klassischen Methoden ohne Computereinsatz und modernen Methoden (sowohl bei der Messung als auch bei der Auswertung) immer drei Fragen im Vordergrund stehen müssen:

1. Was gewinnt der Versuch durch den Computereinsatz?
2. Bietet der Computereinsatz Möglichkeiten, die bei der herkömmlichen Methode nicht vorhanden sind?
3. Bleiben das Meßprinzip und die hinter dem Experiment stehenden physikalischen Grundlagen trotz Computereinsatz immer noch durchschaubar?

3.1 Einsatzmöglichkeiten des Computers im Unterricht

Will man den Computer sinnvoll in der Physikausbildung einsetzen, sollte man zunächst untersuchen, welche Vorkenntnisse die Auszubildenden mitbringen, um das Niveau des Einsatzes entsprechend zu gestalten. Es bietet sich auch an, bereits vorhandene Erfahrungen (sowohl positive, als auch negative) zu nutzen.

3.1.1 Einsatz bei Experimenten

Eine Umfrage unter Studienanfängern im Hauptfach Physik an der Universität Kaiserslautern befaßte sich mit den Computerkenntnissen der Studenten (vgl. [3.2]). Dabei zeigte sich über drei Jahre (1991–1993) fast unverändert, daß etwa ein Drittel der Studenten keinen eigenen Computer besaßen. Ebenfalls ein Drittel hatte auch in der Schule noch keine Erfahrung im Umgang mit dem Computer sammeln können. Der Rest bestand etwa zu gleichen Teilen aus Studenten, die sich selbst als Anfänger, durchschnittliche Benutzer oder erfahrene Benutzer bezeichneten. Allerdings hatten selbst die erfahrenen Benutzer meist nur Programmierkenntnisse. Erfahrungen mit Interfacing, Datenerfassung oder numerischen Methoden fehlten völlig. Ähnliche Ergebnisse lieferten Umfragen, die R. Girwitz [3.5] in Würzburg und H. Treitz [3.12] in Duisburg durchführten.

Dies zeigt, daß es fast nicht möglich ist, das Niveau des Computereinsatzes so zu gestalten, daß es allen Studenten gerecht wird. Ein denkbarer Ausweg besteht darin, es mittleren Kenntnissen anzupassen und den Studenten die Möglichkeit zu geben, im Rahmen freiwilliger Kurse fehlendes Wissen zu erwerben.

Eine weitere Umfrage im Jahre 1990 unter allen Physikfachbereichen Deutschlands [3.3] zeigte zwar, daß es bereits viele Fachbereiche gab, wo Computer in den Praktika eingesetzt wurden, aber auch solche (z.B. Marburg), wo darauf aus prinzipiellen Gründen verzichtet wurde. Ebenso zeigte sich ein deutlicher Unterschied in der Bewertung der Wichtigkeit des Computereinsatzes: Obwohl in den neuen Bundesländern in der Vergangenheit eine nach westlichen Begriffen mehr als veraltete Technik in den Praktika zum Einsatz kam, hatte der Computereinsatz dort einen weitaus höheren Stellenwert als in den alten Bundesländern! In dieses Bild paßt auch, daß es dort selbstverständlich war, ein Elektronik-Praktikum zu absolvieren.

Das war der Stand der Dinge Anfang der 90er Jahre. Das Problem war deutlich erkannt, und an vielen Orten wurde nach Lösungsmöglichkeiten gesucht. Es bestand aber große Unsicherheit darüber, wie diese im Detail aussehen sollten, zumal keine Lernziele für die moderne Meßtechnik definiert waren. Was bis dahin klar war, war die Tatsache, daß man für einen Computereinsatz in einem Praktikumsexperiment im Prinzip zwei (grundsätzlich) verschiedene Möglichkeiten hat:

1. Einsatz an einem bestehenden Experiment.
2. Aufbau eines völlig neuen computergestützten Experiments.

Auf den ersten Blick erscheint die zweite Möglichkeit als die weitaus aufwendigere. Schaut man aber genauer hin, stellt man fest, daß auch die erste Möglichkeit mit ähnlich viel Aufwand verbunden ist, da ein neues didaktisches Konzept für das Experiment erarbeitet werden muß. Die Gründe dafür werden im Laufe dieses Kapitels deutlich werden. Ein Beispiel für den ersten Weg stellen die in Kap. 6 beschriebenen Experimente zur Radioaktivität dar, in Kap. 9 wurde der zweite Weg bei Experimenten zur Wärmeleitung beschritten.

Was also fehlte, war eine Sammlung von Beispielen, wo und wie Computer in beiden Fällen in der Ausbildung (sowohl Praktika als auch Schule) sinnvoll eingesetzt werden können, möglichst auch mit Hinweisen auf vermeidbare Fehler.

3.1.2 Sonstiger PC-Einsatz

Dieses Buch beschäftigt sich mit dem Computereinsatz im Praktikum. Trotzdem soll kurz aufgezeigt werden, wo er auch sonst in der Physikausbildung noch eingesetzt werden kann.

Im Schulunterricht. Auch im Schulunterricht kann der Computer bei der Durchführung von Experimenten eingesetzt werden, allerdings nur in einem vergleichsweise geringen Umfang; von den etwa 1000 Experimenten, die im Unterricht durchgeführt werden können, sind nur etwa 60–80 für den Computereinsatz geeignet. Zahlreiche Lehrmittelfirmen sind mit Produkten, die dem Lehrer dies erleichtern sollen, am Markt. Ein sehr leistungsfähiges und in der Bedienung schnell erlernbares Beispiel ist das *CASSY*-System der Firma Leybold. Obwohl diese Systeme immer wieder die Möglichkeit bieten, den Computer nur als Digitalmeßgerät mit entsprechend großer Anzeige zu nutzen, muß davor gewarnt werden. In diesem Fall verdeckt der Computer die Physik und den Meßvorgang, der für den Schüler schließlich undurchschaubar bleibt. Will man allerdings Zusammenhänge aufzeigen und diese möglichst schnell auch in Form einer Grafik zeigen, ist gegen den Computereinsatz nichts einzuwenden. Trotzdem sollte auch in diesem Fall eine Messung in der herkömmlichen Weise durchgeführt werden, um das Prinzip zu demonstrieren. In [3.8] findet man eine kritisch gefilterte umfangreiche Sammlung von Computeranwendungen im Schulexperiment. Dazu gehört auch eine CD, auf der sich sowohl Programme mit entsprechenden Beispielen als auch Texte mit Hinweisen für den Unterrichtenden finden.

Weitere Möglichkeiten zum Einsatz bilden einfache Simulationen physikalischer Vorgänge. Der Vorteil liegt hier vor allem in der schnellen grafischen Verfügbarkeit der Ergebnisse, eventuell sogar in einer animierten Darstellung. Aber auch hier muß darauf geachtet werden, daß der Schüler durchschauen kann, was und wie berechnet wird (z.B. das zugrundeliegende Modell und seine Grenzen), auch wenn er die mathematischen Methoden noch nicht verstehen kann.

Auch im Ausland, vor allem in den USA gibt es zahlreiche Überlegungen zu diesem Themenkreis. Viele der dortigen Ansätze, wie z.B. *Studio Class* [3.13], wo der Computer das zentrale Unterrichtselement darstellt und der Lehrer nur noch erklärend und helfend eingreift, sind auf unsere Unterrichtsverhältnisse kaum übertragbar. Bei anderen, wie *Info Mall* [3.4], eine Art elektronischem Lexikon (Datenbank), ist dies durchaus denkbar. Auf europäische Verhältnisse angepaßt ist bereits heute *STOMP* [3.11] aus England, auch wenn dieses System bisher nur in englischer Sprache verfügbar ist.

Bei Vorlesungen. Auf universitärem Niveau bietet sich der Computereinsatz u.a. im Rahmen von Vorlesungen an. Wird der Computer in der Experimentalphysik-Ausbildung eingesetzt, so sollten die gleichen Maßstäbe wie im Schulunterricht angelegt werden: nur dann einsetzen, wenn sich daraus ein Vorteil ergibt und die Physik des Experiments erkenn- und durchschaubar bleibt.

Der Einsatz von Simulationsprogrammen bietet sich sowohl in der experimentellen als auch in der Theorieausbildung an. In der Experimentalphysik machen Simulationen Bereiche zugänglich, die im Experiment nicht realisiert werden können, weil die entsprechenden Experimente meist zu aufwendig oder zu gefährlich sind. Geschickt eingesetzt, kann man sie auch benutzen, um zu demonstrieren, daß Modelle ihre Grenzen haben und daß z.B. die klassische Physik in die Quantenmechanik oder die relativistische Physik übergeht.

In der theoretischen Physik dienen Simulationsprogramme vor allem zur Visualisierung der Lösungen abstrakter Gleichungen. So ist etwa in der Quantenmechanik die filmartig dargebotene Darstellung (Animation) des Zerfließens eines Wellenpakets wesentlich aussagekräftiger als noch so viele statische Bilder. Gleichzeitig kann sofort der Einfluß verschiedener Parameter wie Breite oder Höhe des Wellenpakets auf das Zerfließen gezeigt werden.

Besonders empfehlenswert ist der Einsatz von Simulationsprogrammen dann, wenn die Studenten die Möglichkeit haben, als Nachbereitung diese selbst zu benutzen und die gezeigten Beispiele nachzuvollziehen und eigene auszuprobieren.

Beim Einsatz von Simulationsprogrammen sollte man wissen, daß es kein universell einsetzbares gibt. Jedes hat Stärken und Schwächen. Einen kleinen Überblick kann man sich mit [3.1] verschaffen, wo eine Anzahl von Simulationsprogrammen kritisch besprochen wird.

Bei der Durchführung von Übungsaufgaben. Sinnvoll, wenngleich noch wenig erprobt (in Kaiserslautern laufen seit 1995 entsprechende Studien), ist der Einsatz des Computers beim Lösen spezieller Übungsaufgaben. Das entsprechende Spektrum reicht dabei von rein qualitativen Untersuchungen mit Hilfe einfacher Simulationsprogramme (z.B. gedämpfte Schwingungen) über die Erarbeitung von Analogien (z.B. Vergleich gedämpfter mechanischer und elektrischer Schwingungen) bis zum Einsatz von Computeralgebra zur Lösung komplexer Differentialgleichungssysteme.

Natürlich darf dieser Computereinsatz zunächst nur bei wenigen Übungsaufgaben erfolgen, denn der mathematische Hintergrund muß auch weiterhin vorhanden sein. Aber wenn ein Student gelernt hat, wie Differentialgleichungen von Hand zu lösen sind, muß er auch lernen, diese mit Hilfe eines Computers zu lösen. Letzteres wird er in seinem späteren Arbeitsleben brauchen, ersteres dazu, um abschätzen zu können, ob der Computer ein sinnvolles Ergebnis geliefert hat.

In [3.6, 3.10] wird untersucht, wie Übungsaufgaben, die mit dem Computer zu bearbeiten sind, gestaltet werden sollten. Es handelt sich dabei um Aufgaben, die mit Hilfe von Computeralgebra-Programmen gelöst werden sollen. Dies hat den Vorteil, daß die Probleme ähnlich formuliert werden können, wie es aus der Mathematik bereits bekannt ist. Ein Umsetzen in eine normale Programmiersprache hätte einen zusätzlichen Aufwand bedeutet, der nicht Ziel des Kurses war. Da das Erlernen der Sprache der Computeralgebra-Programme nicht zum Umfang normaler Übungsaufgaben gehören kann, muß den Studenten Gelegenheit gegeben werden, sich damit in einem separaten Vorkurs vertraut zu machen.

Es zeigt sich, daß diese Form der Übungsaufgaben von den Studenten gut angenommen wird. Sie erkennen durchaus den Vorteil, daß dabei auch die physikalische Denkweise geschult wird, denn das Programm übernimmt zwar die Lösung des Problems, die Extraktion aus dem physikalischen Umfeld und die algorithmische Formulierung muß auch weiterhin der Anwender vornehmen.

In speziellen Seminaren. Eine weitere Möglichkeit des Computereinsatzes in der Physikausbildung bieten spezielle Seminare. So gibt es in Kaiserslautern schon seit Mitte der 80er Jahre ein Seminar *Physik auf dem Computer*. Hier besteht die Aufgabe der Studenten darin, ein spezielles physikalisches Problem mit Hilfe des Computers zu lösen. Wie solche Lösungen aussehen können, wird in [3.6] und [3.7] beschrieben.

Zunächst handelte es sich hierbei um Programmieraufgaben. So sollte z.B. die Bewegung eines mathematischen Doppelpendels visualisiert werden. Dabei lag der Schwerpunkt der Betrachtungen darauf, daß es sich hier um ein nichtlineares (chaotisches) System handelt, und auf den Methoden, wie man solche Systeme numerisch behandelt und untersucht. Später kam die Computeralgebra verstärkt zum Einsatz. Nun sollten die Studenten mit Hilfe kommerzieller Systeme (z.B. *MATHEMATICA*) das Verhalten physikalischer Systeme untersuchen.

Bei beiden Ansätzen war wichtig, daß gemeinsam mit allen Studenten auftretende Probleme und Lösungsstrategien diskutiert wurden. So waren am Ende alle Studenten nicht nur mit dem eigenen Problem vertraut, sondern zumindest teilweise auch mit allen anderen im Rahmen des Seminars behandelten. Dies umso mehr, da sie nicht nur mit der Endlösung konfrontiert wurden, sondern bereits von Anfang an daran mitarbeiten konnten.

3.2 Computereinsatz im Anfängerpraktikum

Zwei Typen von Praktikumsexperimenten, die sich für den Computereinsatz besonders eignen, wurden bereits genannt: solche die sehr schnell ablaufen und solche, die sehr viele Daten liefern. Es gibt aber noch ein weiteres, sinnvolles Einsatzgebiet: möglichst realitätsnahe Experimente, bei denen der Computer es erlaubt, eine Vielzahl von Größen, die das Ergebnis beeinflussen, zu berücksichtigen. Übliche Praktikumsexperimente gehen häufig von idealisierten Versuchsbedingungen (z.B. Vernachlässigung der Reibung) aus. Dies beruht zum einen darauf, daß die Lehrbücher meist nur diese idealisierten Systeme behandeln, zum anderen darauf, daß die störenden Einflüsse meßtechnisch oft nur schwer zu erfassen sind. Die Unterschiede des zugrundeliegenden Modells zur Realität werden darum bestenfalls zum Bestandteil einer abschließenden Diskussion.

In diesem Buch finden sich einige Beispiele, wo durch den Einsatz des Computers die Unterschiede zwischen dem idealisierten Zustand und der Realität untersucht werden können. Bei Experimenten zur Wärmeleitung geht man normalerweise von stationären Zuständen aus und vernachlässigt Wärmeverluste. Gerade die in Kap. 9 beschriebene Version untersucht, wie der stationäre Zustand erreicht wird und welchen Einfluß Wärmeverluste haben. Ein anderes Beispiel stellen Einschwingvorgänge dar. Normalerweise untersucht man Oszillationen erst nach der Einschwingphase, ohne sich mit den während dieser Zeit ablaufenden Phänomenen zu beschäftigen, da diese meßtechnisch nur schwer zu erfassen sind. In Kap. 5 (Pohlsches Drehpendel und das Programm *SWING*) wird beschrieben, wie man mit Hilfe eines Computers sehr wohl Informationen über das Einschwingverhalten gewinnen und aufbereiten kann.

3.3 Kriterien für den sinnvollen PC-Einsatz

Faßt man alles bisher gesagte zusammen, kommt man zu einem Kriterienkatalog für den in Physikpraktika sinnvollen Computereinsatz:

Große Datenmengen. Fallen bei einer Meßmethode große Mengen von Daten an, so ist diese ohne Einsatz eines Computers für ein Praktikum ungeeignet, da sowohl die Erfassung als auch die Auswertung meist langwierig und stupide sind. Der Computer kann diese Aufgaben übernehmen und die Studenten entsprechend entlasten. Man muß aber daran denken, daß, wenn der Computer über längere Zeit Daten aufnimmt, die Praktikanten sinnvoll beschäftigt werden müssen. Dies kann z.B. dadurch geschehen, daß sie das

Thema weiter vertiefen (z.B. Herleitung und Diskussion einer zur Auswertung benötigten Formel) oder sich mit einer anderen Meßmethode beschäftigen und diese z.B. bezüglich Aufwand und erreichbarer Genauigkeit mit der Computermethode vergleichen.

Komplizierte Auswertungen. Überall dort, wo bei der Auswertung komplizierte, von Hand oder mit dem Taschenrechner nicht oder nur mit großem Aufwand durchführbare Berechnungen, wie z.B. nichtlineare Ausgleichsrechnungen oder Fast-Fouriertransformationen, vorkommen, kann der Computer eingesetzt werden. Nach Möglichkeit sollte die Auswertung aber so gestaltet sein, daß sie für die Praktikanten durchschaubar bleibt. Selbst wenn die mathematischen Hintergründe zum Verständnis einer Methode noch fehlen, müssen sie verstehen, was der Computer berechnet. So muß ihnen z.B. beim Einsatz der Fast-Fouriertransformation bekannt sein, daß diese Methode eine Transformation von Spektren aus dem Orts- in den Frequenzraum bzw. umgekehrt liefert, auch wenn sie noch nicht verstehen, nach welchem Algorithmus dies geschieht.

Notwendigkeit der schnellen Auswertung. Manche Meßverfahren erfordern die schnelle grafische Darstellung von Ergebnissen. Dies kann z.B. notwendig sein, um regelnd in das Experiment (z.B. bei der Justierung mit Hilfe von Echtzeitspektren) einzugreifen. Denkbar ist aber auch die Notwendigkeit, ein Experiment zu wiederholen, da Fehler bei der Durchführung gemacht wurden. Dies ist sicher nur dann sinnvoll, wenn eine Wiederholung des Experiments nur wenig Zeit beansprucht. Ein zusätzlicher Lerneffekt besteht darin, daß die Studenten gezwungen sind abzuschätzen, wie groß die mögliche Verbesserung des Ergebnisses sein könnte und ob diese den Aufwand für die Wiederholung rechtfertigt. Mit so wenig Aufwand kann man sonst kaum die Studenten daran gewöhnen, vor einem Experiment eine Kosten-Nutzenanalyse durchzuführen. Auch hier gilt wieder das oben bereits gesagte: wenn auf dem Bildschirm eine Grafik erscheint, muß den Studenten klar sein, wie diese aus den Meßwerten entstanden ist.

Schnelle Vorgänge. Vorgänge, die in sehr kurzer Zeit ablaufen oder es erfordern, möglichst gleichzeitig mehrere Meßdaten zu erfassen, können in einem konventionellen Praktikum nicht untersucht werden, da sie von Hand nicht aufgezeichnet werden können; entsprechende Elektronik (z.B. Transientenrekorder oder Speicheroszilloskope) für ein Praktikum aber viel zu teuer ist. Hier stellt der Einsatz eines Computers einen idealen Ausweg dar.

Zeitersparnis. Durch den Einsatz eines Computers an einem Praktikumsexperiment kann viel Zeit gespart werden. Dies muß nicht zwangsläufig zu Leerlauf und Langeweile führen. Bei geeigneter Gestaltung des Versuchsablaufs ist es möglich, weitere Versuchsteile hinzuzufügen (z.B. Variation eines anderen, bisher konstanten Parameters) und damit das Verständnis zu vertiefen. Eine andere Möglichkeit besteht darin, mehrere Meßmethoden einzusetzen, und deren Aufwand und Ergebnisse zu vergleichen, auch dies wieder unter dem Gesichtspunkt, sich mit einer Kosten-Nutzenanalyse vertraut zu machen.

Simulation. Nur kurz sei in diesem Zusammenhang die Möglichkeit des Einsatzes einer vergleichenden Simulation im Praktikum erwähnt; da dieses Thema ausführlich in Kap. 15 behandelt wird, soll hier nicht weiter darauf eingegangen werden.

3.4 Probleme beim Computer-Einsatz

Verschiedentlich wurde bereits angesprochen, wo es Probleme beim Einsatz von Computern in Praktika geben kann. In diesem Abschnitt soll noch einmal zusammenfassend darauf eingegangen werden.

Black-Box-Physik. Setzt man den Computer in einem Experiment ein, muß unbedingt darauf geachtet werden, daß für den Benutzer (sowohl in der Schule als auch im Praktikum) durchschaubar bleibt, wie die letztlich angezeigten Daten gewonnen werden. Sowohl der eigentliche Meßvorgang als auch evtl. stattfindende Umrechnungen müssen nachvollziehbar sein.

Ein besonders krasses Negativbeispiel dazu wäre die im Laboralltag des Physikers durchaus übliche vollautomatische Messung der Lebensdauer eines radioaktiven Präparats mit dem Computer. Man gibt das Präparat in eine Probenkammer, drückt einen Knopf und nach kurzer Zeit wird der gesuchte Meßwert mit Fehlergrenzen angezeigt. Auf diese Weise kann ein Schüler oder Student weder etwas über den radioaktiven Zerfall noch über den Begriff Lebensdauer lernen. Dies verdeutlicht, daß sowohl die Physik (hier des radioaktiven Zerfalls) als auch die Meßtechnik (der Umgang mit dem Computer und auch alternative Meßtechniken) erlernt werden müssen, bevor solche automatisierten Verfahren zum Einsatz kommen können (obgleich sie auch im Praktikum – wenn auch selten – ihre Berechtigung haben können). In diesem Zusammenhang gilt es auch zu beachten, daß der Computer dem Lernenden nicht vollständig die Umrechnung des Meßwertes in die zu messende Größe abnehmen darf. Die zugrunde liegende Formel muß während des Experiments genügend Beachtung finden, z.B. dadurch, daß sie dem Computer eingegeben wird.

Überfrachtung eines Experiments. Bei den ersten Einsätzen des Computers an Experimenten besteht immer die Gefahr, daß er das Experiment dominiert, obwohl darauf geachtet wurde, eine Black-Box zu vermeiden. In der Schule kann das schon allein am geometrischen Übergewicht des Computers mit Bildschirm etc. gegenüber dem eigentlichen Experiment oder dem Erstaunen der Schüler, daß man mit dem Computer nicht nur spielen kann, liegen. Im Praktikum besteht eher die Gefahr, daß die Studenten viel mehr mit der Bedienung des Computers (z.B. weil die Erfahrung noch fehlt) beschäftigt sind, als mit dem eigentlichen Experimentieren. Immer dort, wo z.B. der

Ausschlag eines Zeigers bereits die zu messende Größe repräsentiert – Einzelmessungen, oder gar nur ein einziger zu messender Wert –, sollte möglichst von einem Computereinsatz abgesehen werden. Er gestaltet in diesem Fall den Versuchsaufbau unnötig kompliziert und lenkt viel zu sehr vom eigentlichen physikalischen Geschehen ab. Sollte sich in einem solchen Fall der Computereinsatz trotzdem als sinnvoll erweisen, muß darauf geachtet werden, daß das Experiment gegenüber der Meßwerterfassung optisch in den Vordergrund gestellt wird.

Zeitaufwand. Sicher hat jeder schon einmal die Erfahrung gemacht (manchmal wohl auch bei sich selbst), daß man, einmal an die Benutzung des Computers gewöhnt, alles damit erledigen möchte. Gerade im Praktikum führt das oft dazu, daß damit Aufgaben erledigt werden, die viel einfacher und schneller auf konventionelle Art zu bearbeiten wären. Wer hat nicht schon gesehen, wie bei wenigen Meßpunkten aufwendige Ausgleichsrechnungen mit dem Computer durchgeführt werden, wobei ein Großteil der Zeit auf die Eingabe der Daten und das Feilen an der perfekten Form der Ausgabe verschwendet wird. Innerhalb weniger Minuten wäre dieselbe Aufgabe mit Hilfe von Bleistift und Millimeterpapier zu lösen, wobei man sich zwangsläufig auch noch Gedanken über die genaue Lage der Ausgleichsgeraden und den Einfluß von Meßfehlern machen würde.

Verlust konventioneller Methoden. Der Einsatz moderner Meßtechnik beinhaltet fast immer eine Änderung der Meßmethode. Das bedeutet, daß man entscheiden muß, ob die konventionelle Methode inzwischen veraltet ist (z.B. Messung kleiner Spannungen mit einem Spiegelgalvanometer oder die Benutzung eines Planimeters zur Flächenbestimmung) oder ob sie immer noch gebraucht wird. Im letzteren Fall kann es oft sein, daß es andere Experimente im Praktikum gibt, wo diese Methode eingeübt werden kann. Ist dies nicht der Fall, muß man versuchen, einen Teil der Meßaufgaben mit der konventionellen Methode durchzuführen. Dabei wird den Praktikanten auch klar, welchen Vorteil der Computereinsatz bringt. Will man z.B. an einem Experiment ein Oszilloskop durch einen Computer ersetzen, ist es denkbar, einen Teil der Meßaufgaben konventionell mit dem Oszilloskop durchzuführen. Dabei sollte die Bedienung dieses Geräts im Vordergrund stehen. Der andere Teil, bei dem qualitative Aspekte wie Auswertung und Dokumentation wichtiger sind, kann dann mit Hilfe des Computers bearbeitet werden.

In Kap. 2 wurde gezeigt, daß viele der klassischen Methoden, was sowohl das Meßverfahren als auch die Auswertung betrifft, immer noch als so wichtig angesehen werden, daß die Studenten sie erlernen sollen. Ebenso wichtig ist aber auch das Kennenlernen der modernen Vorgehensweise. Die Autoren sehen darum die Lösung in einem Kompromiß: In einem Versuch lernen die Studenten die klassischen Verfahren kennen und wenden in den weiteren die modernen Methoden an. Dies bedeutet, daß sie die Fähigkeit erwerben, das klassische Meßverfahren (im Prinzip) anzuwenden und bei Bedarf die Fertigkeit (das Verfahren perfekt anwenden zu können) selbst erwerben können.

Anpaßbarkeit bei technischer Weiterentwicklung. Ein weiteres Problem, das durch entsprechendes Augenmerk in der Konzeptionsphase eines neuen Experiments entschärft werden kann, stellt das rapide Fortschreiten der Technik dar. Innerhalb weniger Jahre ist eine Computergeneration veraltet; die eben noch modernste Benutzeroberfläche und Hardware wird von den Studenten nur noch belächelt. Im Gegensatz dazu stehen die knappen Budgets der Praktika, die es nicht erlauben, immer auf dem neusten Stand zu sein.

Auf der Hardwareseite hilft hier die Abschätzung der nötigen Leistungsfähigkeit des Computers. Zur Aufzeichnung langsamer Vorgänge genügt durchaus ein 286er PC. Solche zwar veralteten, für den Zweck aber ausreichenden Geräte kann man oft völlig umsonst z.B. aus den Forschungsgruppen der Fachbereiche erhalten. Auf der Softwareseite muß man sich davor hüten, zu hardwarenahe Programme einzusetzten. Dies bringt unweigerlich bei einer Änderung der Hardware (und sei es nur der Austausch eines Interfaces) umfangreiche Softwareänderungen mit sich. Benutzt man selbstentwickelte Programme, bietet das in Kap. 15 beschriebene *Software Interface System SIS* einen Ansatzpunkt, solche Probleme zu minimieren. Auf der Softwareseite ist es schon lange üblich, modular und objektorientiert zu programmieren. Diese Modularität sollte sich aber auf das gesamte Konzept eines Praktikumsexperiments erstrecken. Es sollte so ausgelegt sein, daß jede Komponente möglichst ohne Beeinflussung der anderen ausgetauscht werden kann. Bei konventionellen Experimenten ist dies meist von selbst gegeben (Spannungen können mit beliebigen Voltmetern gemessen werden), beim Einsatz eines Computers führt hier mangelnde Planung oft schnell zum Ende des gesamten Experiments, weil der Aufwand, den der Austausch einer Komponente mit sich bringt, die Änderung unrentabel werden läßt.

Integration ins Studium ohne Studienzeitverlängerung. In Zeiten, in denen überall eine Studienzeitverkürzung gefordert wird, muß beim Einsatz des Computers im Studium darauf geachtet werden, daß dieser nicht dazu führt, daß sich die Studienzeit verlängert. Integriert man die Ausbildung entsprechend ins Studium, z.B. durch Einsatz der Rechner in Praktika, Übungen und Vorlesungen, und gibt den Studenten die Möglichkeit, fehlende Kenntnisse in entweder freiwilligen Zusatzkursen oder im Rahmen sowieso vorhandener Veranstaltungen (z.B. Numerik- oder Elektronikpraktika) zu erwerben, kann dies sogar zu einer Verkürzung der Studienzeit führen. Denn zur Zeit ist es leider oft noch so, daß die Studenten diese fehlenden Kenntnisse der modernen Meßtechnik erst während ihrer Diplomarbeitszeit erwerben, dann, wenn sie zum ersten Mal wirklich gebraucht werden. Dies führt zwangsläufig dazu, daß entweder die Qualität der Arbeiten leidet, oder sich die dafür benötigte Zeit verlängert. Dieser Ansatz setzt selbstverständlich voraus, daß die Studenten bereits während des Studiums abschätzen können, welche Kenntnisse wichtig sind und welche (evtl. zunächst) vernachlässigt werden können.

3.5 Programmbewertung im Versuch

Das Programm bildet die Schnittstelle der Interaktion der Studenten mit dem Computer. Darum sollte ihm auch besondere Aufmerksamkeit geschenkt werden.

Bereits seit vielen Jahren existiert ein Bewertungskatalog der ASK[1], mit dessen Hilfe Programme (Simulations- und Lernprogramme sowie Tools) bewertet werden können. Allerdings berücksichtigt dieser Katalog nicht den Aspekt der Verknüpfung zwischen Experiment und Computer. Er mußte also um zusätzliche Kriterien erweitert werden, um Programme, die in Praktika eingesetzt werden, bewerten zu können. In [3.9] findet sich ein Vorschlag für eine entsprechende Ergänzung.

Der neue Katalog umfaßt drei Hauptkriterien, wobei die ersten beiden an den bestehenden ASK-Katalog angelehnt sind:

Allgemeine Kriterien. In diese Kategorie fallen die sogenannten k.o.-Kriterien, mit deren Hilfe gleich zu Beginn einer Prüfung entschieden werden kann, ob ein sinnvoller Einsatz möglich ist. Dazu zählt die Absturzsicherheit eines Programms. Neigt es zu Abstürzen oder reagiert es unvorhersehbar auf Fehlbedienungen (zumindest für ungeübte Benutzer, wie dies Praktikanten oft sind), ist von einem Einsatz im Praktikum abzuraten. Einen weiteren Punkt könnte man mit Themenrelevanz umschreiben. Das Programm darf für die gestellte Aufgabe nicht zu komplex sein. Bei einem Einsatz im Anfängerpraktikum (mit meist noch unerfahrenen Studenten) verbietet sich der Einsatz komplexer Softwarepakete, während er im Fortgeschrittenenpraktikum durchaus sinnvoll ist. Dieser Komplex wird noch ausführlich in Kap. 15 diskutiert, weshalb er hier nur kurz angerissen werden soll.

Programm. Ein weiteres wichtiges Kriterium ist die Gestaltung des Programms selbst. Dazu zählen vor allem folgende Punkte:

- **Gestaltung der Benutzeroberfläche.** Eine gut gestaltete Benutzeroberfläche zeichnet sich vor allem durch Übersichtlichkeit aus. Dazu zählt auch, daß die einzelnen Menüeinträge durch entsprechende Farbgebung und Schriftwahl gut lesbar sind und z.B. farblich hervorgehoben wird, welche Menüpunkte momentan nicht anwählbar sind (z.B. eine Auswertung, wenn noch keine Daten vorliegen). Die Beschriftung der einzelnen Menüpunkte sollte so sein, daß der Student das Programm weitgehend ohne Studium der Anleitung benutzen kann. Eine physikalische Korrektheit der verwendeten Begriffe versteht sich von selbst.
- **Dialogführung.** Neben der o.g. richtigen Wahl der Begriffe fällt unter diesen Punkt auch die Logik in der Abfolge der Menüpunkte. Müssen zwei Tätigkeiten nacheinander ausgeführt werden, sollten die entsprechenden Menüpunkte auch nacheinander auftreten. Trotzdem darf auch in diesem

---

[1] Akademische Software Kooperation; Universität Karlsruhe

Punkt der Ablauf nicht automatisiert werden (natürlich kommt nach einer Messung die Auswertung, aber möglicherweise will man mehrfach messen bevor man sich für die Auswertung der Daten entscheidet).

Der Menübaum sollte so strukturiert sein, daß man jederzeit in einem Schritt zurück zum Hauptmenü gelangen kann.

Bei Eingabedialogen müssen unsinnige Werte zurückgewiesen werden. Es sollte auch darauf geachtet werden, ob versehentliche Reaktionen ausgelöst werden können (z.B. Verlassen des Dialoges durch Drücken der <ENTER> Taste nach Eingabe eines Wertes, obwohl mehrere Werte erwartet wurden).

Zum Schluß sollte man die Punkte Schnelligkeit (oder Umständlichkeit) der Dialogführung und die Verfügbarkeit einer online-Hilfe nicht vergessen. Zur Schnelligkeit der Dialogführung zählt auch, daß Werte zwischen einzelnen Programmteilen soweit sinnvoll übernommen werden und Parametersätze auch abgespeichert bzw. neu geladen werden können.

- **Dokumentation.** Gerade im Anfängerpraktikum ist es wichtig, eine kurze Dokumentation des Programms zur Verfügung zu haben. Sie muß in einer allgemeinverständlichen Form die Benutzung des Programms erklären, auf verwendete Algorithmen eingehen und eventuell auf die Grenzen der Einsetzbarkeit hinweisen.

Experimentalteil. Für den Experimentalteil des Programms gelten zunächst auch viele Punkte, die bereits unter der Dialogführung angesprochen wurden. Es muß ein roter Faden erkennbar sein, die Führung darf aber nicht so starr sein, daß keine Variationsmöglichkeiten existieren. Der Student muß die Möglichkeit haben, vom in der Versuchsanleitung beschriebenen Ablauf abzuweichen und eigene Ideen zu verwirklichen.

Die Meßwerterfassung muß durchschaubar sein. Der Student muß die Möglichkeit haben, Fehler zu erkennen und zu korrigieren. Er muß auch die Meßgenauigkeit abschätzen können (z.B. Auflösung der A/D-Wandler, Einfluß der Meßintervalle). Gegebenenfalls muß er auf die Notwendigkeit einer Eichung (auch wenn dies mehr didaktische als praktische Gründe hat) hingewiesen werden.

Die Darstellung der Meßwerte muß ebenfalls verständlich sein. Wie wird aus dem gemessenen Wert der dargestellte Wert gewonnen (Skalierung, Umrechnungen etc.)? Es sollte die Möglichkeit bestehen, die gemessenen Werte nicht nur in grafischer Form darzustellen (wobei die Skalierung veränderbar sein sollte), sondern sie auch in Tabellenform anzusehen.

Zum Schluß sind die Auswerte- und Dokumentationsmöglichkeiten zu bewerten. Sind solche intern vorhanden, ist zu entscheiden, ob sie dem Problem angemessen sind. Auf jeden Fall sollte aber auch die Möglichkeit bestehen, die Daten in einem gängigen Format (z.B. ASCII) abzuspeichern, um sie mit externen Programmen weiterzuverarbeiten.

Als letztes Kriterium sollte man sich noch die Hardwareanforderungen ansehen. Je spezieller diese sind, um so größer sind die Probleme, wenn man

das Programm in einer anderen Umgebung einsetzen will. Dies gilt nicht nur
dann, wenn man das eigene Programm weitergeben möchte, sondern auch
dann, wenn am bestehenden Experiment eine Komponente ausgetauscht werden muß.

Eine Diskussion aller Punkte des Kriterienkatalogs in [3.9] würde den Rahmen des Buches sprengen. Die angesprochenen Punkte sollen einerseits zeigen, worauf man bei der Entwicklung eigener Programme achten sollte, und
andererseits die Beurteilung bestehender Programme erleichtern. Mit ihrer
Hilfe sollte es auch möglich sein, den im Anhang abgedruckten vollständigen
Katalog zu verstehen.

3.6 Anmerkungen zur Praktikumsanleitung

Beim Verfassen einer Praktikumsanleitung steht man vor dem Problem, daß
man den Studenten eine möglichst umfassende Information an die Hand geben möchte, diese aber keineswegs den Umfang eines Lehrbuches erreichen
kann. Es ist also wichtig, nur grundlegende Informationen zu übernehmen
und den Studenten Wege aufzuzeigen, auf denen sie sich weiterführende Informationen beschaffen können (nicht nur Literaturhinweise vom Lehrbuch
bis zu einzelnen Artikeln, sondern z.B. auch Hinweise zur Computerliteratur-
recherche).

Struktur einer Praktikumsanleitung. Neben dem Inhalt ist auch die
Struktur einer Praktikumsanleitung mit entscheidend dafür, wie das entsprechende Experiment bei den Studenten angenommen wird. Anhand einer
Sammlung von etwa zehn Versuchsanleitungen verschiedener Physikfachbe-
reiche wurde untersucht, wie diese heute typischerweise aussehen [3.9]. Darauf
aufbauend wurde eine Musteranleitung erstellt, die dann Praktikumsteilneh-
mern vorgelegt wurde. Ihre Kritik sowohl an bestehenden, als auch an der
Musteranleitung floß in die folgenden Vorschläge für eine sinnvolle Struktur
einer Praktikumsanleitung mit ein (sie kommt in dieser oder ähnlicher Form
bereits an mehreren Physikfachbereichen zum Einsatz):

1. Frage- bzw. Aufgabenstellung des Versuchs
2. Zum Verständnis des Versuchs nötiges Wissen

   a) Theorievorwissen
   b) Versuchsaufbau
   c) Literaturhinweise

3. Zur Versuchsdurchführung nötiges Wissen

   a) Meßprogramm
   b) Hinweise zur Gerätebedienung
   c) Hinweise zur Programmbedienung

4. Hinweise zur Auswertung

5. Anhang

    a) Spezielles (wie z.B. Farbcodes auf Widerständen etc.)
    b) Programmbeschreibung
    c) weitere Literaturhinweise

Formale und inhaltliche Anforderungen. Folgenden Anforderungskatalog kann man an eine derzeit existierende Praktikumsanleitung stellen:

1. Allgemeine formale und sprachliche Anforderungen

    a) Die Sprache muß einfach aber präzise sein.
    b) Die Anleitung sollte nur das Wesentliche enthalten und nicht ausschweifen.
    c) Sie sollte begrifflich eindeutig und logisch strukturiert sein (z.B. wie oben gezeigt).

2. Allgemeine inhaltliche Anforderungen

    a) Sie soll den Sinn und das Ziel des Versuchs verdeutlichen.
    b) Sie soll die Erwartungen bzgl. der Hauptlernziele deutlich machen.

3. Fachspezifische Anforderungen

    a) Die Bedeutung des Versuchs im physikalischen Zusammenhang muß deutlich werden.
    b) Dem Studenten muß klar werden, welches Wissen von ihm vor Versuchsbeginn erwartet wird.
    c) Die zu erledigende Aufgabe muß beschrieben und das zu erwartende Arbeitsprogramm erkennbar sein. Dazu zählen auch Hinweise, wo und wie evtl. Zeit gespart werden kann oder warum eine bestimmte Reihenfolge im Ablauf sinnvoll ist.
    d) Auf mögliche Probleme sollte hingewiesen werden, um Zeitverluste oder die Beschädigung von Geräten zu vermeiden.
    e) Auf den verwendeten Versuchsaufbau und die Geräte sollte, falls nötig, eingegangen werden.
    f) Hinweise, wie weitere Informationen zu dem Versuch beschafft werden können, müssen vorhanden sein.

3.7 Protokollheft

Zum Abschluß dieses Kapitels soll noch auf das Thema Protokollheft eingegangen werden.

Selbst im Zeitalter des Computers steht außer Frage, daß ein Protokollheft geführt werden muß. Auch über dessen dreiteilige Struktur (kurze Zusammenfassung von Theorie und Meßtechnik, Protokoll der eigentlichen Messungen und Auswertung) besteht sicher Einigkeit. Große Unsicherheit besteht aber darin, in welchem Umfang der Computer bei der Erstellung eingesetzt werden soll.

Auf diese Frage gibt es keine einfache und allgemeingültige Antwort. Darum können hier nur einige Hinweise gegeben werden, worauf zu achten ist.

Textverarbeitung. Vor allem in den Anfängerpraktika gibt es immer wieder Studenten, die mit Textverarbeitungsprogrammen noch wenig Erfahrung haben. Darum sollte man hier eher auf den Computereinsatz verzichten. Später ist es dann keine Frage, daß Textverarbeitung eingesetzt wird, schon allein deswegen, weil die Studenten es von sich aus fordern und die entsprechenden Kenntnisse für die spätere Veröffentlichung ihrer Ergebnisse (z.B. Diplomarbeit) ohnehin benötigen.

Der Einsatz der Textverarbeitung beinhaltet allerdings zwei Probleme:

1. Das Kopieren von Vorgängerversionen wird erheblich vereinfacht. Hier sind die Betreuer gefordert, diesen Mißbrauch der Datenverarbeitung zu verhindern.
2. Die Studenten neigen dazu, wesentlich mehr Zeit auf das Layout, als auf die physikalischen Inhalte zu verwenden[2].

Versuchsdurchführung. Wird bei der Versuchsdurchführung ein Computer zur Datenerfassung eingesetzt, besteht kein Grund, die so gewonnenen Daten nicht in Tabellenform oder als Grafik auszudrucken und in das Protokollheft zu übernehmen.

Dies führt aber allzuoft dazu, daß Studenten meinen, damit den Versuchsablauf genügend protokolliert zu haben. Sie vergessen selbst gravierende Ereignisse, wie z.B. eine notwendige Nacheichung oder gar einen Programmabsturz zu vermerken; ganz zu schweigen davon, andere Parameter zu notieren, die ihre Ergebnisse möglicherweise beeinflussen könnten, aber vom Programm nicht abgefragt werden.

Umgekehrt kann so aber auch der kritische und verantwortungsbewußte Umgang mit dem Computer eingeübt werden.

Auswertung. Der Einsatz des Computers bei der Auswertung der Meßdaten, selbst wenn diese nicht in elektronischer Form vorliegen, steht außer Frage. Trotzdem gibt es einige Punkte die beachtet werden sollten:

- Abgesehen von wenigen Ausnahmen (z.B. Fouriertransformation im Anfängerpraktikum) müssen die Studenten mit den mathematischen Methoden vertraut sein. Dazu zählt auch, daß sie die Ergebnisse zusammen mit den ermittelten Fehlergrenzen richtig interpretieren können.

---

[2] Im Fortgeschrittenen Praktikum in Kaiserslautern wurden schon Ausarbeitungen von nahezu 100 Seiten Umfang abgegeben, was zunächst zu Überlegungen führte, den Einsatz von Textverarbeitungsprogrammen in diesem Praktikum generell zu verbieten. Schließlich genügte der eindringliche Hinweis der Praktikumsleitung, daß der **Inhalt** der Ausarbeitung, nicht aber deren Aussehen (von Ausnahmefällen abgesehen) bewertet würden, diese Mißstände abzustellen.

- Den Studenten muß klar sein, daß es Dinge gibt, die schneller von Hand, als bei Verwendung des Computers erledigt sind (z.B. die Überprüfung der Linearität einer Kennlinie, die aus wenigen Meßpunkten besteht). Gegebenenfalls müssen die Betreuer dies durch entsprechende Hinweise verdeutlichen.

- Wird eine Grafik von Hand erstellt, fällt ein abweichender Meßwert sofort auf, und die Studenten denken automatisch darüber nach, in welcher Weise dieser das Ergebnis beeinflußt und ob er evtl. unberücksichtigt bleiben muß. Ebenso wird darüber nachgedacht, was zu der Abweichung geführt haben könnte. Erstellt der Computer die Grafik, werden solche Ausreißer nur allzuleicht übersehen. Den Studenten muß also der Blick dafür geschärft werden.

Zusammenfassend sollte der Computer bei der Erstellung eines Protokollheftes im Anfängerpraktikum eher sparsam eingesetzt werden. Im Gegensatz dazu hat er im Fortgeschrittenen Praktikum durchaus seine Berechtigung. Immer muß aber darauf geachtet werden, daß der physikalische Inhalt des Experiments im Vordergrund steht, nicht ein perfektes Layout der Ergebnisse.

3.8 Zusammenfassung

Der erste Teil dieses Buches befaßt sich mit den grundsätzlichen Fragen, die beim Einsatz eines Computers im Praktikum auftreten. Zunächst wird untersucht, wie ein Praktikum, in dem moderne Meßtechnik zum Einsatz kommt, aussehen sollte. Danach stellt sich die Frage, wie diese Meßtechnik die klassischen Lernziele eines Praktikums verändert. Im letzten Kapitel dieses Teils folgen didaktische Hinweise, die dem, der ein neues Praktikumsexperiment konzipiert, helfen sollen, Fehler zu vermeiden.

Es zeigt sich, daß der Computer im Praktikum eingesetzt werden muß, allerdings in Maßen; nach Meinung der Autoren sollte maximal ein Viertel aller Versuche mit einem Computer ausgestattet sein, um auch noch genügend konventionelle Meßtechnik vermitteln zu können. Dies ist auch unter dem Gesichtspunkt wichtig, daß der Computereinsatz neue Lernziele für das Praktikum mit sich bringt, ohne daß die klassischen ihre Bedeutung verlieren würden. Dabei darf nicht übersehen werden, daß auch weiterhin die Physik und das Erlernen des Experimentierens das wichtigste in einem physikalischen Praktikum bleiben, was bedeutet, daß spezielle Kenntnisse über den Computer in diesem Rahmen nicht vermittelt werden können. Dies bleibt auch weiterhin die Aufgabe eigener Lehrveranstaltungen; wie eine solche aussehen kann, ist im letzten Teil des Buches geschildert.

Zum Schluß soll nicht verschwiegen werden, daß neben den grundsätzlichen Problemen, zu deren Lösung dieses Buch betragen soll, noch weitere, nur lokal zu überwindende Hürden existieren:

- Wie ist die Akzeptanz des Computereinsatzes bei Dozenten und Betreuern?
- Soll man bestehende Experimente umrüsten oder völlig neue aufbauen?
- Da der zeitliche Umfang der Praktika gleich bleiben muß, stellt sich im letzteren Fall die Frage, welches Experiment zugunsten des neuen entfallen soll.
- Die Intervalle, innerhalb derer bei computerunterstützten Experimenten eine grundlegende Erneuerung von Hard- und Software nötig sind, sind erheblich kürzer als dies bei klassischen Versuchen war. Stehen die nötigen Personal- und Sachmittel zur Verfügung?
- Auch zur alltäglichen Wartung wird genügend qualifiziertes Personal benötigt. Steht es zur Verfügung?

Bei genügend gutem Willen aller Beteiligten (z.B. bei der Verteilung von Finanzmitteln) sind die genannten Hürden sicherlich zu überwinden.

Langfristig gesehen wird sich der Computereinsatz im Praktikum verstärken, ohne jedoch die klassischen Methoden völlig zu verdrängen. Eine Triebfeder dabei wird die Erkenntnis sein, daß nur auf der Basis guter moderner Praktika optimal ausgebildete Studenten in den Labors gute Forschungsarbeit leisten können. Hinzu kommt der zunehmende Konkurrenzkampf der Universitäten untereinander. Im Zeitalter des World Wide Web informieren sich die Studenten vorab bundesweit über die angebotenen Studiengänge. Dabei wird auf Dauer nur der Studienstandort Bestand haben, der unter anderem ein attraktives Studienangebot und attraktive Praktika vorzuweisen hat.

Teil II

Computerunterstützte Experimente im Praktikum

In diesem Teil des Buches wird anhand der Beschreibung einiger konkreter Praktikumsexperimente exemplarisch gezeigt, wie man den Computer sinnvoll im Praktikum einsetzen kann. Es wird im Detail auf den Aufbau der einzelnen Experimente eingegangen. Damit es dem Leser möglich ist, sie bei Bedarf nachzubauen, wird vor allem die Sensorik sowie das zum Einsatz kommende Computerprogramm beschrieben. Die Beschreibung der Aufgabenstellung der Studenten und, wenn nötig, eine kurze Einführung in die zugrunde liegende Physik darf natürlich auch nicht fehlen. Damit ist dieses Buch sicherlich nicht nur für Praktikumsleiter interessant, sondern es wendet sich auch an Studenten, die gerade ihr Praktikum durchführen und eventuell an einem solchen Experiment arbeiten.

Man kann die Einsatzmöglichkeiten von Computern in Praktika generell in zwei Kategorien einteilen:

1. Soll der Computer sowohl Daten erfassen, als auch das Experiment ganz oder teilweise steuern, wird man meist ein Programm benötigen, das speziell auf das jeweilige Experiment zugeschnitten ist. In diesem Fall kann man auch ganz gezielt bestimmte Aspekte der Auswertung integrieren.

2. Im zweiten Fall dient der Computer als universelles Meßgerät, das – ähnlich einem Oszilloskop – an sehr vielen völlig verschiedenen Experimenten zum Einsatz kommen kann. Dieser Fall ist aber nur realisierbar, wenn man auf gezielte Experimentsteuerung verzichtet und sich auf die reine Datenerfassung beschränkt. Je allgemeiner das Programm in diesem Fall gehalten ist, um so breiter wird die Palette der Anwendungsmöglichkeiten sein. Es verbietet sich hier von selbst, in das Programm spezielle Auswertungsmöglichkeiten einzubauen. Vielmehr werden dem Programm spezielle Module nachgeschaltet, die gezielt der jeweiligen Anforderung entsprechend die Auswertung durchführen können.

In den folgenden Kapiteln finden sich detaillierte Beispiele für beide Einsatzmöglichkeiten, anhand derer man diese Unterschiede klar vor Augen sieht.

4. Kräftemessung mit Dehnungsmeßstreifen und *SURFTREC*

Dehnungsmeßstreifen werden seit vielen Jahren in der Technik eingesetzt, um kleine Längenänderungen und, unter Ausnutzung des Hookeschen Gesetzes, Kräfte zu messen. Um so erstaunlicher ist es daher, daß diese weitverbreitete und vergleichsweise billige Meßtechnik noch kaum Eingang in die praktische Physikausbildung gefunden hat. Da als Meßsignal direkt eine elektrische Spannung zur Verfügung steht, bietet sich auch die Verarbeitung mit einem Computer an.

Als einführendes Experiment in das Themengebiet Dehnungsmeßstreifen kann man folgenden Aufbau verwenden:
Man befestigt an der Masse eines Pendels eine Glühbirne. Diese verschaltet man als einen der Widerstände einer Wheatstoneschen Brücke. Zunächst gleicht man die Brückenschaltung bei ruhendem Pendel ab. Regt man das Pendel dann zu Schwingungen an, kann man beobachten, daß sich die Spannung, die über der Brücke abfällt, periodisch mit der Pendelbewegung ändert.

Dieses auf den ersten Blick verblüffende Ergebnis laßt sich damit erklären, daß der Glühfaden der Lampe unter dem Einfluß der wirkenden Fliehkraft seine Länge und damit auch seinen Widerstand ändert. Genau dies ist auch das Prinzip eines Dehnungsmeßstreifens.

Im Rahmen des folgenden Kapitels werden Experimente beschrieben, die unter Verwendung von Dehnungsmeßstreifen durchgeführt werden. Natürlich kann in diesem Zusammenhang jedes Programm, das die Werte eines A/D-Wandlers lesen und bearbeiten kann, zum Einsatz kommen. In diesem Kapitel wird diese Aufgabe meist von dem Programm *SURFTREC* übernommen, welches speziell für diese Anwendung entwickelt wurde. Da dieses Programm ein kommerzielles Interface (*CASSY* der Firma Leybold) anspricht, wird bei einigen Beispielen auch auf die Benutzung der dort mitgelieferten Software zurückgegriffen.

4.1 Das Programm *SURFTREC*

Das Programm *SURFTREC* (**SURF**ace **T**ension **REC**ording) wurde ursprünglich entwickelt, um mit Hilfe von Dehnungsmeßstreifen die Oberflächenspannung von Flüssigkeiten zu messen. Es bietet diese Möglichkeit als eigenen Menüpunkt immer noch, allerdings wurden inzwischen einige Erweiterungen eingebaut, so daß das Programm universeller einsetzbar ist. Es kann heute als allgemeines Werkzeug zur Kräftemessung mit Hilfe von Dehnungsmeßstreifen angesehen werden.

4.1.1 Die Programmbedienung

Nach dem Start des Programms erscheint sofort der Arbeitsbildschirm. Man erkennt schon hier die wesentlichen Bedienungsmerkmale des Programms, da Wert auf eine möglichst einfache Benutzerführung gelegt wurde. Der Ar-

Abb. 4.1. Das Hauptmenü aus dem Arbeitsbildschirm des Programms *SURFTREC*

beitsbildschirm ist in vier Bereiche aufgeteilt. Links oben im größten Fenster werden die Meßdaten grafisch dargestellt. Im rechten oberen Fenster findet man die Menüs zur Programmbedienung, z.B. das in Abb. 4.1 dargestellte Hauptmenü. Im linken unteren Fenster befinden sich je nach Situation weitere Bedienelemente, wie z.B. Eingabemasken, oder dem Benutzer werden wichtige Werte bei der Auswertung angezeigt. Rechts ist der Programmname und die Versionsnummer zu finden. Alle Menüpunkte können sowohl mit der Maus als auch mit Tastaturkürzeln (beim jeweiligen Menüpunkt mit angegeben) aktiviert werden. Folgende Menüpunkte finden sich im Hauptmenü:

Eichung. Da das Programm mit allen denkbaren Dehnungsmeßstreifen zusammenarbeiten soll, unabhängig davon, welche speziellen Kennlinien diese haben, muß die Möglichkeit zu einer Eichung bestehen. Im Praktikumseinsatz soll den Studenten außerdem die Notwendigkeit einer Eichung vor Augen gehalten werden. Darum wurde dieser Punkt ins Hauptmenü aufgenommen. Man gelangt über ihn in ein Untermenü, wo die Eichmessung durchgeführt oder eine bereits bestehende Eichmessung zu einem bestimmten Dehnungsmeßstreifen aus einer Datei geladen werden und die gemessenen Werte nach der Eichung auch in einer Datei gespeichert werden können.

Zur Durchführung der Eichung wird der Dehnungsmeßstreifen mit verschiedenen Kräften (z.B. durch Anhängen von Massestücken) belastet; es können maximal 20 Meßpunkte aufgenommen werden. Bei jeder Einzelmessung wird dazu aufgefordert, die am Meßstreifen angreifende Kraft einzugeben. Anschließend mißt der Computer die Spannung am Dehnungsmeßstreifen (eigentlich die an einer Brückenschaltung abfallende Spannung, vgl. Abb. 4.2) und trägt den entsprechenden Punkt ins Datenfenster ein. Ein Eigengewicht der Meßanordnung (Tara) kann dadurch berücksichtigt werden, daß eine Messung ohne angreifende Kraft, aber mit angebrachter Meßanordnung durchgeführt wird. Man gibt dann die Kraft 0 N ein.

Waage. Wird dieser Menüpunkt angewählt, so ersetzt das Programm einen üblichen Kraftmesser. Im Datenbildschirm erscheint eine Skala, an der ein Pfeil die jeweils am Dehnungsmeßstreifen angreifende Kraft anzeigt. Man kann dabei wählen, ob jede einzelne Messung angezeigt werden soll (der zeitliche Abstand der einzelnen Messungen ist abhängig von der Geschwindigkeit der verwendeten Hardware) oder ob über eine frei wählbare Zahl von Messungen gemittelt werden soll.

Der Menüpunkt *Waage* kann benutzt werden, um zu kontrollieren, ob die Eichung noch stimmt, aber um Messungen qualitativ zu zeigen.

Meßreihe. Dieser Menüpunkt wird gewählt, um die eigentliche Messung durchzuführen. Das erscheinende Menü enthält neben den üblichen Punkten zum Laden und Speichern der Messungen sowie den Punkten zum Starten und Beenden einer Meßreihe den Punkt *Parameter*. Hier kann gewählt werden, in welchem zeitlichen Abstand die Messungen erfolgen sollen und über wieviele Meßwerte gemittelt werden soll.

Ein weiterer wichtiger Punkt, der dieses Programm sehr universell einsetzbar macht, kann unter diesem Menüpunkt angewählt werden: man kann entscheiden, ob die Meßdatenerfassung in Form eines X-t oder X-Y Schreibers erfolgen soll. Im ersten Fall stellt die Abszisse eine Zeitachse dar, im zweiten Fall wird dort eine weitere Spannung aufgetragen. So kann man einerseits Messungen durchführen, bei denen nur der zeitliche Verlauf von Interesse ist, andererseits auch solche, bei denen zwei voneinander abhängige Größen gemessen werden. Prinzipiell ist es somit denkbar, das Programm als computergestützten X-Y Schreiber zu verwenden.

Auswerten. Unter diesem Menüpunkt findet die Auswertung der Daten statt. Wieder gibt es die üblichen Dateioperationen *Speichern*, *Laden* und *Eichmessung laden*. Letzteres ist nötig, wenn man Daten nachträglich, d.h. nicht direkt nach einer Messung, auswerten möchte. Die Möglichkeit, die Darstellung beliebig zu skalieren, besteht ebenso wie die Wahl, ob die Y-Achse in Newton oder Volt geeicht sein soll.

Zur Auswertung wird ein Koordinatenkreuz eingeblendet, das man mit der Maus entlang der Meßpunkte führen kann. Die zugehörigen Meßwerte werden in einem eigenen Fenster angezeigt. Da das Programm ursprünglich zur Messung der Oberflächenspannung entwickelt wurde, besteht außerdem die Möglichkeit, zwei Meßpunkte gesondert zu markieren. Aus diesen beiden Punkten wird dann die zugehörige Oberflächenspannung berechnet. Auf diesen Punkt wird bei der Beschreibung von Meßbeispielen noch näher eingegangen.

Es sollte noch erwähnt werden, daß das Programm *SURFTREC* die Daten im ASCII-Format abspeichert. Damit besteht die Möglichkeit, sie mit zahlreichen anderen Programmen weiterzubearbeiten.

4.2 Die notwendige Hardware

Die notwendige Hardware besteht im Prinzip nur aus einem AD-Wandler, um die über einer Brückenschaltung abfallende Spannung zu messen. Das Programm *SURFTREC* benutzt das *CASSY*-Interface der Firma Leybold[1]. Da die zu erwartenden Widerstandsänderungen sehr klein sind, baut man sinnvoller Weise den Dehnungsmeßstreifen in eine Wheatstonesche Brückenschaltung ein und verstärkt die an der Meßbrücke abfallende Spannung zusätzlich. Abbildung 4.2 zeigt eine solche Schaltung.

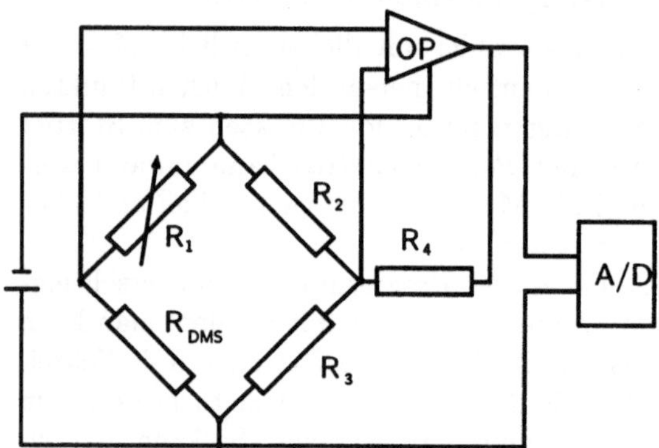

Abb. 4.2. Prinzip der Brückenschaltung (aus den Widerständen R_1–R_3) und R_{DMS} mit Verstärker OP, um die kleinen, über der Widerstandsbrücke abfallenden Spannungen mit dem A/D-Wandler (A/D) genauer messen zu können. R_{DMS} ist der sich ändernde Widerstand des Dehnungsmeßstreifens, den es zu messen gilt. Da hier nur einer der vier Widerstände in der Brückenschaltung durch einen Dehnungsmeßstreifen ersetzt ist, spricht man auch von einer Viertelbrücke

4.2.1 Die Dehnungsmeßstreifen

Einige kurze Hinweise zur Funktionsweise, Montage und Verschaltung der Dehnungsmeßstreifen sollen es dem interessierten Leser ermöglichen, selbst

---

[1] Will man *SURFTREC* nicht benutzen, kann man auch die zu *CASSY* gehörige Software zur Durchführung der Experimente benutzen. Dabei geht einzig die direkt im Programm *SURFTREC* integrierte Möglichkeit zur online Bestimmung der Oberflächenspannung verloren und für verschiedene Typen von Experimenten muß man eventuell verschiedene Softwaremodule von *CASSY* einsetzen.

Meßanordnungen aufzubauen, die wesentlich preisgünstiger als kommerziell erhältliche (typischer Preis z.Zt. ca. 1000.– DM) sind. Ein Dehnungsmeßstreifen kostet einige DM, Widerstände, Operationsverstärker und Stromversorgung zusammen sicher auch weniger als 50.– DM, die anderen Teile (z.B. Federstahl) findet man mit etwas Glück in einer Schrottkiste. So kann man den gesamten vorgestellten Aufbau für weniger als 100.– DM selbst aufbauen. Ein solcher Eigenbau hat neben dem enormen Kostenvorteil auch noch den Vorzug, daß man ihn so gestalten kann, daß dem Benutzer das Meßprinzip noch gezeigt werden kann, das bei einem gekauften Gerät in einem geschlossenen Gehäuse (Black-Box) verschwindet.

Funktionsweise der Dehnungsmeßstreifen. Dehnungsmeßstreifen bestehen im Prinzip aus einem langen Widerstandsdraht. Dieser ist mäanderförmig auf eine Kunststoffolie aufgebracht. Je nach Anwendungszweck gibt es verschiedene Bauformen, die entweder nur für Längenänderungen in einer Richtung oder in allen Richtungen sensitiv sind.

Greift eine Kraft am Dehnungsmeßstreifen an, ändert sich nach dem Hookeschen Gesetz dessen Länge l. Nach dem Ohmschen Gesetz $R = \rho l / A$ ändert sich damit auch der Widerstand R des Meßstreifens.[2] Haben alle vier in der Brückenschaltung verwendeten Widerstände den gleichen Widerstand und ist die Widerstandsänderung ΔR_{DMS} klein gegen den Widerstand R_{DMS} des Dehnungsmeßstreifens selbst (typisch $100\,\Omega$), so kann man leicht nachrechnen, daß sich für die Spannungsänderung ΔU an der Brücke ergibt:

$$\Delta U = \frac{1}{4} U_0 \frac{\Delta R_{\mathrm{DMS}}}{R_{\mathrm{DMS}}} = \frac{1}{4} U_0 k \varepsilon.$$

Damit ist die auftretende Spannungsänderung direkt proportional der anliegenden Spannung U_0 und vor allem der Längenänderung $\varepsilon = \Delta l / l$. Die Proportionalitätskonstante k wird vom Hersteller der Dehnungsmeßstreifen mit großer Genauigkeit angegeben. Typische Werte liegen bei ca. 2.[3] Natürlich muß man auch darauf achten, daß eine zulässige Maximaldehnung der Meßstreifen nicht überschritten wird, da dann der Hookesche Bereich, für den die gemachten Annahmen gelten, verlassen wird.

Montage der Dehnungsmeßstreifen. Im allgemeinen wird man die zu messenden Kräfte nicht am Dehnungsmeßstreifen selbst angreifen lassen, sondern man wird den Streifen auf dem Material, an dem die Kräfte angreifen, montieren und die Längenänderung dieses Materials messen. Damit liegt auf

---

[2] Die minimale Änderung der Querschnittsfläche A des Drahtes kann vernachlässigt werden und der spezifische Widerstand ρ des Materials ändert sich bei Dehnung (in erster Näherung) nicht.

[3] Seit einiger Zeit gibt es auch Halbleiter-Dehnungsmeßstreifen, deren k-Wert deutlich höher (150 - 200) liegt. Deren Funktionsweise ist allerdings völlig anders und für den Lernenden weit weniger zu durchschauen. Sie beruht auf der Änderung der Elektronenbeweglichkeit bei Dehnung bzw. Stauchung. Auf sie soll hier nicht weiter eingegangen werden.

der Hand, daß es von den dessen Eigenschaften abhängt, wie groß ε ist. Speziell wenn es darum geht, Kräfte zu messen, wird man die Dehnungsmeßstreifen auf einer Blattfeder befestigen. Je nach Härte dieser Feder wird man mit dem gleichen Meßstreifen verschieden große Kräfte messen können. Abbildung 4.3 zeigt einen von uns verwendeten Aufbau, der es ermöglicht, durch Einsetzen verschiedener Federn den Meßbereich des Kraftmessers zu verändern. In Abb. 4.3 sind auch die Widerstände R_1 bis R_3 aus Abb. 4.2 durch Dehnungsmeßstreifen ersetzt. Es handelt sich hier um eine sogenannte Vollbrücke, die den Vorteil hat, daß bei geeigneter Verschaltung (im Detail in Abb. 4.4 gezeigt) einerseits die doppelte Empfindlichkeit gegenüber einer Viertelbrücke erreicht wird, andererseits werden temperaturbedingte Längenänderungen des Federmaterials kompensiert.

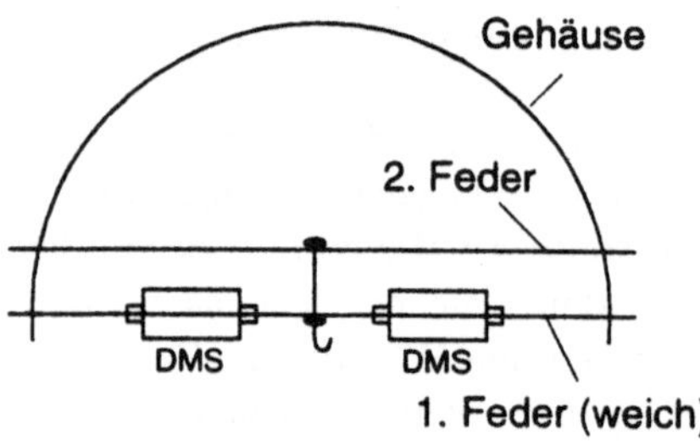

Abb. 4.3. Aufbau eines Kraftmessers mit variabler Empfindlichkeit. Auf der unteren Feder sind die Dehnungsmeßstreifen befestigt. Diese Feder ist relativ weich und bestimmt den empfindlichsten Meßbereich. Durch Einschieben weiterer Federn größerer Härte kann der Meßbereich zu höheren Kräften hin verschoben werden

Bei der dargestellten Version eines Kraftmessers handelt es sich um eine vergleichsweise aufwendige Konstruktion. Sie ist nur dann nötig, wenn man dasselbe Gerät für verschiedene Kräftebereiche einsetzen oder wirklich kleinste Kräfte (mN) messen will. Viele der weiter unten vorgestellten Experimente wurden mit einer einfachen, einseitig eingespannten Blattfeder durchgeführt, auf der nur ein Dehnungsmeßstreifen befestigt war.

Um die Dehnungsmeßstreifen auf der Unterlage zu befestigen, sollte man stets einen speziellen Kleber verwenden (beim Lieferanten der Meßstreifen, lokalen Elektronikläden oder dem entsprechenden Versandhandel nachfragen). Dieser ist sowohl auf die Dehnungsmeßstreifen als auch auf das Material der Unterlage abgestimmt und vermeidet ein Kriechen des Meßstreifens gegenüber der Unterlage.

Die Elektronik. Wie bereits erwähnt, ist es notwendig, die an der Brückenschaltung abfallende Spannung zu verstärken, um sie in einen für die Verarbeitung mit dem Computer brauchbaren Bereich zu bringen. Bei der Messung sehr kleiner Kräfte können dabei durchaus Verstärkungsfaktoren von 10^4 und mehr auftreten, die mehrstufige Verstärker notwendig machen. Bei unserem Aufbau hat es sich dabei bewährt, die erste Verstärkerstufe (den ersten OP) direkt ins Gehäuse der Meßstreifen zu integrieren. Eine möglichst kurze Zuleitung von der Meßbrücke zum Verstärker und ein Gehäuse aus Metall vermindern den Einfluß externer Störsignale weiter.

Bei der Messung solch kleiner Signale ist zu beachten, daß selbst die kleinen fließenden Ströme die Meßstreifen zunächst erwärmen, was zu einer Temperaturdrift führt. Erst einige Minuten nach dem Einschalten ist ein stationärer Zustand erreicht.

4.3 Experimente mit Dehnungsmeßstreifen

Bevor mit der Beschreibung der Experimente begonnen wird, ist ein Hinweis angebracht, der in diesem Buch immer wieder auftaucht, aber bei den folgenden Experimenten besonders angebracht ist. Gerade hier muß der Ausbildende sich fragen, welchen Vorteil der Einsatz des Computers bringt. Geht es nur darum, eine sich ändernde Spannung anzuzeigen, genügt ein Voltmeter und ist didaktisch allemal angemessener. Eine Messung der Oberflächenspannung im Praktikum, so wie hier geschildert, ist nur dann sinnvoll, wenn diese möglichst schnell erfolgen muß, weil verschiedene Einflüsse darauf untersucht, oder verschiedene Methoden verglichen werden sollen.

4.3.1 Messung der Oberflächenspannung und anderer kleiner Kräfte

Die Messung kleiner Kräfte (im mN-Bereich) war bisher experimentell sehr aufwendig. Gerade hier bildet der Einsatz von Dehnungsmeßstreifen in Verbindung mit dem Computer, unter Beachtung des eben gesagten, einen wesentlichen Fortschritt. Gleichzeitig ist es möglich, auch den zeitlichen bzw. funktionalen Verlauf (die Abhängigkeit der Kraft von einem weiteren Parameter) aufzuzeichnen.

Die Messung der Oberflächenspannung von Flüssigkeiten. Die hier vorgestellte Methode zur Bestimmung der Oberflächenspannung ist in [4.4] genauer beschrieben. Es handelt sich um die Abreißmethode. Hierbei wird ein Probekörper in die Flüssigkeit eingetaucht und beim Herausheben bildet sich eine Flüssigkeitshaut bekannter Länge aus. Aus der Kraft, die zum Herausheben nötig ist, kann man nach Gl. 4.1 die Oberflächenspannung bestimmen.

Bei unserer Version kam die Drahtbügelmethode (vgl. Abb. 4.4) zum Einsatz. Dabei taucht man ein aus Draht gebogenes Rechteck, dessen obere Kante mit der Länge l aus einem besonders dünnen Drahtfaden besteht, in die Flüssigkeit. Beim Herausheben des Bügels aus der Flüssigkeit haftet an diesem Faden eine Flüssigkeitshaut, die mit herausgehoben wird.

Bei der Durchführung des Experiments hat es sich dabei als günstig erwiesen, nicht den Drahtbügel hochzuheben, sondern die Flüssigkeit mit einem höhenverstellbaren Labortisch abzusenken. Dadurch werden entstehende Schwingungen weniger stark auf den Kraftmesser übertragen. Mißt man die

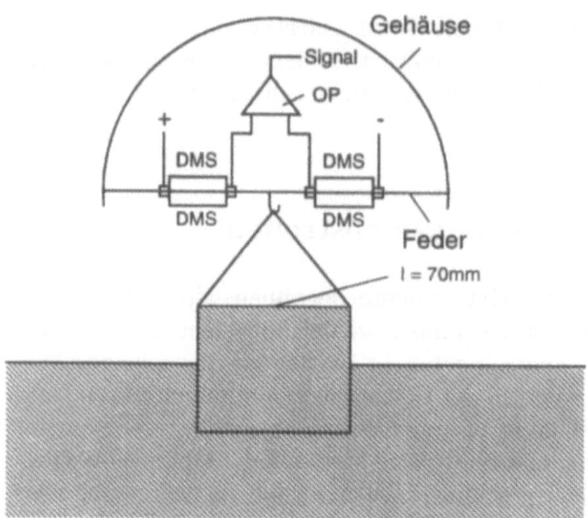

Abb. 4.4. Der Versuchsaufbau zur Messung der Oberflächenspannung von Flüssigkeiten mit der Abreißmethode. Hier ist die Drahtbügelmethode dargestellt. Anstelle des Drahtbügels könnte auch ein Hohlzylinder aus dünnem Blech verwendet werden

Kraft F im Augenblick des Abreißens der herausgehobenen Flüssigkeitshaut[4], so läßt sich mit Hilfe der bekannten Länge l der Flüssigkeitshaut die Oberflächenspannung σ nach der Formel

$$\sigma = \frac{F}{2l} \tag{4.1}$$

(vgl. [4.6, 4.2]) berechnen. Der Faktor 2 stammt daher, daß zwei Oberflächen (die Vorder- und Rückseite des Flüssigkeitsfilms) hochgehoben werden. Weitere Korrekturen, die die Geometrie des Drahtes berücksichtigen, können aufgrund der mit dieser Methode angestrebten Meßgenauigkeit von einigen Prozent vernachlässigt werden.

Abbildung 4.5 zeigt zwei Messungen, durchgeführt mit Hilfe des Programms *SURFTREC*. Zuerst wurde die Oberflächenspannung reinen Wassers gemessen, dann die Messung nach Zugabe von Seifenlauge wiederholt. Es ist deutlich zu erkennen, wie die Seifenlauge die Oberflächenspannung verringert. Für den Fall des reinen Wassers ergibt sich ein Wert von 70mN/m (Literaturwert 72.9 mN/m), für den der Seifenlauge 12mN/m (hängt stark von der Konzentration ab, deshalb kann kein Literaturwert angegeben werden).

Kräfte im elektrischen Feld. Eine weitere Möglichkeit des Einsatzes von Dehnungsmeßstreifen zur Messung kleiner Kräfte bietet das Gebiet der elektrostatischen Kräfte. Exemplarisch wird hier die Messung der Kraft, die zwei

---

[4] Eigentlich sollte der Kraftverlauf eine Rechteckfunktion sein, d.h. unabhängig von der Höhe des Heraushebens. Einflüsse der Drahtgeometrie und der Geschwindigkeit des Heraushebens beeinflussen aber besonders zu Anfang diese ideale Kurvenform. Danach ist die Kraft fast konstant (vgl. Abb. 4.5).

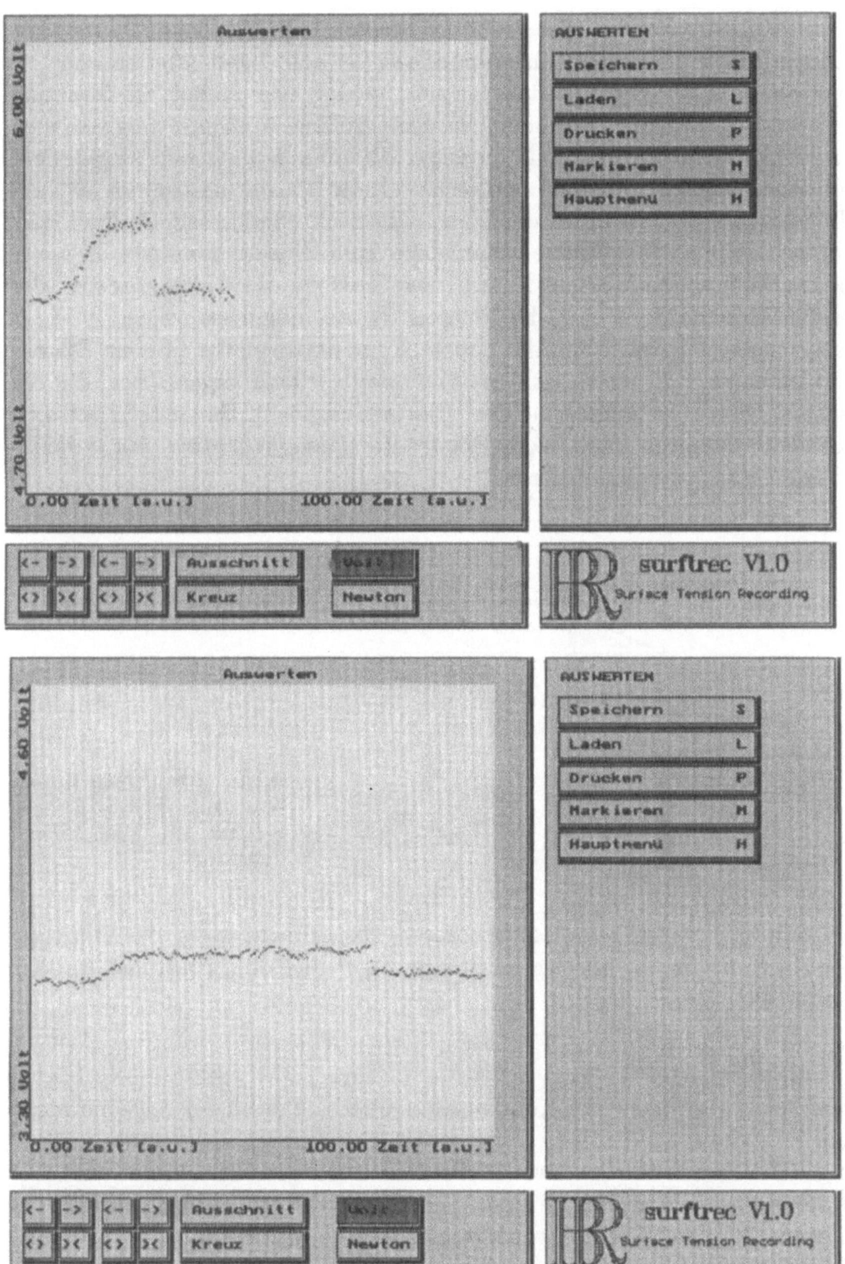

Abb. 4.5. Zwei Messungen der Oberflächenspannung von Wasser mit Hilfe des Programms *SURFTREC*. *Oben* eine Messung mit reinem Wasser, *unten* wurde Seifenlauge zugesetzt

Kondensatorplatten aufeinander ausüben, beschrieben. Die Entwicklung ähnlicher Experimente in diesem Zusammenhang sei dem Leser überlassen.

Auch bei diesem Themenkreis zeigt sich wieder, wie einfach die Messung wird, die mit klassischen Methoden nur mit großem Aufwand möglich war. Der Versuchsaufbau ist in Abb. 4.6 gezeigt. Über einer waagrecht angeordneten Kondensatorplatte befindet sich eine weitere Platte, die isoliert an dem in Abb. 4.3 gezeigten Kraftmesser hängt. Man sollte bei diesem Aufbau darauf achten, daß möglichst leichte Materialien zum Einsatz kommen, da sonst bereits zu Beginn der Messung durch das Gewicht der Meßapparatur der Hookesche Bereich der (wegen der kleinen Kräfte möglichst weichen) Feder verlassen wird. Ringförmig um die obere Kondensatorplatte (die im Durchmesser kleiner als die untere ist) ist eine zweite Platte angeordnet, die die unterschiedlichen Durchmesser beider Platten ausgleicht. Beide befinden sich auf gleichem Potential. Die äußere Platte dient lediglich dazu, Randeffekte des Kondensators zu kompensieren.

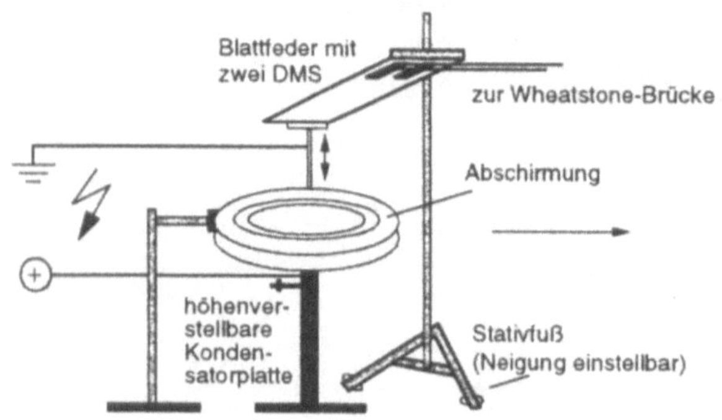

Abb. 4.6. Versuchsaufbau zur Messung von Kräften am Plattenkondensator

Die Aufgabe der Benutzer liegt bei diesem Experiment darin, die Abhängigkeit der Kraft F von der angelegten Spannung U und dem Plattenabstand d zu untersuchen:

$$F = \frac{1}{2} \cdot \varepsilon_0 \cdot A \cdot \frac{U^2}{d^2}.$$

Eine Variation der Fläche der Kondensatorplatten A erscheint dagegen nicht sinnvoll.

Zu diesem Zweck werden zwei Meßreihen durchgeführt: einmal wird bei konstantem Abstand der Kondensatorplatten die anliegende Spannung U (je nach Netzgerät etwa 0–10 kV) variiert, das andere Mal bei konstanter Spannung (möglichst hoch) der Plattenabstand d (zwischen $\approx$ 1 und 10 mm).

Abbildung 4.7 zeigt eine solche Meßreihe. Links die Messung bei konstantem Plattenabstand, rechts bei konstanter Spannung. Je nach Ausbildungsziel (z.B. Lehrerexperiment im Unterricht, bei dem der qualitative Zusammenhang im Vordergrund steht oder das Physikpraktikum, wobei ε_0 möglichst genau bestimmt werden soll) kann man nun die Aufarbeitung der Rohdaten

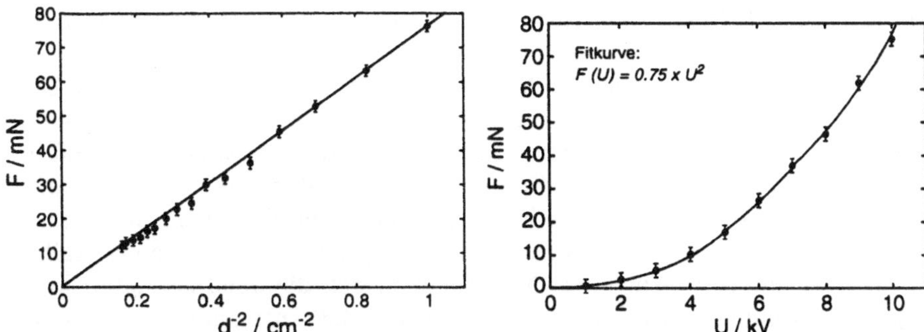

Abb. 4.7. Zwei Messungen zur Bestimmung der Dielektrizitätskonstanten ε_0. Bei der *linken* (linearisierten) Darstellung wurde der Plattenabstand d variiert, *rechts*, bei der nichtlinearisierten Darstellung die daran anliegende Spannung U

verschieden gestalten. Deshalb wurden bewußt in Abb. 4.7 zwei verschiedene Arten der Darstellung gewählt.

Es gibt verschiedene Ansichten darüber, welche Darstellungsart bei welcher Intention vorzuziehen ist. Die Autoren denken, daß es zunächst wichtig ist, die Erstellung eines Diagramms mit Bleistift und Papier zu erlernen. Dazu gehört auch die Erstellung linearisierter Darstellungen; dies vor allem mit dem Ziel, die Korrektheit computererstellter Grafiken beurteilen zu können. Anschließend muß der Lernende auch Erfahrungen mit den Werkzeugen sammeln, mit denen heute üblicherweise Grafiken erstellt werden. Hierbei sollte ein weiteres Ausbildungsziel darin bestehen, die Qualität von Ausgleichsrechnungen zu bewerten (vgl. Kap. 15).

Bei der linearisierten Darstellung in Abb. 4.7 ist es z.B. im Schulunterricht sinnvoller, völlig auf eine Ausgleichsrechnung zu verzichten, die Ausgleichsgerade nach „Augenmaß" einzuzeichnen und die zugehörige Geradengleichung mit Hilfe eines Steigungsdreiecks zu bestimmen. Selbst dann erhält man noch brauchbare Ergebnisse.

Führt man die Ausgleichsrechnung mit Hilfe des Computers durch, bieten einige Programme die Möglichkeit, eine Ausgleichsgerade für die linearisierte Darstellung zu berechnen. Es können aber auch, wie es in der rechten Darstellung in Abb. 4.7 zu sehen ist, die Meßwerte (sowohl die konstante Plattenfläche A und die angelegte Spannung U als auch der variierte Parameter Plattenabstand d) in die oben genannte Gleichung eingesetzt werden. Das Programm kann dann nur noch die gesuchte Konstante ε_0 anpassen und liefert sie direkt als Ergebnis der Rechnung. Beide Varianten liefern recht gute Ergebnisse. Für das links gezeigte Beispiel ergibt sich ein Wert von

$$\varepsilon_0 = 8,49 \cdot 10^{-12} AsV^{-1}m^{-1}.$$

Für die nichtlinearisierte Darstellung, bei der wohlgemerkt ein anderer Parameter (der Plattenabstand) variiert wurde, ergibt sich ein Wert von

$$\varepsilon_0 = 8,61 \cdot 10^{-12} AsV^{-1}m^{-1}$$

(Literaturwert: $8,8542 \cdot 10^{-12} AsV^{-1}m^{-1}$). Dies bedeutet eine Abweichung im Bereich weniger Prozent.

Zu einer Auswertung mit dem Computer gehört auch eine ausgiebige Diskussion der Fehler, die sich nicht darauf beschränkt, die Standardabweichung des Fits zu betrachten. So könnte man z.B. bei der Messung der Kraft in Abhängigkeit von der angelegten Spannung (bei konstantem Plattenabstand) überlegen, welcher systematische Fehler sich aufgrund des Meßprinzips (sich durchbiegende Blattfeder und sich damit ändernder Plattenabstand) ergibt.

Abschließend soll nicht unerwähnt bleiben, daß die oben gezeigten Messungen im Rahmen einer Staatsexamensarbeit [4.3] entstanden sind. Dabei wurden nicht nur verschiedene Einsatzmöglichkeiten von Dehnungsmeßstreifen untersucht, sondern auch, wie weit man ein Experiment vereinfachen kann, um immer noch brauchbare Ergebnisse zu erzielen. Dabei wurden sowohl der Kostenaspekt als auch der technische Aufwand, verbunden mit der Durchschaubarkeit der Methode und die Vorbereitungszeit berücksichtigt. So wurden viele der beschriebenen Messungen keineswegs mit der in Abb. 4.3 gezeigten aufwendigen Anordnung zur Messung der Oberflächenspannung durchgeführt, sondern oft kam nur ein einziger Meßstreifen zum Einsatz, der auf eine nur an einem Ende eingespannte Blattfeder geklebt war.

Weitere Beispiele zur Messung kleiner Kräfte mit Dehnungsmeßstreifen. Zum Abschluß des Themenkreises Messung kleiner Kräfte noch einige Anregungen, wo in diesem Zusammenhang sonst noch Dehnungsmeßstreifen eingesetzt werden können.

- **Kraft des elektrischen Feldes auf ein Dielektrikum.** In den Raum zwischen den Platten eines Kondensators (senkrecht stehende Platten) wird ein möglichst leichtes dielektrisches Material (z.B. Styropor) getaucht. Beim Anlegen der Spannung an den Kondensator kann eine Kraft auf das Dielektrikum gemessen werden, die versucht, das Material weiter in das Feld zwischen den Platten zu ziehen. Da die auftretenden Kräfte sehr klein sind (je nach Bedingungen einige 10–100 µN), dürfte dieses Experiment die Grenze dessen darstellen, was mit Dehnungsmeßstreifen im Praktikumsbetrieb noch meßbar ist.
- **Kraft auf eine Stromwaage.** Die hierbei auftretenden Kräfte sind zwar schon deutlich größer als die vorhergenannten, aber immer noch recht klein (einige N). Der Vorteil bei der Verwendung von Dehnungsmeßstreifen gegenüber der herkömmlichen Version mit der Federwaage liegt darin, daß die Meßwerte direkt mit dem Computer erfaßbar sind. Außerdem ist der Ausschlag der Stromwaage wesentlich kleiner (wenige mm) als bei der herkömmlichen Methode (einige cm), was zu besseren Meßwerten führt.
- **Magnetostatische Kräfte.** Neben den oben beschriebenen elektrostatischen können analog auch alle magnetostatischen Phänomene in gleicher Weise untersucht werden.

4.3.2 Messung von Kraftstößen

Ein sehr weites Anwendungsgebiet für Dehnungsmeßstreifen, das zudem mit herkömmlichen Methoden nur unter großem Aufwand untersucht werden konnte, bildet der zeitliche Verlauf von kurzen Kraftwirkungen, sogenannten Kraftstößen. Da diese auf einer Zeitskala von typischerweise einigen ms ablaufen, ist der Computer das ideale Hilfsmittel, um sie aufzuzeichnen und zu analysieren.

Die vorgestellten Experimente veranschaulichen dem Lernenden den in (4.2) dargestellten Zusammenhang

$$\Delta p = \int F(t)\mathrm{d}t, \tag{4.2}$$

zwischen Impulsänderung Δp und dem zeitlichen Verlauf der Kraft $F(t)$ beim Kraftstoß.

Der experimentelle Aufbau. Die praktische Durchführung der Experimente geschieht am besten mit Hilfe einer Luftkissenfahrbahn. Verwendet man zur Aufzeichnung des Kraftstoßes das Programm *SURFTREC*, muß man die Geschwindigkeit des Gleiters getrennt bestimmen, z.B. mit Hilfe der Duchfahrtszeit durch eine Lichtschranke. Hat man einen Bewegungsmeßwandler und ein Programm, das eine gleichzeitige Aufzeichnung zweier Kanäle erlaubt (z.B. *CASSY*) zur Verfügung, kann beides mit Hilfe des Computers aufgezeichnet werden.

Um eine reproduzierbare Geschwindigkeit des Gleiters zu erzielen, wird er in der üblichen Weise mit Hilfe eines Massestücks, das über Faden und Umlenkrolle mit ihm verbunden ist, beschleunigt. Die Ankopplung eines Bewegungsmeßwandlers kann in gleicher Weise geschehen.[5]

Der Kraftaufnehmer mit dem Dehnungsmeßstreifen wird so am Ende der Fahrbahn montiert, daß der Gleiter möglichst am gleichen Punkt anstößt, an dem die Kraft auch bei seiner Eichung angreift. Bei der Eichung wird analog, wie in Abschn. 4.1.1 beschrieben, vorgegangen.

Elastischer Stoß. Bei der Untersuchung des elastischen Stoßes tritt ein Fehler auf, der dadurch entsteht, daß die Feder des Kraftsensors nach dem Stoß nicht alle Energie abgibt. Sie neigt dazu nachzuschwingen, und die dazu nötige Energie stammt aus der Energie des Gleiters. Mißt man seine Geschwindigkeit mit Hilfe einer Lichtschranke, was mit vernünftigem Aufwand nur wahlweise auf dem Hin- oder Rückweg möglich ist, und nimmt an, daß die Impulserhaltung gilt also $\Delta p = 2 \cdot p_{\mathrm{hin}}$, so wird man das in (4.2) genannte Gesetz nur näherungsweise bestätigen können.

---

[5] Um die Untersuchungen nicht unnötig kompliziert zu gestalten, sollte die Geschwindigkeit des Gleiters vor dem Stoß konstant sein. Insgesamt sind dann also drei Massestücke nötig: eines zur Beschleunigung des Wagens, das irgendwann aufgefangen wird, womit die Phase der gleichförmigen Geschwindigkeit beginnt, eines, das den Faden über den Bewegungsmeßwandler gespannt hält und ein gleichgroßes zur Kompensation dieser Masse auf der Gegenseite.

Man kann diesen systematischen Fehler dadurch verhindern, daß man sowohl an der Feder als auch am Gleiter Magnete montiert und es gar nicht erst zum direkten Stoß kommen läßt, sondern die Kraft durch die Wechselwirkung der Magnete überträgt. Dies verändert zwar den zeitlichen Verlauf der Funktion $F(t)$, nicht aber die Gültigkeit des zu untersuchenden Gesetzes.

Eine weitere Variante des Experiments besteht darin, auf diesen Trick zu verzichten und die Aufgabe zu stellen, den Fehler zu diskutieren und zu untersuchen, wie er korrigiert werden könnte. Dies bietet sich gerade im Praktikum an, wo eines der Hauptlernziele darin besteht, solche Fähigkeiten zu entwickeln.

Abbildung 4.8 zeigt zwei Meßbeispiele zum elastischen Stoß. Die obere Abbildung zeigt eine Messung bei der die Feder nachschwingt, bei der unten wurde dies durch den Trick mit den Magneten verhindert. In beiden Fällen ist sowohl $\int F(t)\mathrm{d}t$ als auch Δp (bestimmt aus den Geschwindigkeiten vor bzw. nach dem Stoß) zu messen. Dabei erkennen die Studenten, daß im letzteren Fall beide gut Werte übereinstimmen, im vorherigen Fall ist $\int F(t)\mathrm{d}t$ – wie erwartet – zu klein. Integriert man über den dunkel unterlegten Teil der oberen Kurve und addiert diesen Wert zu $\int F(t)\mathrm{d}t$, stimmt die Summe fast wieder mit Δp überein. Dieser Teil der Kurve entspricht also dem Impulsverlust des Gleiters dadurch, daß die Feder zu Schwingungen angeregt wurde. Eventuell kann das Ergebnis noch weiter verbessert werden, indem man die erkennbare Dämpfung der Schwingung noch berücksichtigt. Ebenso ist es denkbar, die Studenten in einem Praktikum die unterschiedliche Art der Wechselwirkung bei beiden Messungen (direkt mechanisch oder indirekt magnetisch) und den Einfluß auf die Kurvenform diskutieren zu lassen.

Energiebetrachtungen. Benutzt man den experimentellen Aufbau, bei dem mit Hilfe eines Bewegungsmeßwandlers ständig auch die Geschwindigkeit registriert wird, kann man auch die Energieerhaltung in die Untersuchung mit einbeziehen. Interessant ist dabei nur der Zeitraum der Bewegung, während der der Stoß stattfindet und sich die Geschwindigkeit ändert.

Die kinetische Energie des Gleiters kann direkt aus seiner bekannten Masse und der gemessenen Geschwindigkeit ermittelt werden. Um die potentielle Energie, die in der Feder gespeichert wird, zu berechnen, muß zunächst aus der gemessenen Geschwindigkeit (durch Integration) der Biegeweg s der Feder berechnet werden. Eine weitere Integration der gemessenen Kraft F längs des Biegewegs liefert dann die potentielle Energie. Ein Vergleich der kinetischen Energie vor und nach dem Stoß liefert den Teil, der als Schwingungsenergie der Feder der Bewegung des Gleiters verloren geht. Dieser kann dann wieder in der eben beschriebenen Weise mit der potentiellen Energie, die der dunkel unterlegten Fläche in Abb. 4.8 entspricht, verglichen werden.

Inelastische Stöße. Die Untersuchung inelastischer Stöße kann mit dem gleichen Meßaufbau, wie oben beschrieben, erfolgen. Der einzige Unterschied besteht darin, daß der Aufprall des Gleiters auf den Kraftmesser durch ver-

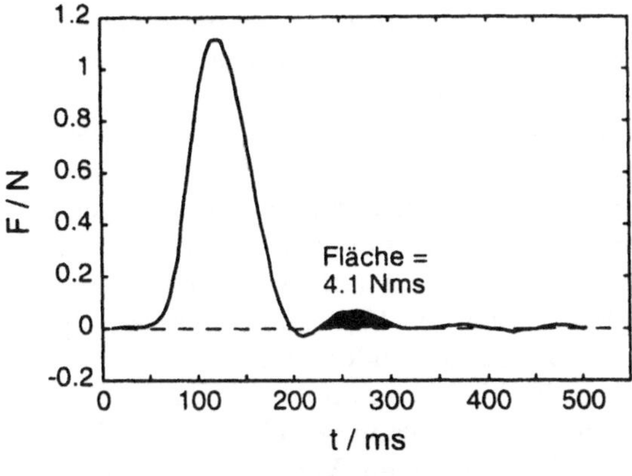

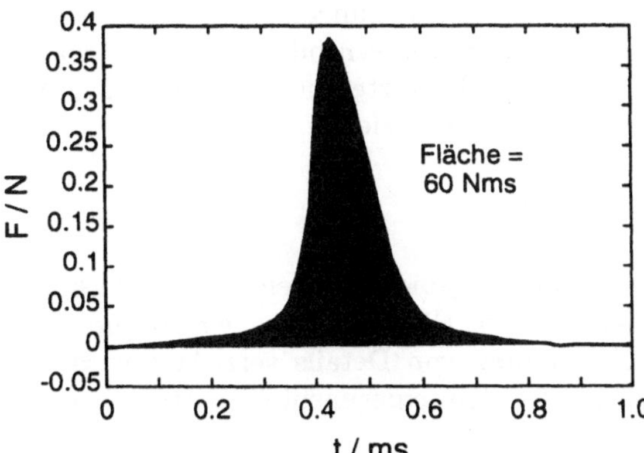

Abb. 4.8. Elastischer Stoß eines Luftkissengleiters mit einem Kraftaufnehmer. *Oben* schwingt die Feder des Kraftaufnehmers nach, *unten* wurde dies dadurch verhindert, daß Feder und Gleiter nicht direkt miteinander stoßen, sondern magnetisch miteinander wechselwirken (siehe Text). Der dunkel unterlegte Teil der Kurve *oben* entspricht dem Anteil der Energie des Gleiters, der als Schwingungsenergie nicht zurückgegeben wird

schiedene Materialien gedämpft wird. Dabei kann die Dämpfung von leicht (z.B. Watte) bis zum völlig inelastischen Stoß (Plastilin) variiert werden.

Bei der Auswertung können je nach Adressatengruppe die Schwerpunkte verschieden gesetzt werden. Im allgemeinen Unterricht werden wohl eher energetische Betrachtungen im Vordergrund stehen. In Projektarbeiten oder Praktika kann man einen Praxisbezug dadurch herstellen, daß man die Experimente als Simulation eines Crashtests betrachtet. Die auf den Körper des Fahrers wirkenden Kräfte sind abhängig einerseits vom Grad der Dämpfung (Stichwort Airbag), andererseits vom Weg, auf dem die Abbremsung erfolgt (Knautschzone). Letzteres kann durch verschieden harte Federn (bei ansonsten gleichen Aufbau) simuliert werden, wobei zu beachten ist, daß eine Knautschzone Energie umwandelt (fälschlicher Weise wird hier meist von „verzehren" gesprochen), währenddessen eine Feder sie aber nur zwischenspeichert. Diese Tatsache kann zu einem zusätzlichen Lerneffekt führen.

Verschiedene Arten von Wechselwirkungen. Wie bereits weiter oben angedeutet, kann man die Art der Wechselwirkung zwischen Kraftaufnehmer und Gleiter verändern. Läßt man beide direkt zusammenstoßen, wirkt einzig das Hookesche Gesetz, also ein lineares Kraftgesetz. Wechselwirken die beiden

Magnete miteinander, so gilt zusätzlich das Kraftgesetz für die gegenseitige Abstoßung der magnetischen Dipole ($\propto 1/r^3$). Außerdem ist zu beachten, daß zwei verschiedene Abstände eine Rolle spielen; im ersten Fall nur der Biegeweg s der Feder, im zweiten Fall zusätzlich der Abstand r zwischen Gleiter und Feder.

Man kann die unterschiedlichen Kraftverläufe rein phänomenologisch diskutieren. Die Kurve in Abb. 4.8 unten ist viel breiter (man beachte die unterschiedliche Skalierung!), weil die Wechselwirkung immer vorhanden ist und schon lange vor der eigentlichen Berührung den Kraftaufnehmer beeinflußt. Eine weitere Möglichkeit besteht darin, daß die Studenten die entsprechenden Gleichungen für die Kraftgesetze an die Meßdaten anpassen. Die Herleitung der zu lösenden Gleichungen ist nicht trivial. Darum besteht in einem Praktikum immer die Gefahr, daß diese einfach von einem Vorgänger übernommen werden. Hier stellt sich die Frage, ob es nicht sinnvoller ist, diese Herleitung einer anderen Lehrveranstaltung zu überlassen oder sie als optionalen Teil anzubieten und nur das Anfitten der Meßwerte und die Beurteilung des Ergebnisses in die Aufgabenstellung mit einzubeziehen.

4.3.3 Weitere Anwendungsbeispiele

Es gibt eine ganze Reihe weiterer Themengebiete, in denen Dehnungsmeßstreifen sinnvoll eingesetzt werden können. Hier sollen nur einige kurz aufgezeigt werden, wobei auf die Darstellung von Details verzichtet wird. Es sollte dem Leser trotzdem möglich sein, den experimentellen Aufbau selbst zu realisieren.

Das Biegeverhalten von Stäben. Das Biegeverhalten von Stäben wird bisher immer recht abstrakt eingeführt. Bei Begriffen wie z.B. der neutralen Faser wird mit der Anschauung argumentiert, ein experimenteller Nachweis der Behauptungen entfällt meist. Mit Hilfe von Dehnungsmeßstreifen ist es recht einfach möglich, auch solche Begriffe experimentell mit Leben zu erfüllen.

Der bei dem Experiment verwendete Stab besteht aus zwei Hälften. Bei einer Hälfte wird auf Ober- und Unterseite je ein Dehnungsmeßstreifen befestigt, bei der anderen nur auf einer (vgl. Abb. 4.9).

Mit Hilfe eines solchen Stabes kann man gut zeigen, wie die neutrale Faser entsteht: zunächst benutzt man nur die Hälfte, an der zwei Meßstreifen angebracht sind. Damit zeigt man, daß bei Belastung eine Seite gedehnt, die gegenüberliegende im gleichen Maß gestaucht wird. Verschraubt man beide Stabhälften (fest genug, damit sie sich nicht gegeneinander verschieben können!), kann man zeigen, daß nun in der Mitte keine Kräfte mehr auftreten, außen jedoch bleiben die Kräfte erhalten.

Eine weitere Möglichkeit der Untersuchung ist z.B. dadurch gegeben, daß mehrere Meßstreifen in der Längsrichtung des Stabes angebracht werden. Dies

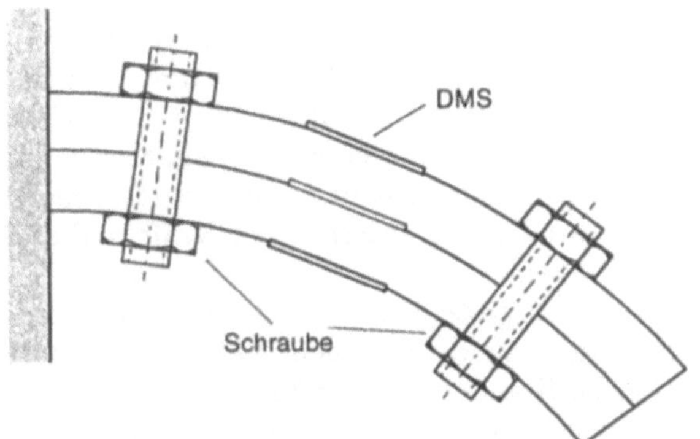

Abb. 4.9. Aufbau eines Stabes zur Untersuchung des Biegeverhaltens mit Dehnungsmeßstreifen. Der Stab besteht aus zwei Hälften. Auf der Ober- und Unterseite sowie in der Mitte ist jeweils ein Dehnungsmeßstreifen angebracht

bietet die Möglichkeit, die Kraftverteilung und damit die unter Belastung angenommene Form zu messen. Eine weitere Einsatzmöglichkeit besteht darin, den Elastizitätsmodul des Stabmaterials zu bestimmen.

Das Hookesche Gesetz. Eine elegante Methode, das Hookesche Gesetz direkt zu überprüfen, besteht darin, die Längenänderung eines Materials unter Belastung mit Hilfe von Dehnungsmeßstreifen zu messen. Will man die Meßwerte später noch mit einem Computer verarbeiten, hat dies zusätzlich den Vorteil, daß sie direkt als elektrische Signale zur Verfügung stehen und verarbeitet werden können, was bei fast allen anderen Methoden (meist optisch mittels Mikroskop oder Projektion) nicht der Fall ist.

Kritiker mögen einwenden, daß es didaktisch bedenklich ist, eine Gesetzmäßigkeit durch eine, wenn auch versteckte, Anwendung ihrer selbst zu überprüfen. Leider ist dies gerade in der Lehre oft nicht zu vermeiden, ohne daß Experimente unverhältnismäßig verkompliziert oder gar unter den gegebenen Randbedingungen, wie z.B. verfügbare Geräte, undurchführbar würden. Als Beispiel, das zwar thematisch nicht hierher paßt, die Problematik aber gut verdeutlicht, kann der Halleffekt dienen. Dort berechnet man entweder die magnetische Feldstärke und glaubt diesen Wert, oder man mißt sie, meist ebenfalls mit Hilfe des Halleffekts in einer Hallsonde.

Schwingungen. Mit Hilfe von Dehnungsmeßstreifen können auch Schwingungen untersucht werden. Im Gegensatz zu den anderen Methoden, die in diesem Buch beschrieben werden, untersucht man hier aber die bei den Schwingungen auftretenden Kräfte, behandelt das Thema also unter einem neuen experimentellen Aspekt.

Als erstes soll ein modifiziertes Federpendel untersucht werden. Die Spiralfeder ist in diesem Versuch am Kraftaufnehmer befestigt. Die Masse ist über einen Faden, der an einem Bewegungsmeßwandler anliegt, mit der Feder verbunden. Auf diese Weise ist es möglich, mit den Dehnungsmeßstreifen die Kraft auf die Feder und mit dem Bewegungsmeßwandler die zugehörige Auslenkung zu messen. Dies ist natürlich nur dann sinnvoll, wenn es dynamisch geschieht, eine punktweise Messung würde diesen Aufwand nicht rechtfertigen.

Mit dieser Methode kann man dynamisch ein Kraft-Weg-Diagramm erstellen. Eine besondere Stärke des Aufbaus liegt aber darin, daß man auch die jeweiligen potentiellen und kinetischen Energien bestimmen und untersuchen kann. Es ist ganz einfach zu zeigen, daß die potentielle Energie ein Maximum hat, wenn die kinetische Energie ein Minimum hat und umgekehrt. Ebenso kann man untersuchen, welcher Zusammenhang zwischen der Kraft und den Energien besteht.

Eine weitere interessante Möglichkeit besteht darin, sich mit den auftretenden Kräften bei einem Fadenpendel zu beschäftigen. Läßt man es frei schwingen, kann man nur die vertikale Komponente der Kraft messen. Führt man den Faden jedoch durch eine kleine Öse einige mm senkrecht unter dem Aufhängungspunkt (Tip: Durchmesser der Öse nur wenig größer als der des Fadens; als Material eignet sich der Draht einer Büroklammer sehr gut), dann mißt man immer die Radialkomponente der Kraft. Das bedeutet, man registriert nicht nur die Kraft aufgrund der Erdanziehung ($m \cdot g \cdot \cos \alpha$), sondern auch noch die gesamte Zentrifugalkraft $m \cdot v^2/r$. Ohne die Öse würde man nur den, vom Winkel α zur Senkrechten abhängigen, vertikalen Anteil dieser Kraft nachweisen können.

Bei der Auswertung kann man wieder energetische Betrachtungen anstellen; man kann aber auch, durch Vergleich von Messungen mit und ohne Öse, die Zentrifugalkraft untersuchen. Den Autoren ist kein anderer Aufbau bekannt, bei dem dies möglich wäre.

Zum Schluß soll noch erwähnt werden, daß der vorgestellte Aufbau es erlaubt, Pendelausschläge bis zu 90° zu untersuchen. Dies ermöglicht z.B. die Untersuchung der Schwingungsdauer in Abhängigkeit von der Amplitude, aber auch die genaue Untersuchung des funktionalen Verlaufes der Schwingung (vgl. Abb. 14.13) bei verschiedenen Amplituden. Wie auch in anderen Kapiteln dieses Buches erwähnt, bestehen auch hier, aufgrund der Beschränkung vieler Lehrbücher auf die Behandlung der Schwingung bei kleinen Amplituden, sowohl bei Schülern als auch bei Studenten falsche Vorstellungen. Viel zu oft wird die Schwingung eines Pendels mit einer harmonischen Schwingung gleichgesetzt, was aber nur für den Fall kleiner Auslenkungen näherungsweise richtig ist.

4.3.4 Projektarbeiten

Zum Abschluß des Kapitels sollen noch zwei Projekte mit sportlichem Hintergrund vorgestellt werden. Im Schulunterricht würden sie sich, wie es der Name bereits ausdrückt, als Projektarbeit eignen. Auch in einem Praktikum wären sie als auflockerndes und vor allem realitätsbezogenes Experiment durchaus denkbar. Die moderne Sportforschung benutzt schon lange das Hilfsmittel Dehnungsmeßstreifen, um die bei den verschiedenen Sportarten und den zugehörigen typischen Bewegungsabläufen auftretenden Kräfte zu analysieren und dann die Abläufe zu optimieren. Die vorgestellten Experimente beruhen auf den gleichen Prinzipien wie die modernen Sportforschungsgeräte (vgl. [4.1, 4.5, 4.7]).

Der experimentelle Aufbau. Das Grundgerät der vorgestellten Experimente besteht aus einer rechteckigen Platte, die an den Ecken auf vier kurzen Aluminiumstangen ruht. Je nach Genauigkeitsanspruch sind eine oder mehrere der Stangen mit Dehnungsmeßstreifen versehen, um die auftretenden Kräfte zu detektieren. Bei den von uns durchgeführten Experimenten war nur ein Stab mit einem Meßstreifen bestückt, da nur qualitative Aussagen gemacht werden sollten. Will man Fehler vermeiden, die dadurch entstehen, daß der Sportler seine Bewegungen nicht immer genau im Mittelpunkt der Platte (wo er eigentlich stehen müßte) macht, sollte man zwei diagonal gegenüberliegende Stangen, oder gar alle vier mit Meßstreifen versehen. Mit dieser Meßanordnung registriert man die jeweils auf die Platte ausgeübten Kräfte.

Skifahren. Viele Schüler und Studenten werden den Bewegungsablauf beim Skifahren aus eigener Anschauung kennen und darum ein Projekt zu diesem Themenkreis besonders interessant finden. Aber auch alle anderen können an der Auswertung der Ergebnisse beteiligt werden und den gemessenen Kräfteverlauf mit der realen Bewegung in Beziehung setzen. Ziel könnte dabei einerseits vor dem Hintergrund der oben genannten Sportforschung die Optimierung der Bewegungsabläufe der Sportler sein, andererseits Anwendungen in der Technik zu diskutieren, bei denen Kräfte auf bestimmte Maschinenteile auf deren Bewegungszustände schließen lassen.

Der Versuchsablauf sieht so aus, daß der „Skifahrer" auf der Platte steht und den Bewegungsablauf z.B. eines Hochschwungs durchführt. Die dabei von ihm auf die Platte ausgeübten Kräfte werden aufgezeichnet. Ideal ist es, wenn man die Möglichkeit besitzt, gleichzeitig die Bewegung selbst – oder zumindest die Position des Schwerpunkts der Person – aufzuzeichnen. Dazu eignet sich das in Kap. 14 beschriebene Programm *CARMEN*.

Abbildung 4.10 zeigt eine solche Messung. Links ist der zeitliche Verlauf der Kraft auf die Platte gezeigt, rechts die mit Hilfe von *CARMEN* aufgezeichnete jeweilige Position des Schwerpunkts der Person. Dazu wurde dieser mit Hilfe einer Taschenlampe markiert (vgl. Abschn. 14.2.9). Die Auswertungsphase des Projekts kann unter ganz verschiedenen Aspekten erfolgen. Die einfachste Form der Auswertung erfolgt durch Diskussion des Kurvenverlaufes.

Bereits diese beinhaltet eine ganze Fülle von Möglichkeiten. Am Anfang kann z.B. die Zuordnung zwischen Bewegungs- und Kraftverlauf stehen. Etwas aufwendiger, dafür auch wesentlich lehrreicher, ist die Betrachtung der jeweiligen Richtung der Kraft, welche das Newtonsche Konzept von Kraft und Gegenkraft beinhaltet. Da die rechte Darstellung in Abb. 4.10 ein $X(t)$-Diagramm darstellt, ist es denkbar, im Rahmen eines physikalischen Praktikums daraus numerisch den zeitlichen Verlauf der Kraft bestimmen zu lassen. Eine Diskussion der Unterschiede zwischen berechnetem und gemessenem

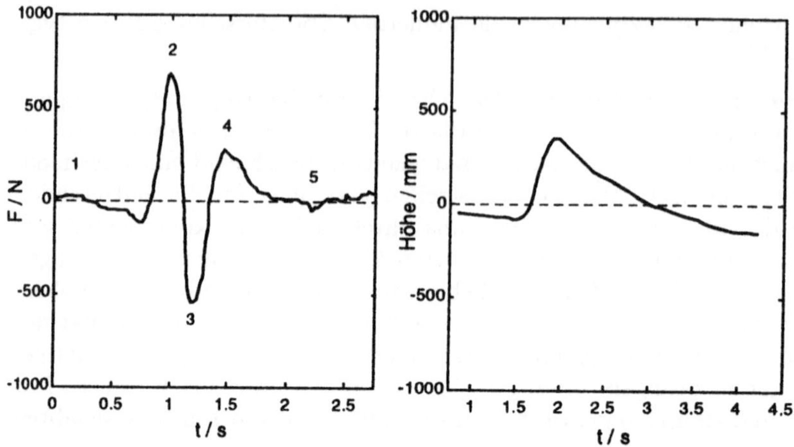

Abb. 4.10. Kraftverlauf und Bewegungsablauf beim Skifahren (Hochschwung). *Links* der Kraftverlauf beim Hochschwung, *rechts* die zugehörige Position des Schwerpunktes, aufgezeichnet mit *CARMEN*. Die Ziffern 1–5 spiegeln die verschiedenen Phasen der Bewegung (1=Gleitphase, 2=Strecken, 3=Entlastung der Ski, 4=Kanteneinsatz und 5=wieder Gleitphase) wider. Bei der Aufnahme der Kraft wurde die Gewichtskraft, die der Skifahrer ruhend auf die Platte ausübt, durch Addition einer entsprechenden Spannung zum Meßsignal kompensiert. Manche kommerzielle Geräte bieten dies als zusätzliche Option an

Kraftverlauf bringt eine Fülle neuer Erkenntnisse, sowohl über die verwendeten numerischen Methoden und ihre Verwendbarkeit als auch über systematische Meßfehler (z.B. Nichtberücksichtigung tangentialer Kräfte). Eine weitere Möglichkeit der Auswertung besteht vor allem im Schulunterricht darin, das Projekt fächerübergreifend einzusetzen. Im Physikunterricht könnte die zum Verständnis nötige Physik, sowie das Meßprinzip behandelt werden, im Sportunterricht dann Aspekte wie z.B. der Vergleich von Hoch- und Tiefschwung. Als Höhepunkt bietet sich sogar ein Wettkampf an, wer eine möglichst lange Entlastungsphase, während der man den Ski drehen kann, schafft. Und dann schließt sich wieder der Kreis zur Physik, wenn diskutiert wird, warum die Entlastungsphase des Siegers so lang war.

Hochsprung. Das Thema Hochsprungtechnik bildet ein weiteres Gebiet, bei dem, genau wie beim Thema Skifahren, Schüler und Studenten dazu motiviert werden können, sich fächerübergreifend mit einer speziellen Meßaufgabe zu befassen.

Meßtechnisch unterscheidet sich der Aufbau nicht von dem oben verwendeten. Der Hochspringer steht auf der Platte und der zeitliche Verlauf der Kraft, die er auf diese beim Absprung ausübt, wird z.B. mit *CARMEN* aufgezeichnet, wenn möglich ebenfalls die zugehörige Sprunghöhe. Hier bietet es sich an, zu unterscheiden zwischen der Bewegung einzelner Körperteile (Arme, Füße, Kopf, ...) und der des Schwerpunkts, der die Energie- und Impulsbilanz der Bewegung bestimmt.

Bei der Betrachtung des aufgezeichneten Kraftverlaufes, wie ihn Abb.
4.11 zeigt, wird die unvorbereiteten Schüler oder Studenten zunächst ver-
wundern, daß die Kraft sowohl beim Absprung als auch bei der Landung in
die gleiche Richtung zeigt. Die Erklärung liefert auch wieder das Newtonsche
Prinzip von Kraft und Gegenkraft, für viele Lernende ein wirklich anschauliches Beispiel für dieses Prinzip. Auch hier bietet sich wieder eine Vielzahl
von Auswertungsmöglichkeiten an.

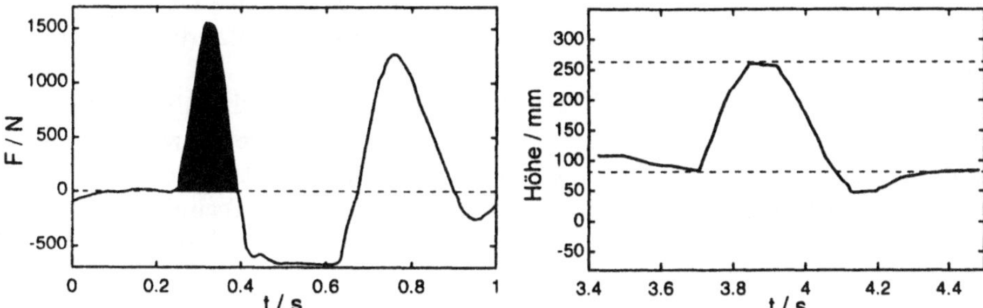

Abb. 4.11. Kraftverlauf beim Hochsprung (aus dem Stand). Bei der Auswertung
von Interesse ist in diesem Fall der funktional verschiedene Verlauf der Kurven beim
Absprung (*dunkel unterlegt*) und bei der Landung, aufgrund der sich unterscheiden-
den Bewegungsabläufe (Abfedern bei der Landung). Die negative Kraft während
der Flugphase rührt daher, daß die Gewichtskraft der Person bei dem Experiment
kompensiert wurde und damit während dieser Zeit nicht auf die Platte wirkt. Die
Verschiebung der Zeitskalen kommt von den verschiedenen Anfangszeiten der beiden unabhängigen Aufzeichnungsmethoden

Tabelle 4.1. Vergleich der aus dem Kraftverlauf berechneten und der gemessenen
Sprunghöhe

$\int F\mathrm{d}t$ (Ns)	berechnete Sprunghöhe (cm)	gemessene Sprunghöhe (cm)
126	16,5	17,5
183	34,8	36,5
214	46,7	49,0
265	73,0	70,0

Zunächst kann man veranschaulichen, daß die maximale Sprunghöhe keineswegs von der maximalen Kraft beim Absprung abhängt. Eine Analyse
zeigt, wie man physikalisch auch nicht anders erwartet, daß sie von der Absprunggeschwindigkeit und damit dem Impulsübertrag abhängt ($\int F(t)dt =
m \cdot v$). Integriert man also über den zeitlichen Verlauf der Kraft, kann man,
bei bekannter Masse m des Hochspringers seine Absprunggeschwindigkeit bestimmen. Die Gesetze des freien Falls liefern dann die Sprunghöhe. Tabelle 4.1

zeigt eine Gegenüberstellung von auf diese Weise berechneten Sprunghöhen und den gleichzeitig mit *CARMEN* gemessenen. Der Vergleich zeigt eine recht gute Übereinstimmung, allerdings nur, wenn man die Integration über den richtigen Bereich durchführt. Erfolgt der Sprung nicht aus dem Stand, sondern geht der Springer vorher in die Hocke, so muß entweder die Kraft, die dabei auf die Platte ausgeübt wird (auf die Richtung achten, es handelt sich um eine Entlastung) mit berücksichtigt werden, oder aber als Sprunghöhe der Weg des Schwerpunkts aus der Hocke (was ja eigentlich falsch ist) angenommen werden. Diese Problematik erlaubt wieder eine vertiefte Diskussion des Themas Kraft und Gegenkraft sowie ein gesteigertes Verständnis des Meßprinzips.

Zum Schluß bietet sich auch bei diesem Thema ein fächerübergreifendes Konzept an. Man kann im Sportunterricht Hochsprungwettbewerbe veranstalten. Noch interessanter ist es, die Sprungtechnik zu optimieren und dann wiederum im Physikunterricht zu diskutieren, warum eine Technik besonders gut oder eine andere (z.B. der Sprung aus dem Stand) besonders schlecht ist.

4.4 Zusammenfassung

Dehnungsmeßstreifen sind ein billiges und in der Technik weit verbreitetes Hilfsmittel, um Kräfte zu messen. Sie haben dabei zwei Vorteile gegenüber herkömmlichen Methoden: als Meßgröße liegt direkt eine Spannung vor, die mit moderner Elektronik weiterverarbeitet werden kann, und sie erlauben dynamische Messungen.

Das vorliegende Kapitel zeigt anhand einiger Einsatzbeispiele, wie Dehnungsmeßstreifen auch sinnvoll in der Physikausbildung eingesetzt werden können. Dabei ist es dem Leser selbst überlassen, ob er billige, im Eigenbau entstandene Kraftmesser oder kommerzielle Produkte verwenden will. Die Meßbeispiele sind so gewählt, daß oft allein die Form der Auswertung verschiedene Schwierigkeitsstufen des Experiments bestimmt. Dies zeigt neben der Tatsache, wie elementar viele der vorgestellten Versuche sind, daß man auch durch Wahl verschiedener Blickwinkel die Komplexität der behandelten Themen bestimmen kann.

Die Experimente wurden zumeist so gewählt und beschrieben, daß dem Leser selbst überlassen bleibt, ob er sie unverändert übernimmt oder sie als Anregung für ähnliche, selbst zu konzipierende Versuche versteht. Dabei wurde Wert darauf gelegt zu zeigen, welche Phänomene mit Dehnungsmeßstreifen prinzipiell meßbar sind. Es wird mehrfach darauf hingewiesen, daß nicht jedes mit Dehnungsmeßstreifen durchführbare Experiment auch in jeder Praxissituation didaktisch sinnvoll ist. Es wird verdeutlicht, wo man besser auf konventionelle Methoden (z.B. Federwaage) zurückgreifen sollte und wo unbestreitbare Vorteile des Einsatzes von Dehnungsmeßstreifen liegen. Diese Hinweise sollen dem Lehrenden bei der Entscheidung darüber helfen, welche Methode zum Einsatz kommen soll.

5. *SWING*

Ein klassischer Standardversuch der in keinem Praktikum fehlt, ist ein Versuch zu mechanischen Schwingungen. Hier wird oft das Pohlsche Drehpendel eingesetzt, an dem die grundlegenden Begriffe der Schwingungslehre demonstriert werden.

Der Pohlsche Versuch funktioniert sehr gut, die Erfüllung der Lernziele ist gewährleistet. Es erhebt sich die Frage, ob dieser wichtige und bewährte Versuch überhaupt in Verbindung mit einem PC betrieben werden soll. In diesem Kapitel wird beleuchtet, welche neuen, unserer Ansicht nach sinnvollen Möglichkeiten der Computereinsatz eröffnet.

Zum Beispiel kann – ohne großen Umbau alles online – bei einer erzwungenen Schwingung die Einschwingphase im Detail studiert und anschließend ein Fourierspektrum aufgenommen werden. Eine fürwahr interessante Variante des klassischen Versuches.

Neben der Einführung der grundlegenden Begriffe der Schwingungslehre wird der Praktikant mit dem Umgang und Einsatz des PCs als Werkzeug zur Datenerfassung und Versuchsauswertung vertraut gemacht. Statt einige Schwingungen abzuwarten, um die Periodendauer auszumessen, kann die Auslenkung über der Zeitachse gleichzeitig auch online am Monitor beobachtet werden. Durch die Möglichkeit der Berechnung anderer Größen, z.B. der Geschwindigkeit, ist auch die kompaktere Darstellungsart des Phasenraums möglich. Damit wird dieser Begriff für die Praktikanten mit Anschauung gefüllt.

Im nichtlinearen Fall werden Begriffe wie Attraktoren völlig zwanglos und verständlich eingeführt. Der Computer eignet sich sehr gut zur Durchführung von Langzeitmessungen. Da die Daten protokolliert werden, kann sich eine quantitative Auswertung anschließen.

Durch Anbringung einer zusätzlichen Masse an das Pohlsche Drehpendel wird eine neue Bewegungsart, die nichtlineare Schwingung, hervorgerufen. Hier können die Praktikanten mit dieser Bewegungsart experimentieren, bis hin zu chaotischem Verhalten des Pendels. All dies geschieht auf einer qualitativen Ebene, die das Forschen und Experimentieren durch das spielerische Element motiviert. Für Interessierte bleibt der Weg quantitativer Analysen offen. Damit finden Begriffe der aktuellen Chaosforschung Eingang in die Lernzielkataloge von Praktika, die dadurch Nähe zu Schwerpunkten der aktuellen Forschung gewinnen. Außerdem zeigt sich, daß chaotisches Verhalten von dynamischen Systemen nichts exotisches darstellt.

Nach einer kurzen Darstellung der Theorie der Schwingungen folgt eine Erläuterung des experimentellen Aufbaus und der Bedienung des Programms *SWING*. Ausführliche Aufgabenstellungen und Beispiele schließen sich an.

5.1 Theorie der Drehschwingungen

Die Theorie der Schwingungen, in diesem Fall der Drehschwingungen, ist in der Literatur in zahlreichen Werken ausführlich dargestellt. Auf einige Besonderheiten im Rahmen dieses Versuches und die wichtigsten Formeln soll hier nur kurz eingegangen werden.

Das Pohlsche Drehpendel arbeitet mit Drehschwingungen, dies ist den Praktikanten oft unangenehm, da sie mit Begriffen wie Trägheitsmoment statt Masse und $1\,\mathrm{rad/s}$ statt $1\,\mathrm{m/s}$ oftmals unvertraut sind. Die Mathematik des Problems bleibt jedoch gleich, und mit Drehschwingungen läßt sich aus Sicht des robusten Versuchsaufbaues leichter experimentieren.

Die Differentialgleichung der erzwungenen Drehschwingung lautet:

$$\theta\ddot{\phi} + r\dot{\phi} + D\phi = F_0 \sin\left(\omega_\mathrm{m} t + \varphi\right). \tag{5.1}$$

Variable	Bedeutung
t	Zeit
ϕ	Auslenkungswinkel
ϕ_0	Amplitude
ω_0	Eigenkreisfrequenz des Oszillators
ω_d	Gedämpfte Kreisfrequenz des Oszillators, $\omega_\mathrm{d}^2 = \omega_0^2 - \delta^2$
ω_m	Kreisfrequenz des äußeren Erregers (Motor)
f_0	Eigenfrequenz des Pendels
f_m	Drehfrequenz des Motors
T_0	Periodendauer der Eigenfrequenz des Pendels
T_m	Periodendauer der Motordrehfrequenz
θ	Trägheitsmoment
r	Reibungsterm
δ	Dämpfung
D	Winkelrichtgröße bzw. Direktionsmoment der Feder
F_0	Kraftamplitude des Erregers
φ	Phase des Erregers
β	$\beta = \sqrt{\delta^2 - \omega_0^2}$

Diese grundlegende Differentialgleichung beschreibt alle auftretenden Fälle:

- **Freie Schwingung**
  Es liegt keine äußerere Kraft vor, die rechte Seite von (5.1) verschwindet und das System ist ungedämpft ($r = 0$). Die Lösung ist eine harmonische Schwingung:

$$\phi(t) = \phi_0 \sin(\omega_0 t + \varphi). \tag{5.2}$$

  Die Schwingungsfrequenz ω_0 hängt nur von der Winkelrichtgröße D und dem Trägheitsmoment θ ab, wobei $\omega_0 = \sqrt{D/\theta}$ ist.

- **Gedämpfte Schwingung**
  Der Reibungsterm r in der Dämpfung $\delta = r/2\Theta$ ist in diesem Falle größer als Null. Das System ist dissipativ, kenntlich durch die zeitlich abnehmende Amplitude:

$$\phi(t) = \phi_0 \exp(-\delta t) \sin(\omega_\mathrm{d} t + \varphi). \tag{5.3}$$

  Der Ausdruck β entscheidet über die Art der Dämpfung. Für $\beta^2 < 0$ (β rein imaginär) liegt der Schwingfall, für $\beta^2 = 0$ der aperiodische Grenzfall und für $\beta^2 > 0$ der Kriechfall vor.

- **Erzwungene Schwingung**
  Der nicht verschwindende, inhomogene Teil von (5.1) beschreibt die externe, harmonisch oszillierende Kraft, die dem System aufprägt wird.

- **Einschwingphase**
  Gleichung (5.1) beschreibt auch die Einschwingphase, die sich mit Hilfe von *SWING* qualitativ und quantitativ auswerten läßt (siehe Abschnitt 5.4.7).

Technisch bedingt wird im Programm statt dem Winkel ϕ der Auslenkung die Bogenlänge s am Umfang des Drehpendels betrachtet. Entsprechend wird statt der Winkelgeschwindigkeit die Geschwindigkeit $v = \Delta s/\Delta t$ benutzt. Dagegen wird in dieser Beschreibung die Notation $\phi(t)$ anstelle $s(t)$ benutzt, sofern nicht auf einzelne, entsprechend benannte Programmteile Bezug genommen wird.

5.1.1 Begriffe der nichtlinearen Dynamik

Durch Anbringung einer zusätzlichen Masse am Drehpendel verändert sich dessen Potential. Es gewinnt zwei Potentialmulden mit einem instabilem Gleichgewichtspunkt (Abb. 5.1), dem Sattelpunkt. Dies hat erheblichen Einfluß auf die sich ausbildende Dynamik, sie ist nichtlinearer Natur. Das System pendelt zwischen beiden Mulden hin und her. Es ergibt sich ein seltsamer Attraktor. Der Verlauf des Prozesses ist sehr kritisch und hängt von kleinsten Beeinflussungen der Startbedingungen ab.

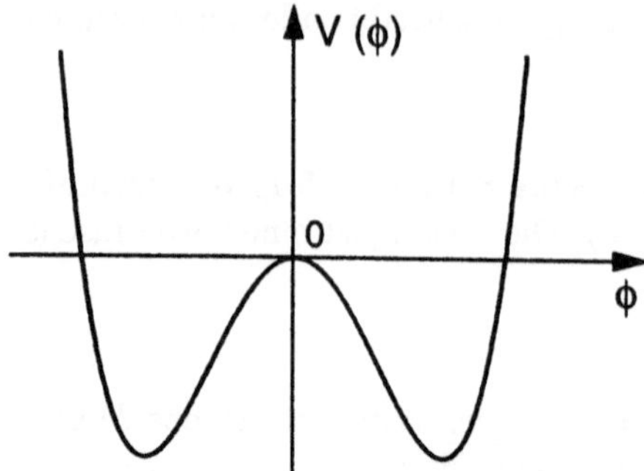

Abb. 5.1. Potential des Drehpendels mit zusätzlicher Masse

Auch die beschreibende Differentialgleichung ändert sich, es ist nicht mehr eine lineare Gleichung, sondern sie verfügt über einen nichtlinearen Term der dritten Potenz. Es ist die Differentialgleichung nach Duffing[5.1]:

$$\theta\ddot{\phi} + r\dot{\phi} + D\phi + \gamma\phi^3 = F_0 \sin(\omega_\mathrm{m} t + \varphi). \tag{5.4}$$

Diese Gleichung verfügt über eine reichhaltige Lösungsstruktur in Abhängigkeit des Parametersatzes $(\theta, r, D, \gamma, F_0, \omega_m)$ [5.2], [5.3].

Besonders gut kann das Verhalten des Pendels im Phasenraum beobachtet werden. Erst der Computereinsatz ermöglicht die parallele Phasenraumdarstellung zum laufenden Experiment (Abb. 5.12).

Desweiteren sei auf das Kap. 11 *ROMA* für ergänzende Hinweise zu Begriffen der nichtlinearen Dynamik verwiesen.

5.2 Beschreibung des Versuchsaufbaus

Es handelt sich um ein modifiziertes Pohlsches Drehpendel mit einem eigens entwickelten Steuergerät (Abb. 5.2). Zum Betrieb wird das Programm *SWING* benutzt.

5.2.1 Positionsbestimmung

Die Messung der momentanen Position des Pendels erfolgt über eine am äußeren Rand des Pendelrades angebrachte Zahnscheibe. Zwei Lichtschranken registrieren bei einer Bewegung des Pendels phasenverschobene Rechtecksignale. Der Zustand der Lichtschranken wird am Steuergerät angezeigt.

Aus der Phasenlage der beiden Signale kann die Drehrichtung des Pendels ermittelt werden. Immer, wenn an einer der beiden Lichtschranken eine Flanke auftritt, wird je nach augenblicklicher Drehrichtung im Steuergerät ein 16 Bit-Zähler (THCT 2000) um 1 hoch- bzw. heruntergezählt (siehe auch Kap. 11 *ROMA*).

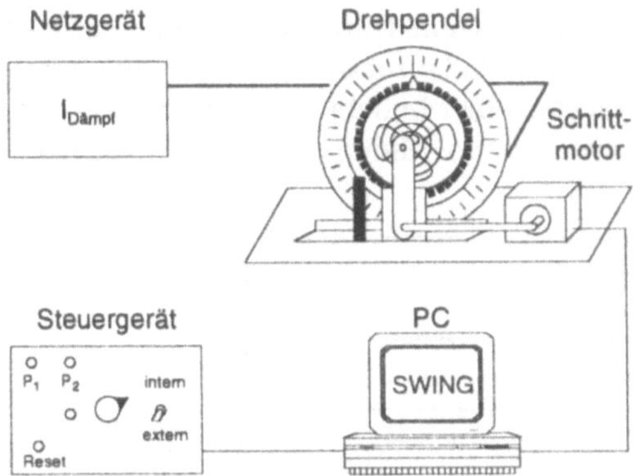

Abb. 5.2. Versuchsaufbau

Beim Programmstart wird vom Computer der Zähler auf Null gesetzt, die aktuelle Lage des Pendels also als Nullposition festgelegt. Diese kann jedoch jederzeit durch Betätigung der Reset-Taste am Steuergerät oder durch Aufruf des Menüpunktes *Null-Position* neu gewählt werden.

5.2.2 Erregermotor für erzwungene Schwingungen

Als Erregermotor für erzwungene Schwingungen dient ein Schrittmotor mit 1,8° Drehwinkel, also 200 Schritten pro Umdrehung. Die Ansteuerung des Motors erfolgt entweder über das Steuergerät (Schalterstellung intern) oder über eine im Computer erzeugte Rechteckspannung (extern).

5.2.3 Dämpfung

Die Dämpfung des Drehpendels erfolgt in herkömmlicher Weise über eine Wirbelstrombremse, die von einem separaten Netzteil gespeist wird.

5.3 Bedienung des Programms *SWING*

5.3.1 Allgemeine Vorbemerkungen

Der Computer dient in dem Experiment zur Meßwertaufnahme (Positions-messung), teilweise zum Steuern des Experimentes (Drehzahlvorwahl) und zur Auswertung (Geschwindigkeitsberechnung, Theoriekurve, Phasenraum etc.).

Als Auslenkung $\phi(t)$ wird der Stand des Zählers im Steuergerät angege-ben. Die Einheit der Auslenkung (1 Zählimpuls) entspricht einer Bogenlänge von einer halben Zahnbreite.

Das Programm ist in einzelne Menüpunkte gegliedert, die im folgenden vorgestellt werden.

Nach Start des Programms wird zunächst ein Hardwaretest der nötigen Interfacekarte durchgeführt (siehe auch Kap. 5.3.6 Interfacetest). Es erscheint das Programmtitelbild und nach Betätigen einer beliebigen Taste das Hauptmenü (Abb. 5.3): der Aufruf des gewünschten Menüpunktes im jeweiligen

```
        S W I N G   Vers. 3.2
        ---- H A U P T M E N Ü ----

     ┌──────────────────────────────┐
     │ Kurzinformation              │
     └──────────────────────────────┘

        s(t)-Diagramm
        Phasenraum
        Kombi-Darstellung
        Sinfit
        Amplituden

        Drehzahlvorwahl
        Null-Position
        Interface-Test

        Programmende
                              <F1>:Hilfe
```

Abb. 5.3. Hauptmenü des Programms *SWING*

Untermenü erfolgt durch Anklicken mit der Maus oder durch Auswahl mit den Pfeiltasten und RETURN. Durch Betätigung der Taste F1 kann von nahezu allen Menüpunkten (mit Ausnahme von Graphikbildschirmen) aus ein Hilfetext aufgerufen werden. Mit Hilfe der Pfeiltasten sowie PGUP und PGDN kann innerhalb des Textes geblättert werden, mit HOME bzw. END gelangt man zum Anfang bzw. Ende der Informationen. ESC verläßt die Hilfe und kehrt zum vorherigen Bildschirm zurück. Als weitere Optionen in den Untermenüs stehen zur Auswahl:

- <H>ardcopy
  Mit Hardcopy wird der aktuelle Bildschirm auf dem Drucker ausgegeben. Es wird dabei der Druckertyp unterstützt, der in der Datei *SWING.CFG* angegeben wurde. Ist der Drucker nicht betriebsbereit (kein Papier, nicht angeschlossen, nicht eingeschaltet etc.) erfolgt eine entsprechende Meldung auf dem Bildschirm.
- <C>:Löschen
  Löscht den Bildschirm während der Messung, baut ihn neu auf und setzt die Messung fort.
- ESC
  Beendet die Graphik oder den jeweiligen Menüpunkt und geht zum vorherigen zurück.

5.3.2 $s(t)$-Diagramm

Dieser Menüpunkt (Abb. 5.4) dient zur Aufnahme und gleichzeitigen graphischen Darstellung der Auslenkung des Pendels über der Zeitachse (Abb. 5.5).

Nach dem Aufruf wird die Eingabemaske (Abb. 5.4) eingeblendet. In diesem Programmteil wird eine wählbare *Anzahl der Meßpunkte* in äquidistanten Zeitschritten aufgenommen und im Hauptspeicher abgelegt. Im Diagramm werden Punkte aufgezeichnet, bis die gewählte Anzahl erreicht ist oder die ESC-Taste gedrückt wird. Die *Wartezeit* zwischen den Meßpunkten bestimmt die Vorschubgeschwindigkeit im Diagramm.

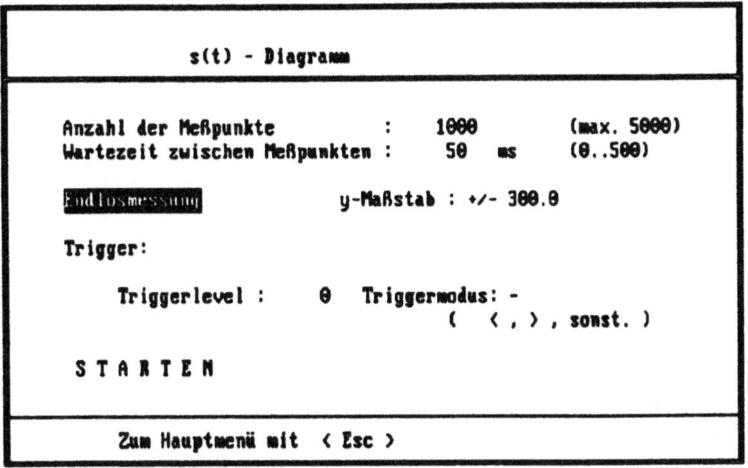

Abb. 5.4. Konfiguration des $s(t)$-Diagrammes

Sollen nur kleine Auslenkungen untersucht werden, kann der Maßstab verändert werden. Der Start erfolgt durch Aufruf von *STARTEN*. Die Messung kann durch ESC beendet werden.

Der Start kann auf eine vom Benutzer definierbare Schranke getriggert werden. Wird beispielsweise als *Triggermodus* $< >$ $>$ und als Triggerschwelle 20 Hell-Dunkeldurchgänge gewählt, wird gewartet, bis die ermittelte Auslenkung die Triggerschwelle (20) überschreitet, um die Meßwertaufnahme auszulösen. Wird ein anderes Zeichen als $< < >$ oder $< > >$ eingegeben erfolgt keine Triggerung.

Mit dem Punkt *Endlosmessung* wird der Dauerbetrieb aktiviert. In dieser Betriebsart springt die Anzeige beim Erreichen des rechten Bildrandes zum Bildanfang zurück und überschreibt die alten Daten, bis zur Betätigung der ESC-Taste. Es sind immer nur die aktuell angezeigten Meßpunkte im Hauptspeicher vorhanden.

Nach Beendigung der Meßwertaufnahme erhält man folgenden Bildschirm (Abb. 5.5). Über der Graphik findet man Angaben zur Gesamtzahl der registrierten Meßpunkte und die Zeitdauer Δt zwischen den Einzelmessungen.

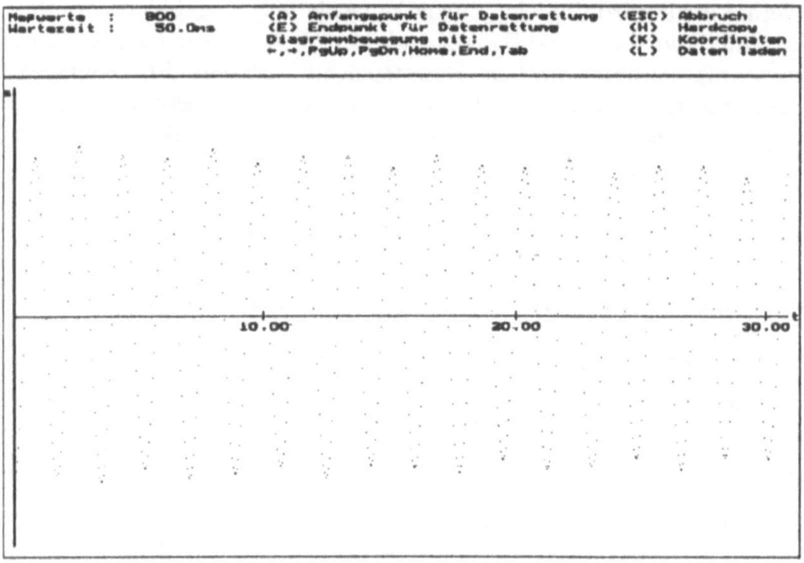

Abb. 5.5. $s(t)$-Diagramm

Mit den Tasten PGUP, PGDN, HOME, END, ←, → wird der sichtbare Datenausschnitt verändert, wobei die TAB-Taste die Schrittweite zwischen groß und klein umschaltet.

Nach Aufruf von <K>oordinaten können mit Hilfe der Maus oder den Cursortasten (←, →, ↑, ↓) die Koordinaten einzelner Punkte bestimmt werden. Sie werden im Bildschirm oben rechts angezeigt. Positionierung des Cursors auf ausgewählte Werte und jeweilige Betätigung der ENTER-Taste bewirkt, daß die so ausgewählten Daten auf Datei protokolliert werden.

Mittels der Tasten <A> für Anfang und <E> für Ende kann ein Intervall definiert werden, das anschließend auch abgespeichert werden kann. Mit anderen Programmen (Tabellenkalkulationen) können die Meßwerte weiter ausgewertet werden.

Umgekehrt kann mit <L> *Daten laden* eine zuvor abgespeicherte Datei mit Meßdaten geladen werden.

Mit ESC oder der rechten Maustaste wird die Graphik verlassen.

Phasenraum. Es erscheint eine Eingabemaske ähnlich der, die für den Programmteil *s(t)-Diagramm* aufgerufen wird.

Die Genauigkeit der Geschwindigkeitsbestimmung ist begrenzt durch die endliche Auflösung von s. Insbesondere bei sehr kurzer Wartezeit zwischen zwei Meßpunkten macht sich dies stark bemerkbar. Deshalb wird die Geschwindigkeit v während der Messung geglättet.[1] In der Maske bewirkt die Option *Kurve*, daß die Meßpunkte mit einer glatten Kurve (Spline) verbunden werden. Betätigen der LEERTASTE während der Messung unterbricht sie, erneute Betätigung nimmt die Messung wieder auf.

Kombi-Darstellung. Die kombinierte Darstellung liefert gleichzeitig den Ortsraum $s(t)$, die Geschwindigkeit $v(t)$ und den Phasenraum $v(s(t))$ (Abb. 5.12).

5.3.3 Sinfit

In diesem Menüpunkt kann an 50 Meßpunkte die Theoriekurve (5.3) einer gedämpften Schwingung angepaßt werden. Der Menüpunkt besitzt die beiden Unterpunkte *Messen* und *Auswerten*.

Messen. Hier werden die 50 Meßpunkte aufgenommen und gleichzeitig graphisch dargestellt. Für die Skalierung der y-Achse empfiehlt sich der Bereich von $\pm$ 300, was auch als Programmvoreinstellung vorgegeben ist. Die Anzahl der gemessenen Schwingungsperioden wird durch die Wartezeit zwischen den Einzelmessungen festgelegt.

Hier ist ebenfalls eine Triggerung, z.B. auf den Nulldurchgang möglich.

Auswertung. Nach der Messung ist durch geeignete Parameterwahl die Theoriekurve möglichst optimal an die Meßwerte anzupassen.

Durch Variation einzelner Parameter wird anhand der Graphik erkannt, welche Bedeutung der jeweilige Parameter besitzt. Sukzessive ist nun der Parametersatz zu verändern, bis möglichst gute Deckung zwischen Theoriekurve (gestrichelt) und Meßwertkurve erreicht ist. In der Graphik werden mittels <P> die voreingestellten Parameter eingeblendet. Neben der optischen Kontrolle dient als Maß für die Güte des Vergleichs die Standardabweichung (mittleres Abweichungsquadrat zwischen Meßwert und Funktionswert), die ebenfalls eingeblendet wird. Weniger wichtig ist dabei die genaue Reproduzierung der Meßwerte durch die Theorie, sondern das Verständnis für den Einfluß der einzelnen Parameter auf die Kurvenform.

5.3.4 Amplituden

Hier können für fünf verschiedene Dämpfungsstromstärken zwischen $I_D=0\,\text{A}$ und $I_D=0,4\,\text{A}$ die aufeinanderfolgenden Amplituden registriert werden. Diese Begrenzung ist technisch bedingt durch die verwendeten Spulen. Jeweils nach

---

[1] Aus sieben aufeinander folgenden Meßpunkten werden die Differenzenquotienten aus dem 1. und 7. Meßpunkt, dem 2. und 6. sowie dem 3. und 5. Meßpunkt ermittelt und mit Wichtungsfaktoren w_1 bis w_3 versehen. Dabei ist w_1 der Wichtungsfaktor für das kürzeste, w_3 für das längste Zeitintervall. Voreinstellungen: $w_1=4$, $w_2=2$ und $w_3=1$.

dem ersten Nulldurchgang des Pendels wird bis zu 200 mal hintereinander die Amplitude und der zugehörige Zeitpunkt der Schwingung gemessen, indem jeweils der Maximal- bzw. Minimalwert von s zwischen zwei Nulldurchgängen bestimmt wird. Mit der Esc-Taste kann jede Meßreihe vorzeitig abgebrochen werden.

Die vollständige Amplitudentabelle (Abb. 5.6) kann nach Abschluß der Messung auf Datei, Drucker oder dem Bildschirm ausgegeben werden. Unter *Datei* ist ein gewünschter Dateiname anzugeben. Es ist zu beachten, daß bei Verlassen des Menüpunktes die bis dahin registrierten Amplitudenmessungen verloren gehen, jedoch nicht abgespeicherte Dateien! Darauf wird der Benutzer in einer Sicherheitsabfrage aufmerksam gemacht.

```
┌─────────────────────────────────────────────────────────────────┐
│                       Amplitudentabelle                           │
├─────────────────────────────────────────────────────────────────┤
│     Maximale Tabellengröße :      200   Zeilen                    │
│                                     5   Spalten                   │
├──────────────────┬────────┬────────┬────────┬────────┬───────────┤
│ Stromstärke      │        │        │        │        │           │
│   I in A :       │ 0.0000 │ 0.1000 │ 0.2000 │ 0.3000 │ 0.4000    │
│                  │        │        │        │        │           │
│ Wieviele Amplitu-│        │        │        │        │           │
│ den registrieren?│   20   │   20   │   20   │   20   │   20      │
│                  │        │        │        │        │           │
│ Messung starten  │        │        │        │        │           │
│ Spalte Nr. :     │   1    │   2    │   3    │   4    │   5       │
├──────────────────┴────────┴────────┴────────┴────────┴───────────┤
│   Tabelle ausgeben   [Datei]      Bildschirm      Drucker         │
├───────────────────────────────────────────────────────────────────┤
│                   Zum Hauptmenü mit <Esc>                         │
└───────────────────────────────────────────────────────────────────┘
```

Abb. 5.6. Menü zur Amplitudenaufnahme

5.3.5 Nullposition

Bei Aufruf dieses Menüpunktes wird die aktuelle Position des Pendels als neue Nullposition definiert. Dies wird durch einen kurzen Signalton kenntlich gemacht.

Der Aufruf dieses Menüpunktes hat die gleiche Wirkung wie das Drücken der Reset-Taste am Steuergerät.

5.3.6 Interfacetest

Es werden mehrere Tests zur Betriebsfähigkeit und des Vorhandenseins der Interfacekarte durchgeführt. Ebenso wird der Systemtakt neu gemessen. Wird während des Programmlaufs die Rechnerfrequenz verändert (Turbo-Modus o.ä.), so wird hiermit die neue Frequenz bestimmt und dem Programm mitgeteilt.

5.4 Beispiele und Aufgabenstellungen

Der zentrale Begriff des Versuches ist die harmonische Schwingung und alle damit zusammenhängenden Größen und Phänomene (freie und erzwungene Schwingung, Dämpfung, Einschwingphase). Einzelne Aufgabenteile verdeutlichen und illustrieren diese physikalischen Grundbegriffe.

5.4.1 Die harmonische Schwingung

Mit Hilfe des Programmteils *s(t)-Diagramm* sind mehrere Schwingungen des freien Drehpendels aufzunehmen. Durch die direkte Darstellung als $s(t)$-Diagramm erkennt der Praktikant sofort ein vertrautes physikalisches Phänomen, dargestellt als Sinuskurve (Abb. 5.5). Aufgrund der geringen Lager- und Luftreibung des Pendels nimmt die Amplitude nur langsam ab, während die Frequenz konstant bleibt. Die zeitliche Skalierung der x-Achse erlaubt es leicht, die Periodendauer T und damit die Frequenz ($f = 1/T$) als zentrale Größe der Schwingung zu ermitteln. Weitere Aufgaben erwachsen aus der Frage nach dem Meßfehler. Wie verändert sich die Genauigkeit der Frequenzbestimmung mit der Anzahl der in die Messung einbezogenen Perioden?

5.4.2 Dämpfungsphänomene

Durch eine Wirbelstrombremse wird dem Oszillator ständig Energie entzogen (dissipatives System). Dies bedingt eine Amplitudenabnahme, wenn nicht entsprechend Energie zugeführt wird. Aus dieser Amplitudenabnahme kann die Dämpfungsgröße bestimmt werden. Ist die Dämpfung so stark, daß es zu keiner Schwingung mehr kommt, spricht man vom Kriechfall. Die Grenze zwischen Kriech- und Schwingfall heißt aperiodischer Grenzfall. Die Wirbelstrombremse hat den Vorteil, daß die verursachte Reibungskraft proportional zur Geschwindigkeit ist. Dadurch wird der lineare Reibungskraftansatz in (5.1) experimentell realisiert.

Im folgenden Beispiel wird die Dämpfungskonstante für mehrere Dämpfungsströme bestimmt. Zunächst soll sich der Praktikant mit dem Begriff der Dämpfung vertraut machen. Die Zeit, in der die Amplitude auf 1/e des Anfangswertes absinkt, heißt logarithmisches Dekrement. Durch Einsatz der Wirbelstrombremse beobachtet er visuell die Amplitudenabnahme (Abb. 5.7).

Behilflich für die Auswertung ist die Möglichkeit, mit Hilfe des Cursors Meßwerte auf dem Bildschirm anzufahren und ihre Koordinaten direkt abzulesen. Die ermittelten Amplituden sind halblogarithmisch aufzutragen (Abb. 5.8). Aus diesem Diagramm ist die Dämpfungsgröße per Hand zu ermitteln (Methode mit Steigungsdreieck). Neben der experimentellen Ermittlung der Periodendauer für gedämpfte Schwingungen kann mit Hilfe des Zusammenhangs $\omega_{\mathrm{d}}^2 = \omega_0^2 - \delta^2$ die Periodendauer berechnet werden. Dies ist für

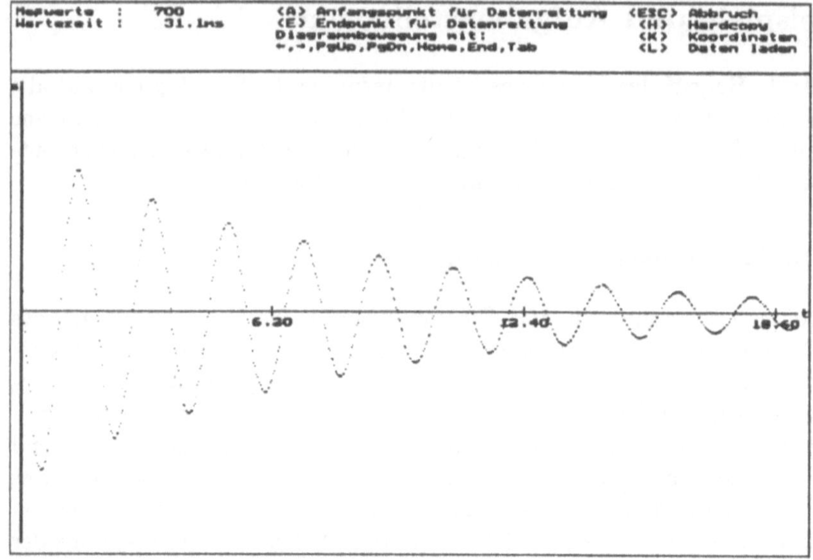

Abb. 5.7. Gedämpfte Schwingung, $I_{\text{Dämpf}} = 0{,}1$ A

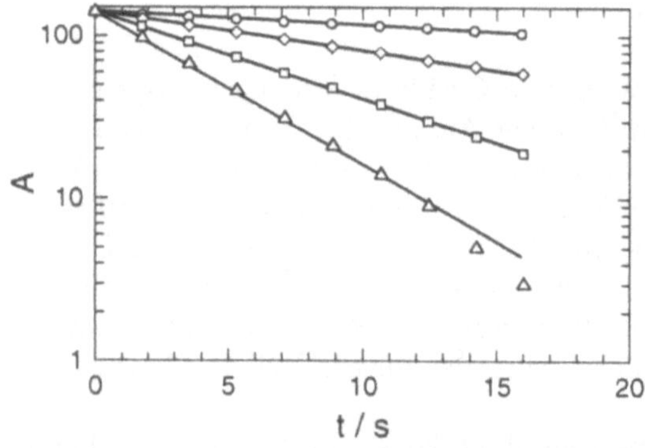

Abb. 5.8. Logarithmische Auftragung der Amplituden bei verschiedenen Dämpfungsfaktoren (Strom der Wirbelstrombremse $I_{\text{Dämpf}} =$ 0.1, 0.2, 0.3 und 0.4 A)

mehrere Dämpfungsstärken zu wiederholen. Anhand der Ergebnisse wird die Stromstärke für die Wirbelstrombremse errechnet, für den der aperiodische Grenzfall zutrifft.

5.4.3 Theorie und Experiment: Anfitten von Werten

Anhand des Vergleichs von Meßwerten und theoretischer Lösung (5.3) sollen die Parameter (Amplitude, Frequenz, Phase etc.) dem Meßergebnis angepaßt werden (Abb. 5.9). Dadurch soll der Praktikant ein Verständnis für die einzelnen Parameter und ihre Bedeutung entwickeln. Vergleiche auch mit Abschnitt 5.3.3.

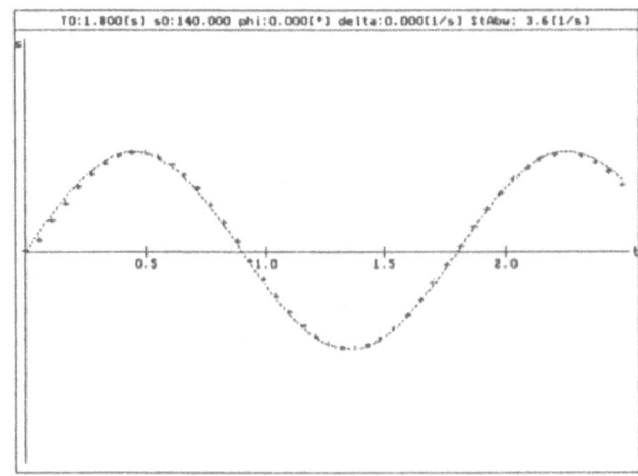

Abb. 5.9. Anfitten von Werten. Die Angabe der Standardabweichung dient neben des visuellen Vergleiches als quantitatives Maß für die Güte der Anfittung

5.4.4 Erzwungene Schwingungen und Resonanzen

Der Versuchsaufbau bietet an, auch Versuche mit erzwungenen Schwingungen durchzuführen.

Der Motor treibt über ein Gestänge das Pendel zu Schwingungen an. Es wird Energie in den Oszillator übertragen. Je näher nun die Motordrehfrequenz bei der Eigenfrequenz des Oszillators liegt, desto größer ist die Amplitude nach Beendigung der Einschwingphase. Es ist eine Meßreihe aufzunehmen, in der die Amplitude in Abhängigkeit der Motordrehfrequenz bestimmt wird (Abb. 5.10). Ein anderer Parameter, der veränderbar ist, ist die Dämpfung. Diese Meßreihe kann zusätzlich bei verschiedenen Dämpfungen durchgeführt werden. Anhand der Ergebnisse ist dann zu untersuchen, wie sich die Resonanzfrequenz unter dem Dämpfungseinfluß verändert. Ferner kann die Phasenlage zwischen Oszillator und treibendem Motor untersucht werden. In Abhängigkeit von der Motordrehfrequenz ist die Phasendifferenz zwischen Motor und Oszillator zu untersuchen (Abb. 5.11). Dies kann wiederum für unterschiedliche Dämpfungen betrachtet werden.

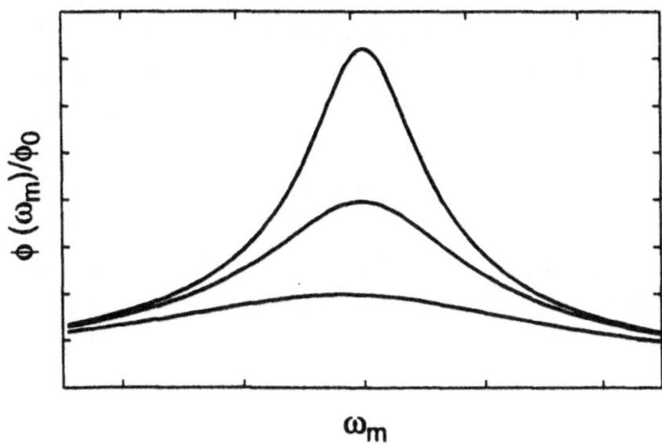

Abb. 5.10. Berechnete Abhängigkeit des Amplitudenverhältnisses $\phi(\varphi)/\phi_0$ von der Erregerfrequenz ω_m bei verschiedenen Dämpfungen

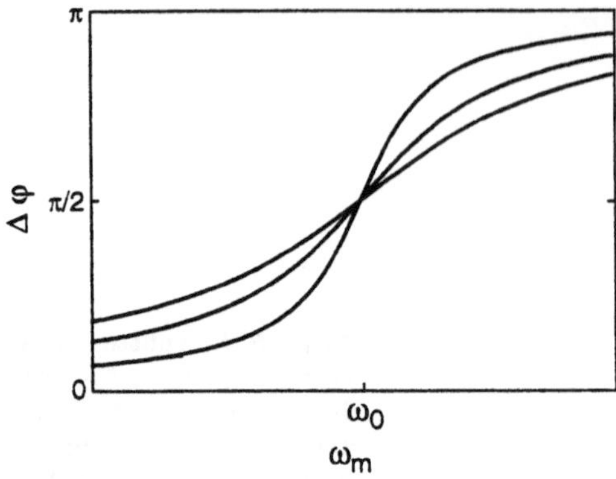

Abb. 5.11. Berechnete Phasendifferenz $\Delta\varphi$ zwischen Motor und Oszillator als Funktion der Motordrehfrequenz ω_m bei unterschiedlichen Dämpfungen

5.4.5 Phasenraumdarstellung

Hier soll der Praktikant verschiedene Bewegungsarten am Pendel hervorrufen (freie Schwingung, gedämpfte Schwingung, erzwungene Schwingung) und sie im Phasenraum darstellen. Dabei kann der Trajektorienverlauf qualitativ erschlossen werden. Er soll erkennen, daß sich die Trajektorie – dargestellt im Phasenraum – nach einer gewissen Zeit nur noch auf einem einfachen geometrischen Gebilde befindet. Man spricht davon, daß diese geometrischen Gebilde die Trajektorie anzieht; diese heißen dann Attraktoren. Das Ausbilden von Attraktoren und das Erleben, wie der Phasenraum sich füllt, vermitteln dem Praktikanten ganz anschaulich den abstrakten Begriff des Phasenraumes, der weit mehr Informationen als der einfache Ortsraum enthält.

Im Beispiel wird eine gedämpfte Schwingung beobachtet. Die Trajektorie der gedämpften Schwingung läuft auf einen Punkt ein (Abb. 5.12 *oben*), während die der freien Schwingung auf eine Ellipse einläuft (Abb. 5.12 *unten*).

5.4.6 Nichtlineare Dynamik

Bis jetzt sind geläufige Bewegungsabläufe in der Natur besprochen worden. Kennzeichnend für diese Abläufe waren einfache, anschauliche Attraktoren im Phasenraum (Punkt, Kreis, Ellipse). Die Bewegung wurde von den Attraktoren eingefangen und bewegte sich darin stabil weiter. Dies ist unabhängig vom Startwert der Bewegung. Einige wenige Parameter charakterisierten die Bewegung.

In diesem Versuchsteil soll demonstriert werden, daß es auch fundamental andere Bewegungsformen in der Natur gibt. Dies führt auf den Begriff der nichtlinearen Dynamik. Durch Anbringung einer Masse am Pendel ändert sich die Potentialstruktur (Abb. 5.13 *oben rechts*) und damit auch erheblich die Dynamik des Pendels.

Betrachtet wird die erzwungene Schwingung. Bei Motordrehfrequenzen nahe der Eigenfrequenz verfügt das System über hohe Energien, das Pendel

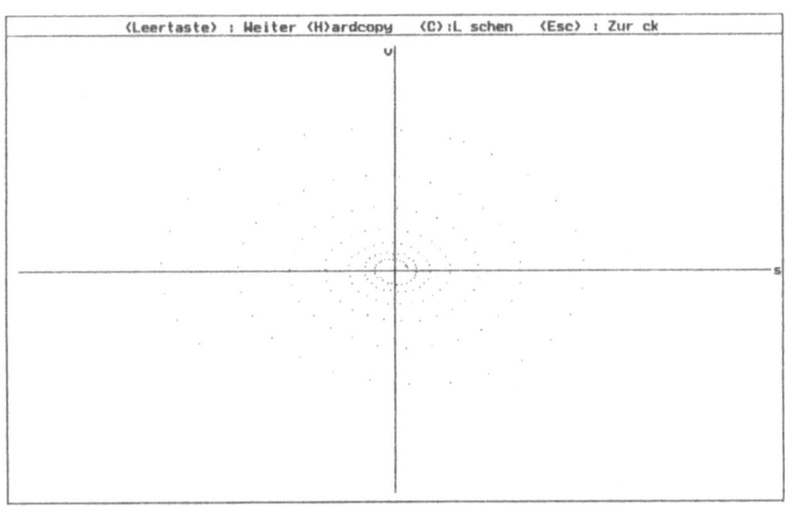

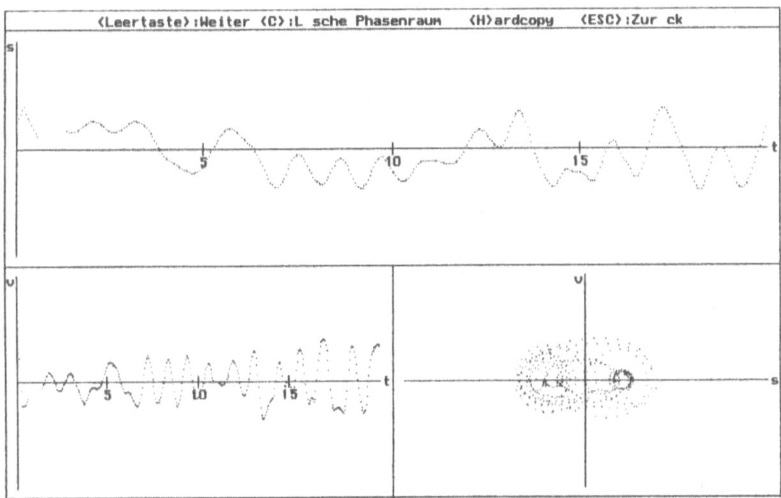

Abb. 5.12. *oben*: Phasenraum mit einer gedämpften Schwingung, *unten*: Trajektorie einer nichtlinearen Schwingung in der *Kombi-Darstellung* (*oben*: Ortsraum $s(t)$, *unten links*: $v(t)$, *unten rechts*: Phasenraum $v(s)$)

überschreitet mühelos den mittleren Potentialberg. Wird die Energie etwas abgesenkt (Entfernung der Motordreh- von der Eigenfrequenz), so hält sich das Pendel zeitweise in der einen Potentialmulde, dann wieder in der anderen auf. Statt die Frequenz zu variieren, wird die Energie des Pendels über die Wirbelstrombremse kontrolliert. Für bestimmte Dämpfungsbereiche schwingt das Pendel zwischen beiden Mulden, mit kaum vorhersagbaren Aufenthaltsdauern für die jeweiligen Mulden unregelmäßig hin und her (Abb. 5.13 *unten*). Dieses Verhalten soll vom Praktikanten qualitativ untersucht werden. Auch

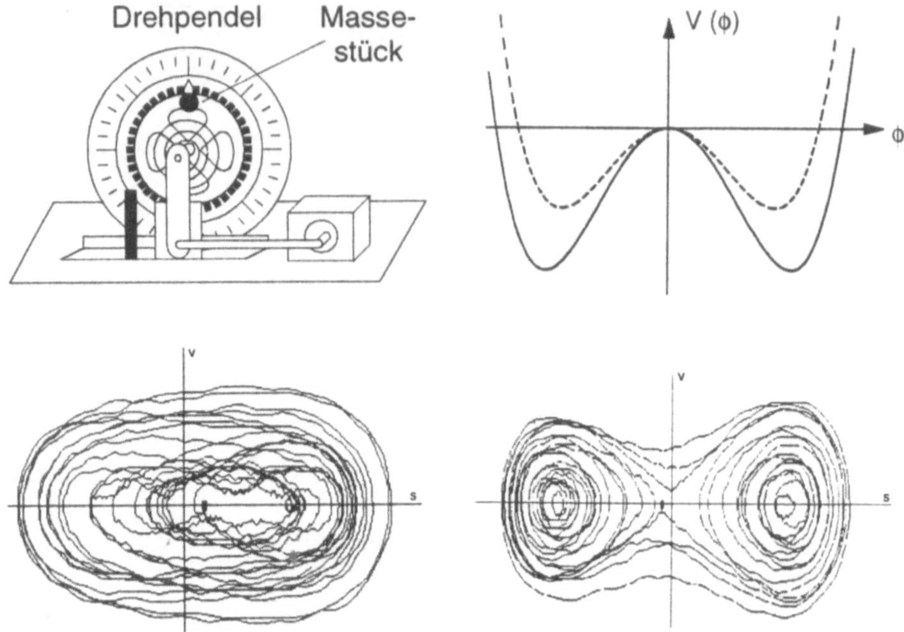

Abb. 5.13. Anbringung verschiedener Massestücke am Pendel. *Oben links*: Aufbau; *oben rechts*: Veränderung der Potentialstruktur; *unten*: Trajektorien nichtlinearer Schwingungen bei Veränderung der Potentiale durch verschiedene, zusätzliche Massen m

kann der Einfluß der angebrachten Masse untersucht werden. Quantitative Analysen durch die Protokollierung der Meßwerte sind auch hier möglich.

5.4.7 Die Einschwingphase

Die Einschwingphase wird in den Vorlesungen nur kurz gestreift, obwohl sehr viel Physik in der Einschwingphase steckt. Beim Lösen der passenden Differentialgleichung (5.1) wird dieses Zeitintervall wegen der Komplexität der Bewegung (Oszillatorbewegung, Erregerbewegung) meist ausgeklammert. Das Zusammenspiel verschiedener physikalischer Phänomene und grundlegender Gesetze kann durch Anwendung anspruchsvoller mathematischer Verfahren, deren zeitlicher Aufwand durch den Computereinsatz auf ein vertretbares Maß gesenkt wird, untersucht werden. Nahezu alle Größen des Versuchkomplexes Schwingungen finden sich schon in der Einschwingphase wieder. Das Programm *SWING* gestattet die Aufnahme der Einschwingphase und dadurch deren anschließende, quantitative Auswertung.

Zunächst sind von den Praktikanten mittels *SWING* mehrere Einschwingphasen aufzunehmen. Variationsparameter können hierbei sein: die Startamplitude des Drehpendels, die Motordrehfrequenz und die Phase zwischen Motor und Drehpendel zum Anfangszeitpunkt der Erregung.

Für die Auswertung werden folgende Leitfragen und -gedanken zugrunde gelegt:

- Wann ist die Einschwingphase beendet, und welche Faktoren bestimmen ihre Dauer?
- Wende das Superpositionsprinzip an, und zerlege die Drehpendelschwingung in den Eigen- und den aufgeprägten Fremdanteil (homogene und inhomogene Differentialgleichung)
- Welche Eigenschaften bietet die Fourier-Analyse? Ermittle daraus, wie sie als Instrument zur Aufgabenlösung einsetzbar ist?
- Wie verändern sich zeitlich die beiden Schwingungsanteile (Eigenschwingung des Drehpendels und aufgeprägter Fremdanteil) während der Einschwingphase?
- Welchen Einfluß hat die Startphase zwischen Drehpendel und Erreger (Motor) auf die Ergebnisse?

SWING kann als Langzeitschreiber genutzt werden. Beträgt die Eigenfrequenz des Pendels f_0=0,56 Hz, so wird bei einer Wartedauer von Δt=200 ms zwischen zwei Meßpunkten die Schwingung mit 10 Meßwerten genügend gut abgetastet. Bei einer Kapazität von 5000 Meßpunkten steht ein Meßintervall von knapp 17 Minuten zur Verfügung. Damit wird die Einschwingphase sehr gut erfaßt.

Aufgrund des hohen Zeitaufwandes bietet sich dieser Versuchsteil wahlweise anstelle anderer Aufgaben an. Während der Meßwertaufnahme können jedoch bereits erste Auswerteschritte anderer Aufgaben erfolgen, z.B. die Ermittlung der Eigenfrequenz des Pendels aus vorherigen Messungen; hierzu wird der PC nicht benötigt.

Im nachfolgenden Beispiel (Abb. 5.15) wurde das Drehpendel vorausgelenkt. Beim Starten wurde der Motor aktiviert. Mit Hilfe des Programmteils *s(t)-Diagramm* wurden 5000 Wertepaare aufgenommen. Eine Vergleichsmessung wurde ohne Vorauslenkung bei sonst gleichen Bedingungen durchgeführt.

Das Pendel unterliegt zwei Schwingungsanteilen, dem Eigen- und dem aufgeprägten Oszillationsanteil. Dieser wird durch den Motor und dessen Drehfrequenz f_m bestimmt. Diese Anteile überlagern sich (Superpositionsprinzip) zur beobachteten Gesamtschwingung. Diese sind aber mit Hilfe der Fourier-Analyse separierbar.

Es stellen sich folgende Aufgaben- und Fragestellungen: Was bewirkt eine Fourier-Transformation von Meßdaten? Wie gewinnt man aus dem Ergebnis der Transformation das Frequenzspektrum? Wie ergibt sich die Eichung der Frequenzachse aus dem Shannonschen Abtasttheorem?

Mit Hilfe des Shannonschen Abtasttheorems [5.4] läßt sich die x-Achse in Frequenzen umskalieren. Der zeitliche Meßabstand betrug im Beispiel 200 ms, die auflösbare Frequenz somit 2,5 Hz (Shannon: maximal kann mit einer Abtastfrequenz f nur ein Signal mit $f/2$ richtig abgetastet werden). In Abb. 5.14 erstrecken sich die 2,5 Hz auf 2048 Kanäle. Für den Kanal 461 der Eigenfrequenz ergibt sich $T_0 = 1{,}777\,\mathrm{s}$ und für den Kanal 430 der Motordrehfrequenz $T_\mathrm{m} = 1{,}905\,\mathrm{s}$.

Die Fourier-Transformation[2] liefert als Ergebnis komplexe Zahlen mit Real- und Imaginärteil. Durch Betragsbildung der komplexen Zahlen rekonstruiert man die Amplitude der Schwingung, die über der Frequenz abgetragen wird.

Abbildung 5.14 zeigt ein so gewonnenes Spektrum der erzwungenen Drehpendelschwingung während der Einschwingphase.

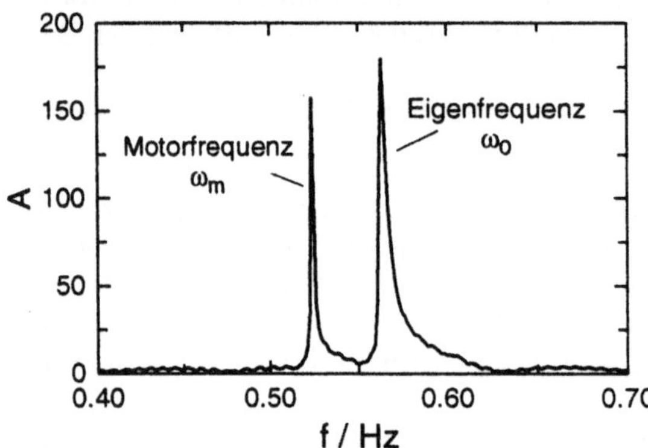

Abb. 5.14. Spektrum mit Eigenfrequenz $f_0 = 562\,\mathrm{mHz}$ und der Motordrehfrequenz $f_\mathrm{m} = 526\,\mathrm{mHz}$. Die Notation ω weist auf die in Rechnungen zu verwendende Kreisfrequenz hin

Nach einiger Zeit schwingt das Pendel nur noch mit der Drehfrequenz des Motors f_m. Wie verändern sich folglich die beiden Frequenzanteile während dieser Einschwingphase? Wie lange dauert sie, und welche Größen sind für ihre Dauer verantwortlich?

Um diese Fragen genauer zu beantworten, wird der Datensatz alle 100 s in mehrere Teilsätze zu je 512 Werten zerlegt, die einer gesonderten Fourier-Analyse unterzogen werden. Da die schnelle Fourier-Transformation angewandt wurde, ist es nötig, eine durch 2^n darstellbare Werteanzahl zu benutzen.

Die Ergebnisse der Einzelanalysen werden in einer Tabelle zusammengefaßt. Abbildung 5.15 zeigt die Entwicklung beider Frequenzanteile auf. Die exponentiell abfallende Kurve gibt die Pendeleigenfrequenz wieder. Die zweite Kurve zeigt die Entwicklung des Motordrehfrequenzanteils an. Dieser ist im Mittel gleich voll wirksam und verändert sich mit der Zeit kaum. Zum Vergleich ist in Abb. 5.16 die Entwicklung der Frequenzen ohne Vorauslenkung aufgetragen.

---

[2] Es wurde das Programm *FFT* zur Fourier-Transformation eingesetzt. Es wurde wie die übrigen hier vorgestellten Programme am FB Physik der Universität Kaiserslautern entwickelt.

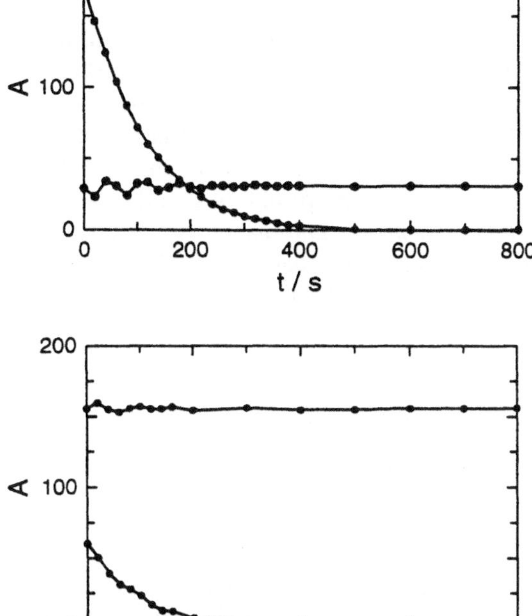

Abb. 5.15. Entwicklung der Frequenzanteile $(T_\mathrm{m}=2{,}0\,\mathrm{s})$. Die exponentiell abklingende Kurve stellt die Entwicklung der Eigenfrequenzmode dar, die andere gibt die Entwicklung des aufgeprägten Oszillationsanteils wider.

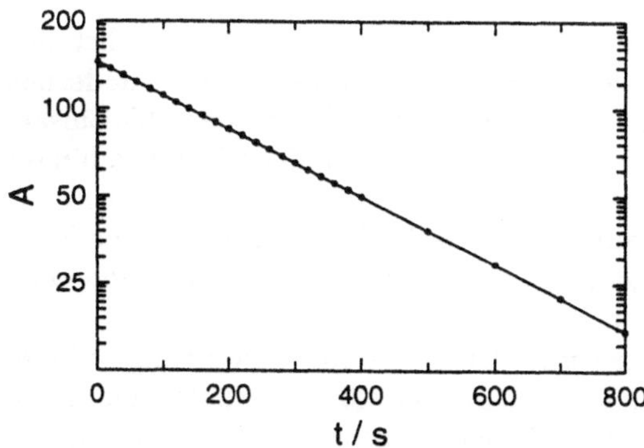

Abb. 5.16. Entwicklung der Frequenzanteile ohne Vorauslenkung $(T_\mathrm{m}=2{,}0\,\mathrm{s})$

Trägt man die Amplitudenwerte der Pendeleigenfrequenzkurve halblogarithmisch auf, so kann die Dämpfung dieses Frequenzanteils bestimmt werden (siehe Abb. 5.17). Es ergibt sich die Dämpfung zu $\delta = 0{,}0089\,1/\mathrm{s}$.

Abb. 5.17. Dämpfung des Eigenfrequenzanteils

Es fällt auf, daß bei den Messungen, bei denen keine Vorauslenkung stattfand, sich also keine Energie in der Eigenschwingungsmode befand, diese trotzdem angeregt wird.

Eine weitere Aufgabe bietet sich durch die Untersuchung der anfänglichen Amplitudenoszillationen an. Um diese Oszillationen herauszupräparieren, werden von den Kurven die Grundstruktur (Exponentialfunktion und Gerade) subtrahiert (Abb. 5.18). Deutlich erkennt man die Phasendifferenz zwischen Anregungs- und Eigenschwingungsmode. Dies kann mit der Phase des Motors und des Drehpendels zum Startzeitpunkt begründet werden. Zu berücksichtigen ist auch, daß ein begrenzter Datensatz vielfältigen und komplizierten mathematischen Operationen unterzogen wurde. Von Vorteil ist der Vergleich des Realexperiments mit der PC-Auswertung.

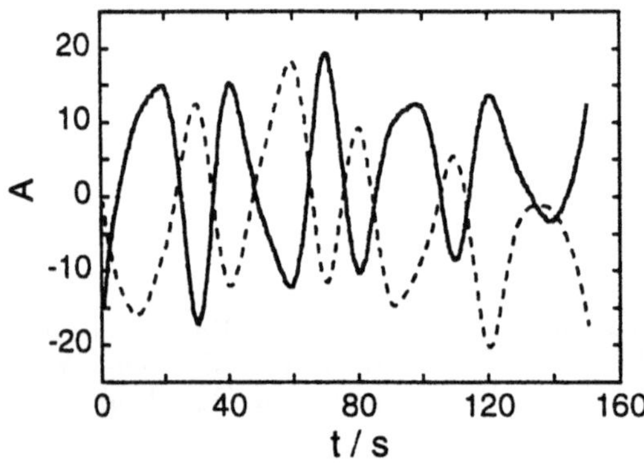

Abb. 5.18. Untersuchung der Amplitudenoszillationen; *gestrichelte Kurve*: aufgeprägter Anteil, *durchgezogene Kurve*: Eigenschwingungsanteil

5.5 Zusammenfassung

In dieser PC-bestückten Variante des Versuches finden sich zunächst alle Phänomene von Schwingungen wieder. Ebenfalls werden in der modernen Form alle Lernziele des klassischen Versuchs erfaßt. Durch den PC-Einsatz können aber zusätzliche Untersuchungen über den bisherigen Rahmen hinaus eingehend studiert werden.

Durch die veränderte Meßtechnik wird der Praktikant an moderne Meßmethoden und -prinzipien herangeführt, auf die oft im späteren Labor- oder Berufsleben zurückgegriffen werden kann.

Die Aufzeichnung von Meßdaten und deren spätere Auswertung (offline) gestattet die Untersuchung bisher unzugänglicher Effekte. Als Beispiel dient die Diskussion der nun technisch zugänglichen Einschwingphase, in der quantitativ wesentliche Parameter (Ermittlung der beteiligten Frequenzen, Dauer der Einschwingphase, Dämpfung der freien Schwingung) durch Auswertung bestimmt werden können. Dabei kam auch das Analyseverfahren der schnellen Fourier-Transformation (FFT) zum Einsatz.

Durch die Möglichkeit der Größenverrechnung stehen auch online abstraktere Auswertemöglichkeiten zur Verfügung. So wird durch die Geschwindigkeitsbestimmung die Beobachtung der Trajektorie im Phasenraum ermöglicht, was diesen eher trockenen und abstrakten Begriff mit Anschauung und Anwendung belebt.

Durch das Anfitten von Werten aufgrund qualitativer Methoden (einfacher visueller Vergleich zwischen Theorie- und Meßkurve) als auch quantitativer Größen (Berücksichtigung der Standardabweichung), lernt der Praktikant die Bedeutung der einzelnen Parameter der Lösungsgleichung auf völlig neue und tiefere Weise kennen.

Durch den einfachen Zugang zum Themenkomplex der nichtlinearen Dynamik findet moderne Physik Eingang in den Lernzielkatalog von Praktika. Durch Anregung zu eigenen Experimenten wird Vertrautheit mit einem völlig neuen Dynamiktyp gewonnen. Darüberhinaus bietet sich erster Kontakt mit grundlegenden Begriffen des wichtigen Gebietes der nichtlinearen Physik.

6. Radioaktiver Zerfall

Etwa ein Drittel aller bekannten Atomsorten sind stabil, die übrigen sind radioaktiv und zerfallen. Dabei stellen die stabilen Kerne die weitaus größte Masse des Universums in Form von Wasserstoff. Durch kernphysikalische Prozesse entstanden im Laufe der Zeit viele der bekannten schwereren Elemente. Kernfusion und Kernzerfall spielen dabei eine wesentliche Rolle.

Neben dem rein akademischen Anliegen, den Student den radioaktiven Zerfall am Experiment zu unterrichten, gibt es auch eine Reihe gesellschaftlicher Gründe (Tschernobyl, Umgang mit radioaktivem Abfall, Transportfragen), sich an Schule und Hochschule mit dem Gebiet der Radioaktivität zu befassen. Dabei sollte eine emotionslose Ausbildung und Vermittlung von wissenschaftlichen Fakten betrieben werden, um eine fundierte und sachliche Diskussion zu ermöglichen.

Es ist daher wichtig, die Gesetzmäßigkeiten der Radioaktivität genauer zu studieren. Bei jedem radioaktiven Zerfall wird Strahlung ausgesandt, die eine Information über den Zerfallsakt trägt. Die Detektion der Strahlung macht diese Informationen zugänglich. Die spektroskopische Strahlungsanalyse informiert über die Energie der Strahlung. Aus den auftretenden charakteristischen Energien läßt sich u.a. auf die beteiligte Substanz schließen. Eine quantitative Detektion erfaßt das statistische Wesen der Radioaktivität und läßt das Zerfallsgesetz erkennen. Die Bestimmung der Halbwertszeit als eine charakteristische Größe der Radioaktivität ermöglicht ebenfalls die Substanzbestimmung. Dieser Versuch hat die Zählratenstatistik und die Halbwertszeitbestimmung des radioaktiven Zerfalls zum Gegenstand. Dazu kommt als Meßinstrument das Geiger-Müller-Zählrohr zum Einsatz.

Für die originäre Aufgabe des schnellen und korrekten Zählens bei hohen Zerfallsraten eignet sich ein Computer sehr gut. Ferner kann er Langzeitmessungen durchführen, bei denen der Praktikant nicht ständig den Versuch beaufsichtigen muß. Außerdem kann der Rechner zeitraubende Routineaufgaben übernehmen, die mit geringer Wissensvermittlung oder Erlernen von handwerklichen Fähigkeiten behaftet sind. Da der Rechner nach der Messung über den Wert verfügt, stünde einer Weiterverarbeitung bis zum fertigen Endergebnis, inklusive Tabellen, Graphiken und Anpassung von Meßwerten nichts mehr im Wege. Dem steht allerdings ein Lernziel von Praktika, der Vermittlung wichtiger Grundfertigkeiten im Auswertungsbereich, entgegen. Eine

Lernzielanalyse von Praktika [6.1] und eine kritische Betrachtung des Versuches [6.2] zeigen deutlich, daß es ein falscher Ansatz wäre, die Möglichkeiten des PCs voll auszuschöpfen. Dadurch wird der Lernfortschritt des Praktikanten nicht immer gefördert. Deshalb war es ein Anliegen an das im Praktikum eingesetzte Programm, sich dem Konflikt zwischen dem technisch Realisierbaren und dem didaktisch Sinnvollen, zu stellen.

Dieser Versuch „Radioaktiver Zerfall" ist ein hervorragendes Standardbeispiel, wo wir und auch andere Anfängerpraktika-Leiter typische Fehler beim PC-Einsatz im Praktikum gemacht haben. Als Lösung wurde deshalb angesehen, den Rechner mehr als Datenerfassungs- und Steuerungsinstrument zu begreifen und zu nutzen. Die hohe Anzahl von Messungen wird rationell und automatisiert durchgeführt, die kritischen Auswertepunkte werden jedoch den Praktikanten nicht abgenommen (keine Knopfdruckaktivitäten). Gleichwohl kann z.B. die einfache Sortierung von Meßdaten zur Auswertungsvorbereitung vom PC schnell und fehlerfrei durchgeführt werden.

Im Vordergund steht die Bestimmung quantitativer Größen wie Aktivität und Halbwertszeit, die die Aufnahme größerer Meßreihen verlangt. Unmittelbar im Versuch als auch in der Auswertung wird die statistische Natur der Radioaktivität den Praktikanten vermittelt. Darüber hinaus wird mit unterschiedlichen Strahlungsarten und Techniken experimentiert. Ferner können wichtige Strahlenschutzgrundsätze vermittelt werden.

6.1 Zur Theorie

Die Meßtechnik, das Experimentieren und die Theorie des Versuches gehören zum Standardrepertoire eines jeden Anfängerpraktikums. Die kurze Zusammenstellung dient als Orientierung, welche Gebiete vor Versuchsdurchführung dem Praktikanten vertraut sein sollten. Zahlreiche Literaturverweise erleichtern dabei die entsprechende Vertiefung.

6.1.1 Geiger-Müller-Zählrohr

Um die einzelnen Zerfallsakte zu erfassen, wird das Geiger-Müller-Zählrohr eingesetzt. Es registriert nur einen Zerfallsakt, es bewertet ihn nicht qualitativ (Energie des Teilchens). Die Strahlung tritt durch ein Fenster in das Zählrohr ein und löst eine Prozeßkette aus, an deren Ende ein verwertbarer elektrischer Impuls steht. Die Funktionsweise des Geiger-Müller-Zählrohrs ist ausreichend in der Literatur erläutert [6.4],[6.6]. Zur Vorbereitung des Versuchs sollten die Praktikanten sich mit folgenden Themen befassen: Charakteristik des Zählrohrs, Bestimmung des Betriebspunktes, Begrenzung der Zählrate durch den Totzeiteffekt, Lawineneffekt, Löschgas.

6.1.2 Zählstatistik

Die einzelnen Atomkerne zerfallen statistisch unregelmäßig. Nur bei genügend großen Zerfallsraten läßt sich das exponentielle Zerfallsgesetz erkennen und die wesentliche Kenngröße, die Halbwertszeit τ , bestimmen. Das Zerfallsgesetz lautet:

$$n(t) = n_0 \exp(-\lambda t). \tag{6.1}$$

n_0 ist die Teilchenzahl zum Zeitpunkt $t{=}0$ zum Anfang der Messung, entsprechend $n(t)$ die verbleibende Teilchenzahl zum Zeitpunkt t. λ ist die elementspezifische Zerfallskonstante mit der Halbwertszeit $\tau = \ln2/\lambda$. Benutzt man spezielle Isotope, deren Halbwertszeit genügend klein ($< 1\,$h) ist, kann aus dem exponentiellen Zerfall die Halbwertszeit innerhalb des Versuchszeitraumes ($< 3\,$h) bestimmt werden.

6.1.3 Hintergrundstrahlung, Nullrate

In unserer Umwelt sind in geringer Konzentration strahlende Isotope vorhanden. Zusammen mit der Höhenstrahlung läßt sich so eine Hintergrundstrahlung nicht vermeiden, die immer mitgemessen wird, und dadurch die eigentliche Messung verfälscht. Die Messung ist deshalb um die Hintergrundstrahlung zu korrigieren. Dazu wird in einer eigenen Messung die Hintergrundstrahlung bestimmt. Hier werden Begriffe wie Mittelwert, Standardabweichung, Gauß- und Poissonverteilung erläutert. In diesem Zusammenhang wird eine adäquate Fehlergröße benutzt, der $\sqrt{n}$-Fehler als Standardabweichung der Poissonverteilung.

Führt man Messungen durch, erkennt man, daß in einer Meßperiode wenig, in einer anderen wieder sehr viele Zählereignisse registriert werden. Insgesamt streuen die Meßergebnisse um einen Mittelwert. Fragt man, wie hoch die Wahrscheinlichkeit p ist, ein Zählergebnis n zu erhalten, führt dies aufgrund der Diskretheit der registrierten Ereignisse zur Poissonverteilung

$$p(n_i) = \frac{\overline{n}^{n_i}}{n_i!} \exp(-\overline{n}). \tag{6.2}$$

Für größere $\overline{n}$ ab etwa 50 [6.3] nähern sich Poissonverteilung und Normalverteilung (Gaußverteilung) für kontinuierliche Vorgänge an:

$$p(n_i) = \frac{1}{\sigma\sqrt{2\pi}} \exp[-\frac{1}{2}(\frac{n_i - \overline{n}}{\sigma})^2]. \tag{6.3}$$

Es bedeuten in Gl. 6.2 und Gl. 6.3:

n_i : Impulszahl

$\overline{n}$: $\dfrac{1}{Z} * \sum\limits_i Z_i * n_i$

Z_i : Anzahl der Meßwerte n_i

Z : Anzahl der Einzelmessungen $\left(Z = \sum\limits_i Z_i\right)$

σ : $\sqrt{\dfrac{Z}{Z-1} * \sum\limits_i Z_i * (n_i - \overline{n})^2}$

Auch hier sei auf einschlägige Literatur verwiesen z.B. [6.4], [6.11].

6.2 Experimenteller Aufbau

Die vom Präparat ausgehende Strahlung trifft auf das Zählrohr, das mit einem Kombinationsgerät – im folgenden Ratemeter genannt – betrieben wird (Abb. 6.1). Registriert das Zählrohr einen Zerfall, so wird dies vom Ratemeter durch ein Ticken akustisch deutlich gemacht. Gleichzeitig wird ein elektrischer Impuls über den TTL-Ausgang des Ratemeters an den PC gesandt. Dort werden die eingehenden Impulse mittels einer Standardinterfacekarte gezählt.

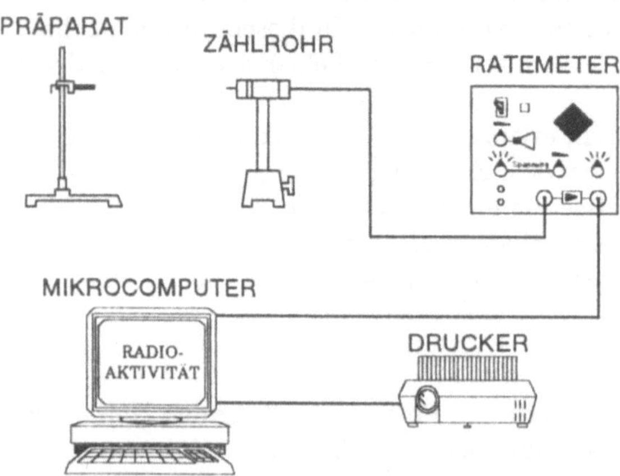

Abb. 6.1. Aufbau des Experiments. Ausgehend vom Präparat tritt die Strahlung ins Zählrohr ein. Der Impuls vom Zählrohr wird im Ratemeter zu einem nutzbaren Signal verstärkt. Der TTL-Ausgang ist auf die Zählerkarte im PC geschaltet. Meßergebnisse und Graphiken können auf dem Drucker ausgegeben werden

Von Lehrmittelfirmen stehen eine ganze Reihe von radioaktiven Präparaten zur Verfügung. Meistens sind diese fertig konfektioniert und langlebig, so daß ein Präparat über Jahre zum Einsatz geeignet ist. Gängige Beispiele sind $^{22}_{11}$Na oder $^{137}_{55}$Cs. Um die Halbwertszeit zu bestimmen, sind Isotope mit kurzer Halbwertszeit nötig, diese müssen dann jeweils frisch präpariert werden. Als Beispiel sei die Auswaschung von ^{137}Ba aus einem ^{137}Cs/^{137}Ba-Isotopengenerator mittels verdünnter Salzsäure genannt. Möchte man ohne

Präparationschemie auskommen, bietet sich ein Trockenverfahren mittels Aktivierung durch eine Neutronenquelle an: Rhodiumplättchen werden durch Neutronenbeschuß aktiviert.

Bei der Positionierung der Präparate ist aus Strahlenschutzgründen darauf zu achten, daß die Präparate immer von den Praktikanten wegstrahlen und geeignet abgeschirmt sind.

6.3 Das Programm *RAP*

Das Programm *RAP* (**R**adioaktivität im **A**nfängerpraktikum) dient der Meßwerterfassung und -verarbeitung für den Versuch Radioaktiver Zerfall. Es gliedert sich entsprechend des Aufgabenprofils in drei Teile:

- *Charakteristik des Zählrohrs*
- *Zählraten bestimmen*
- *Zerfallskurven messen*

Es wird eine einfache Maskentechnik benutzt, die auch ungeübten Benutzern eine sichere Führung durch das Programm ermöglicht.

Für die Meßdaten stehen in jedem Programmteil eine Reihe von einfachen Verarbeitungsmöglichkeiten zur Verfügung, die dem jeweiligen Programmteil entsprechend genutzt werden können.

6.3.1 Messung

Vor der Messung ist ein kleines Meßprotokoll auszufüllen. Hier werden Datum, Präparat, Meßdauer und -anzahl sowie Arbeitsspannung des Zählrohrs eingetragen. Die ermittelten Meßwerte werden direkt in ein Diagramm eingezeichnet. Nach Aufnahme aller Meßwerte erstellt das Programm eine Datei mit den gewonnenen Meßdaten. Die Graphik ermöglicht bereits während der Messung einen Überblick über die gemessenen Werte und deren Tendenz.

Im Programmteil *Charakteristik des Zählrohrs* wird die Messung jeweils zur Eingabe des neuen Spannungswertes unterbrochen.

6.3.2 Graphische Darstellung der Werte

Die Meßwerte werden am Bildschirm graphisch dargestellt. Entsprechende Fehlerbalken mit dem $\sqrt{n}$-Fehler werden eingezeichnet (außer beim Programmteil *Zählraten bestimmen*). Das Koordinatensystem kann vom Benutzer nachskaliert werden, wenn es die laufenden Meßwerte erfordern. x, y, X, Y verkleinert/vergrößert den Maßstab der x- bzw. y-Achse. Es besteht die Möglichkeit, die Graphik auf dem Drucker auszugeben (*Hardcopy*). Unterstützt wird der Druckertyp, der in der Konfigurationsdatei eingestellt wurde. Esc verläßt die Graphik und geht zum vorhergehenden Menü zurück. Je nach Programmteil bestehen weitergehende Optionen wie z.B. Berechnung des Mittelwerts mit der Taste <M>.

6.3.3 Auswertemöglichkeiten

In jedem Programmteil stehen weitergehende Auswertefunktionen zur Verfügung. So kann unter *Zählraten bestimmen* eine Statistikberechnung ausgelöst werden, deren Ergebnisse ebenfalls eingesehen und ausgedruckt werden können. Bei *Zerfallskurven messen* können unter *Auswertung* mehrere Meßreihen summiert werden, um die Bestimmung der Halbwertszeit zu optimieren.

6.3.4 Weitere Menüpunkte

Mit *Werte ansehen* werden die Meßwerte mit den Angaben des Meßprotokolls alphanumerisch am Bildschirm angezeigt und mit *Meßtabelle ausdrucken* ausgedruckt.

Meßwerte von Datei laden lädt eine während der Messung erzeugte Textdatei. Sollte einmal ein Problem (Systemabsturz, fehlerhafte Eingabe) auftreten, so können Meßreihen erneut geladen werden, ohne daß die Messung wiederholt werden muß. Durch einfache Manipulation der Datei (Entfernung des Kopfes) kann sie zur weiteren Auswertung mit Tabellenkalkulationen genutzt werden.

6.4 Beispiele für eine Versuchsreihe

Um Aktivitäten von Präparaten bestimmen zu können, sind zunächst zwei vorbereitende Messungen durchzuführen. Die Kenntnis der Charakteristik des Zählrohrs ist nötig, um einen geeigneten Arbeitspunkt für weitere Messungen festzulegen. Ferner ist die Bestimmung der Nullrate nötig, um andere Meßergebnisse um den additiven Strahlungshintergrund zu vermindern.

Anhand einer Aktivitätsbestimmung eines Präparates kann die Zählstatistik untersucht werden. Hier fließen bereits die Ergebnisse der Vormessungen mit ein. Als weiterer Aufgabenteil wird die Halbwertszeit eines frisch aktivierten Präparates bestimmt.

6.4.1 Bestimmung der Zählrohrcharakteristik

Das Geiger-Müller-Zählrohr hat eine besondere Spannungscharakteristik, die durch seine Beschaffenheit und Funktionsweise begründet ist. Um das Zählrohr vernünftig anzuwenden, ist zunächst die Charakteristik des benutzten Zählrohrs zu bestimmen. Hierzu wird ein Präparat mit ausreichender Aktivität benutzt, z.B. $^{22}_{11}\mathrm{Na}$ oder $^{137}_{55}\mathrm{Cs}$, damit statistische Effekte möglichst gering bleiben. Ebenfalls ist darauf zu achten, daß die Halbwertszeit groß gegen die Meßdauer (ca. 30 min) ist, damit die Aktivität als konstant betrachtet werden kann.

Der Praktikant muß die Messung in ihren einzelnen Schritten genau durch-
denken. Anhand der Vorbereitungen kennt er typische Zählrohrcharakteristi-
ken aus der Literatur. Aus der Herstellerbeschreibung des Zählrohrs ist zu
entnehmen, wie hoch die maximal zulässige Betriebsspannung ist. Dadurch
ist die obere Grenze des Meßbereiches definiert. Diese ist auf keinen Fall zu
überschreiten, sonst droht eine schnelle Alterung oder die Zerstörung des
Zählrohres. Die Einsatzspannung ist dadurch erkennbar, daß das Ratemeter in akustischer Anzeige zu ticken anfängt. Eine erste Meßreihe für zehn
verschiedene Spannungen liefert bereits einen groben Verlauf der Charakteristik. Ab der Einsatzspannung schließt sich der Proportionalbereich an und
der anschließende Plateaubereich ist erkennbar. In einer zweiten Messung
sind z.B. mehr Meßpunkte in den Proportionalbereich zu legen, da hier die
Empfindlichkeit rasch mit der Versorgungsspannung zunimmt.

Die Spannung muß bei jeder Einzelmessung am Ratemeter eingestellt werden. Die Eingabe am PC hat nicht zur Folge, daß sie dem Ratemeter bekannt
wird.

Im Beispiel wurde $^{137}_{55}$Cs benutzt. Es sind alle drei Bereiche erkennbar
(Abb. 6.2). Im Bereich von 0 bis 370 Volt registriert das Zählrohr noch nicht.
Bei 370 Volt liegt etwa die Einsatzspannung mit der sich anschließenden
Proportionalzone. Es schließt sich der Plateaubereich an, in der die Empfindlichkeit nur sehr gering von der Spannung abhängt. In diesem Bereich ist
zweckmäßigerweise die Betriebsspannung zu wählen. Die Empfindlichkeit ist
hier unabhängig von kleinen Spannungsschwankungen des Ratemeters.

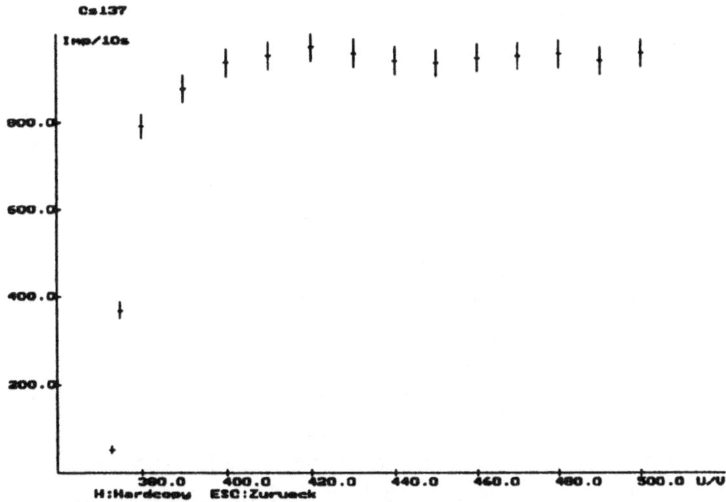

Abb. 6.2. Charakteristik des Geiger-Müller-Zählrohrs. Dem steilen Anstieg (Proportionalbereich) schließt sich der Plateaubereich an (Meßergebnis weitgehend unabhängig von Spannungsschwankungen)

6.4.2 Bestimmung des Strahlungshintergrundes

Wesentlich ist in diesem Versuchsteil die Erkenntnis, daß ein Strahlungshintergrund in unserer Umgebung existiert, der durch die natürliche und zivilisatorisch bedingte Verteilung von radioaktiven Isotopen in der Umwelt und der Höhenstrahlung verursacht wird. Es gibt also eine ständige, radioaktive Strahlung, der die gesamte Natur ständig ausgesetzt ist. Dieser Strahlungshintergrund wird auch Nullrate genannt. Sie variiert mit dem Ort und der Zeit. Z.B. in Zeiten hoher Sonnenfleckenaktivität ist sie höher, in tiefer gelegenen Gebieten ist sie niedriger, weil die Atmosphäre die Höhenstrahlung stärker absorbiert. Viele Faktoren spielen eine Rolle (Nähe zu den magnetischen Erdpolen, Jahreszeit, verwendete Baumaterialien, ...).

Somit setzen sich alle Meßergebnisse aus zwei Komponenten zusammen: der zu messende Effekt und der natürliche Strahlungshintergrund. Um diese Komponenten trennen zu können, wird durch eine Messung der Strahlungshintergrund quantitativ bestimmt.

Durchführung der Messung. Zunächst werden die radioaktiven Präparate aus der Umgebung des Zählrohrs entfernt. Dann wird eine relativ lange Messung durchgeführt. Es empfiehlt sich, diese Messung in eine große Anzahl von kurzen Einzelmessungen (z.B. 100 oder 200 Einzelmessungen) zu zerlegen. Dadurch wird genügend Material für eine statistische Auswertung gewonnen. Hierzu wird nur das Meßprotokoll richtig ausgefüllt. Die Angabe *Zahl der Meßintervalle* veranlaßt das Programm automatisch, die gewünschte Zahl der Messungen durchzuführen. Bei dieser einfachen, immer wiederkehrenden Meßtätigkeit wird der Praktikant durch den PC wirkungsvoll unterstützt. Nach jeder Einzelmessung wird der Meßwert gleich in eine Graphik eingetragen. Dabei erkennt man unmittelbar, daß die Nullrate statistisch streut.

Der Praktikant kann sich während der Messung auf die Vorbereitung eines weiteren Versuchsteils konzentrieren, beispielsweise die Aktivierung eines Isotops zur Halbwertszeitbestimmung. Im Beispiel wurden 150 Meßwerte mit einer Meßdauer von je 5 Sekunden gewählt (Abb. 6.3). Die Mittelwertbildung sollte einem Praktikanten aus der Schule her bekannt sein, stellt also kein besonderes Lernziel von physikalischen Praktika dar. Aus diesem Grunde ist eine Option implementiert, die unmittelbar den Mittelwert berechnet und in das Diagramm einzeichnet.

Ein anderer Einsatz bietet sich an, wenn der Hintergrund über längere Zeit bestimmt wird. Durch Ausfüllen des Meßprotokolls können auch deutlich mehr Einzelmessungen und längere Einzelmeßzeiten definiert werden. Dadurch eignet sich das Programm zur Durchführung von z.B. Nachtmessungen oder Wochenendmessungen, eventuell auch in anderen Räumen. Damit könnte das zeitliche Schwanken der Nullrate untersucht werden.

Statistische Auswertung des Datenmaterials. In diesem Aufgabenteil ist ein Vergleich mit der theoretisch zu erwartenden Statistik und der gemessenen Statistik vom Praktikanten durchzuführen. Hierzu muß der Ereignis-

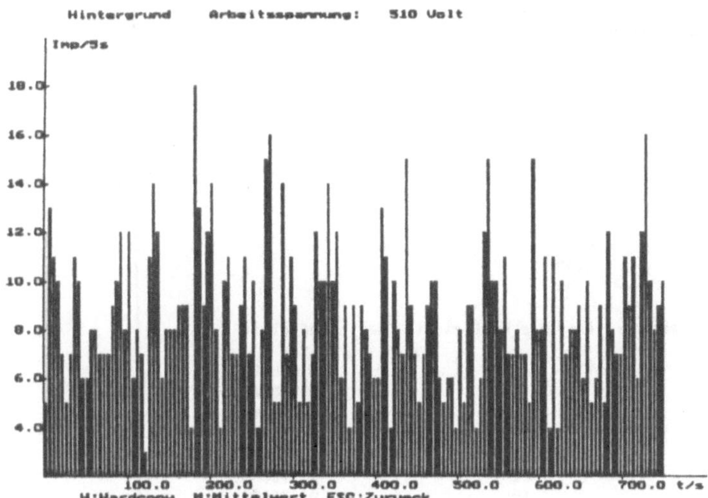

Abb. 6.3. Natürlicher Strahlungshintergrund am Standort der Meßapparatur

und der Wahrscheinlichkeitsbegriff eingeführt sein. Insbesondere müssen die
einzelnen Größen der Poissonverteilung und ihre Gewinnung aus den Meßdaten verstanden sein, was erfahrungsgemäß den Praktikanten auf diesem
Niveau die meisten Schwierigkeiten bereitet. Den praktischen Umgang mit
statistischen Methoden sind Praktikanten meist nicht gewohnt. Oftmals ist
die Hoffnung vorhanden, daß dieses Defizit der PC auf Knopfdruck behebt
und den fertigen Theorievergleich liefert. Aus diesem Grunde wurden hier
nach mehrsemestriger Erfahrung bewußt nur sehr sparsam die Möglichkeiten
des Rechners im Programm ausgenutzt.

Bezogen auf eine Meßreihe wird nun festgestellt (im Beispiel 150 Einzelmessungen), wie häufig welches Ereignis (z.B. 12 Impulse/5 s) auftritt. Um
Fehler zu vermeiden ist es vorteilhaft, erst die Meßdaten nach der Ereignisgröße zu sortieren. Das zeitraubende Sortieren und das Abzählen führt der
PC schneller und fehlerfreier als der Praktikant durch. Deshalb wird diese
einfache Tätigkeit vom Rechner übernommen. Hierzu bietet das Programm
einen Menüpunkt *Zählratenstatistik* ansehen an (Abb. 6.4).

Auf die graphische Darstellung und die Einzeichnung der Poisson- und der
Gaußverteilung wurde im Programm gezielt verzichtet. Die Auseinanderset-
zung des Praktikanten mit der Poisson- und der Gaußverteilung stellt nach
wie vor ein gefordertes Lernziel dar. Nach dem wir einige Semester auch
diesen Aufgabenteil vom PC ausführen ließen und die Praktikanten dieses
Lernziel nicht mehr erreichten, sind wir bewußt dazu zurückgekehrt.

Zum Vergleich zwischen Theorie (Poisson- und Gaußverteilung) und Experiment werden die berechneten und die experimentell ermittelten Vertei-
lungen von den Praktikanten in ein gemeinsames Diagramm (Abb. 6.5) eingetragen.

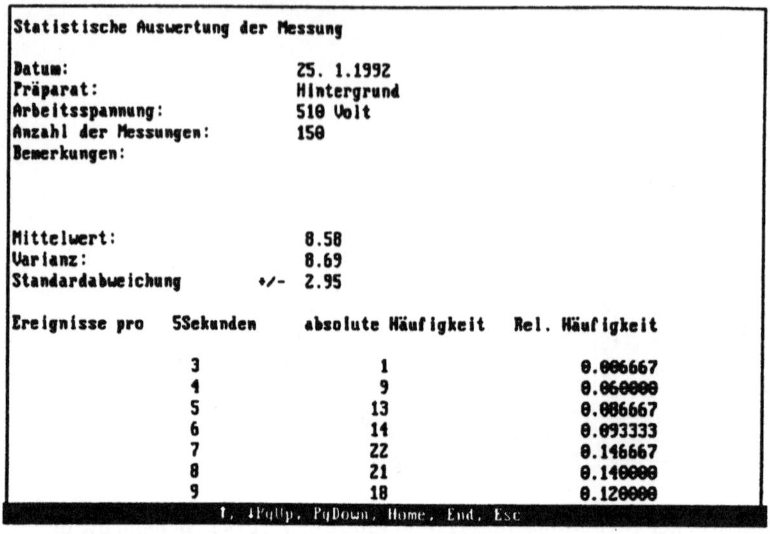

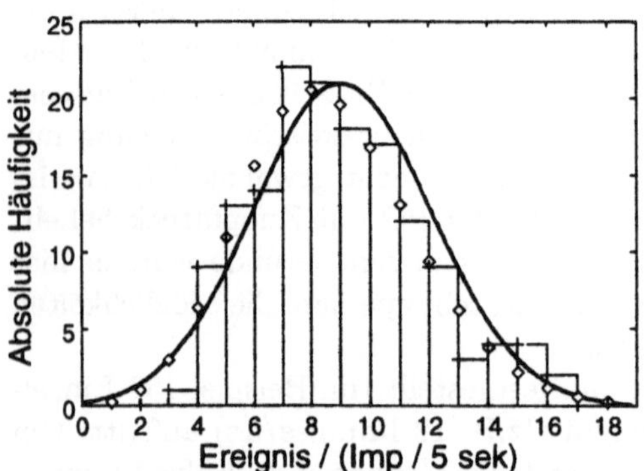

```
Statistische Auswertung der Messung

Datum:                    25. 1.1992
Präparat:                 Hintergrund
Arbeitsspannung:          510 Volt
Anzahl der Messungen:     150
Bemerkungen:



Mittelwert:               8.58
Varianz:                  8.69
Standardabweichung    +/- 2.95

Ereignisse pro   5Sekunden      absolute Häufigkeit    Rel. Häufigkeit

            3                     1                    0.006667
            4                     9                    0.060000
            5                    13                    0.086667
            6                    14                    0.093333
            7                    22                    0.146667
            8                    21                    0.140000
            9                    18                    0.120000
          ↑, ↓PgUp, PgDown, Home, End, Esc
```

Abb. 6.4. Programmpunkt Zählratenstatistik ansehen

Abb. 6.5. Experimentelle Daten mit theoretischer Poisson- und Gaußverteilung

Wir lassen offen, ob sie dies traditionell per Hand ausführen oder per
PC, in dem sie weitere Auswerteprogramme (wie Excel, Origin, Works,...)
anwenden.

6.4.3 Bestimmung der Halbwertszeit eines Isotopes

Hier ist die Halbwertszeit einer gegebenen Substanz anhand einer Abklingkurve zu bestimmen. Dazu muß die Substanz zuvor aktiviert werden. Das ge-
nerierte Isotop zerfällt dann mit der charakteristischen Halbwertszeit, die eine
zentrale Größe der Radioaktivität darstellt. Nach der charakteristischen Zeit
τ ist nur noch die Hälfte der ursprünglichen radioaktiven Substanz vorhanden. Ist die Halbwertszeit der vorliegenden Substanz bestimmt, kann mittels

bekannter kernphysikalischer Tabellen die Substanz ermittelt werden. Für
das Praktikum eignen sich nur Substanzen mit einer Halbwertszeit, die klein
gegen die Versuchslänge (1–2 Stunden) ist. Somit ist die Halbwertszeit gleich
mehrfach hintereinander in einer Messung beobachtbar, wobei sich die Aktivität entsprechend viertelt, achtelt, ... (Abb. 6.6).

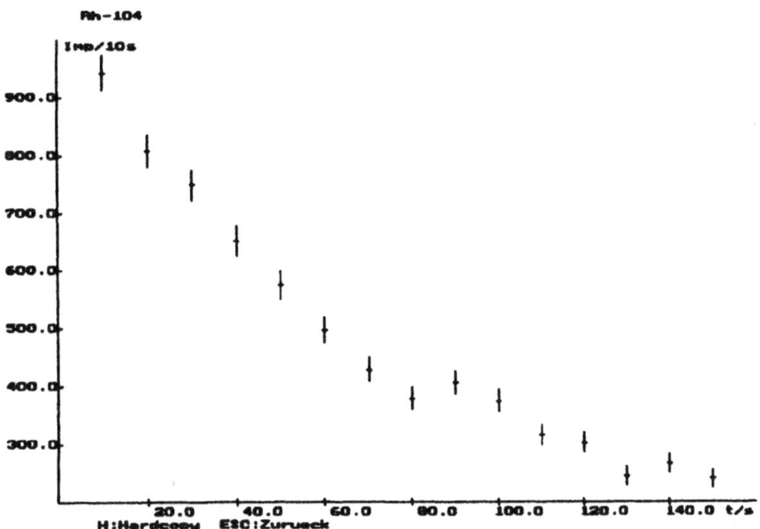

Abb. 6.6. Bestimmung der Halbwertszeit für $^{104}_{45}$Rh

Im Beispiel erfolgt die Aktivierung von $^{103}_{45}$Rh-Plättchen mit Hilfe einer
Neutronenquelle (^{210}Pb). Gemäß folgendem Aktivierungsprozeß bildet sich
ein radioaktives Rh-Isotop:

$$103\ _{45}\text{Rh} + ^{1}_{0}n \longrightarrow ^{104}_{45}\text{Rh}\,.$$

Durch β-Zerfall geht dieses nach der Halbwertszeit τ in ein Pd-Atom über:

$$^{104}_{45}\text{Rh} \longrightarrow ^{104}_{46}\text{Pd} + \beta^-\,.$$

Während die Praktikanten mit dem PC noch den Versuchsteil zur Messung der Nullrate durchführen, kann bereits die Aktivierung der Rh-Plättchen
beginnen. Bei einer sorgfältigen Versuchsplanung ist dieser Umstand von den
Praktikanten zu erkennen. Zur Aktivierung werden die Plättchen in Nähe der
Neutronenquelle positioniert (ca. 20 min).

Anschließend wird ein Plättchen vor dem Einlaßfenster des Zählrohrs befestigt und die Messung gestartet. Da die Zahl der aktivierten Kerne nicht
sonderlich hoch und damit die Statistik entsprechend schlecht ist, wird folgende Methode angewandt. Statt einer Messung werden mehrere Messungen
hintereinander durchgeführt, immer mit frisch aktivierten Rh-Plättchen. Dabei muß die jeweilige Meßdauer und die Anzahl der Einzelmeßdauern immer

gleich sein. Die summarische Zusammenfassung der Einzelmessungen ergibt
dann eine bessere Statistik.

In der Zusammenfassung der einzelnen Meßreihen werden die Studenten
vom PC unterstützt. Das Programm kann einfach durch Angabe der betreffenden Dateinamen veranlaßt werden, die einzelnen Messungen zu addie-
ren. Davon ist noch die Nullrate zu subtrahieren. Für die Summationsdaten
stehen wieder die Darstellungsmöglichkeiten (Graphik, Ansehen der numerischen Werte, Ausdrucken, Laden von Dateien) im Programm zur Verfügung.

Auf eine halblogarithmische Darstellung der Ergebnisse im Programm
wurde hier bewußt verzichtet. Der Umgang mit logarithmischem und halblogarithmischem Papier ist ein gefordertes Lernziel, das durch den PC nicht
substituiert werden soll. Vielmehr ist es Aufgabe für den Praktikanten, die
Meßdaten selbst aufzubereiten. Für die sich ergebende Gerade ist nach der
Methode der kleinsten Fehlerquadrate eine Ausgleichsgerade zu bestimmen.
Daraus wird die Halbwertszeit bestimmt. Dies wird ebenfalls nicht durch den
Rechner bewerkstelligt, da dies ein gefordertes Lernziel ist, welches nur durch
eigenen Umgang mit dem Datenmaterial zu erreichen ist.

6.5 Zusammenfassung

In diesem Versuch erlernen die Praktikanten die Funktionsweise eines wichtigen Meßgerätes der Radioaktivität, die des Geiger-Müller-Zählrohrs. Anschließend quantifizieren sie in einem Versuch die örtliche Nullrate. Ausgehend vom gewonnenen Datenmaterial wird die statistische Natur der Radioaktivität untersucht. Abschließend wird die Halbwertszeit eines kurzlebigen
Isotops bestimmt.

Dieser Versuch ist ein Beispiel dafür, daß es sinnvoll ist, dem Rechner nicht
alle Aufgaben zu übertragen. Übernimmt der PC das gesamte Versuchs- und
Auswertungsspektrum, so mindert sich der Lerneffekt der Praktikanten, der
Lernzielkatalog wird verletzt.

Wird der PC im Anfängerpraktikum eingesetzt, so bietet sich sofort der
Versuch Radioaktivität an, da der PC viele, schnell anfallende Meßdaten
registriert und diese sinnvoll damit ausgewertet werden können. Jedoch zeigte
die Diskussion mit Studenten und Betreuern, daß folgende Funktionen besser
nicht durch den PC wahrgenommen werden sollten:

- **Gerätesteuerung durch das Programm**
  Wegen des hohen apparativen und kostenintensiven Aufwandes bei ver-
  hältnismäßig geringem Nutzen wurde dieser Wunsch nicht realisiert.
- **Durchführung der Statistik**
  Darauf wird gezielt verzichtet, da die Praktikanten durch intensive Be-
  schäftigung mit statistisch-abstrakten Methoden einen höheren Lerneffekt erzielen, als wenn dies durch den PC abgenommen wird. Allerdings

unterstützt der PC bei der Statistik vorbereitend (Berechnung von Mittelwert und Standardabweichung, Sortierung der Meßwerte nach der statistisch relevanten Ereignisgröße).

- **Bestimmung der Halbwertszeit aus Diagrammen**
  Aus den gegebenen Daten wäre es sehr einfach, im Programm die Halbwertszeit aus Diagrammen ermitteln zu lassen. Dies erschien uns nicht wünschenswert, da dieses Lernziel ansonsten nicht von den Praktikanten erreicht wird.

- **Halblogarithmisches Papier**
  Der Umgang mit halblogarithmischem Papier ist ebenfalls eine Fertigkeit, die nicht durch den Rechner substituiert werden soll.

Gleichwohl entlastet der PC den Praktikanten wirkungsvoll von simplen, manuellen Tätigkeiten (Durchführen einer großen Anzahl an Messungen, Sortierung der Meßwerte). Bei der Konzeption von Meß- und Auswerteprogrammen für Lehrzwecke ist daher auf diese Ausbildungsbelange besonders Rücksicht zu nehmen. Dies kann durch den Verzicht auf mögliche Auswerteschritte und Bereitstellung von einzelnen Graphiken geschehen. Gleichzeitig werden die Stärken des PC-Einsatzes sichtbar, wie die Ermöglichung von Langzeitmessungen, um langfristige Schwankungen der Nullrate (Tag- und Nachtvergleich) herauszuarbeiten. Eine optionale Aufgabe wäre, Mutter-Tochter-Zerfallsketten durch Anfittung an mehrere Exponentialfunktionen zu untersuchen und dadurch unterschiedliche Lebensdauern herauszuarbeiten. In Erweiterung des Versuchs für qualitative Messungen bietet sich der PC in Verbindung einer Multichannel-Karte zur Aufnahme von Energiespektren radioaktiver Strahlung an.

7. Kennlinien elektronischer Bauteile mit *XLINES*

Die Welt wird immer schneller von Entwicklungen der Mikroelektronik beeinflußt. Ständig weiter verkleinerte Strukturen (Nanolithographie) bringen leistungsstärkere Microchips hervor. Bandgap engineering erlaubt es, Bauelemente in hohem Maße problemangepaßt zu produzieren (höherer Effizienzgrad, blaue LED).

In der Mikroelektronik werden die gleichen Bauteile prinzipiell angewandt wie bei herkömmlichen elektronischen Bauelementen: Widerstände, Dioden, Kondensatoren und Transistoren. Diese finden sich in nahezu allen elektrischen Geräten des Alltags: TV, Radio, Waschmaschinen, Heizungen, Autos, Fotoapparate etc. Um die grundlegenden elektrischen Eigenschaften dieser Bauteile kennenzulernen, eignet sich die Aufnahme ihrer Kennlinien, wobei das Verhalten durch die physikalischen Eigenschaften der benutzten Halbleiter bestimmt wird. Umgekehrt kann aus dem Aussehen der Kennlinien auf die Art des Bauteils geschlossen werden.

Dieser Versuch unter Einsatz eines PCs dient der Erarbeitung wichtiger Grundbegriffe, typischer Verhaltensweisen und Erkundung der Leistungsgrenzen von Halbleiterbauelementen.

Im klassischen Ansatz wurde eine Strom-Spannungs-Tabelle gefertigt, wobei die einzelnen Größen mit Strom- und Spannungsmeßgerät erfaßt werden. In einem weiteren Schritt wurde der Graph erstellt. Eine Verbesserung stellt der Einsatz eines x-y-Schreibers dar, die Meßwerte werden sofort und bleibend als Graph fixiert, danach ist die Meßwertermittlung aber nur noch durch Ablesen aus dem Graphen möglich. Eine andere Möglichkeit bietet der Einsatz des Oszilloskops. In einer einfachen Version des Experiments fährt eine Kippspannung periodisch den Meßbereich durch. Bei genügend hoher Frequenz ergibt sich auf dem Oszilloskop ein stehendes Bild. Dies wäre auch mit einem Speicheroszilloskop zu erreichen, welches aber relativ teuer ist und auch nicht in jedem Anfängerpraktikum zur Verfügung stehen dürfte. Der Graph wäre dann vom Oszilloskop durch manuelles Abzeichnen oder durch ein Photo mit einer Sofortbildkamera zu übernehmen. Die erste Methode ist zeitintensiv und einem modernen Praktikum nicht angemessen, die zweite Methode arbeitet mit einer teuren Photochemie. Sind diese traditionellen Meßmethoden (Messung mit Spannungs- und Strommeßgeräten, Oszilloskopen, Übertragung in Tabellen und Graphiken per Hand) bereits durch andere

Versuche bekannt und wurden diese hinreichend eingeübt, können sie durch modernere ersetzt werden.

Vergleicht man den PC-Einsatz mit der klassischen Methode, so zeigen sich seine Vorteile: preiswerter, zeitgemäßer, schneller, leistungsfähiger, flexibler sowie weniger fehlerbehaftet. Als notwendiges Interface kann z.B. *CASSY* oder ein Billiginterface genutzt werden.

Die Messung wird vom Rechner sehr rasch durchgeführt. Dies eröffnet zeitliche Freiräume für die Praktikanten, in denen Kennlinien anderer Bauteile aufgenommen werden können. Beispielsweise können verschiedene Diodenarten oder Transistoren unterschiedlicher Leistungsstärke untersucht werden. Eine interessante Aufgabe ist es auch, unbekannte Bauelemente anhand ihrer Kennlinie zu identifizieren.

7.1 Experimentsteuerung mit dem Programm *XLINES*

Das Programm *XLINES* dient dazu, das Verhalten der Bauteile zu vermessen, wobei die Möglichkeiten des PCs zum Einsatz kommen: programmgesteuerte und schnelle Durchführung der Messungen, Speicherung der Werte für spätere Auswertung und Dokumentation, parallele Darstellung mehrerer Meßkurven. Damit wird die graphische Auswertung auf einem höheren, abstrakteren Niveau ermöglicht (Leistungshyperbel, Bestimmung der Lastwiderstandsgeraden).

XLINES greift weiter in den Prozess des Experimentierens ein, als z.B. das im Versuch Radioaktivität (Kap. 6) verwendete Programm *RAP*. Dort müssen die erforderlichen Spannungswerte am Versorgungsgerät des Geiger-Müller-Zählrohres per Hand eingestellt werden. Bei *XLINES* ist diese Tätigkeit integriert: der Benutzer gibt den zu durchfahrenden Spannungsmeßbereich vor, das Programm *XLINES* bestimmt die äquidistante Zerlegung des Bereichs und steuert entsprechend den D/A-Wandler. Der A/D-Wandler mißt jeweils die abhängige Größe. Um Stromstärken zu bestimmen, wird ein Referenzwiderstand benutzt, da ein A/D-Wandler nur Spannungen messen kann. Da der Referenzwiderstand vom Programm *XLINES* erfragt wird, können entsprechend der Versuchsituation flexibel verschiedene Referenzwiderstände benutzt werden.

Um Falschanschlüsse und Beschädigungen der Interfacekarte und des PCs zu vermeiden, wird eine Anschlußbox verwendet, die die Verbindung zwischen Experiment und Interface herstellt. Dies hat den weiteren Vorteil, daß normale Laborkabel benutzt werden können und es besteht eine größere Sicherheit gegen Falschverkabelung.

XLINES gliedert sich in drei Teilbereiche, entsprechend den Versuchsteilen:

- *Diodenkennlinien*
- *Kondensator laden/entladen*
- *Transistorkennlinien*

Die Hilfefunktion des Programms ist über die Taste F1 erreichbar. Die Hilfe ist bei der Darstellung von Graphiken inaktiv.

Die einzelnen Programmteile verfügen über mehrere gleiche oder sehr ähnliche Funktionen (Abb. 7.1):

- *Parameter einstellen.* In einer Maske werden die wesentlichen Angaben zur Messung eingetragen. Je nach Teilbereich werden Anzahl der Messungen, Spannungsbereiche, Meßzeiten, verwendete Widerstände und Kondensatoren erfragt. Ausgehend von diesen Angaben wird die Messung mit
- *Kennlinien aufnehmen* bzw. *Ladekurven aufnehmen* ausgelöst.
- *Diagramm zeigen* schaltet in den Graphikmodus um und stellt die aktuell gemessenen oder geladenen Meßwerte dar.
- PRTSCR aktiviert eine Hardcopy-Routine und druckt die Graphik aus.
- *Daten laden* und *Daten sichern.*
- *Datentabelle zeigen* blendet die aktuellen Daten in Tabellenform ein.

ESC verläßt die jeweilige Funktion.

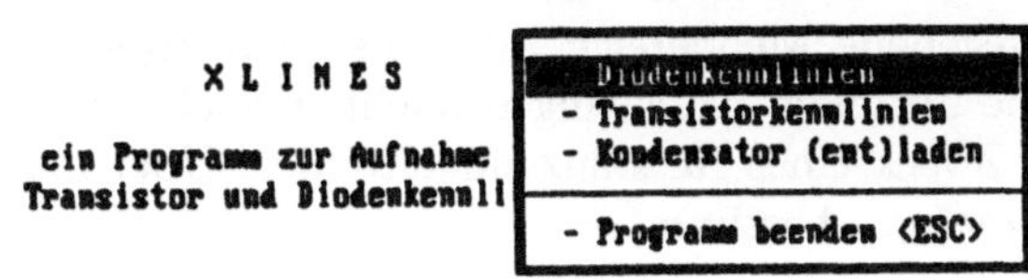

Abb. 7.1. Programm *XLINES* mit Teilmenü *Diodenkennlinien*

7.2 Beispiele für eine Versuchsreihe

Diese Versuchsreihe stellt beispielhaft eine aufeinander abgestimmte Reihenfolge von mehreren Versuchtsteilen dar, in der immer kompliziertere elektrische und elektronische Bauteile vermessen werden. Anfangend bei Widerständen wird der Grundaufbau und die Funktionsweise der Meßmethode

vermittelt. Am Ende steht die Untersuchung von Transistoren mit anspruchs-
volleren Teilaufgaben.

7.2.1 Kennlinien von Widerständen und Dioden

In diesem Aufgabenteil sollen die Praktikanten die Kennlinien von Widerständen und Dioden aufnehmen. Um sich mit den Einzelheiten der Meßmethode vertraut zu machen, werden zunächst in ihrem Verhalten bekannte
Bauteile eingesetzt.

Für die Messung der Strom-Spannungskennlinie wird ein elektrischer
Zweipol aufgebaut (Abb. 7.2). Bei etwas experimentellem Geschick kann eine kleine Platine benutzt werden. Für den Praktikumsbetrieb ist aber ein
flexibles Bauteilstecksystem wesentlich geeigneter. Dies ermöglicht leicht, die
zu vermessenden Widerstände gegen die Dioden auszutauschen oder andere Bauteile einzusetzen. Außerdem ist die Handhabung der handelsüblichen
Stecksysteme deutlich weniger zeitintensiv als eigens angefertigte Platinen-
aufbauten. Die Spannungsversorgung des Zweipols geschieht über den vom
Programm *XLINES* gesteuerten D/A-Wandler (DA 1). Dieser generiert die
Spannung $U_{DA\,1}$. Der folgende Vorwiderstand R_B dient der Strombegren-
zung, da zu hohe Ströme die Lebensdauer von Dioden drastisch verkürzen.
Durch den Zweipol ist ein Spannungsteiler gegeben. Durch die entsprechende
Dimensionierung des Vorwiderstandes wird erreicht, daß der durch den A/D-
Wandler vorgegebene Meßbereich möglichst voll ausgeschöpft wird. Somit
wird auch eine optimale Auflösung erreicht. Gleichzeitig erfüllt der Vorwiderstand den Zweck eines Referenzwiderstandes. Über das Ohmsche Gesetz
wird der Strom $I_{DA\,1}$ bestimmt.

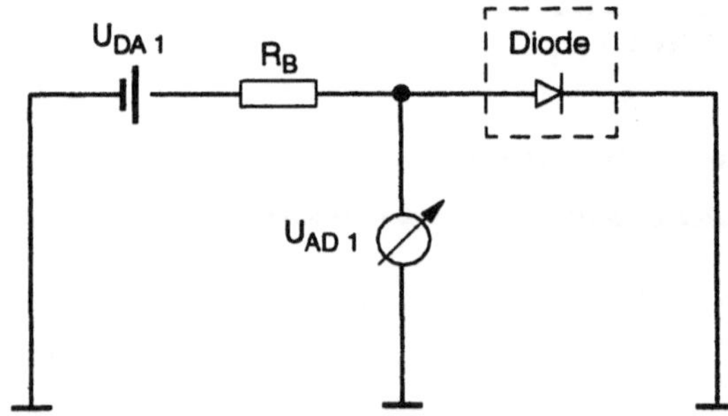

Abb. 7.2. Praktikantensei-
tig aufzubauende Schal-
tung zur Ermittlung der
Widerstands- und Dioden-
kennlinie

Der A/D-Wandler ist so geschaltet, daß er direkt die am Probebauteil
anliegende Spannung $U_{AD\,1}$ mißt.

Das Programm erfragt vor der Messung einige Konfigurationsparameter
(*Parameter einstellen*). Der zu durchfahrende Spannungsbereich und eine
Erläuterung sind dabei vom Praktikant anzugeben. Bei Einsatz von Wi-
derständen ergeben sich die typischen Geraden als Strom-Spannungskenn-

linien. Da $I_{\mathrm{DA}\,1}$ in Abhängigkeit von $U_{\mathrm{AD}\,1}$ aufgetragen wird, ist der Widerstand gleich dem Kehrwert der Steigung der Geraden (Abb. 7.3).

Das Programm übernimmt eine ganze Reihe von Aufgaben: Es steuert den D/A-Wandler DA 1, also die angelegte Spannung $U_{\mathrm{DA}\,1}$. Es mißt den $U_{\mathrm{AD}\,1}$-Spannungswert und trägt das Wertepaar sofort in ein skaliertes Diagramm ein. Dies ermöglicht eine sehr komfortable, schnelle und wenig fehleranfällige Messung.

Ferner messen die Praktikanten den Widerstand mit einem Ohmmeter und bestimmen den Widerstand anhand des Widerstandfarbcodes. Dies ist auch dienlich für die Erkenntnis, daß mehrere Meßmethoden nicht unbedingt immer auch das exakt gleiche Ergebnis zur Folge haben (Tabelle 7.1).

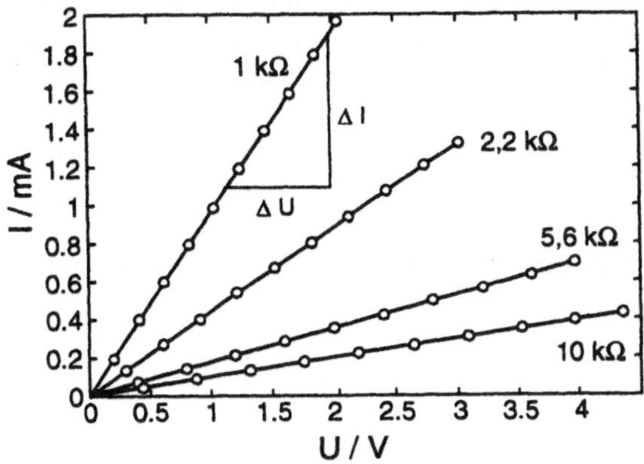

Abb. 7.3. Experimentell gemessene Strom-Spannungskennlinien verschiedener Ohmscher Widerstände. Das Steigungsdreieck dient der Bestimmung des Ohmschen Widerstandes. Die verbindenden Ursprungsgeraden sind per Hand eingezeichnet und stellen keine rechnerische Anfittung dar

In der Auswertung wird mit Hilfe des Steigungsdreiecks der Widerstand bestimmt. Mit dieser eher ungewohnten Auswertemethode erzielt der Praktikant das aus der Schule vertraute Ohmsche Gesetz als Ergebnis. Dies schafft Raum für eine bessere Akzeptanz der neuen, ungewohnten Meßmethode.

Tabelle 7.1. Meßreihe zur Bestimmung von Ohmschen Widerständen mit drei verschiedenen Methoden

$R_{\mathrm{Farbcode}}/\Omega$	$R_{\mathrm{Ohmmeter}}/\Omega$	$R_{\mathrm{Steigung}}/\Omega$
390	385	391
680	690	693
1000	999	1031
2200	2200	2270
5600	5620	5514
10000	9900	10100

Die streuenden Abweichungen zwischen den einzelnen Meßverfahren betragen ca. 2 %, wobei die verwendeten Widerstände ebenfalls diese Toleranz aufwiesen. Dabei hängt die Meßgenauigkeit des Ohmmeters stark vom Innenwiderstand ab. Bei beiden Methoden treten zusätzlich A/D-Wandlungsfehler auf.

Diese Messung wurde deshalb so ausführlich behandelt, weil die zugrundeliegende Systematik in Aufbau und Meßverlauf sowohl bei Dioden als auch bei Kondensatoren unverändert eingesetzt wird.

Nach diesen vorbereitenden Arbeiten tauscht der Praktikant den Widerstand gegen verschiedene Dioden aus und vermißt deren Kennlinien. Zum Beispiel können Si-, Ge-, Zener-, Avalanche-, Leucht- oder Tunneldioden untersucht werden. Die Praktikanten sollten auch die Diode einmal entgegen der vorgesehenen Polung einsetzen und eine Kennlinie aufnehmen. Diese zeigt dann einen völlig anderen Charakter, sie sperrt. Im Beispiel ist die Strom-Spannungskennlinie einer Leuchtdiode in Durchlaßrichtung abgebildet (Abb. 7.4).

Eine optionale Aufgabe wäre es, den Praktikanten unbekannte Dioden auszuhändigen, die durch ihre jeweilige Charakteristik identifiziert werden sollen. Verschiedenen Gruppen können hierzu unterschiedliche Dioden erhalten, was die Problematik der Austauschbarkeit von Ergebnissen zwischen einzelnen Gruppen unterbindet.

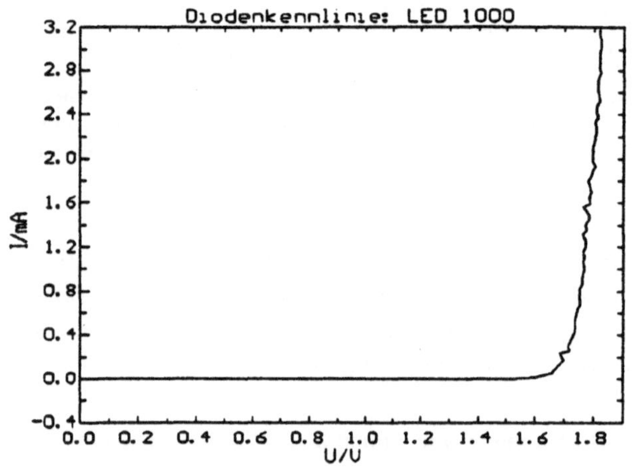

Abb. 7.4. Strom-Spannungskennlinie einer Leuchtdiode. Als Vorwiderstand wurde $R_\mathrm{B} = 1\,\mathrm{k}\Omega$ benutzt

7.2.2 Kondensatoren laden und entladen

In diesem Teil der Aufgabe werden die Kennlinien von *RC*-Gliedern aufgenommen. Dazu wird der gleiche Aufbau wie bei der Vermessung von Dioden benutzt, allerdings wird hier anstelle einer Diode ein Kondensator eingesetzt. Deshalb bietet es sich an, diesen Versuchsteil anzuschließen.

Kondensatoren verfügen über die Eigenschaft, Ladungen zu speichern und zeitverzögert wieder abzugeben. Werden ein Widerstand R und ein Kondensator C in Reihe geschaltet, so entsteht ein RC-Glied. Je größer die Zeitkonstante $\tau = RC$, desto länger dauert das Auf- und Entladen. Diese Eigenschaft der verzögernden Aufnahme und Abgabe von Ladungen wird technisch zum Glätten von Strömen eingesetzt.

Am besten erkennt man die Wirkung von RC-Gliedern anhand von Diagrammen, in denen die Spannung gegen die Zeit abgetragen ist. Wie stark der Widerstand des RC-Gliedes die Lade- bzw. Entladedauer eines Kondensators beeinflußt, ist einem Gesamtdiagramm zu entnehmen, das mehrere Messungen am gleichen Kondensator mit unterschiedlichen Widerständen R zeigt (Abb. 7.5), was von *XLINES* unterstützt wird.

Der Praktikant kann im Programm wählen, wieviel Einzelgraphen in das Diagramm eingezeichnet werden. Dabei werden die Meßwerte sofort in eine Graphik eingezeichnet. Zunächst wird der Kondensator aufgeladen und dann entladen. Anhand der Graphik kann man sich unmittelbar vom Einfluß des Widerstandes oder der Kapazität überzeugen. Aus dem Diagramm ist die Zeitkonstante τ zu bestimmen.

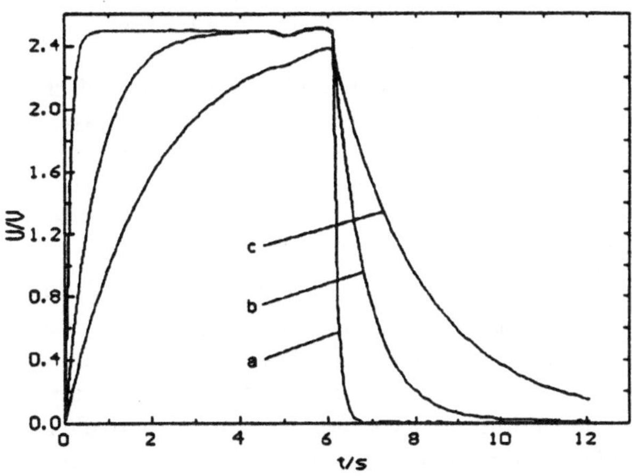

Abb. 7.5. Lade- und Entladekurven mehrerer RC-Glieder. Bei konstanter Kapazität ($C=10\,\mu\mathrm{F}$) variierte der Widerstand ($R_\mathrm{a}=10\,\mathrm{k}\Omega$, $R_\mathrm{b}=68\,\mathrm{k}\Omega$, $R_\mathrm{c}=188\,\mathrm{k}\Omega$)

Es bietet sich an, in mehreren Messungen das Produkt RC immer gleich zu lassen, dabei die Kapazität und den Widerstand aber entsprechend zu verändern. Damit kann überprüft werden, ob bei sich ändernden Komponenten, aber immer gleichem τ, die gleiche Kennlinie entsteht. In der Technik wird dieser Zusammenhang gerne genutzt (Kondensatoren sind im Vergleich zu Widerständen teuer), um Herstellungskosten einzusparen.

Das Spannungsverhalten am Kondensator ist durch die Exponentialfunktion $U(t) = U_0[1-\exp(-t/RC)]$ charakterisiert. Der dadurch gegebene Graph kann zu Vergleichszwecken ebenfalls in das Diagramm eingezeichnet werden. Durch Einsatz von Tabellenkalkulationen kann auch eine Fit-Kurve erstellt werden. Der Fitparameter RC ist dann mit den tatsächlichen Werten zu vergleichen. Hier sei angemerkt, daß *XLINES* keine Tabellenkalkulationsfunktion beinhaltet.

7.2.3 Kennlinienfelder von Transistoren

Um einen Transistor richtig in Schaltungen einsetzen zu können, ist es wichtig, sich die grundlegenden Verhaltensweisen von Transistoren zu erarbeiten. Zum einen wird der Transistor als Verstärkerbauteil benutzt, bei dem kleine Ströme große Leistungen steuern. Ein anderes Einsatzgebiet ist die Schaltung von Strömen und Spannungen. Bei Höchstleistungen oder speziellen Anforderungen ist der Einsatz von Trioden aber auch heute noch unverzichtbar, z.B. im Rundfunkübertragungswesen.

Der Transistor verfügt über drei Anschlüsse: Basis, Emitter und Kollektor. Der Strom I_C, der über den Kollektor fließt, wird vom Basisstrom I_B gesteuert. Dieser Zusammenhang wird durch die Stromsteuerkennlinie wiedergegeben. Außerdem ist es wichtig zu wissen, welche Spannung U_{BE} zwischen Basis und Emitter benötigt wird, um einen gewünschten Basisstrom I_B hervorzurufen (Eingangskennlinie). Der Kollektorstrom I_C hängt von der Kollektor-Emitterspannung U_{CE} und zusätzlich vom Basisstrom I_B ab. Diese Abhängigkeit wird untersucht, indem der Basisstrom I_B parametrisiert wird. Dadurch ergibt sich das Ausgangskennlinienfeld.

Um nun einen Überblick über die vielfältigen Abhängigkeiten zwischen den einzelnen Größen zu erhalten, werden alle Kennlinien in ein gemeinsames Kennlinienfeld übertragen.

Die Praktikanten sollen zunächst eine Emitterschaltung (Abb. 7.6) aufbauen und mit der Anschlußbox verbinden. Das Programm *XLINES* mißt alle oben genannten Abhängigkeiten aus.

Über den D/A-Wandler 2 wird die Basis versorgt, während D/A-Wandler 1 den Kollektor-Emitterstromkreis speist. A/D-Wandler 2 mißt die Basisspannung U_B. Daraus wird durch Kenntnis des Basiswiderstandes R_B der Basisstrom I_B errechnet. Dies geschieht automatisch im Programm, entsprechend mißt A/D-Wandler 1 die Spannung zwischen Emitter und Kollektor U_{CE}. Der Widerstand R_B schützt zusätzlich die Basis vor zu hohen Strömen und somit vor der Zerstörung. Damit der Transistor nicht überlastet wird, wird ein Arbeits- oder Lastwiderstand R_L am Kollektor benutzt; hier könnte z.B. ein vergleichbarer Verbraucher angeschlossen sein.

Durch Einsatz des Programms *XLINES* wird die Messung der einzelnen Kennlinien sehr einfach. Es sind nur die Parameter (Spannungsbereiche der Messung, R_B, R_L) in einer Programmaske einzugeben. Dann läuft das Meßprogramm automatisch ab.

Abbildung 7.7 zeigt alle drei Kennlinienfelder des Transistors BD 441 im Überblick.

Möchte man z.B. sechs Ausgangskennlinien sowie die Eingangs- und Stromsteuerkennlinie bestimmen und nimmt pro Kennlinie mindestens 10

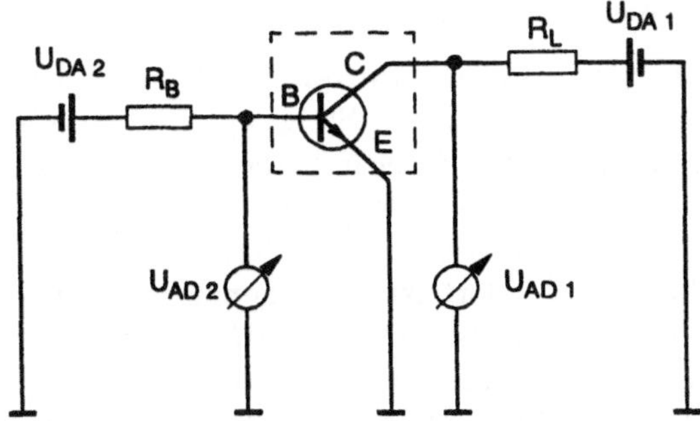

Abb. 7.6. Emitterschaltung des Transistors, wie sie von den Praktikanten im Versuch aufgebaut und gemessen wird

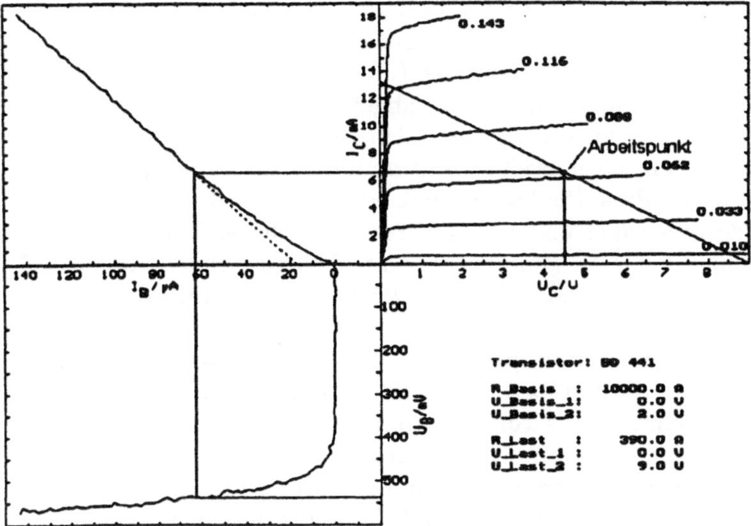

Abb. 7.7. Kennlinienfeld des Transistortyps BD 441; *oben links*: Stromsteuerkennlinie; *oben rechts*: Ausgangskennlinienfeld, eingezeichnet ist die Lastwiderstandsgerade für $R_L = 680\,\Omega$; *unten links*: Spannungssteuerkennlinie

Meßpunkte auf, so sind schon 80 Wertepaare zu messen. Mißt man zwei oder drei verschiedene Transistoren durch, so liegt man bei 240 Wertepaaren. Das kann innerhalb eines zeitlich eng begrenzten Praktikums mittels der eingangs beschriebenen traditionellen Methoden nicht geleistet werden. Somit bietet der PC eine wesentliche Hilfe an, um Routineaufgaben zu bewältigen und Freiräume zu schaffen, das gewonnene Zahlenmaterial unter anderen Gesichtspunkten auszuwerten. Dadurch wird ermöglicht, mehrere Transistoren durchzumessen, um die angebotene Vielfalt und Leistungsfähigkeit der auf dem Markt befindlichen Transistoren zu veranschaulichen.

Für die Auswertung bieten sich folgende Punkte an:

- **Gleichstrom- und Kleinsignalstromverstärkung.** Die Stromsteuerkennlinie ist im wesentlichen eine Gerade. Deren Steigung β ist gleich
  dem Verstärkungsfaktor des Transistors. Im Bereich kleiner Basisströme
  I_B weicht die Stromsteuerkennlinie von der Gerade ab (vgl. Abb. 7.7 *oben
  links*, Abweichung zwischen gemessenen Werten und Verlängerung (punk-
  tierte Linie) des Proportionalbereiches). Dort ist die sogenannte Kleinsignalstromverstärkung gleich der lokalen Steigung $\partial I_C/\partial I_B$ der Stromsteuerkennlinie. Es ist die Stromsteuerkennlinie aufzunehmen und für
  einzelne Punkte im Kleinsignalbereich die Verstärkung als Funktion von
  I_B (z.B. durch graphische Ableitung) zu bestimmen.
- **Bestimmung der Lastwiderstandsgerade.** Im Kollektorkreis gilt
  $U = U_{CE} + R_L I_C$. Nehmen wir an, der Transistor sperrt völlig, so liegt an
  ihm die volle Versorgungsspannung an (im Beispiel (Abb. 7.7) $U = 9\,\mathrm{V}$).
  Dieser Punkt wird auf der U_{CE}-Achse abgetragen. Ist der Kollektorkreis
  voll durchgeschaltet, so wird I_C durch den Lastwiderstand R_L begrenzt.
  Damit erhalten wir einen zweiten Bestimmungspunkt auf der senkrechten I_C-Achse. Die diese Punkte verbindende Gerade wird als Lastwiderstandsgerade bezeichnet und ist im Versuch durch die Praktikanten zu
  bestimmen und in das Ausgangskennlinienfeld einzuzeichnen. In Abb. 7.7
  oben rechts ist die Lastwiderstandsgerade beispielhaft für $R_L = 680\,\Omega$
  eingezeichnet.
- **Bestimmung des Arbeitspunktes.** Damit ein eingehendes Signal
  nicht verfälscht wird, muß bereits ein Basisstrom fließen. Entsprechend
  fließt ein sogenannter Kollektorruhestrom. Der kleinste mögliche Strom
  beträgt 0 mA, der größte wird durch den maximalen Kollektorstrom begrenzt. Wird der Kollektorruhestrom in die Mitte dieser Grenzen gelegt
  (Arbeitspunkt), so steht nach oben und unten die gleiche Schwankungsbreite zur Verfügung (Abb. 7.7 *oben rechts*). Für einzelne Lastwiderstände
  im Kollektorstromkreis ist der Arbeitspunkt zu ermitteln. Im Beispiel mit
  $R_L = 680\,\Omega$ ergibt sich damit ein Kollektorruhestrom von ca. 6,6 mA.
  Aus dem Kennlinienfeld läßt sich der Basisruhestrom zu 62 μA (Abb. 7.7
  oben links) und die Basisemitterspannung zu 540 mV (Abb. 7.7 *unten
  links*) ablesen.
- **Leistungshyperbel.** Der Transistor hat einen Eigenwiderstand, an dem
  eine Spannung abfällt und eine Leistung verbraucht wird, der den Transistor erhitzt. Für diese Verlustleistung gilt: $P_{Loss} = I_C * U_{CE}$. Die Verlustleistung darf nicht oberhalb der durch die Gleichung beschriebene Hyper-
  bel liegen, sonst wird der Transistor durch Überhitzung zerstört. P_{Loss}
  wird vom Hersteller angegeben. In der Auswertung ist die Leistungshyperbel in das Ausgangskennlinienfeld einzuzeichnen. In Abb. 7.7 *oben
  rechts* ist die Leistungshyperbel nicht eingezeichnet, da sie außerhalb der
  Bildgrenzen liegt.

7.3 Zusammenfassung

In diesem Versuch lernen die Praktikanten eine Reihe von elektrischen und elektronischen Bauelementen, ihre Eigenschaften und mögliche Einsatzfelder kennen: Widerstände, Dioden, Kondensatoren und Transistoren.

Sie lernen und benutzen moderne Meßmethoden, um sich gezielter der Auswertung des gewonnenen Datenmaterials widmen zu können. Dies ist jedoch erst sinnvoll, wenn die klassischen Methoden bereits den Praktikanten aus anderen Versuchen vertraut sind. Zunächst werden Widerstände untersucht, deren Kennlinie sie bereits kennen. Dadurch wird ein Vertrauen in die neuartige Meßapparatur aufgebaut. Anschließend werden Strom-Spannungskennlinien verschiedener Dioden und deren Einsatzmöglichkeiten diskutiert. Die Lade- und Entladekurven von Kondensatoren in Verbindung mit Widerständen als RC-Glieder zeigen Einsatzzwecke wie z.B. Glättung von Strömen oder die Spannungsstabilisierung auf. Besonders eignet sich der Computer zur zeitsparenden Erstellung von Kennlinienscharen von Transistoren.

Neben den Einsatzzwecken wie Verstärkung und Schaltung werden anhand der Kennlinien die Kleinsignalverstärkung, Leistungswiderstandsgerade oder die Leistungshyperbel genauer untersucht. Damit sind durch den PC-Einsatz abstraktere Auswertemöglichkeiten gegeben, die bisher nur unter hohem Zeit- und Kostenaufwand möglich waren. Hierbei werden die Vorteile des PC-Einsatzes, z.B. gegenüber dem Ozilloskop, deutlich, dessen Handhabung bereits in anderen, geeigneteren Versuchen hinreichend erlernt sein sollte:

- Schnelle Datenerfassung erlaubt es, viele unterschiedliche Bauteile zu untersuchen; eine große Datenmenge mit dichterer Abtastung des Meßbereiches wird gewonnen.
- Geringere Fehlerquellen als bei herkömmlichen Methoden, z.B. durch Abzeichnen oder Abschätzen des Meßwertes bei Oszilloskopen.
- Graphische Darstellungsmöglichkeiten erlauben sofort eine Beurteilung der gewonnenen Datensätze.
- Einsatz moderner Sensorik führt an den Laboralltag in der Diplomarbeitszeit oder des Arbeitsplatzes heran.

In Verbindung mit den geänderten und erweiterten Lernzielen (Ausmessung mehrerer Bauteile, Aufnahme der Kennlinienfelder von Transistoren) stellt der Einsatz des PCs nach unserer Meinung eine Modernisierung und wünschenswerte Erweiterung dieses Praktikumsversuchs dar.

8. Messung und Berechnung elektrischer Feldlinien mit *FLAP* und *EFELD*

Viele Schüler und auch Studenten haben Schwierigkeiten mit dem Verständnis des Feldbegriffs. Zwar sind ihnen die Begriffe Feldlinien als Linien konstanter Kraft und Potential als Möglichkeit zur Beschreibung der herrschenden Kräfte bekannt, aber die Umsetzung in ein physikalisches Weltbild bereitet Schwierigkeiten. Darum ist es wichtig, zu diesem Themenkomplex Experimente anzubieten.

Die in diesem Kapitel vorgestellten Experimente zur Vermessung elektrischer Felder stellen eine moderne Variante zu den bekannten Messungen am elektrolytischen Trog dar. Sie sollen dazu beitragen, die oben genannten Defizite zu beseitigen. Der Einsatz des Computers bietet hierbei die Möglichkeit, die Meßdaten schnell aufzunehmen und auf verschiedene Art grafisch darzustellen. Er bietet weiterhin die Möglichkeit, eine Datenauswertung auf abstrakterem Niveau als bisher gewohnt durchzuführen, indem Vektoroperationen auf skalare Größen (Potential) oder vektorielle Größen (elektrisches Feld) angewandt werden, wodurch die Gesetze der Elektrostatik auf eine ganz neue Art grafisch veranschaulicht werden können. Darüber hinaus tragen solche Experimente dem Wunsch nach moderner Meßtechnik im Praktikum Rechnung.

In diesem Kapitel soll noch ein weiterer Aspekt des Computereinsatzes angesprochen werden, der bislang kaum Eingang in physikalische Praktika gefunden hat: die parallel zum Realexperiment durchzuführende Simulation. Wie in Teil I dieses Buches bereits erwähnt, sollte es nicht die Aufgabe eines Praktikums sein, die Studenten in die grundsätzlichen Möglichkeiten und Grenzen der Computersimulation einzuführen. Es kann aber sehr wohl sinnvoll sein, im Rahmen einer begleitenden Simulation ein Gespür für deren Möglichkeiten zu fördern. Aus diesem Grund werden in diesem Kapitel, abweichend von den Gepflogenheiten der sonstigen Kapitel, zunächst zwei Programme (*FLAP* zur Meßwerterfassung und *EFELD* zur Simulation der entsprechenden Messung) vorgestellt.

8.1 Die Meßwerterfassung mit *FLAP*

Bei der hier vorgestellten Methode zur Vermessung elektrischer Feldlinien spielt das Programm *FLAP* (Feldlinien im **Anfängerpraktikum**) eine zentrale Rolle. Es steuert den Meßfühler, nimmt die Meßwerte auf und stellt sie grafisch dar.

8.1.1 Die Meßmethode

Die das Feld erzeugenden geometrischen Strukturen werden mit Leitsilber auf leitfähigem Papier aufgemalt. Dabei gibt es vorgefertigte Konfigurationen wie Plattenkondensator, elektrostatische Linsen, Spitzen und andere Lehrbuchbeispiele. Die Studenten haben aber auch die Möglichkeit, selbst Strukturen aufzumalen und zu untersuchen.

Die Diskussion des physikalischen Prinzips der Meßmethode kann zu einem weiteren vertiefenden Verständnis der Thematik führen. Im Grunde mißt man nicht die elektrische Feldstärke oder das Potential, sondern den durch sie verursachten Strom (oder Ladungsträgeraustausch) zwischen den Elektroden und der Meßspitze.[1] Hätte das Papier zwischen den Elektroden einen unendlich hohen Widerstand, wären trotzdem sowohl Potential als auch Feld zwischen den Elektroden vorhanden, dennoch würde die Meßmethode versagen.

Die vorbereiteten Papiere werden auf einem X-Y-Schreiber befestigt. Anstelle des Schreibstiftes befindet sich eine Metallspitze, mit deren Hilfe das Potential am jeweiligen Ort gemessen werden kann. Positioniert wird die Spitze mit Hilfe zweier, vom Computer über einen D/A-Wandler ausgegebener Spannungen. In Abb. 8.1 ist der schematische Aufbau des Experiments dargestellt.

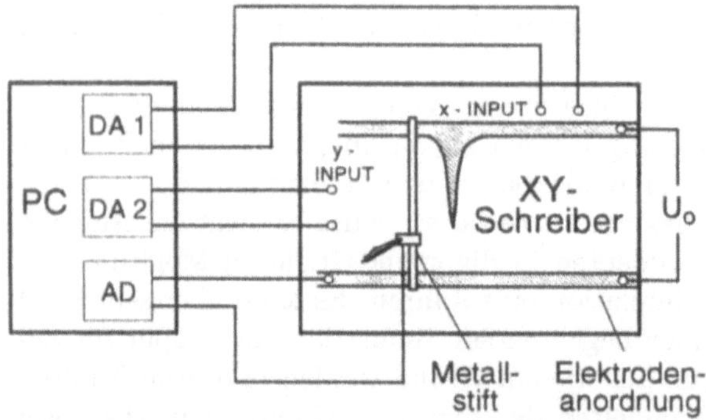

Abb. 8.1. Der Computer steuert über zwei D/A-Wandler einen X-Y-Schreiber, auf dem sich die Elektrodenkonfiguration, aufgemalt auf Leitfähigkeitspapier, befindet. Das Potential kann an jedem Punkt mit Hilfe einer Meßspitze erfaßt werden, indem der Computer mittels des A/D-Wandlers die entsprechende Spannung mißt

---

[1] Wie dies auch bei der klassischen Variante des Experiments, dem elektrolytischen Trog, der Fall ist.

Die Aufgabe der Studenten besteht darin, eine sinnvolle Schrittweite für das Abscannen zu wählen. Dabei müssen sie immer einen Kompromiß zwischen kleiner und großer Schrittweite finden. Ersteres ist mit entsprechend hohem Zeitbedarf verbunden, bei letzterem besteht die Gefahr, vorhandene feine Strukturen zu übersehen. Oft ist es sinnvoll, sich zunächst einen Überblick bei großer Schrittweite zu verschaffen, um sich dann Details wie Randbezirke oder den Bereich um eine feine Struktur gezielter anzusehen, oder mit Hilfe des Simulationsprogramms zu erkunden, wo experimentell und meßtechnisch interessante Bereiche liegen. Dieses Erlernen einer systematischen Vorgehensweise ist ein wichtiges Lernziel im Zusammenhang mit allen (nicht nur computerunterstützten) experimentellen Methoden.

8.1.2 Das Programm *FLAP*

Das Programm *FLAP* ist mit einer einfach zu bedienenden Benutzeroberfläche ausgestattet, um auch bei unerfahrenen Computerbenutzern keine Schwellenangst aufkommen zu lassen. Treten trotzdem Probleme auf, so hilft eine vom Hauptmenü aus erreichbare Onlinehilfe weiter.

Die Bedienung des Programms. Die Menüpunkte des in Abb. 8.2 dargestellten wichtigsten Punkte des Hauptmenüs haben folgende Bedeutung:

Datei	Messung	Anzeige
Speichern Laden	Eichung Justage	Automatische Messung 3-D Bild drehen Hidden Surface an/aus
Bild drucken Bilder drucken (2×2)	Automatische Messung	letzter Schnitt Manuelle Messung Eichgerade
Datei löschen	Manuelle Messung	
Ende		Bild löschen

Abb. 8.2. Die wichtigsten Menüpunkte des Programms *FLAP*

- **Datei** umfaßt die üblichen Operationen zum Speichern und Laden von Messungen. Außerdem gibt es hier zwei Möglichkeiten zum Ausdruck: *Bild drucken* druckt eine Hardcopy des Bildschirms aus; unter *Bilder drucken (2×2)* können bis zu vier Dateien angewählt werden. Die darin abgespeicherten Messungen werden verkleinert auf einer DIN A4-Seite ausgedruckt.
- **Messung** führt zu einem Untermenü, dessen vier Punkte etwas eingehender beschrieben werden sollen, um die didaktischen Überlegungen zu beleuchten, die zu dieser Struktur führten.

– *Eichen* soll verdeutlichen, daß prinzipiell auch eine A/D-Wandlerkarte geeicht werden muß, auch wenn dies normalerweise nicht notwendig sein sollte, da die Eichung herstellerseitig vorgegeben ist. Trotzdem sollte man Eichung und Linearität der Wandlerkarte von Zeit zu Zeit überprüfen. Gleichzeitig erkennen die Studenten bei der Durchführung der Eichung, daß die Wandlerkarte nur Zahlenwerte liefert, denen erst vom Programm mit Hilfe der Eichung die entsprechenden Spannungen zugeordnet werden.

Um die Eichung durchzuführen, wird die Meßspitze zu zehn Punkten mit unterschiedlichem Potential auf dem Leitpapier und den Elektroden von Hand bewegt. Die dort jeweils anliegende Spannung wird mit einem Voltmeter gemessen und dem Computer eingegeben. Nach Möglichkeit sollte man dabei auch die Extremwerte der vorkommenden Spannungen einschließen. Nach Abschluß der Eichung kann man sich die Eichkurve anzeigen lassen. Bei einem guten A/D-Wandler sollte sich eine Gerade ergeben. Gibt es deutliche Abweichungen davon (Ausreißer), so deutet dies auf Meßfehler bei der Eichung oder auf eine defekte Wandlerkarte hin.

– *Justage* dient zur Vorbereitung einer automatischen Messung. Mit Hilfe der Einstellmöglichkeiten für Nullpunkt und Meßbereich des X-Y-Schreibers wählt man den Bereich auf dem Leitfähigkeitspapier aus, der vermessen werden soll. Dazu geben die beiden D/A-Wandler zunächst die Spannung $0\,V$ aus und die linke untere Ecke wird mit Hilfe der Nullpunktseinstellung des X-Y-Schreibers angefahren. Danach wird bei maximaler Spannung der D/A-Wandler mit der Meßbereichseinstellung die rechte obere Ecke des Meßfensters eingestellt.

Es wäre hier auch denkbar, im Programm selbst eine Zoomfunktion einzubauen, um Ausschnitte genauer zu untersuchen. Die durch die D/A-Wandler bedingte Ortsauflösung ist selbst bei billigen Wandlern höher als die durch die Reproduzierbarkeit der Positionierung der Schreiber erreichbare Genauigkeit. Trotzdem wurde darauf verzichtet, denn das Einstellen von Hand verdeutlicht den Benutzern noch einmal das Prinzip der Positionierung: Der Computer gibt zwei Spannungen aus, auf die der X-Y-Schreiber reagiert.

– *Automatische Messung* rastert das im Punkt *Justage* eingestellte Meßfenster auf einem Gitter von 15 × 15 Punkten ab. Danach kann das aufgenommene Bild abgespeichert, ausgedruckt oder bearbeitet werden.

Die Zahl von 15 × 15 Gitterpunkten mag zunächst erstaunen. Zunächst ist sie historisch entstanden, aufgrund der Hardwaremöglichkeiten der anfänglich benutzten Computer (APPLE IIe). In späteren Versionen, bei denen die Zahl der Punkte frei gewählt werden konnte, zeigte sich, daß die Studenten viel zu viel Zeit damit verbrachten, die optimale Zahl von Gitterpunkten zu finden. Dies ist aber gar nicht nötig, da die oben beschriebene Justage es ermöglicht, besonders interessante Gebiete, wo sich das Feld z.B. besonders stark ändert, auch bei konstantem Gitter im Detail zu untersuchen.

– *Manuelle Messung* ermöglicht es, Äquipotentiallinien von Hand abzufahren. Dazu wird mit den Kursortasten ein Kreuz über den Bildschirm bewegt. Analog dazu bewegt sich auch die Meßspitze. Der zugehörige aktuelle Potentialwert wird eingeblendet. Bei Bedarf können Punkte markiert werden, mit deren Hilfe später die Äquipotentiallinien gezeichnet werden können (von Hand auf einer Hardcopy des Bildschirms).

In Abbildung 8.2 nicht dargestellt sind die folgenden beiden Menüpunkte:

- **Bearbeitung** bietet die Möglichkeit, sich die Meßwerte entlang einer Schnittlinie parallel zur X- oder Y-Achse grafisch darstellen zu lassen. Die Grafiken, die unter dem Punkt **Bearbeiten** erzeugt werden, können als Hardcopy (*Bild drucken*) ausgegeben werden.
- **Hilfe** bietet dem Benutzer eine kurze Onlinehilfe zur Programmbedienung.

8.2 Berechnung von Feldverteilungen

Sinn der begleitenden Simulation sollte es sein, herauszuarbeiten, wo sich die Ergebnisse der Messungen von denen der Simulation unterscheiden und die Gründe dafür zu diskutieren. Je nach Vorkenntnissen und Niveau werden sich dann die eingesetzten numerischen Methoden unterscheiden.

Ein weiteres Ziel der begleitenden Simulation kann darin bestehen, sie – wie heute in Forschung und Industrie üblich – schon bei der Planung eines Experiments bzw. Aufbaus einzusetzen. So ist es denkbar, daß die Studenten eigene Ladungsverteilungen (z.B. eine elektrostatische Linse) entwickeln und diese mit Hilfe des Simulationsprogramms zunächst einmal so weit optimieren, daß sie ihren Anforderungen in etwa entspricht. Erst dann malen sie die Anordnung auf das Papier und untersuchen sie experimentell. Anschließend können wieder Abweichungen zwischen Simulation und Experiment diskutiert werden und eventuell bei weiteren Simulationen gleich berücksichtigt werden.

Einfache Feldverteilungen wie, z.B. die beim Plattenkondensator, können mit Hilfe von Computeralgebra-Programmen wie *MATHEMATICA* oder *MAPLE* berechnet werden. Dabei zeigt sich, daß z.B. zur Berechnung der Randeffekte ein besonderer Aufwand betrieben werden muß. Außerdem bedarf es einer längeren Einarbeitungszeit in solch umfangreiche Softwarepakete, so daß diese für den Praktikumseinsatz als ungeeignet erscheinen.

Spezielle Programme zur numerischen Lösung der entsprechenden Differentialgleichungssysteme erscheinen in diesem Fall geeigneter. Auch hier gibt es eine große Anzahl von Programmen, die von einfach bedienbar (aber auch nur für einfachere Probleme geeignet) bis zu hochkomplexen Systemen reicht. Da die hier vorgestellten Messungen aus einem Anfängerpraktikum stammen, soll nur die Anwendung eines einfachen, an der Universität Kaiserslautern entwickelten Programms beschrieben werden. Sollte man z.B. im Fortgeschrittenen Praktikum an die Berechnung etwa einer Elektronenoptik denken, sind leistungsfähigere, kommerziell verfügbare Programme gefragt. Dies ändert aber nichts an den hier gezeigten grundsätzlichen Überlegungen.

8.2.1 Das Programm *EFELD*

Das Programm *EFELD* ist zunächst im Rahmen eines Seminars *Physik mit dem Computer* von Studenten entwickelt worden. Ziel des Seminars war es, den Studenten zu zeigen, wie sie mit Hilfe selbst entwickelter Programme spezielle physikalische Probleme lösen können. Im vorliegenden Fall sollten sie einfache elektrostatische Felder berechnen und darstellen.

Auf diese Weise ist ein leicht bedienbares Programm entstanden, das sich ideal als begleitende Simulation für den Einsatz im Praktikum oder auch im Schulunterricht eignet. Es ist einerseits einfach zu bedienen, dadurch wird die Hemmschwelle auch wenig geübter Benutzer herabgesetzt; andererseits können fast alle oben beschriebenen Meßbeispiele simuliert werden. Einzig der Einfluß von Dielektrika und Isolatoren auf das Feld kann nicht berechnet werden. Die Programmstruktur verringert die Gefahr, daß übereifrige Benutzer sich im Gestrüpp zahlreicher, für die einfachen Beispiele aber unnötiger Optionen verirren.

Die Programmbedienung. Das Hauptmenü des Programms ist in Abb. 8.3 abgebildet. Die einzelnen Einträge haben folgende Bedeutung:

<table>
<tr><td>

Programm *EFELD* – Hauptmenü

Eingabe
Rechnen
Ausgabe
Daten laden
Daten speichern
Programm beenden
</td><td>

Abb. 8.3. Das Hauptmenü des Programms *EFELD*
</td></tr>
</table>

- **Eingabe** wechselt zu einem Bildschirm, auf dem die der Berechnung zugrunde liegenden 80 × 60 Gitterpunkte dargestellt sind. Jedem dieser Punkte kann ein Potential zugeordnet werden. Dazu können sie mit Hilfe der Kursortasten bzw. der Tasten <F1>–<F4> für eine diagonale Bewegung ausgewählt werden. Dabei lassen sich falsche Eingaben auch wieder korrigieren. Der Rand des Gitters liegt auf dem konstanten Potential 0 V. Darum sollte man zur Vermeidung von Randeffekten die Elektroden möglichst weit in der Mitte des Gitters plazieren.

- **Rechnen** startet die Berechnung des resultierenden Feldes nach der unten geschilderten Methode der sukzessiven Überrelaxation. Dabei kann der Benutzer selbst einen Relaxationsparameter (siehe unten) und ein Abbruchkriterium wählen. Ist dieses Kriterium nach 100 Schritten noch nicht erreicht, bricht die Iteration ab. Sie kann aber durch erneuten Aufruf des Punktes **Rechnen** beliebig oft fortgesetzt werden, wobei die jeweiligen Ergebnisse als neue Startwerte verwendet werden. Die Berechnung kann auch jederzeit durch einen Tastendruck unterbrochen werden. Durch Variation des Relaxationsparameters kann untersucht werden, wie dieser das Konvergenzverhalten der Methode beeinflußt. Dabei zeigt sich, daß der optimale Relaxationsparameter auch entscheidend von der vorgegebenen Potentialverteilung abhängt.

- **Ausgabe** wechselt zu einem Untermenü, in dem die Art der grafischen Darstellung der Ergebnisse gewählt werden kann. Der Benutzer kann zwischen der Darstellung von Feldlinien, Äquipotentiallinien oder einer dreidimensionalen Darstellung des Feldes $\Phi(X, Y)$ wählen.

- **Daten laden** bzw. **Daten speichern** bieten dem Benutzer die Möglichkeit, bereits berechnete Potentiale oder auch nur Konfigurationen abzuspeichern, um sie zu einem späteren Zeitpunkt wieder zu laden und mit ihnen weiter zu arbeiten.

Einige Anmerkungen zur Numerik des Programms. Zur Lösung der zugrunde liegenden Laplace-Gleichung

$$div\ grad\ \Phi = 0$$

wird die Methode der sukzessiven Überrelaxation verwendet. Dabei wird, ausgehend von einer Näherungslösung, durch Berücksichtigung der nächsten vier Nachbarpunkte des Gitters eine verbesserte Näherung berechnet. Beim Start der Iteration haben alle Gitterpunkte das Potential 0 oder das ihnen vom Benutzer zugewiesene, bei der Iteration nicht veränderbare Potential. In jedem Iterationsschritt wird das neue Potential Φ_{neu} wie folgt berechnet:

$$\Phi_{\mathrm{neu}} = \Phi_{\mathrm{alt}} + w \cdot (U - \Phi_{\mathrm{alt}}),$$

wobei U ein Viertel der Summe der Potentiale der vier Nachbargitterpunkte darstellt und w der sogenannte Relaxationsparameter ist, der vom Benutzer veränderbar ist. Er kann zwischen 0 und 2 liegen. Für einen Wert kleiner 1 spricht man von Unterrelaxation, für einen Wert darüber von Überrelaxation.

Um eine erträgliche Rechengeschwindigkeit auch für ältere und langsamere PC's zu erreichen, werden die Feldlinien nur an den Schnittpunkten mit dem Gitterraster berechnet. Dazwischen werden sie als gerade angenommen. Dies hat den Nachteil, daß sich benachbarte Feldlinien aufgrund von Rechenungenauigkeiten unter Umständen schneiden können, was in der Realität natürlich nicht der Fall ist. Diesen Punkt sollen die Studenten erkennen und diskutieren, da sie auch später immer wieder prüfen müssen, welchen Einschränkungen die von ihnen gewählten Programme bzw. Algorithmen unterliegen.

Ebenso sagt, aufgrund des hier gewählten Algorithmus zur Feldliniendarstellung, die Dichte der gezeichneten Feldlinien nichts über die tatsächliche Feldliniendichte aus. Diese wird aber aus einer farbigen Kodierung eines unterlegten Punkterasters ersichtlich.

8.3 Beispiele zum Einsatz von Realexperiment und Simulation

In diesem Abschnitt werden verschiedene Meßaufgaben der Studenten vorgestellt. Parallel dazu werden die jeweiligen Realexperimente mit Hilfe des Programms *EFELD* numerisch behandelt. Bei den Beispielen, die dabei untersucht werden, handelt es sich durchweg um Lehrbuchbeispiele, erst am Schluß werden auch kompliziertere Anordnungen betrachtet. Dies hat den Sinn, daß die Studenten zuerst bekannte Beispiele wiedererkennen und zu den durchgeführten Simulationsrechnungen Vertrauen fassen sollen. Idealerweise sollten die Rechnungen parallel zu den Messungen oder im direkten Wechsel damit durchgeführt werden. Ist dies aus organisatorischen oder zeitlichen Gründen nicht möglich, können sie auch im Zuge der Auswertung der Messungen durchgeführt werden. Keinesfalls sollten sie aber als losgelöster, eigener Versuchsteil angesehen werden (reine Simulation ist im Anfängerpraktikum nicht angebracht!).

Durch die Tatsache, daß der experimentelle Aufbau nur die Messung von Potentialen ermöglicht, sind die Studenten gezwungen, sich den entsprechenden Zusammenhang mit den elektrischen Feld zu verdeutlichen. Die Erkenntnis, daß sie aus dem Potential rein geometrisch das Feld (Feldlinien stehen senkrecht auf Potentiallinien) ermitteln können, vertieft zusätzlich das Verständnis für den Zusammenhang zwischen diesen Begriffen. Darum wurde auch darauf verzichtet, obwohl dies programmtechnisch kaum Mehraufwand bedeutet hätte, im Programm eine Option zur direkten Darstellung des Feldverlaufs vorzusehen.

8.3.1 Untersuchungen am Plattenkondensator

Erste Untersuchungen führen die Studenten an einem einfachen Plattenkondensator durch. Er besteht aus zwei parallelen Elektroden von etwa 10 cm Länge und etwa dem gleichen Abstand. Sie richten ihr Augenmerk dabei zunächst auf die Homogenität des Feldes im Innern des Kondensators. Als zweite Aufgabe untersuchen sie das Feld am Rand des Kondensators, um ein Gefühl für die dort zunehmende Inhomogenität zu entwickeln. Ein zusätzlicher Lerneffekt kommt dadurch zustande, daß sie sich dafür zunächst mit dem Begriff Inhomogenität vertraut machen müssen. Er ist zwar allen bekannt, aber selten sind sie gezwungen, quantitative Aussagen darüber zu machen, auch die Lehrbücher beschränken sich meist mit einer qualitativen Beschreibung. Sie erkennen hier, daß die Inhomogenität eine Änderung des Potentials in Abhängigkeit vom Ort ist ($[\Delta\Phi(x,y)/\Phi(x,y)]i$), und müssen sich Gedanken machen, wie sie diese Funktion darstellen.

Im Simulationsteil dieser Aufgabe berechnen die Studenten mit Hilfe von *EFELD* numerisch das Feld des Kondensators bei den gegebenen Parametern des Experiments (Geometrie und anliegende Spannung) und vergleichen ihr Ergebnis mit den Messungen.[2] Dabei können sie z.B. den Einfluß der Zahl der Gitterpunkte auf das Ergebnis am Rand des Kondensators untersuchen.

Als nächstes führen die Studenten die obigen Untersuchungen an einem inhomogenen Plattenkondensator durch. Dieser wird realisiert durch zwei 30 cm lange parallele Elektroden im Abstand von 18 cm. In der Mitte zwischen ihnen befindet sich ein 6 cm breiter Streifen, wo zwei Lagen des Leitfähigkeitspapiers übereinandergelegt wurden. Dort ist die Leitfähigkeit dann doppelt so hoch. Dabei entspricht das Verhältnis der Leitfähigkeiten in den drei so entstandenen Zonen des Modellkondensators dem Verhältnis der Dielektrizitätskonstanten eines realen Kondensators. Hier kann also das Feld innerhalb verschiedener Dielektrika, aber auch an den Grenzflächen zwischen ihnen, untersucht werden. Abbildung 8.4 zeigt eine solche Messung. Sie wurde nicht besonders optimiert, sondern ist das Ergebnis einer Messung im Verlauf des Praktikums.

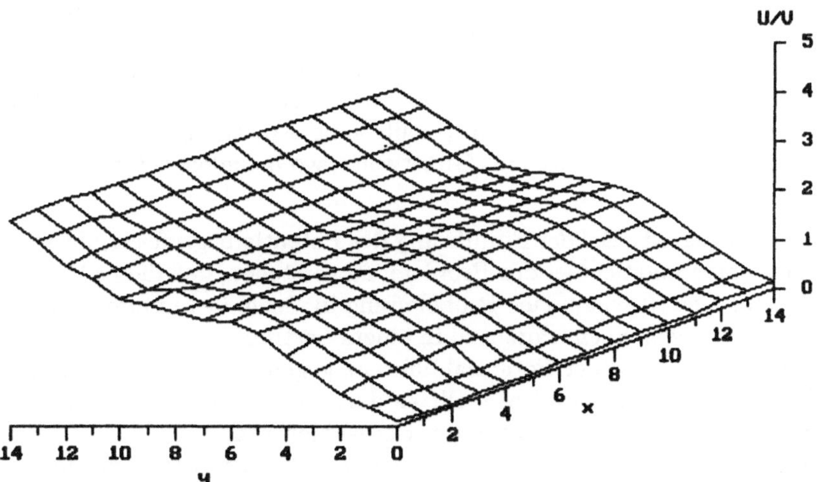

Abb. 8.4. Messung des Potentialverlaufs an einem inhomogenen Plattenkondensator mit *FLAP*

---

[2] Daß die Studenten ein Potential messen, aber ein Feld berechnen, stellt keine Inkonsistenz dar, sondern ist Absicht. Um die Ergebnisse miteinander vergleichen zu können, muß z.B. aus dem Potential das Feld berechnet werden. Dies verdeutlicht den Studenten deren Zusammenhang (siehe auch Abschn. 8.4.2).

Auf der Seite der Simulation besteht der wesentliche Lerneffekt darin, daß ein solcher experimenteller Aufbau mit Hilfe des Programms *EFELD* nicht berechnet werden kann, da dieses Programm keine Möglichkeit bietet, Bereiche verschiedener Dielektrizitätskonstanten zu definieren. Dieses Lernziel mag zwar zunächst überraschen, lehrt aber die Studenten sich nicht blind darauf zu verlassen, mit Hilfe eines Simulationsprogramms einen kompletten Themenbereich (hier Elektrostatik) erfassen zu können.

Als weitere Aufgabe am Plattenkondensator, bei obiger Anordnung der Elektroden, wäre es denkbar, das Dielektrikum durch eine kreisförmige Scheibe, die wahlweise aus einem Metall oder einem Isolator besteht, zu ersetzen. Auch hier werden wieder sowohl das Potential (durch die Messung) als auch das Feld (so wie weiter oben unter Punkt *Manuelle Messung* beschrieben) bestimmt. Wieder können die Ergebnisse nur teilweise mit denen von Simulationsrechnungen verglichen werden.

Eine weitergehende Analyse der Daten könnte z.B. eine Anwendung der Maxwellschen Gleichung

$$div E = \rho$$

(ρ = Ladungsdichte) beinhalten. Da die Meßwerte diskret vorliegen, müssen sich die Studenten zunächst überlegen, wie sie obige Gleichung diskretisieren können. Danach sollte es schon mit einem Taschenrechner möglich sein, diese am Experiment zu überprüfen. Soll dies an vielen Punkten geschehen, ist natürlich der Einsatz eines Computers sinnvoll. Die Diskussion der Abweichungen der Ergebnisse von den theoretisch zu erwartenden (diese sollten für den Plattenkondensator bekannt sein), sollte eine Abwägung der Einflüsse von Meßfehlern und Diskretisierung (Gitterweite, wo befinden sich besonders kritische Stellen) beinhalten.

Der Potentialbegriff. Bei der Einführung des Potentialbegriffes ergibt sich für viele Studenten und Schüler das Problem, zu verstehen, daß dieser Begriff nur als Maß für eine Kraft auf eine Probeladung in einem bestimmten Punkt dient. Spricht man von einem Potential in einem bestimmten Punkt, wäre es eigentlich korrekter von einer Potentialdifferenz gegenüber einem Minimum zu sprechen. Ein weiteres Problem stellt es dar, zu verstehen, daß man die Größe des Potentials in diesem Minimum frei wählen kann.

Ein einfaches Experiment am Plattenkondensator kann hier zu einem tieferen Verständnis beitragen: Man vergleiche die Ergebnisse zweier Messungen am gleichen Kondensator, wobei einmal eine Platte auf einem Potential von +10 V, die andere auf 0 V (gegenüber Erdpotential) liegt, das andere Mal eine Platte auf +5 V, die andere auf −5 V. Dazu sind zwei Spannungsquellen nötig. Schon deren richtige Verschaltung wird bei einigen Lernenden ein „Aha-Erlebnis" auslösen.

Zylinderkondensator. Ein Zylinderkondensator wird durch zwei konzentrische Ringe mit den Radien r und R realisiert. Da bei dieser Anordnung keine Randeffekte auftreten, können die Studenten sogar mit Hilfe eines einfachen Taschenrechners den gemessenen Potentialverlauf im Abstand ρ vom Zentrum des Kondensators $U(\rho)$ mit dem erwarteten Verlauf $[U(\rho) \propto \ln(\rho r)\ln(Rr)]$ vergleichen. Abbildung 8.5 zeigt eine entsprechende Messung mit Hilfe von *FLAP*.

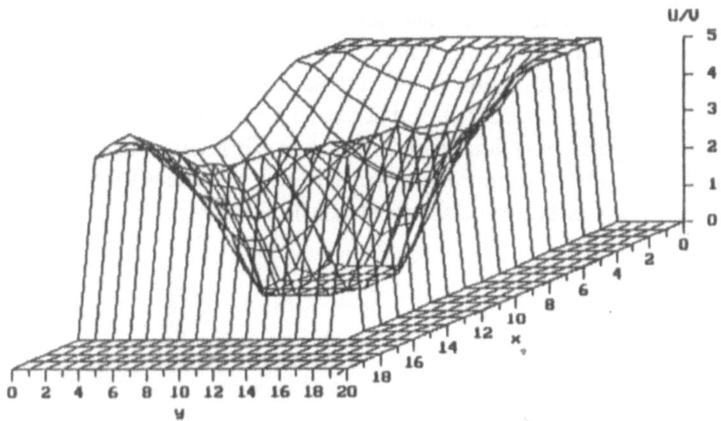

Abb. 8.5. Beispiel für eine praktikumstypische Messung am Zylinderkondensator

8.3.2 Spitze

In diesem Versuchsteil vergleichen die Studenten das real gemessene elektrische Feld einer Spitze mit dem Ergebnis der Simulation von *EFELD*. Dabei stehen zwei Lernziele im Vordergrund:

1. **Rasterung.** Die Studenten sollen erkennen, daß die Rasterung einen entscheidenden Einfluß auf das Ergebnis hat, wobei dies sowohl für die Simulation als auch für das Realexperiment gilt. Dabei sollte jeweils ein Kompromiß zwischen grobem und feinem Raster gefunden werden.

   - **Experiment:**
     Hier werden bei zu grober Rasterung, wie schon erwähnt, feine Strukturen, auf die es gerade bei der Untersuchung einer Spitze ankommt, nicht aufgelöst. Bei feinerer Rasterung steigt einerseits der zeitliche Aufwand, andererseits, und dies wird von vielen Studenten zunächst nicht erkannt, beeinflußt zunehmend die Geometrie der Meßspitze das Ergebnis.
   - **Simulation:**
     Auch auf Seiten der Simulation gilt es einen Kompromiß zu finden; hier vor allem unter dem Gesichtspunkt der Ökonomie. Für grobe Raster gilt das oben gesagte, eine Verfeinerung treibt die Rechenzeit in die

Höhe und irgendwann steht der zusätzlichen Informationsgewinn in keiner Relation zum getriebenen Aufwand mehr.

2. **Einfluß der Form der Spitze.** Auch hier spielt bei der Untersuchung des Einflusses der Form (im wesentlichen der Krümmung) der „Spitze" die Größe des verwendeten Rasters eine Rolle. Darüber hinaus sollten die Praktikanten aber auch die Einflüsse der Geometrie untersuchen. Aus Zeitgründen geht dies schneller beim Einsatz von Simulation als bei Realexperimenten, vor allem dann wenn die Praktikanten die (wünschenswerte) Möglichkeit haben, die Geometrie selbst vorzugeben (im Gegensatz zu fest vorgegebenen experimentellen Vorlagen); eine Variation der Geometrie ist am Computer sehr schnell vorgenommen, das präzise Aufzeichnen und das Trocknen des Leitsilbers dauern wesentlich länger.

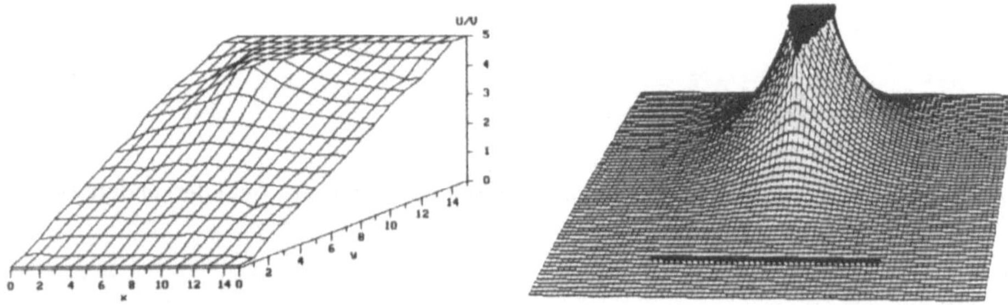

Abb. 8.6. Das Feld in der Umgebung einer Spitze. *Links* das mit Hilfe von *FLAP* vermessene Potential, *rechts* das von *EFELD* berechnete

8.4 Weitere Anordnungen

Eine ganze Zahl weiterer Konfigurationen, die von den Studenten untersucht werden kann, ist denkbar. Hier sollen nur noch einige exemplarisch kurz vorgestellt werden, zusammen mit besonders beachtenswerten Hinweisen.

8.4.1 Reale Anordnungen

Zunächst werden noch einige Beispiele genannt, bei denen die Studenten sowohl Messungen durchführen als auch eine Simulation einsetzten können.

- **Elektrostatische Linsen.** Dieses Thema geht eigentlich schon über den Themenkreis Elektrostatik hinaus, da solche Linsen nur dann einen Sinn haben, wenn sie ihre Wirkung auf bewegte geladene Teilchen ausüben können. Trotzdem kann man natürlich diese Wirkung diskutieren lassen, und gerade hier bietet sich der Einsatz komplexerer Simulationsprogramme an, die nicht nur die entsprechenden Felder berechnen, sondern auch noch die Trajektorien darin bewegter Ladungen.[3]

- **Das Feld eines Dipols.** An die Stelle der geraden Elektroden beim Plattenkondensator treten hier zwei kreisförmige Elektroden. Hier spielt die Möglichkeit des Programms *FLAP* eine große Rolle, sich die gemessene Potentialverteilung aus verschiedenen Richtungen anzusehen. Dreht man das gemessene Potential eines Dipols um 90°, blickt man nur noch auf eine der beiden Ladungen, sieht also nur einen Monopol. Trotzdem kann man aufgrund des Feldlinienverlaufs erkennen, daß es sich um einen Dipol handeln muß, bei dem noch eine zweite Ladung in endlicher Entfernung hinter dem sichtbaren Monopol vorhanden sein muß.

  Dies ist ein Beispiel dafür, wie in der Physik oftmals vorgegangen wird: Aufgrund einer Abweichung vom erwarteten Verlauf einer Messung schließt man auf andere unsichtbare Faktoren, die die Messung beeinflussen (hier die zweite unsichtbare (weil verdeckte) Ladung des Dipols).

  Weiterhin können auch andere Einflüsse, wie z.B. die der Radien der einzelnen Ladungsverteilungen (zwischen einigen mm und cm), die (wie in Lehrbüchern meist vorausgesetzt) nicht immer gleich sein müssen, sowie von deren Abstand bzw. dem Verhältins Abstand/Radius untersucht werden. Hierbei sollte den Studenten auffallen, daß sie experimentell die in der Theorie benutzten Punktladungen gar nicht realisieren können. Auch hier kann die Simulation sehr sinnvoll eingesetzt werden.

- **Eigene Anordnungen.** Wie bereits mehrfach angedeutet, können mit dem beschriebenen Versuchsaufbau die Felder fast beliebiger Elektrodenanordnungen untersucht werden. So können die Studenten einerseits Lehrbuchbeispiele nachvollziehen, andererseits auch selbst entworfene, für sie interessant erscheinende Elektrodenanordnungen mit Leitsilber auftragen und die so erzeugten Potentiale und Felder untersuchen.

  An diesem Punkt bietet es sich an, den bisher geschilderten Ablauf, zuerst Messung und dann Vergleich mit der Rechnung, umzukehren: Zuerst sollte eine Simulation erfolgen, um sich zu überzeugen, daß die untersuchte Elektrodenkonfiguration auch das gewünschte Feld erzeugt; erst dann sollte sie real aufgemalt werden. Dies entspricht auch der heutigen Vorgehensweise in Industrie und Forschung, wo es darauf ankommt, teuere technische Fehlentwicklungen zu vermeiden.

- **Der Einfluß der Meßspitze.** Oft wird übersehen, daß elektrische Felder nur durch ihre Wirkung auf Probeladungen vermessen werden können. Bei theoretischen Betrachtungen können diese beliebig klein ge-

---

[3] Als etwas unkomplizierter zu bedienende Alternative der komplexen, kommerziellen Programme bietet sich hier die „lokale Lösung" *TIF* (Teilchen in Feldern) aus Kaiserslautern an. Sie erlaubt mit geringem Aufwand die dreidimensionale Berechnung und Darstellung der Bahnen geladener Teilchen in beliebigen Kombinationen elektrischer und magnetischer Felder, die sogar zeitabhängig sein können.

macht werden, in der Realität jedoch nicht, was dazu führt, daß sie durch ihre eigene Ladung das zu messende Feld in ihrer Umgebung verfälschen. Auch die im Versuch verwendete Meßspitze verändert an dem entsprechenden Meßpunkt das eigentlich zu messende Potential. Diesen Einfluß kann man bestimmen, indem man das Potential in der Umgebung einer fest installierten Meßspitze (die über einen hohen Widerstand mit einem definierten Potential verbunden ist) untersucht. Dabei kann sowohl der Einfluß des Widerstands (der dem Innenwiderstand des A/D-Wandlers entspricht) als auch der Größe der Meßspitze (Auflagefläche) systematisch untersucht werden.

8.4.2 Beispiele zur weiteren Vertiefung des Verständnisses des Themas

In dem folgenden Beispiel wird angedeutet, wie man die gewonnenen Daten dazu verwenden kann, das Verständnis der Elektrostatik und ihrer numerischen Behandlung zu vertiefen. Es wäre wünschenswert, wenn sich solche Aufgabenstellungen zumindest als optionale Aufgaben in den Praktika wiederfänden.

Dipol. Die Untersuchung eines Dipolfeldes gehört zu den Standardaufgaben in der Elektrostatik. Durch den Einsatz des Computers wird es möglich, in relativ kurzer Zeit mehrere Messungen bzw. Simulationsrechnungen durchzuführen und somit den Einfluß von Parametern wie Abstand und räumliche Ausdehnung der Ladungsverteilung auf das Potentialbild zu untersuchen.

Mit Hilfe des Computers wird auch beim Dipol eine ganz neue Dimension in der Datenanalyse eröffnet. Einige kurz angedeutete Beispiele sollen dies verdeutlichen:

- **Superpositionsprinzip.** Weicht man von der Definition eines elektrischen Dipols, die zwei entgegengesetzt gleich große Ladungen verlangt, ab und definiert Ladungen verschiedenen Betrages, was physikalisch der Überlagerung eines Dipols mit einem Monopol in einem der Ladungsschwerpunkte entspricht, kann mit dieser Anordnung das Superpositionsprinzip überprüft werden.
- **Nahfeld und Fernfeld.** Dazu kann entweder rein phänomenologisch der Einfluß der Parameter Abstand der beiden Ladungsschwerpunkte und Radius der Ladungsverteilungen (der auch hier in Abweichung von der Dipoldefinition nicht gleich sein muß!) untersucht werden. Ein Ziel wäre z.B. zu untersuchen, ab wann (in Abhängigkeit von den oben genannten Parametern) das Dipolfeld in der Nähe einer Ladungsverteilung merklich von der eines Monopols abweicht.
- **Vektoroperationen.** Man berechnet mit Hilfe des Computers Größen wie $div E$, $rot E$ oder $grad \Phi$. Auch hier können wieder die Einflüsse der Numerik diskutiert werden oder auch nur das Verständnis der Vektoroperationen vertieft werden.

8.5 Zusammenfassung

In diesem Kapitel wird ein einfaches, altbekanntes Praktikumsexperiment zur Vermessung elektrostatischer Felder in einer modernen Form vorgestellt. Es wird gezeigt, daß gerade bei solch einfachen Experimenten eine begleitende Simulation möglich und sinnvoll einsetzbar ist.

Durch den Einsatz des Computers bei der Meßwerterfassung und -dokumentation wird die experimentelle Seite gegenüber herkömmlichen Meßverfahren wesentlich aufgewertet. Sie gestaltet sich durch den Wegfall eintöniger Arbeiten viel interessanter. Gleichzeitig wird die Datenerfassung wesentlich beschleunigt, wodurch im gleichen Zeitraum mehr Aufgaben durchgeführt werden können. Dies ermöglicht den Benutzern Freiräume, um entweder Untersuchungen detaillierter durchzuführen oder um eigene experimentelle Ideen zu verwirklichen. Gleichzeitig werden die Versuche für die Studenten dadurch interessanter, daß anspruchsvollere, moderne Meßtechnik zum Einsatz kommt. Im Praktikumsexperiment ist dabei durch den Aufbau der Versuchsanleitung zu gewährleisten, daß diese Meßtechnik von den Studenten verstanden wird und keine Black-Box darstellt. Im Schulunterricht wird es von den speziellen Umständen abhängen, wie man diese Durchschaubarkeit erreicht. So kann man, wenn die Zeit es zuläßt, die Methode zunächst mit Hilfe des konventionellen elektrolytischen Trogs vorstellen, um dann gezielt und in kurzer Zeit verschiedene Feldkonfigurationen in der oben vorgestellten Art zu vermessen.

Die begleitende Simulation ermöglicht einen direkten Vergleich zwischen Experiment und Rechnung. Anhand einfacher Feldkonfigurationen kann zunächst grundsätzliches Vertrauen in das numerische Verfahren gewonnen werden. Danach werden bei komplizierteren Anordnungen die Grenzen der jeweiligen Methoden diskutiert. So lernen die Studenten z.B. beim vorgestellten Programm *EFELD*, daß man bei der Wahl der Algorithmen oftmals Kompromisse eingehen muß. Hier war ein Kompromiß zwischen einer erträglichen Rechenzeit (auch für weniger leistungsfähigere Computer) und einer möglichst hohen Rechengenauigkeit (Vermeidung sich schneidender Feldlinien) zu finden.

Bei geeigneter Aufgabenstellung lernen die Studenten auch den Hauptvorteil der Simulationsrechnungen kennen: Bevor man ein Experiment real aufbaut, bestimmt und optimiert man wesentliche Parameter wie z.B. die geometrischen Dimensionen, anzulegende Spannungen oder Elektrodenanordnungen mit besonders strukturierten Feldverläufen mit Hilfe von Simulationsrechnungen. Dies erspart sehr viel Zeit, Material und, was in der Industrie besonders wichtig erscheint, Geld.

Es erscheint durchaus wünschenswert, die begleitende Simulation in der Physikausbildung möglichst früh einzusetzen. Um in diesem Stadium der Ausbildung die Lernenden nicht zu überfordern, ist es nötig, einfache Anwendungen, wie das in diesem Kapitel gezeigte Beispiel, zu finden. Nur so ist es möglich, gleichzeitig Vertrauen in die Methode zu entwickeln und zu erkennen, daß es systembedingte Grenzen gibt.

Neben der begleitenden Simulation wird aufgezeigt, wie man den Computer auch weitergehend bei der Analyse der gewonnenen Daten einsetzen kann. Dabei sind, je nach gewünschtem Niveau, verschiedene Aufgabenstellungen und Schwerpunkte denkbar wie z.B. die Visualisierung der Maxwellgleichungen oder der Einfluß der Diskretisierung auf ihre Lösungen. Die gemachten Vorschläge erlauben es, das starre Schema des Experiments „Elektrolytischer Trog" so wie es seit mindestens 50 Jahren in fast jedem Praktikum zu finden ist, aufzugeben. Neue und vor allem flexible Aufgabenstellungen erlauben es, daß aus diesem Experiment, das bei Studenten als langweilig eingestuft wird, ein modernes, von ihnen gern durchgeführtes Praktikumsexperiment wird. Eine Vielzahl neuer Dinge kann hier gelernt werden, ohne daß alte Lernziele aufgegeben werden müssen.

9. Experimente zur Wärmeleitung und das Programm *WÄRME*

In den meisten Praktika findet sich ein Experiment zur Wärmeleitung. Meist handelt es sich um solche Versuche, bei denen die Wärmeleitfähigkeit von Stoffen mit Hilfe von Kalorimetern bestimmt wird. Diese haben allerdings den Nachteil, daß sie sehr zeitaufwendig sind und wenig Einsatz von den Studenten fordern, was dazu führt, daß sie als langweilig empfunden und abgelehnt werden.

Hinzu kommt, daß es in der Physik üblich ist, bei der Messung von Größen zu versuchen, Einflüsse, die die Messung stören, möglichst weitgehend auszuschalten. Im vorliegenden Fall würde man das zu untersuchende Material möglichst gut isolieren, um die Wärmeverluste so gering wie möglich zu halten. Ein erfahrener Physiker wird diese Idealisierung des Experiments ganz bewußt einsetzen. Im Praktikum jedoch entsteht bei den Studenten, denen diese Erfahrung meist noch fehlt, sehr schnell der Eindruck, daß die Natur so ideal, wie die von ihnen durchgeführten Experimente ist. Würden sie das Experiment selbst planen, bestünde die Gefahr, daß sie die Energieverluste und deren Einfluß auf die Größe der zu bestimmenden Wärmeleitfähigkeitskonstante übersehen.

Darum haben wir eine moderne Version eines Experiments zur Bestimmung der Wärmeleitfähigkeit entwickelt, die diese Nachteile unserer Ansicht nach nicht mehr hat. Es kommt moderne Meßtechnik zum Einsatz und die Studenten lernen mehrere Methoden zur Bestimmung der Wärmeleitfähigkeit kennen. Dabei gibt es eine idealisierte Methode, bei der die Probe wärmeisoliert ist. Bei den anderen Methoden ist keine Isolierung vorhanden und die Studenten lernen, wie sie trotz der Verluste die gesuchte Konstante erhalten, indem sie auch die Größe der Störeinflüsse bestimmen.

Während der Computer die Meßwerte für sie aufnimmt, können sie, sollte es doch einmal zu Leerlaufzeiten kommen, die Übereinstimmung von Theorie und Praxis mit Hilfe einer Simulation ihres Meßvorgangs überprüfen.

Dieses Kapitel beschreibt den Versuch, wie er seit einigen Jahren im Anfängerpraktikum in Kaiserslautern realisiert ist und bei den Praktikanten, im Gegensatz zu der vorherigen „klassischen" Version, großen Anklang findet. Durch die eingesetzte moderne Sensorik und Datenerfassung gewinnt das Themengebiet an Attraktivität, was dazu führt, daß sich die Studenten ganz automatisch intensiver mit ihm beschäftigen. Ebenso wird das zum

Einsatz kommende Programm *WÄRME* beschrieben, mit dessen Hilfe die Meßwerterfassung und die Auswertung (zumindest teilweise) geschieht und das zusätzlich die Möglichkeit bietet, die Wärmeleitung mit Hilfe einer Simulation zu untersuchen.

9.1 Kurze Theorie der Wärmeleitung

Besitzen zwei Stellen eines Materials verschiedene Temperaturen (d.h. es gibt ein Temperaturgefälle $-\partial T/\partial x$, wobei das negative Vorzeichen bedeutet, daß die Temperatur für steigenden Abstand vom Ursprung fällt), so findet ein Wärmeaustausch in der Form statt, daß eine bestimmte Wärmemenge ΔQ von der wärmeren zur kälteren Stelle fließt. Es findet also ein Wärmefluß $\Phi = dQ/dt$ statt, der von den geometrischen Abmessungen des Materials, genauer vom Querschnitt A, durch den der Wärmefluß hindurchgeht, abhängt. Die Erfahrung zeigt, daß es Materialien gibt, die gute Wärmeleiter sind (großes Φ) und solche, die schlechter leiten (kleines Φ). Die Materialkonstante, die diese Eigenschaft beschreibt, ist die Wärmeleitfähigkeitskonstante λ. Es gilt also:

$$\Phi = \frac{dQ}{dt} = -\lambda \cdot A \frac{\partial T}{\partial x}. \tag{9.1}$$

Diese Gleichung stimmt nur, wenn kein Wärmeaustausch mit der Umgebung des Materials stattfindet.

Um das Verständnis nicht unnötig zu erschweren, wird im weiteren davon ausgegangen, daß, wie im später durchgeführten Experiment auch, das Material die Form eines langen dünnen Stabes mit dem Radius r habe.

Läßt man einen Wärmeaustausch mit der Umgebung zu, so kann gezeigt werden (vgl. [9.2]), daß (9.1) für ein Volumenelement mit dem Querschnitt A und der Länge dx die folgende Form annimmt:

$$-\frac{\partial \Phi}{\partial x} dx + \frac{dQ}{dT} + 2\pi r dx f(T) = 0. \tag{9.2}$$

Der Term $-\partial \Phi/\partial x$ berücksichtigt, daß sich der Wärmefluß durch das Volumenelement aufgrund des Wärmeaustausches mit der Umgebung ändern kann, $2\pi r dx f(T)$ stellt den Wärmeverlust an der Oberfläche dar. Dabei hängt dieser von der Beschaffenheit der Oberfläche (Farbe und Struktur) und deren Temperatur T ab, was mit der Funktion $f(T)$ berücksichtigt wird.

9.1.1 Wärmeleitung beim isolierten Stab

Hält man die beiden Enden des Stabes auf zeitlich konstanten aber verschiedenen Temperaturen und verhindert durch Isolation den Wärmeaustausch mit der Umgebung, so sind die beiden Terme $-\partial \Phi/\partial x$ und $2\pi r dx f(T)$ gleich Null. Gleichzeitig wird der Wärmefluß gleich der am wärmeren Ende zugeführten Heizleistung P. (Die Frage nach dem Grund dafür zeigt, ob die

Studenten den Zusammenhang mit der Erhaltung der Energie verstanden
haben.) Damit reduziert sich (9.2) unter Verwendung von (9.1) auf die Form

$$-\lambda \cdot A\frac{\partial T}{\partial x} = \Phi = P.$$

Man kann also die Wärmeleitfähigkeitskonstante λ aus dem Temperaturgefälle im Stab wie folgt ermitteln:

$$\lambda = \frac{P|\Delta x|}{A|\Delta T|},\tag{9.3}$$

wobei Δx der Abstand zweier Punkte im Stab ist, zwischen denen der Tem-
peraturunterschied ΔT herrscht. Beheizt man den Stab elektrisch, so kann
man die Heizleistung aus Strom und Spannung bestimmen.

9.1.2 Wärmeleitung beim nichtisolierten Stab

Wie im vorherigen Fall werden die Stabenden auf konstanter Temperatur gehalten. Damit verschwindet der Term $\mathrm{d}Q/\mathrm{d}T$ aus (9.2). Man kann annehmen,
daß der Stab überall gleich gut Wärme an die Umgebung abgibt und daß die
abgegebene Wärmemenge linear von der Temperatur abhängt.[1] Dies führt
dann zu der sogenannten *Newtonschen Näherung* der Funktion $f(T)$, für die
einfach hT (h ist konstant) angesetzt werden kann. Damit reduziert sich (9.2)
auf die Form

$$-\lambda A\frac{\mathrm{d}^2T}{\mathrm{d}x^2} + 2\pi r\mathrm{d}x hT = 0.$$

Diese Differentialgleichung hat eine Lösung der Form

$$T = T_0\mathrm{e}^{-\alpha x},\tag{9.4}$$

wobei T_0 die Temperaturdifferenz zwischen Maximaltemperatur des Stabes
und der Umgebungstemperatur ist. Der Koeffizient α sieht wie folgt aus:

$$\alpha = \sqrt{\frac{2\pi r h}{\lambda A}}.$$

Man erhält also für die Wärmeleitfähigkeit

$$\lambda = \frac{2\pi r h}{\alpha^2 A} = \frac{2h}{\alpha^2 r}.\tag{9.5}$$

Um λ zu bestimmen, muß man also den exponentiellen Temperaturverlauf
im Stab messen und zusätzlich noch den Verlustfaktor h bestimmen.

---

[1] Dies gilt nur für niedrige Temperaturen (bis einige 100 K). hier überwiegen die
Wärmeverluste durch Konvektion. Bei deutlich höheren als den in diesen Experimenten erreichbaren Temperaturen überwiegen die Strahlungsverluste, welche
eine T^4-Abhängigkeit zeigen.

Bestimmung des Verlustfaktors. Zur Bestimmung der unbekannten Verlustkonstanten h führt man eine eigene Messung durch. Dabei wird ein kurzes Stabstück, mit möglichst der gleichen Oberflächenbeschaffenheit wie der des langen Stabes, insgesamt aufgeheizt. Dadurch findet kein Wärmefluß statt $(\partial \Phi / \partial x = 0)$. Solange kein stationärer Zustand erreicht ist, führt die Energiezufuhr zu einer Temperaturänderung des Stabes, die von der Wärmekapazität c des Materials und seiner Masse $\rho A l$ (ρ sei die Materialdichte) abhängt. Dies berücksichtigt der erste Term in (9.6). Die Wärmeverluste des Stabes geschehen nur durch seine Oberfläche O und werden vom zweiten Term beschrieben. Damit ändert sich (9.2) in

$$\rho A l c \frac{\mathrm{d}T}{\mathrm{d}t} + O h T = 0. \tag{9.6}$$

Auch diese Differentialgleichung hat eine exponentielle Lösung:

$$T = T_0 \mathrm{e}^{-\beta t} \tag{9.7}$$

mit der Konstanten $\beta = O h / A l \rho c$.

Setzt man dies in (9.5) ein, so erhält man die endgültige Gleichung zur Bestimmung der Wärmeleitfähigkeitskonstanten:

$$\lambda = \frac{\beta}{\alpha^2} \frac{\rho c}{(Or)/(2Al)} = \frac{\beta}{\alpha^2} \frac{\rho c}{(1 + (r/l))} \ . \tag{9.8}$$

9.1.3 Die dynamische Methode zur Bestimmung der Wärmeleitfähigkeit

Eine weitere Möglichkeit zur Bestimmung der Wärmeleitfähigkeit besteht darin, daß man untersucht, wie sich ein periodisches „Wärmesignal" der Frequenz ω auf dem Stab ausbreitet. Um das Problem nicht unnötig zu verkomplizieren, sei der Stab in diesem Fall wieder isoliert. Dann gilt folgende Differentialgleichung:

$$- \lambda \frac{\partial^2 T}{\partial x^2} + \rho c \frac{\partial T}{\partial t} = 0 \ . \tag{9.9}$$

Diese Gleichung hat die Lösung

$$T = T_0 + T_1 e^{i(\omega t + x \sqrt{(\rho c \omega)\,(2\lambda)})} \mathrm{e}^{-x\sqrt{(\rho c \omega)/(2\lambda)}} \tag{9.10}$$

Gleichung (9.10) beschreibt eine sich längs des Stabes ausbreitende gedämpfte Welle. Die Dämpfung (Abnahme der Amplitude S der Wärmewelle, die der jeweils erreichten Maximaltemperatur entspricht) ist mit der Wärmeleitfähigkeitskonstanten wie folgt verknüpft:

$$\lambda = \frac{\rho c \omega (\Delta x)^2}{2[\ln(S_n/S_{n+1})]^2} \ . \tag{9.11}$$

Man kann λ auch aus der Zeit $\Delta \tau$ bestimmen, die z.B. das Maximum der Welle benötigt, um sich von einem Meßfühler zum nächsten fortzupflanzen (Δx sei der Abstand der beiden Fühler):

$$\lambda = \frac{\rho c (\Delta x)^2}{2\omega (\Delta \tau)^2}. \tag{9.12}$$

9.2 Die Datenerfassung mit dem Programm *WÄRME*

In diesem Abschnitt wird beschrieben, wie die verwendete Elektronik aufgebaut ist und die Daten mit Hilfe des Computers erfaßt und ausgewertet werden.

9.2.1 Die Hardware

Als Meßfühler werden handelsübliche Silizium-Temperaturfühler verwendet. Diese ändern ihren Widerstand in Abhängigkeit von der Temperatur. Da sie recht klein sind und eine geringe eigene Wärmekapazität haben, nehmen sie sehr schnell die Umgebungstemperatur an, was den Vorteil hat, daß sie das Meßergebnis kaum durch ihre eigene Trägheit verfälschen. Da der Computer mit Hilfe der eingebauten A/D-Wandlerkarte keine Widerstände, sondern nur Spannungen messen kann, wurden die Widerstände in eine Wheatstonesche Brückenschaltung (vgl. Abb. 9.1) eingebaut. Die über der Brücke abfallende Spannung wird anschließend mit Hilfe eines Operationsverstärkers soweit verstärkt, daß sie in einem sinnvollen Bereich des A/D-Wandlers (einige Volt, damit die Auflösung möglichst ausgenutzt wird[2]) liegt. Dies hat zusätzlich den Vorteil, daß man durch Anpassen der entsprechenden Verstärkung kleine Unterschiede verschiedener Temperaturfühler ausgleichen kann. Der Computer mißt die über der Brücke abfallende Spannung. Da die Wandlerkarte 16 verschiedene Kanäle auswerten kann, wurde die Schaltung 16-fach in einem Gehäuse, das auch noch die entsprechende Spannungversorgung beinhaltet, eingebaut. Der Ausgang des Gehäuses ist mit der Interfacekarte des Computers verbunden, am Eingang sind die verschiedenen Temperatursensoren mit Hilfe von Flachbandkabeln angeschlossen. Dieser Aufbau ist einerseits kompakt und wenig störanfällig, und damit eigentlich gut für ein Praktikum geeignet. Andererseits stellt er sich dem Studenten als Black-Box dar, und es wird auf den ersten Blick nicht ersichtlich, wie der Computer die Meßwerte gewinnt. Um die Studenten dazu zu bringen, sich etwas mit der Meßtechnik zu beschäftigen, wurde zur Verdeutlichung der Vorgänge zwischen Temperaturfühler und Computer als erster Aufgabenteil die Eichung eines der Temperatursensoren gewählt. Auf die Eichung aller Sensoren wird aus Zeitgründen verzichtet, sie ist bereits vorab durchgeführt worden. Trotzdem muß den Studenten klar werden, daß diese prinzipiell notwendig ist.

---

[2] An dieser Stelle muß den Studenten klar werden, daß ein A/D-Wandler genau wie jedes andere Meßgerät einen (in diesem Fall meist fest vorgegebenen) Meßbereich hat, wobei die durch die Auflösung (Anzahl der Bits, der vom Wandler gelieferten, den Spannungen entsprechenden, Zahlenwerten) bedingte maximale Genauigkeit nur dann erreicht wird, wenn dieser Meßbereich voll ausgenutzt wird (vgl. auch Fußnote S. 150).

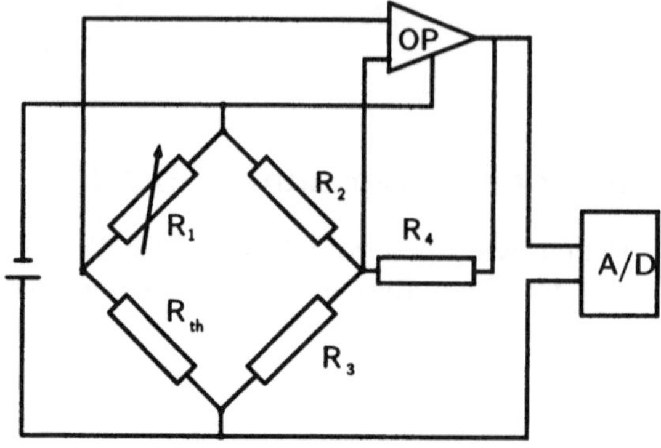

Abb. 9.1. Aufbau der Brückenschaltung, mit deren Hilfe der Widerstand der Temperatursensoren (R_{th}) gemessen wird. Die über der Brücke abfallende Spannung wird durch den Operationsverstärker (OP) auf einige Volt verstärkt, damit sie in einem Bereich liegt, der möglichst viel der Genauigkeit des A/D–Wandlers ausnutzt

9.2.2 Die Software

Die Benutzeroberfläche des Programms *WÄRME* ist in ihrem Aussehen stark an die heute übliche *WINDOWS*-Oberfläche angelehnt, aber nicht auf *WINDOWS* angewiesen. Dies hat den Vorteil, daß Studenten, die schon Erfahrung im Umgang mit Rechnern haben, sofort mit der Programmbedienung vertraut sind. Sie wissen, wie sie die einzelnen Menüpunkte auswählen können und wie sie mit den Fenstern umzugehen haben. Den anderen Studenten wird der übersichtliche Aufbau der Menüs und Fenster dadurch zugute kommen, daß ihnen die Bedienung leichter fällt, da die Fenster so angeordnet sind, daß ihnen die Reihenfolge der einzelnen Menüpunkte als logisch erscheint.

Bei der Programmierung wurde bewußt darauf verzichtet, *WINDOWS* tatsächlich einzusetzen, da dies hohe Anforderungen an die Leistungsfähigkeit der Rechner stellt. So kann dieses Programm auch auf 286er PCs, auf denen diese Oberfläche praktisch nicht lauffähig ist, uneingeschränkt eingesetzt werden.

Abbildung 9.2 zeigt einige Hauptmenüpunkte des Programms *WÄRME*. Das Programm wurde vor allem in dem Teil, der sich mit der Meßwerterfassung beschäftigt, möglichst flexibel gestaltet. In einigen Punkten wurden Auswahlmöglichkeiten vorgegeben, die sich direkt auf die durchzuführenden Meßaufgaben beziehen.[3]

Der Datenerfassungs- und -auswertungsteil. Die meisten Menüpunkte in Abb. 9.2 sind selbsterklärend. So bezieht sich z. B. der Punkt **Messung** (Messungen durchführen, Daten laden oder speichern, Diagramme erstellen) auf die eigentlichen Meßaufgaben. Unter dem Menüpunkt **Fenster** kann man

---

[3] So kann z.B. beim Punkt *neue Messung* frei eingestellt werden, welche Meßfühler benutzt werden sollen, gleichzeitig haben aber unsichere Studenten die Möglichkeit, direkt anzugeben, welchen Versuchsteil sie durchführen wollen. Wenn sie dann die in der Versuchsanleitung genannten Sensoren benutzen, haben sie automatisch die richtige Zuordnung getroffen. Diese Option hilft, Fehlbedienungen und damit Frustration bei den Studenten zu vermeiden.

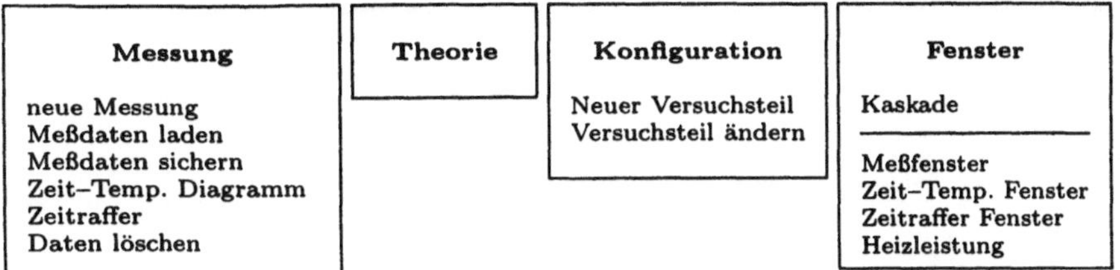

Abb. 9.2. Die wichtigsten Menüpunkte des Programms *WÄRME*. Es fehlen lediglich die beiden Punkte **Programm** und **Kalibrierung**

anwählen, welche Fenster geöffnet werden sollen. Es fehlen die Punkte **Kalibrierung** (Eichung eines oder mehrerer Temperatursensoren) und **Programm** (kurze Information über das Programm sowie Beenden des Programms), deren Beschreibung hier keine weiteren Erkenntnisse zum didaktischen Aufbau des Programmes bringen würde. Einzelne Menüpunkte, deren Bearbeitung zu einem bestimmten Zeitpunkt nicht sinnvoll oder möglich ist (z.B. Meßwerte speichern, wenn noch keine aufgenommen wurden), sind hellgrau dargestellt, was optisch hervorhebt, daß sie momentan nicht angewählt werden können.

Die wichtigsten Punkte haben folgende Funktionen:

Neue Messung. Vor dem Start einer Messung wird abgefragt, welches der fertig konfigurierten und zu den einzelnen Aufgabenteilen gehörenden Meßprogramme gestartet werden soll. Dies verhindert die Fehlbedienung durch unerfahrene Studenten, gleichzeitig ermöglicht es aber auch, eigene, unter dem Punkt **Konfiguration** zusammengestellt Programme zu benutzen. Danach wird abgefragt, in welchen Zeitschritten gemessen werden soll. Anschließend erscheint das Fenster in, dem die Meßwerte dargestellt werden. Man kann die Skalierung des Fensters ändern, um sich einzelne Details genauer zu betrachten. Wählt man mit Hilfe des Cursors einen Meßpunkt aus, so wird dessen Temperatur angezeigt.

Temperatur-Zeit-Diagramm. In diesem Fenster wird der zeitliche Verlauf der Temperatur an verschiedenen Meßpunkten gezeigt. Dabei kann gewählt werden, welche Punkte dargestellt werden sollen. Mit Hilfe des Cursors kann man wieder einzelne Punkte anwählen und bis zu 40 von ihnen markieren. Diese Markierungen können zu Auswertezwecken auch als Tabelle bzw. zusammen mit einer Hardcopy des Fensters ausgedruckt werden. Ein Beispiel für ein solches Diagramm ist in Abb. 9.3 zu sehen. Dort ist dargestellt, wie sich im Verlauf der Zeit an verschiedenen Meßpunkten der stationäre Temperaturverlauf exponentiell angestrebt wird.

Zeitraffer. Hier wird die Temperatur zu einer bestimmten Zeit über der Nummer des entsprechenden Meßkanals angezeigt. Durch Anklicken verschiedener Knöpfe mit der Maus kann man wählen, ob der zeitliche Ablauf in Einzelschritten oder im Schnelldurchgang erfolgen soll.

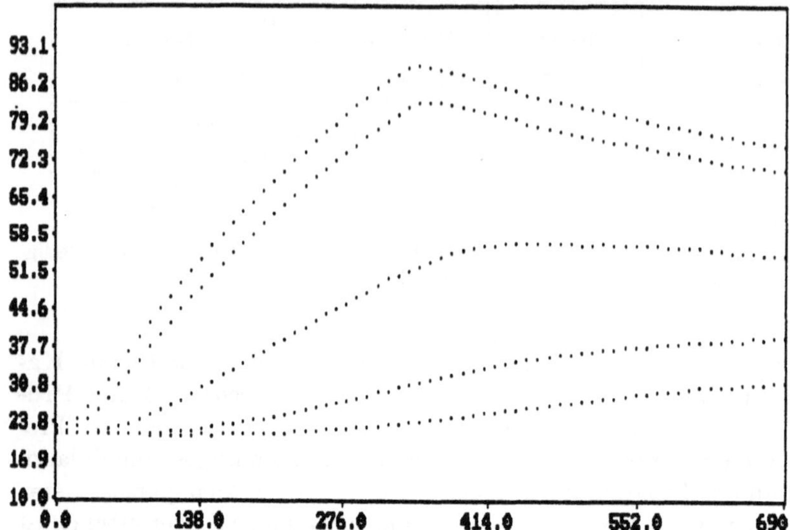

Abb. 9.3. Die Darstellung des zeitlichen Verlaufs einer Messung bei der beobachtet werden soll, wie sich der stationäre Zustand im Temperatur-Zeit-Diagramm einstellt

Fenster. Hier kann man den Bildschirm neu ordnen, indem man einzelne Fenster öffnet oder schließt oder alle Fenster kaskadenförmig übereinander legt. Innerhalb eines Fensters besteht die Möglichkeit, die Darstellung der Meßwerte der unter Konfiguration ausgewählten Sensoren an- oder abzuschalten. Dies hat den Vorteil, daß man mit einer Konfiguration mehrere Versuchsteile zeitlich parallel durchführen kann. Bei der späteren Auswertung wird die Darstellung der jeweils nicht benötigten Sensoren abgeschaltet, und man hat wieder ein übersichtliches Bild, das nur die benötigten Informationen enthält.

Konfiguration. Dieser Punkt ermöglicht die bereits genannte große Flexibilität des Programms. Hier kann man wählen, welche der Sensoren bei einer Messung verwendet werden sollen. Gleichzeitig muß der Name einer Datei angegeben werden, die die Eichdaten der ausgewählten Sensoren enthält. Das Ganze wird in einer Konfigurationsdatei abgespeichert. Wenn man den Menüpunkt *Neue Messung* aufruft, erscheint die Konfiguration dann dort, bei den auswählbaren Versuchsteilen, unter einem frei wählbaren Namen. Gleichzeitig besteht natürlich die Möglichkeit, bereits abgespeicherte Konfigurationen zu verändern. Um sicherzustellen, daß hier unerfahrene Studenten keine Fehler machen und z.B. benötigte Konfigurationen überschreiben, kann dieser Punkt nur dann aufgerufen werden, wenn das Programm mit dem optionalen Parameter /C gestartet wird.

Der Simulationsteil. Trotz sorgfältiger Planung des Versuchs kann nicht immer vermieden werden, daß es zu Zeiten kommt, in denen die Studenten nichts zu tun haben, weil der Rechner gerade eine längere Meßreihe aufnimmt.

Darum bietet das Programm einen Simulationsteil an, mit dessen Hilfe die Studenten entweder ihr gerade laufendes Experiment simulieren können oder sich mit Konfigurationen beschäftigen, die sie im Experiment nicht realisieren können. Die laufende Messung wird durch die Simulation nicht unterbrochen! Der Einsatz der Simulation ist auch in Zusammenhang mit optionalen Aufgabenstellungen denkbar. Dabei wäre es wünschenswert, wenn sich die Studenten zunächst einmal von der Zuverlässigkeit der Simulation dadurch überzeugen würden, daß sie eine bereits durchgeführte Messung simulieren und das Ergebnis mit ihren Meßwerten vergleichen. Man sollte aber nicht allzu streng sein und diesen Programmteil als Angebot an die Studenten sehen, sich hier einen Freiraum zu schaffen, und Dinge, die für sie besonders interessant erscheinen, zu untersuchen.

Im Simulationsteil ist (9.2) in folgender Form implementiert:

$$-\lambda A \frac{\partial^2 T}{\partial x^2} + \rho A l c \frac{\partial T}{\partial t} + OhT = 0.$$

Die Dichte ρ und die spezifische Wärmekapazität c können von den Studenten ebenso variiert werden wie die Stabdimensionen (Oberfläche O und Querschnitt A), die Temperatur an einem Stabende (T) oder der Verlustterm h in der Newtonschen Näherung. Zu Beginn sind bereits sinnvolle Werte (die im Experiment vorkommen) voreingestellt. Durch Variation dieser Parameter können die Studenten den Einfluß der einzelnen Größen auf die Wärmeleitung untersuchen.

9.3 Das Experiment

Der Ablauf des Experiments ist so gestaltet, daß die Studenten schrittweise die verschiedenen Parameter, die den Wärmeleitungskoeffizienten beeinflussen, bestimmen. Zunächst müssen sie die Meßanordnung kalibrieren. Danach messen sie die Wärmeleitfähigkeitskonstante für einen isolierten Metallstab. Dazu benutzen sie einmal eine statische und einmal eine dynamische Methode. Zum Schluß bestimmen sie noch einmal die Wärmeleitfähigkeitskonstante für den Fall, daß der Metallstab nicht isoliert ist. Sollten die Studenten schneller als vorgesehen mit der Bearbeitung fertig sein, sind am Ende noch einige optionale Aufgaben vorgeschlagen. Diese können sie je nach ihren Interessen und Neigungen durchführen.

9.3.1 Das Meßprogramm

Das Meßprogramm ist schematisch in Abb. 9.4 gezeigt. Der vorgeschlagene zeitliche Ablauf erlaubt es den Studenten, innerhalb von drei Zeitstunden alle vorgesehenen Aufgabenteile durchzuführen. In der Versuchsanleitung ist bei jedem Aufgabenteil angegeben, wieviel Zeit dafür einzuplanen ist. Anhand dieser Angaben können die Studenten jederzeit abschätzen, ob sie sich bei einzelnen Teilen noch Zeit lassen können, um z.B. einen sie interessierenden Teilaspekt genauer zu untersuchen, oder ob sie bereits in Zeitverzug sind. Dies fördert die Eigeninitiative der Studenten, wenn man ihnen zugesteht, einen Teil der Aufgabenstellung zu streichen und dafür eine andere, evtl. gar nicht vorgesehene, ihnen aber wichtig erscheinende Messung durchzuführen.

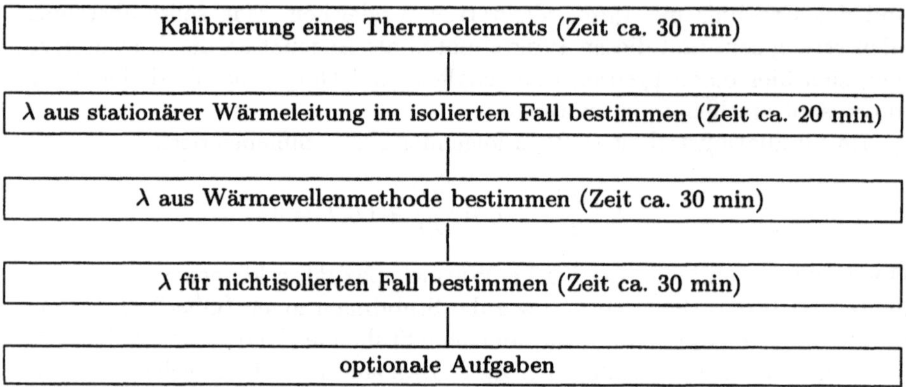

Abb. 9.4. Das Meßprogramm, wie es die Versuchsanleitung vorsieht. In Klammern ist die zur Durchführung benötigte Zeit angegeben, um den Studenten die Planung zu erleichtern

9.3.2 Überprüfung der Linearität der Meßfühler

Bei dem hier vorgestellten Experiment kommen insgesamt 16 gleichartige Meßfühler zum Einsatz. Da einige von ihnen fest eingebaut sind, wird darauf verzichtet, alle Fühler zu eichen. Statt dessen führen die Studenten exemplarisch an einem Fühler eine „Eichmessung" durch und überprüfen, ob der Sensor in dem Temperaturbereich, in dem sie später messen werden, linear arbeitet. Diese Messung hat den Sinn, den Studenten das Meßprinzip zu verdeutlichen, das sie sonst eventuell nicht hinterfragen würden. Sie müssen verstehen, daß die Temperatur dadurch gemessen wird, daß der Sensor in Abhängigkeit von der Temperatur seinen Widerstand ändert. Diese Widerstandsänderung führt zu einem veränderten Spannungsabfall an der Wheatstoneschen Brücke (vgl. Abb. 9.1). Nur dieser Spannungsabfall kann vom Computer gemessen werden. Den Studenten soll hier klar werden, daß man mit Hilfe eines Computer nur Spannungen messen kann und daß es oftmals mehrere Zwischenschritte (hier Temperatur → Widerstand → Spannung) erfordert, bis eine zu messende Größe in eine meßbare Größe (hier Spannung) umgewandelt ist.

Zur Kalibrierung wird ein Meßfühler in Eiswasser (0°C) getaucht. Dieses Wasser wird auf einer Heizplatte erwärmt, während seine Temperatur mit einem Quecksilberthermometer gemessen wird. In Schritten von je 5°C wird mit Hilfe des Computers, jeweils durch einen Tastendruck der Studenten ausgelöst, die zu dieser Temperatur gehörige Spannung an der Wheatstoneschen Brücke gemessen. Am Ende der Messung ermittelt das Programm automatisch eine Regressionsgerade. Das Ergebnis wird ausgedruckt und die Studenten haben bei der Auswertung die Aufgabe, sich anhand der Abweichung der Meßpunkte von der Regressionsgeraden zu überlegen, wie groß die Fehlergrenzen bei ihrer Messung sind. Es erscheint uns wichtig, daß dieser Schritt von den Studenten selbst durchgeführt wird und nicht einfach vom Computer die Standardabweichung der linearen Regression berechnet und ausgegeben wird.

9.3.3 Bestimmung der Wärmeleitfähigkeit im isolierten, stationären Fall

In diesem Teil der Aufgabe wird die Wärmeleitfähigkeitskonstante λ für einen isolierten Metallstab bestimmt. Der Stab hat eine Länge von 27 cm und einen Durchmesser von 1,5 cm. Er ist mit einem handelsüblichen Isoliermaterial für Heizungsrohre ummantelt. Es ist auch möglich, den Stab dadurch zu isolieren, daß man ihn in einem Vakuumgefäß montiert. Da dies aber einen zusätzlichen apparativen Aufwand bedeutet, ohne daß deutlich bessere Ergebnisse erzielt werden können, wurde darauf verzichtet.

Das beheizte Ende des Metallstabs ist mit einem Gewinde versehen. In dieses Gewinde wird als Heizung ein normaler Lötkolbenheizeinsatz geschraubt. Die Heizleistung ermitteln die Studenten durch Messung von Strom und Spannung an diesem Einsatz. Das „kalte" Ende des Stabes ist mit einer größeren Kupferplatte verbunden, die in einem Eiswasserbad steht.

Die Studenten heizen den Stab mit voller Heizleistung (50 W) so lange auf, bis am ersten Meßfühler eine Temperatur von etwa 85°C erreicht ist. Danach reduzieren sie die Heizleistung auf etwa 10 W (dieser Wert gilt für Kupfer, bei anderen Materialien sind u.U. andere Werte sinnvoll) und warten ab, bis sich der stationäre Zustand eingestellt hat. Das Programm *WAERME* bietet die Möglichkeit, die Veränderung der Meßwerte im Verlauf der Zeit darzustellen. So können die Studenten selbst entscheiden, ob sich gegenüber der vorhergehenden Messung noch eine entscheidende Veränderung ergeben hat oder ob der stationäre Zustand erreicht ist. Sie haben darüber hinaus durch diese Art der Darstellung die Möglichkeit zu kontrollieren, wie das System Metallstab diesem stationären Zustand zustrebt. Abbildung 9.5 zeigt eine solche Meßreihe.

Das Programm bietet die Möglichkeit, die Meßwerte als Tabelle oder den gesamten Bildschirm als Hardcopy auszudrucken. Mit Hilfe dieser Daten und dem bekannten Abstand der Meßpunkte können die Studenten dann unter Verwendung von (9.3) die Wärmeleitfähigkeit des Metallstabs berechnen.

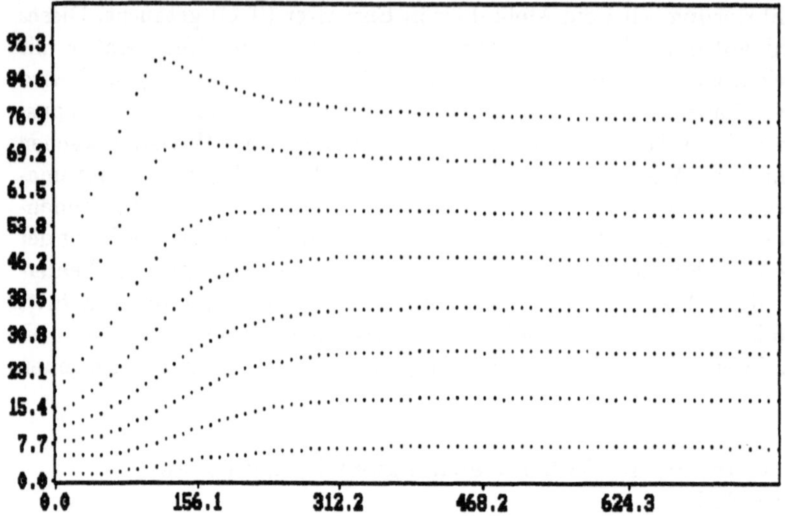

Abb. 9.5. Zeitliche Entwicklung der Temperaturverteilung in einem isolierten Metallstab ab dem Hochheizen bis zum Erreichen des stationären Zustandes. Daß die oberen beiden Kurven ein Maximum haben, liegt daran, daß die Studenten zunächst eine etwas zu hohe Heizleistung eingestellt hatten und diese dann reduzieren mußten. Man beachte ebenfalls den äquidistanten Abstand der Kurven im Gegensatz zu denen in Abb. 9.7

9.3.4 Bestimmung der Wärmeleitfähigkeit mit der Modulationsmethode

Dieser Versuchsteil schließt direkt an den vorhergehenden an. Es wird der gleiche experimentelle Aufbau verwendet, und es wird davon ausgegangen, daß sich das System bereits im stationären Zustand befindet.

Die Heizleistung wird nun so variiert, daß die Temperatur um den im stationären Fall erreichten Wert als Mittelwert schwankt. Man könnte dies erreichen, indem man die Heizleistung von Hand ändert. Dies ist allerdings sehr umständlich und ungenau. Darum sieht das Programm *WAERME* die Möglichkeit vor, ein über eine serielle Schnittstelle steuerbares Netzgerät zu regeln. Die Aufgabe der Studenten besteht darin, sich zu überlegen, welche Periodendauer (100–200 s) und welchen zeitlichen Abstand der Messungen (einige Sekunden) sie sinnvollerweise wählen. Abbildung 9.6 zeigt das Ergebnis einer solchen Messung, wie es auf dem Bildschirm dargestellt wird und auch ausgedruckt werden kann. Auch hier können die Studenten mit Hilfe des Cursors Meßpunkte markieren. Sie erhalten dann die zugehörigen Daten angezeigt und können daraus mit Hilfe von (9.12) die Wärmeleitfähigkeitskonstante bestimmen.

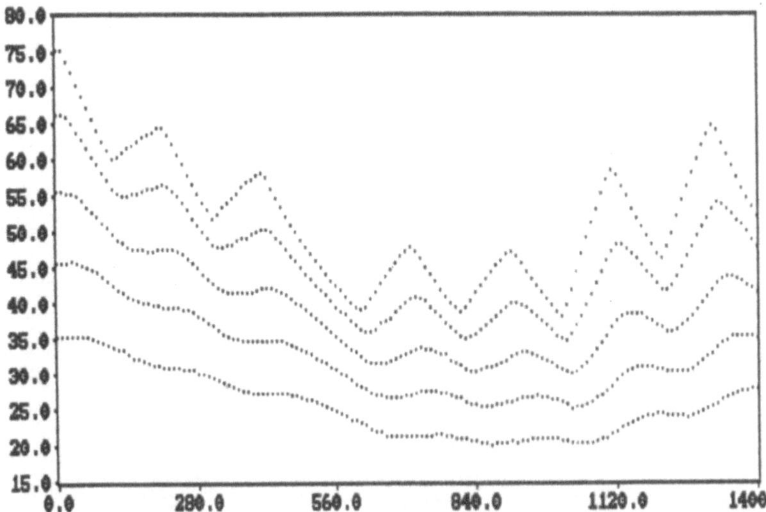

Abb. 9.6. Messung zur Bestimmung der Wärmeleitfähigkeitskonstanten λ mit Hilfe der Modulationsmethode. Auch hier wurde die Heizleistung zwischenzeitlich korrigiert, was aber keinen Einfluß auf die Auswertung hat

9.3.5 Bestimmung der Wärmeleitfähigkeit im verlustbehafteten Fall

Dieser Aufgabenteil besteht aus zwei parallel durchzuführenden Versuchsteilen. Der erste Teil unterscheidet sich von den vorherigen nur darin, daß ein unisolierter Metallstab verwendet wird. In diesem Fall wird ein Teil der Heizleistung an die Umgebung abgegeben. Er verändert damit die Temperaturverteilung im Stab zusätzlich zur Wärmeleitung und muß gesondert bestimmt werden. Dazu dient ein zweiter, kurzer Metallstab gleichen Materials und Durchmessers. Er wird auf etwa 100°C aufgeheizt. Danach wird gemessen, wie er sich im Verlauf der Zeit abkühlt. Im Idealfall erhält man einen exponentiellen Abfall der Temperatur mit der Zeit. Da bei dem kurzen Stab das gleiche Material wie bei dem großen Stab verwendet wird, ist auch der Verlustterm der gleiche.

Im Gegensatz zum isolierten Fall, bei dem sich ein lineares Temperaturgefälle über die Stablänge einstellt, ergibt sich beim nichtisolierten Stab ein exponentielles Temperaturgefälle. Die Studenten messen dieses Gefälle mit dem Computer. Abbildung 9.7 zeigt eine solche Messung. Wieder können mit Hilfe eines Cursors Meßpunkte in der Grafik markiert und später ausgedruckt werden.

Da das Programm es ermöglicht, jeden Meßkanal getrennt darzustellen und auszuwerten, können beide Messungen parallel nebeneinander durchgeführt werden. Dies spart den Studenten Zeit, die sie z.B. für Simulationsrechnungen oder andere optionale Experimente nutzen können.

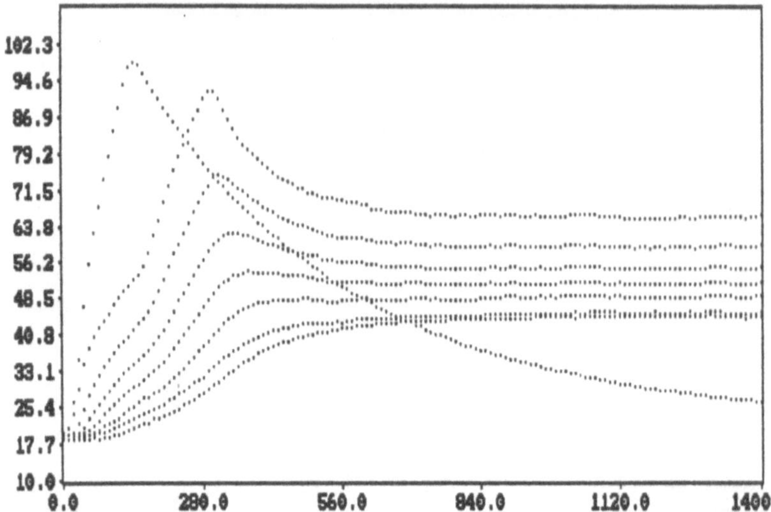

Abb. 9.7. Messung der Temperaturverteilung an einem nichtisolierten Metallstab. Die höchste, über ihren gesamten Verlauf exponentiell mit der Zeit abklingende Kurve gehört zu dem kurzen Stab, mit dessen Hilfe der Verlustterm bestimmt wird. Die restlichen Kurven haben im stationären Bereich Temperaturabstände die im Gegensatz zu Abb. 9.5 exponentiell abnehmen. Daraus läßt sich die zur Bestimmung der Wärmeleitfähigkeitskonstanten nötige Abklingkonstanten β ermitteln

Die Studenten müssen nun die Abklingkonstanten der beiden Exponentialfunktionen (zeitliche Abklingkonstante bei der ersten und räumliche Abklingkonstante bei der zweiten Meßreihe, siehe (9.4) und (9.7)) bestimmen. Normalerweise würde man dazu in der heutigen Zeit mit Hilfe des Computers eine Funktion entsprechend an die Meßdaten anpassen. Den Studenten wird in diesem Fall aber nahegelegt, die Konstanten dadurch zu bestimmen, daß sie die Daten geeignet (linearisiert) grafisch darstellen. Dies nicht nur mit dem Ziel, diese Methode zu erlernen, sondern auch damit die Studenten erkennen, daß diese Methode vor allem dann, wenn nur wenige Datenpunkte vorliegen, durchaus ihre Berechtigung hat, da sie schneller als eine Auswertung mit einem Fitprogramm ist. Dies erscheint besonders wichtig, da vor allem im Fortgeschrittenen Praktikum die Studenten dazu neigen, wirklich alles mit dem Computer zu erledigen, ohne sich zu überlegen, ob es nicht auch andere, eventuell sogar rationellere Methoden gibt.

9.3.6 Weitere optionale Aufgabenstellungen

Beim letzten Teil der Aufgabenstellung sollte den Studenten möglichst viel Freiraum gelassen werden. Hier sollte die Freude am Experimentieren und der „Forscherdrang" der Studenten gefördert werden. Darum sollten die Messungen auch eher qualitativer Natur sein. Es sind verschiedene Ansätze denkbar:

- Untersuchung des Einflußes der Geometrie; runder oder eckiger Stab, Platte, Rohr etc.
- Ausbreitung eines Wärmepulses entlang eines Stabs
- Wärmeübergang zwischen verschiedenen Materialien
- Wärmetransport bei einer Heatpipe[4]
- Vergleich zwischen Simulation und Experiment

9.4 Zusammenfassung

Die hier vorgestellte Version eines Experiments zur Wärmeleitung zeichnet sich gegenüber vielen klassischen Experimenten dadurch aus, daß sie durch Einsatz moderner Meßtechnik für die Studenten besonders attraktiv ist. Sie lernen darüber hinaus den Unterschied zwischen einem idealisierten Experiment (isolierter Stab) und einem solchen, bei dem Störeinflüsse getrennt bestimmt werden müssen (Wärmeaustausch mit der Umgebung beim nichtisolierten Stab). Sie lernen damit eine Arbeitsweise kennen, die ihnen später im Laboralltag ständig begegnen wird. Im Gegensatz zu vielen Praktikumsexperimenten ist es dort meist nicht möglich, alle Störeinflüsse auszuschalten.

Da die Studenten auf zwei völlig verschiedene Arten (statisch durch Betrachten eines stationären Zustands bzw. dynamisch mit der Modulationsmethode) die gleiche Materialkonstante bestimmen, ist es möglich, daß sie später bei ihrer Auswertung diese beiden Methoden miteinander vergleichen und Vor- und Nachteile gegeneinander abwägen. Später, bei ihrer Laborarbeit, wird ihnen die Fähigkeit, abschätzen zu können, welche Meßmethode die geeignetere ist, sehr viel Zeit und Arbeit ersparen. Allerdings wird in den Praktika diese Fähigkeit bisher kaum vermittelt, da den Studenten meist fest vorgeschrieben wird, wie sie eine Messung durchführen sollen. So sollte man wenigstens im Nachhinein eine Diskussion darüber anregen, ob die gewählte Meßmethode angebracht ist und unter welchen Umständen man besser eine andere wählen sollte.

Der Computer wird gezielt nur zur Datenerfassung eingesetzt, die eigentliche Auswertung muß von den Studenten selbst vorgenommen werden. Dies mag auf den ersten Blick etwas antiquiert aussehen, stellt aber sicher, daß die Studenten sich wirklich mit der Materie beschäftigen. Natürlich könnte man mit Hilfe des Computers aus den Meßdaten die Wärmeleitfähigkeitskonstante λ bestimmen. Aber nur wirklich gute Studenten würden hinterfragen, wie dies geschieht. Der weitaus größte Teil würde sich mit dem Ergebnis begnügen.

---

[4] Eine Heatpipe ist eine sehr effiziente Kühlmethode: Dort, wo die Wärme entsteht, wird Material (welches hängt vom Temperaturbereich ab) verdampft; das entstehende Gas strömt zur Wärmesenke und kondensiert dort, anschließend fließt es zurück zur Wärmequelle. Dadurch wird der Wärmetransport nicht durch die Wärmeleitfähigkeit des Materials, sondern durch seine Verdampfungswärme und die Strömungsverhältnisse in der Heatpipe bestimmt.

Ein weiterer Grund, die Studenten in die Auswertung mit einzubeziehen, besteht darin, daß sie im umgekehrten Fall nur noch den Computer bedienen müßten und sich zu Recht unterfordert vorkommen würden.

Die Möglichkeit, eine Simulation zum Experiment durchzuführen, bietet den Studenten zwei Vorteile: Sie können etwas über die Simulation selbst lernen, indem sie Realexperiment und Simulation vergleichen. Dabei ist auch denkbar, daß sie gezielt einzelne Parameter verändern und somit deren Einfluß auf das Meßergebnis untersuchen. Dies bietet auch die Möglichkeit einer neuen Art von Fehlerbetrachtung, da sie auf diese Weise sehr schnell feststellen können, welche Größen ihr Ergebnis besonders stark beeinflussen und daher auch besonders sorgfältig gemessen werden müssen. Die zweite Möglichkeit für die Studenten besteht darin, daß sie mit Hilfe der Simulation ihnen experimentell nicht zugängliche Zustände des Systems (z.B. Einfluß der Isolierung, Wärmefluß in im Praktikum nicht vorhandenen Materialien oder Materialkombinationen, etc.) untersuchen. Dabei können sie üben, anhand ihrer gemessenen Daten abzuschätzen, ob die Ergebnisse der Simulation sinnvoll sind.

Wichtig erscheint sowohl beim Einsatz der Simulation, als auch bei Durchführung der optionalen Aufgaben, daß den Studenten ein Freiraum gewährt wird. Sie sollen die Möglichkeit haben, sich die Teilaspekte herauszusuchen, die ihnen wichtig erscheinen. Dies stellt natürlich ganz besondere, eventuell sogar neue Anforderungen an die Betreuer der Experimente. Sie müssen sich wegentwickeln von einem Kontrolleur, der nur überprüft, ob eine gestellte Aufgabe vernünftig bewältigt wurde, hin zu einem beratenden Gesprächspartner, der den Studenten Tips gibt, wenn ihnen die Ideen fehlen, aber auch versucht, sie von Irrwegen abzuhalten, ohne deren Forscherdrang zu stark zu bremsen. Sie müssen den Studenten auch Fehler zugestehen, ohne daß sich diese negativ in der Bewertung auswirken. Auch die Fähigkeit, Fehler zu erkennen und kritisch zu diskutieren, muß gelernt werden.

10. Experimente am Stirling-Motor

Bei einer Diskussion zum Thema Umweltschutz und Energiesparen fallen oft die Stichworte Wärmepumpe und Wirkungsgrad. Vertieft man das Thema aus physikalischer Sicht, stößt man auf die Tatsache, daß Wärmepumpen einen Wirkungsgrad größer 1 haben können, was scheinbar im Widerspruch zur Energieerhaltung steht.

Die Lösung des Problems liefert die Thermodynamik. Sie gehört zu den Grundlagengebieten der Physik und liefert Prinzipien und Sätze (sowohl unbeweisbare Erfahrungssätze als auch beweisbare Erhaltungssätze), mit deren Hilfe Fragen aus vielen anderen Themenbereichen der Physik (z.B. Sternmodelle, Plasmaphysik, Wetter, etc.) erst beantwortet werden können.

In der Ausbildung wird die Thermodynamik als statistische Mechanik meist sehr theoretisch abgehandelt und gilt darum bei den Lernenden als abstrakt und unanschaulich. Umso wichtiger ist es daher, anschauliche Experimente in die Ausbildung einzuflechten, damit das Thema im wahrsten Sinn des Wortes „begreifbar" wird und die Lernenden später auf einen Satz eigener Erfahrungen zurückgreifen können.

Solche Experimente können am Stirling-Motor durchgeführt werden. Dabei können die Studenten speziell die Unterschiede zwischen dem Carnotschen und dem Stirlingschen Kreisprozeß kennenlernen.

Eine Experimentierversion des Stirling-Motors ist bei verschiedenen Lehrmittelfirmen kommerziell erhältlich. Allerdings sind diese Geräte meist als Demonstrationsexperimente ausgelegt, so daß kaum Möglichkeiten zu quantitativen Messungen gegeben sind. Aus diesem Grund wurde bereits vor Jahren in unserem Praktikum eine Möglichkeit entwickelt, mit Hilfe eines solchen Geräts doch Messungen durchzuführen. Die damals entwickelte Methode wies allerdings zahlreiche Nachteile auf, die nun durch den Computereinsatz behoben werden konnten.

Neben einer kurzen Einführung ins Themengebiet wird sich dieses Kapitel damit beschäftigen, das zum Einsatz kommende Programm sowie die Ankopplung des Computers an das Experiment mit Hilfe moderner Sensorik (z.B. elektronischer Drucksensoren) zu beschreiben. Zum Schluß kann man sich noch anhand einer typischen Praktikumsaufgabenstellung und den erzielten Ergebnissen von der Leistungsfähigkeit des neugestalteten Experiments gegenüber der alten Version überzeugen.

10.1 Theorie zu den Experimenten

In diesem Abschnitt werden nur die für das Verständnis der beschriebenen
Experimente notwendigen, formalen Zusammenhänge kurz beschrieben. Zur
Vertiefung muß wie immer auf die gängigen Lehrbücher (z.B. [10.1, 10.2]) verwiesen werden. Genauso sollte eine gute Praktikumsanleitung einen ähnlich
aufgebauten Theorieteil enthalten (vgl. [10.4]). An den entsprechenden Stellen sollten Literaturhinweise es den Studenten ermöglichen, Wissenslücken
aufzufüllen bzw. ihr Wissen zu vertiefen. Gezielt gestellte Fragen, anhand
derer die Studenten selbst ihren Wissensstand überprüfen können, sind hier
sehr hilfreich.

10.1.1 Das pV-Diagramm

Das Verhalten eines thermodynamischen Kreisprozesses kann man am besten
in einem pV-Diagramm studieren. Dabei trägt man den im System herrschenden Druck p über seinem Volumen V auf. Die Grundgleichung der kinetischen
Gastheorie besagt (eigentlich nur gültig für ideale Gase, aber der Unterschied
zu realen Gasen soll in diesem Abschnitt vernachlässigt werden)

$$p \cdot V = n \cdot R \cdot T \tag{10.1}$$

($R = c_p - c_v$ ist die absolute Gaskonstante, n die Zahl der Mole im Volumen),
daß das Produkt aus Druck und Volumen proportional zur Temperatur des
Systems ist. Bei konstanter Temperatur ist der Druck im System proportional $1/V$. Solche Kurven, bei denen die Temperatur konstant ist, nennt man
Isothermen.

Der erste Hauptsatz der Thermodynamik

$$dU = \partial Q + \partial W \tag{10.2}$$

besagt, daß die Änderung der inneren Energie eines Systems (dU) aus der
Änderung der Wärme (∂Q) und der an oder von einem System geleisteten
Arbeit ∂W („an" steht für zugeführte Energie, „von" steht für abgegebene
Energie) besteht. Im Fall der Zufuhr mechanischer Arbeit gilt:

$$dW = -pdV. \tag{10.3}$$

Damit ergibt sich für die konstante Wärmeenergie des Systems ($\partial Q = 0$, sog.
adiabatische Prozesse) aus 10.2 und 10.3:

$$pdV = dU \tag{10.4}$$

(in diesem Fall gilt $dV < 0$). Man kann sich nun unter Ausnutzung der Beziehungen 10.1 und 10.4 überlegen (siehe z.B. in [10.3]), daß Kurven konstanter
Wärmeenergie Q proportional $1/V^\kappa$ (mit $\kappa = c_p/c_v$) verlaufen. Solche Kurven nennt man *Adiabaten*.

10.1.2 Wichtige Kreisprozesse

Thermodynamische Kreisprozesse sind Vorgänge, bei denen die Zustandsgrößen Volumen V, Druck p und Temperatur T eines Gases in einer bestimmten, periodischen Form verändert werden. Dabei wird Wärmeenergie zwischen zwei Wärmebädern transportiert und mechanische Arbeit nach außen geleistet (Wärmekraftmaschine), oder es muß Arbeit an dem System geleistet werden (Wärmepumpe oder Kältemaschine). Nach Durchlaufen des Arbeitszyklus haben die drei variierten Zustandsgrößen V, p und T wieder ihre Anfangswerte.

Der physikalisch wichtigste, wenn auch idealisierte und in der Realität technisch nicht darstellbare thermodynamische Kreisprozeß ist der Carnotsche Kreisprozeß. Er ist links in Abb. 10.1 dargestellt. Die gepunkteten Linien stellen Adiabaten, die gestrichelten Linien Isothermen dar. Ein Durchlauf des Kreisprozesses sieht wie folgt aus: Beginnend bei Punkt 1 mit den Zustandsgrößen T_1, p_1 und V_1 gelangt das System durch eine isotherme Expansion zum Punkt 2 mit den Zustandsgrößen T_1, p_2 und V_2. Anschließend führt eine adiabatische Expansion zum Punkt 3 (T_2, p_3 und V_3). Von dort führt eine isotherme Kompression zum Punkt 4 (T_2, p_4 und V_4) und eine adiabatische Kompression zurück zum Ausgangspunkt 1.

Auf der rechten Seite der Abbildung ist der in diesem Kapitel behandelte Stirlingsche Kreisprozeß gezeichnet, eine der technisch realisierbaren Varianten des Carnotschen Prozesses. Wieder startet der Prozeß in Punkt 1 mit den Zustandsgrößen T_1, p_1 und V_1 und läuft auf der Isotherme zum Punkt 2 (T_1, p_2 und V_2). Dann folgt aber eine isochore Zustandsänderung zum Punkt 3 (T_2, p_3 und V_2), bei der das Volumen erhalten bleibt. Entlang der neuen Isotherme gelangt das System zum Punkt 4 (T_2, p_4 und V_1). Von dort führt eine weitere isochore Zustandänderung zurück zum Ausgangspunkt des Kreisprozesses.

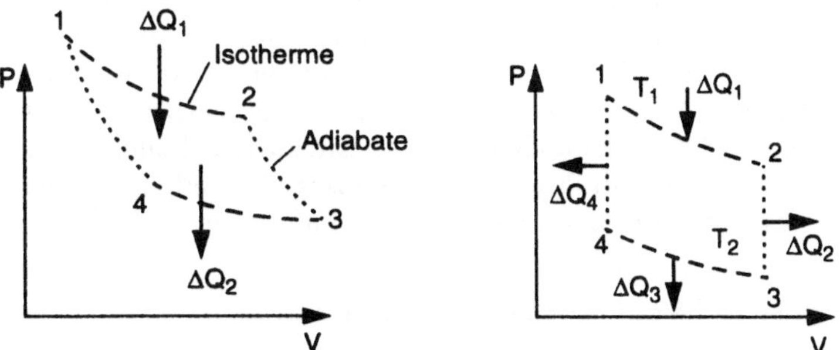

Abb. 10.1. Verschiedene thermodynamische Kreisprozesse. *Links* ist der Carnotsche und *rechts* der Stirlingsche Kreisprozeß dargestellt. Die punktierten Kurven sind Adiabaten, gestrichelt sind die Isothermen bzw. beim Stirlingschen Kreisprozeß Isochoren dargestellt

10.1.3 Der Wirkungsgrad von Kreisprozessen

Im Zeitalter der Energiesparmaßnahmen ist es gar keine Frage, daß man sich bei jedem Vorgang, bei dem Energie umgesetzt wird, fragt, wie effizient er abläuft. Dies ist gleichbedeutend mit der Frage nach seinem Wirkungsgrad. Es ist also naheliegend, daß man in einem Experiment mit einem Motor die Frage nach dessen Wirkungsgrad stellt. Diesen kann man hier recht einfach mit Hilfe des pV-Diagramms bestimmen.

Wie man in (10.3) sehen kann, stellt die Fläche unter den Kurven des pV-Diagramms ($\int p\, dV$) ein Maß für die vom System geleistete Arbeit ($\int dW$) dar. Bei einem vollständigen Kreisprozeß (ein Umlauf im pV-Diagramm) entspricht also die von den durchlaufenen Kurven umschlossene Fläche der zwischen den Wärmebädern transportierten Wärmeenergie ΔQ. Kennt man auch die dem System zugeführte bzw. von ihm geleistete Arbeit W, so entspricht der Quotient dieser beiden Größen

$$\eta = \frac{\Delta Q_1}{\Delta W} \tag{10.5}$$

dem Wirkungsgrad des Kreisprozesses. Dieser muß immer mit dem Wirkungsgrad des Carnotschen Kreisprozesses

$$\eta = 1 - \frac{T_2}{T_1} \tag{10.6}$$

verglichen werden, da dieser der größtmögliche und nur theoretisch erreichbare Wirkungsgrad ist.

10.2 Die Datenerfassung

Im Verlauf der Versuchsdurchführung wird es eine der Hauptaufgaben der Studenten sein, die Wirkungsgrade von Wärme- und Kältemaschine sowie des Stirlingmotors bei verschiedenen Betriebsbedingungen zu untersuchen. Dafür ist es unerläßlich, daß pV-Diagramme aufgenommen und vermessen werden. Im folgenden wird beschrieben, wie dies in einer modernen Variante mit Hilfe des Programms *MOTOR* geschehen kann. Ein kurze Schilderung der klassischen Vorgehensweise mit all ihren Nachteilen zeigt besonders deutlich, worin die Vorteile des Computereinsatzes in diesem Fall liegen.

10.2.1 Die „klassische" Version der Datenaufnahme

Bei den von den Lehrmittelfirmen bisher vertriebenen Versionen des Stirlingmotor-Experiments geschieht die Aufzeichnung eines pV-Diagramms typischerweise wie folgt:[1]

---

[1] Neuerdings bieten einige Firmen (z.B. Leybold) auch Ausführungen des Stirlingmotors an, bei denen die Datenaufnahme mit Hilfe eines Computers erfolgt.Man

Ein Lichtstrahl wird über einen Spiegel auf eine geeignete Fläche (z.B.
eine Glasplatte) projiziert. Als Maß für das Volumen im Zylinder dient die
Stellung des Kolbens (im wesentlichen seine Höhe) darin. Ein Seilzug ist mit
einem Ende am Gestänge des Kolbens befestigt. Das andere Ende ist mit
dem Spiegel so verbunden, daß es diesen bei Bewegung des Kolbens um eine
vertikale Achse verdreht. Der Druck im Innern des Zylinders wird über einen
Schlauch zu einer Membran geleitet, die bei Druckänderungen den Spiegel
mit Hilfe eines Hebels um eine horizontale Achse verkippt (vgl. Abb. 10.2).
Die Projektion des Lichtstrahls bei Bewegung des Kolbens ergibt somit das
pV-Diagramm. Man kann nun dieses pV-Diagramm mit Hilfe eines auf die
Glasplatte gelegten Blattes Papier leicht abzeichnen.

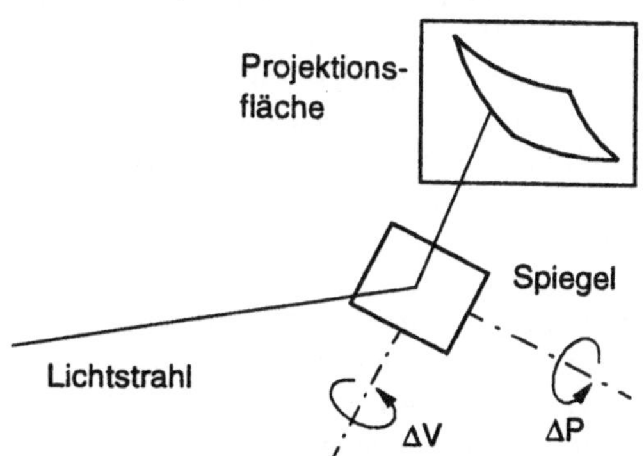

Abb. 10.2. Das Prinzip der klassischen Erfassung des pV-Diagramms. Ein Lichtstrahl wird von einem Spiegel abgelenkt, der um zwei zueinander senkrechte Achsen einmal proportional zum Volumen und einmal zum Druck verkippt wird. Die Projektion des Lichtstrahls ergibt dann das pV-Diagramm

Es steht außer Frage, daß diese Methode der Datenerfassung im Zeitalter
des Computers veraltet wirkt und von den Studenten zu recht kritisiert wird.
Darüber hinaus ergeben sich aber auch einige meßtechnische Probleme, die
es wünschenswert erscheinen lassen, die Daten mit einer anderen Methode zu
erfassen:
Es ist nahezu unmöglich, die Neigung der Glasplatte so einzujustieren, daß
die beiden Achsen des pV-Diagramms wirklich senkrecht aufeinander stehen. Gleichzeitig verstellt sich die einmal einjustierte Platte auch wieder sehr
leicht. Eine Auswertung der Diagramme ist dadurch mit einem Fehler behaftet, dessen Größe für die Studenten nur schwer abzuschätzen ist. Die Erfahrung zeigt aber, daß Gesamtfehler von 30% durchaus üblich sind.

Ist das pV-Diagramm abgezeichnet, stellt sich die Frage, wie die Fläche
unter den Kurven bestimmt werden soll. In unserem Praktikum stand den
Studenten dafür ein Planimeter zur Verfügung, dessen Benutzung aber aufgrund mangelnder Erfahrung nur selten brauchbare Werte lieferte, so daß

---

muß aber neben der Software und dem Interface auch den Motor komplett neu
kaufen. In diesem Kapitel wird dagegen beschrieben, wie man einen vorhandenen Motor so umrüsten kann, daß auch hier die Datenerfassung mit Hilfe des
Computers möglich wird. Unsere Lösung ist bereits um 1992 entwickelt worden
und stellt gewissermaßen den Vorläufer der kommerziellen Lösungen dar.

die Flächenbestimmung letztendlich oft durch Auszählen der Rasterung von Millimeterpapier erfolgte.

Es kann natürlich keineswegs Sinn und Zweck eines modernen Praktikums, in dem die Studenten die heutigen Meßtechniken erlernen sollen, sein, diese mit solchen Arbeiten zu beschäftigen. Das führt nur dazu, daß sie den gesamten Versuch ablehnen und die eigentlichen Lernziele nicht erreichen.

10.2.2 Die Hardware zur Datenerfassung mit Hilfe des Computers

Am wenigsten Mühe bereitet die Registrierung des Drucks. Der ohnehin vorhandene Schlauch wird anstatt mit der Membran mit einem elektronischen Drucksensor verbunden. Diese Sensoren geben eine dem Druck proportionale Spannung im mV-Bereich (typisch 50–150 mV) ab. Mit Hilfe eines einfachen Verstärkers können diese Spannungen im Bereich einiger Volt gebracht und dann mit einem A/D-Wandler in den Computer eingelesen werden.

Etwas mehr Aufwand muß man treiben, um das Volumen zu ermitteln. Man kann dazu ausnutzen, daß zum jeweiligen Drehwinkel der Achse des Motors eindeutig ein bestimmtes Volumen im Innern des Zylinders gehört. Man muß also den aktuellen Drehwinkel der Motorachse kennen, um das Volumen zu bestimmen. Die Lösung einer ähnlichen Aufgabe ist in Abschn. 5.2.1 beschrieben, wo es darum geht, die Auslenkung eines Drehpendels zu bestimmen. Man bringt dazu auf der Motorachse eine Rasterscheibe (z.B. eine Zahnscheibe mit gleichbreiten hellen und dunklen Streifen oder eine Scheibe mit äquidistanten Bohrungen entlang des Umfangs) an und zählt die Anzahl der Hell–Dunkelwechsel mit Hilfe einer Lichtschranke. Eine weitere sogenannte Resetmarkierung (z.B. eine weiter innen gelegene einzelne Bohrung), die von einer zusätzlichen Lichtschranke ausgewertet wird, markiert den Beginn der Zählung (z.B. am oberen Totpunkt des Motors).

Die Zählimpulse der Lichtschranke können mit Hilfe einer Zählerkarte in den Computer eingelesen werden. Da man diese Karte eventuell zusätzlich kaufen muß, andererseits die meisten A/D-Wandler über mehrere Kanäle verfügen und in diesem Experiment bisher nur zwei Kanäle belegt waren, haben wir zu einer zwar etwas umständlichen, dafür aber kostensparenden Möglichkeit gegriffen (sofern man es sich zutraut, die notwendige einfache Schaltung selbst aufzubauen). Die Zählimpulse der Lichtschranke werden auf einen Binärzähler (z.B. 2 74 LS 93) gegeben und dessen Ausgang mit Hilfe eines D/A-Wandlers[2] (z.B. AD 7524 JN) in eine Spannung umgewandelt. Diese Spannung wird dann über einen weiteren Kanal des A/D-Wandlers in den Computer eingelesen. Der Preis für die nötigen Bauteile dürfte etwa 10.– DM (Stand 1996) betragen, im Gegensatz zu mindestens 100.– DM für eine Zählerkarte.

---

[2] Ein 8-Bit-Wandler sollte ausreichen, da 256 Zählimpulse pro Umdrehung bereits einer Genauigkeit von besser als 0,5% entsprechen.

Damit stehen dem Programm *MOTOR* alle notwendigen Daten zur Verfügung, um ein *pV*-Diagramm zu erstellen. Um den Temperaturverlauf beim Betrieb des Motors als Wärme- bzw. Kältemaschine aufzuzeichnen, wird ein Temperatursensor verwandt, der eine der Temperatur proportionale Spannung abgibt. Diese Spannung wird verstärkt und über einen dritten Kanal des A/D-Wandlers eingelesen.

10.2.3 Bedienung des Programms *MOTOR*

Beim Starten des Programms *MOTOR* erscheint nach einer Begrüßungsmaske gleich das Hauptmenü (vgl. Abb. 10.3). Die Anordnung der Menüpunkte soll kein starres Zeitschema darstellen, die Studenten können die einzelnen Punkte in beliebiger Reihenfolge ausführen. Ihr Tatendrang wird nur dann gebremst, wenn sie z.B. vergessen haben, eine notwendige Eichmessung durchzuführen.

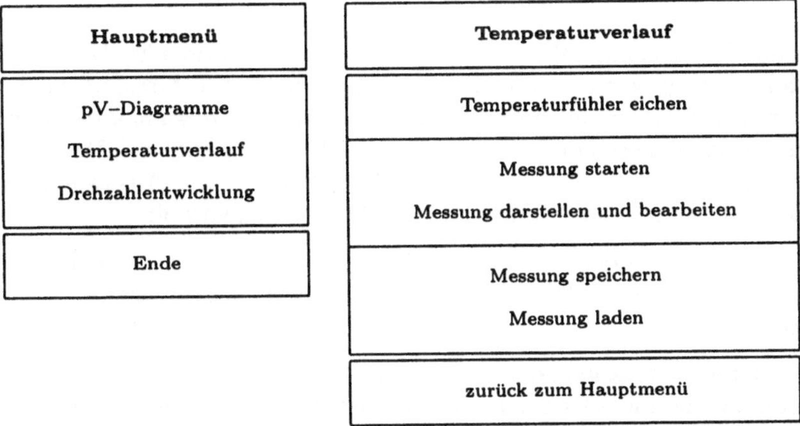

Abb. 10.3. Zwei Menüs des Programms *MOTOR*. *Links* ist das Hauptmenü zu sehen, *rechts* das Untermenü zur Messung des Temperaturverlaufs bei der Wärmebzw. Kältemaschine. Es unterscheidet sich lediglich in dem Punkt *Temperaturfühler eichen* von den beiden anderen anwählbaren Menüpunkten

Die Menüs sind so einfach und durchschaubar aufgebaut, daß darauf verzichtet werden konnte, das Programm mit einer online-Hilfe auszustatten. Sollte es trotzdem einmal Probleme geben, steht den Studenten am Arbeitsplatz eine Programmbeschreibung zur Verfügung.

Der vorletzte Punkt des Hauptmenüs dient dazu, sich die Drehzahlentwicklung des Motors anzusehen. Dies kann einerseits dazu verwendet werden, das Einlaufverhalten des Motors genauer zu studieren, andererseits um zu kontrollieren, ob die Einlaufphase des Motors vorbei ist (sie kann bis zu 15 Minuten dauern) und sich die Drehzahl soweit stabilisiert hat, daß vernünftige Messungen möglich sind.

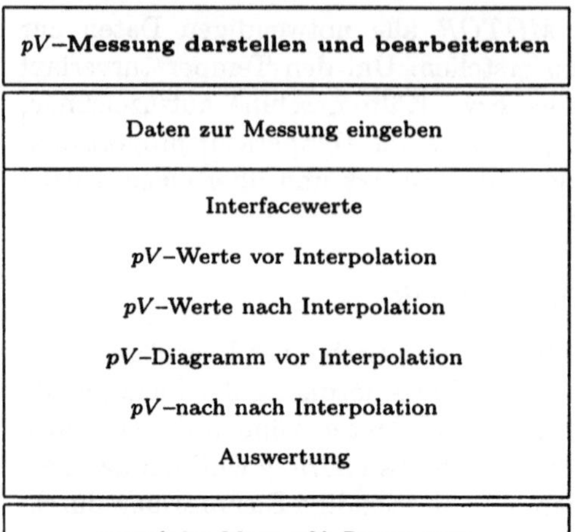

Abb. 10.4. Das Untermenü des Programms *MOTOR* zur Auswertung der pV-Diagramme

Einige der Untermenüpunkte führen zu weiteren Untermenüs. Beispielhaft soll hier gezeigt werden, wie die Studenten nach der Messung eines pV-Diagramms dieses darstellen und auswerten können (*Messung darstellen und bearbeiten* im Untermenü *pV-Diagramme*). Beim Aufruf von *Messung darstellen und bearbeiten* erscheint die in Abb. 10.4 gezeigte Auswahl von Menüpunkten. Die einzelnen Punkte haben folgende Bedeutung:

- *Daten zur Messung eingeben*. Öffnet ein Eingabefenster, das es ermöglicht, verschiedene Daten zur Dokumentation und späteren Auswertung festzuhalten, wie z.B.

  - einen Titel zur Messung, der auf den Ausdrucken mit ausgegeben wird,
  - Heizspannung und -strom zur Berechnung der zugeführten Energie,
  - Fehler der jeweiligen Meßdaten.

- *Interfacewerte*. Zeigt eine Grafik, in der die vom A/D-Wandler gelieferten Zahlenwerte dargestellt sind. Dies ist sinnvoll, um zu kontrollieren, in welchem Bereich der Wandler arbeitet, damit die Genauigkeit der Wandlung abgeschätzt werden kann.[3] Andererseits wird hier den Studenten wieder verdeutlicht, daß alles, was der Computer erfaßt, reine Zahlen sind und keineswegs Drücke oder Volumina.

- *pV-Werte vor Interpolation*. Zeigt die gleiche Grafik wie im vorherigen Punkt, nur sind hier die Achsen entsprechend skaliert, d.h. die Zahlenwerte werden aufgrund der Eichung in Druck- und Volumenwerte umgerechnet.

---

[3] Ein 12 Bit-Wandler, der z.B. einen Arbeitsbereich von 0–10 V hat, an dem aber nur Spannungen von 0–1 V anliegen, arbeitet effektiv nur mit seinen unteren 8–9 Bit und damit entsprechend ungenauer.

- *pV-Werte nach Interpolation.* Wie oben, nur wurde nun eine Interpolation durchgeführt, um die eventuell etwas verrauschten Daten zu glätten. Dadurch, daß beide Datensätze (roh und geglättet) zugänglich sind, soll den Studenten bewußt gemacht werden, daß es häufig einer Nachbearbeitung der Rohdaten bedarf, bevor man sie sinnvoll auswerten kann. Es soll sie auch zu einem kritischen Nachdenken darüber anregen, in wieweit diese Glättung die Daten verfälscht und so eventuell Fehler verursacht.
- *pV-Diagramm vor und nach Interpolation.* Zeigt das pV-Diagramm auch wieder vor bzw. nach der Glättung der Daten. Dabei kann zwischen einer optimierten Darstellung gewählt werden, bei der die Skalierung so vom Programm gewählt wird, daß das pV-Diagramm möglichst groß dargestellt wird, und einer Darstellung zu Vergleichszwecken, bei denen der Achsenursprung im Nullpunkt liegt.
- *Auswertung.* Dieser Punkt zeigt eine Tabelle mit allen Daten, die aus der Messung gewonnen werden können. Aus der zugeführten Heizleistung ΔQ_1 und der abgegebenen mechanischen Leistung ΔW wird der Wirkungsgrad η des Motors direkt nach (10.5) ermittelt, ebenso aus dem pV-Diagramm. Wurden unter dem Punkt *Daten zur Messung eingeben* Meßfehler mitangegeben, so werden auch hier die daraus resultierenden Fehler mitangegeben.

Bei allen Grafiken und Tabellen besteht die Möglichkeit, sie zu Dokumentationszwecken als Hardcopy auszudrucken. Prinzipiell kann dabei zwischen Ausdruck auf Matrix-, Laser- oder PostScriptdrucker gewählt werden. Da im Praktikum die Computer häufig als unvernetzte Einzelplatzsysteme betrieben werden und somit jeder Arbeitsplatz mit einem Drucker ausgestattet werden muß, ist es aus Kostengründen sicherlich sinnvoll, nur Matrixdrucker (bzw. kompatible Tintenstrahldrucker) zu verwenden. Diese haben darüberhinaus noch den Vorteil, wesentlich robuster und damit für den Praktikumsbetrieb besser geeignet zu sein.

10.3 Die Messungen

In diesem Abschnitt wird geschildert, welche Meßaufgaben die Studenten in dem entsprechenden Praktikumsversuch durchführen müssen, welche Lernziele dabei erreicht werden sollen und welche Ergebnisse mit welcher Qualität erzielt werden können.

10.3.1 Die Meßaufgaben

Neben dem Kennenlernen thermodynamischer Kreisprozesse dient der hier beschriebene Versuch vor allem dazu, daß die Studenten sich mit dem Stirlingmotor und einigen seiner prinzipiellen Anwendungsmöglichkeiten vertraut machen.

Als erstes betreiben sie den Motor als Kältemaschine bzw. Wärmepumpe und untersuchen deren Eigenschaften. Anhand der Gefrier- bzw. Auftauzeit von Wasser bestimmen sie den Wirkungsgrad der Maschinen und vergleichen ihn mit dem theoretischen Wert.

Dann wird der Stirlingmotor auch als Motor betrieben. Die Studenten untersuchen sein Verhalten sowohl im Leerlauf, als auch im belasteten Zustand. Wieder werden die Wirkungsgrade aus dem pV-Diagramm ermittelt.

Die Aufgabenstellung lautet konkret:

- Betreiben Sie die Maschine als Kältemaschine und lassen Sie $2\,\mathrm{cm}^3$ Wasser gefrieren. Messen Sie die Gefrierzeit und kühlen Sie das Eis bis auf ca. -25°C.
- Betreiben Sie unmittelbar daran anschließend die Maschine als Wärmepumpe und tauen Sie das Eis auf. Erwärmen Sie das Wasser auf ca. 20°C.
- Betreiben Sie die Maschine als Heißluftmotor.

10.3.2 Die Durchführung der Messungen und Ergebnisse

Um die Verbesserungen des Experiments gegenüber der klassischen Version besser abschätzen zu können, werden in diesem Abschnitt keine, in mühsamer Justierarbeit erzielten Vorzeigeergebnisse dargestellt, sondern solche, wie sie typisch von den Studenten im Verlauf eines Praktikums erzielt werden.

Kältemaschine. Die Studenten bestimmen die Kälteleistung der Kältemaschine auf zwei Arten und vergleichen die beiden Werte miteinander. Sie bestimmen aus dem pV-Diagramm den Wirkungsgrad und berechnen dann mit Hilfe der Angaben auf dem Typenschild des die Kältemaschine antreibenden Elektromotors die theoretisch zu erwartende Kälteleistung.

Aus der Gefrierzeit für das Wasser und der bekannten Schmelzwärme berechnen sie die tatsächliche Kälteleistung. Abbildung 10.5 zeigt die Hardcopy einer solchen typischen Messung. Die Gefrierzeit entspricht der Zeitspanne, in der sich die Temperatur nicht ändert. Diese kann bei dem Programm *MOTOR* dadurch bestimmt werden, daß zwei Balken auf den Anfang und das Ende der Gefrierphase positioniert werden (vgl. Abb. 10.5). Das Programm zeigt dann die zugehörigen Zeiten an.

Wenn die Studenten besonders engagiert sind, werden sie sicherlich auch den theoretisch zu erwartenden Wirkungsgrad der Maschine nach (10.6) bestimmen und mit den gemessenen Werten vergleichen.

Manchmal gelingt es den Studenten, beim Betrieb der Kältemaschine in dem Probenröhrchen eine unterkühlte Flüssigkeit herzustellen. Dabei sinkt die Temperatur des Wassers beim Unterschreiten des Gefrierpunktes zunächst weiter ab, um kurz danach wieder über diesen anzusteigen, obwohl weiter gekühlt wird. In Abb. 10.5 ist dieser Zustand deutlich zu erkennen. Es wird nicht direkt danach gefragt, und der Vorgang gehört eigentlich auch nicht zum Themengebiet thermodynamische Kreisprozesse, trotzdem werden viele Studenten auf das Phänomen aufmerksam und versuchen es zu erklären.

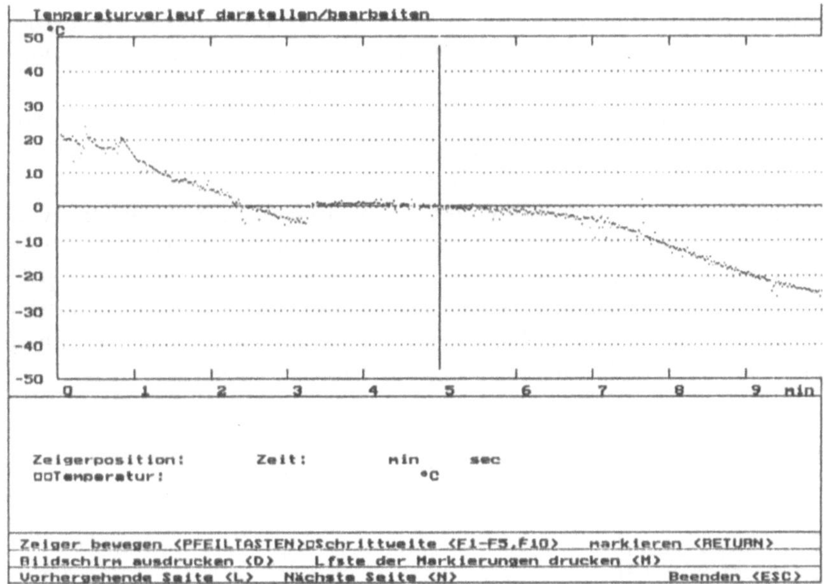

Abb. 10.5. Hardcopy des Bildschirms bei der Messung der Kälteleistung des Stirlingmotors mit Hilfe des Programms *MOTOR*. Die Gefrierzeit entspricht der Zeit, in der sich die Temperatur nicht ändert. Anfang und Ende dieser Zeitspanne kann in dem Programm mit Hilfe zweier senkrechter Balken (einer ist sichtbar) bestimmt werden. Bei genauem Hinsehen erkennt man, daß die Temperatur beim Unterschreiten des Gefrierpunktes zunächst weiter fällt, um dann kurz danach sprunghaft wieder darauf anzusteigen. Diesen Vorgang nennt man Unterkühlung

Wärmepumpe. Dieser Aufgabenteil wird in gleicher Weise ausgewertet, wie der zur Kältemaschine. Wieder wird der Wirkungsgrad aus der gemessenen Wärmeleistung (Stirling) und der elektrischen Antriebsleistung sowie aus dem pV-Diagramm ermittelt und mit dem theoretisch zu erwartenden Wert (Carnot als nicht erreichbarer Idealfall) verglichen.

Heißluftmotor. Um die Leistung des Heißluftmotors zu bestimmen, wird dieser mit Hilfe eines Seils abgebremst. Dazu wird dieses Seil um die Motorachse geschlungen und ein Ende mit verschiedenen Massestücken beschwert. Am anderen Seilende wird mit Hilfe einer Federwaage die Kraft gemessen, mit der die Gewichte das Seil noch belasten. Die Kraftdifferenz (ΔG) zwischen stehendem und laufendem Motor entsteht aufgrund der vom Motor geleisteten Hubarbeit. Aus dem Umfang (U) der Achse und der Drehzahl (ν) läßt sich dann die Leistung (P) des Motors wie folgt berechnen:

$$P = \Delta G \cdot U/\nu.$$

Gleichzeitig läßt sich wieder aus dem pV-Diagramm ablesen, welche Energie pro Zyklus (1 Umdrehung der Achse) abgegeben wird. Mit Hilfe der Drehzahl läßt sich auch hier die Leistungsabgabe des Motors ermitteln. Anschließend werden beide Werte verglichen und der Unterschied diskutiert. Dabei zeigt sich, daß die am Seil geleistete Arbeit geringer ist als die aus dem pV-Diagramm ermittelte, da es neben dem Bremsen durch das Seil noch weitere Verlustmechanismen (z.B. interne Reibung von Gestänge und Kolben, Wärmeverluste, etc.) gibt. Man nennt dies auch den *mechanischen Verlustfaktor*. Auch er wird von den Studenten bestimmt.

Ein Vergleich mit der aufgenommenen elektrischen Leistung liefert wieder den Wirkungsgrad des Heißluftmotors. Bei der Auswertung übernimmt der Computer die einfachen Rechenaufgaben, sowie das Auswerten der pV-Diagramme, d.h. das Bestimmen der Flächen unter den Adiabaten. Die Ergebnisse können dann mit dem Menüpunkt *Auswertung* angesehen und auch ausgedruckt werden. Abbildung 10.7 zeigt eine solche Tabelle.

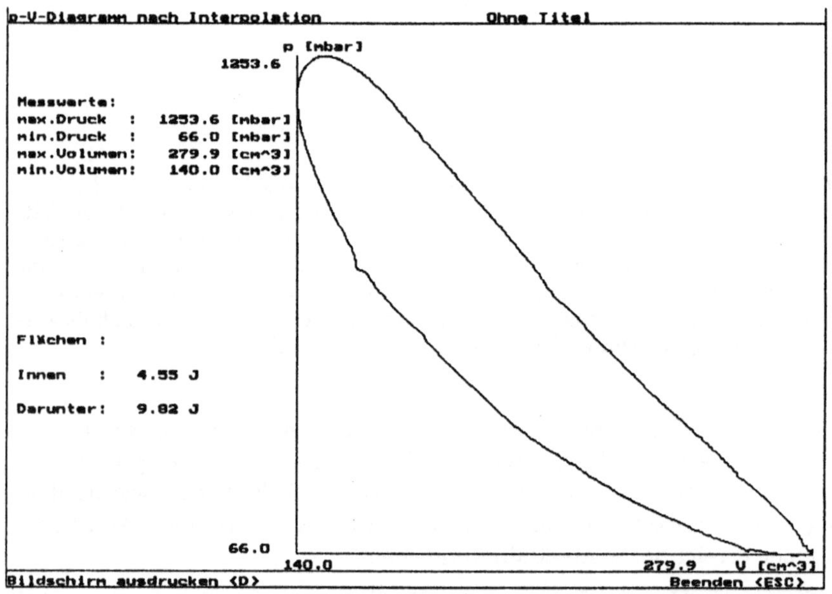

Abb. 10.6. Das pV-Diagramm des mit $2\,kg$ belasteten Heißluftmotors. Es handelt sich um die optimierte Darstellung, die zwar deutlicher ist, weil das eigentliche pV-Diagramm größer dargestellt ist, aber sie kann nicht zu Vergleichszwecken verwendet werden, da hier jede Darstellung so skaliert wird, daß das Diagramm in maximaler Größe erscheint

10.4 Zusammenfassung

Dieses Kapitel beschreibt einen Versuch aus dem Gebiet der Thermodynamik. Solche Experimente sind vor allem deshalb wichtig, weil die Studenten zwar

<table>
<tr><td colspan="3" align="center">Auswertung der Messung</td></tr>
</table>

Titel	:	Motor
Außendruck	:	1013.0 mbar
Drehzahlen vor Messung U/min	:	285.6 285.9 285.4 285.4 284.8
nach Messung U/min	:	283.6 283.0 284.2 284.0 283.6
⇒ Drehzahl	:	284.6 U/min
Standardabweichung	:	± 0.95 U/min
Flächen: umschlossen	:	4.11 ± 0.5 J
unten	:	5.50 ± 0.6 J
durch Außendruck	:	114.18 ± 1.9 J
Leistung	:	21.09 ± 1.9 W
Wirkungsgrad	:	17.3 ± 1.3 %

Ausdruck   zurück

Abb. 10.7. Eine vom Computer erstellte Auswertung einer Messung am Heißluftmotor. Man sieht, daß die Fehler im praktikumsüblichen Bereich von einigen
Prozenten liegen.

während der Einführungsveranstaltungen mit diesem Lehrstoff konfrontiert
werden, er aber meist sehr theoretisch abgehandelt wird. Aus diesem Grund
sind von den Studenten selbst durchgeführte Experimente wichtig, um neben
dem Erlernen der Meßtechnik solche trockenen Themen wie thermodynamische Kreisprozesse im wahrsten Sinn des Wortes zu begreifen. Sie dürfen dabei
weder von veralteter Meßtechnik abgeschreckt werden, noch durch Unzuläng-
lichkeiten im Versuchsaufbau, die letztendlich zu unbrauchbaren Ergebnissen
führen, frustriert werden.

Es wird ein Versuch im Anfängerpraktikum beschrieben, wie er im Praktikum heute unter Verwendung moderner Meßtechnik durchgeführt werden sollte. Es wird verdeutlicht, wie der Computer zur Datenerfassung,
-auswertung und -darstellung eingesetzt wird und welche Vorteile dies den
Studenten bringt:

- Die Fülle der anfallenden Meßdaten steht den Studenten in kürzester Zeit
  grafisch aufbereitet zur Dokumentation und Auswertung zur Verfügung.
- Die Studenten werden mit moderner Sensorik vertraut gemacht. Hierzu
  zählt sowohl die sensorische Erfassung von Druck und Temperatur, als
  auch die trickreiche Messung des momentanen Volumens.
- Die Auswertung der pV-Diagramme wird vom Computer übernommen.
  Dies bringt eine erhebliche Steigerung der Genauigkeit (gegenüber der

klassischen Methode mit einem Planimeter) und eine ebensolche Zeitersparnis.

Es wird gezeigt, wie das Programm *MOTOR* aufgebaut ist, damit den Studenten jederzeit klar ist, was sie machen. Ebenso wird beim Aufbau der Hardware geschildert, wie sie gestaltet werden sollte, damit die Sensorik auch für unerfahrene Studenten durchschaubar bleibt. Es muß darauf geachtet werden, daß nirgendwo eine Black-Box entsteht. Für die Studenten muß jederzeit erkennbar sein, wie die Meßwerte zustande kommen, auch wenn sie von ihnen selbst nicht mehr notiert werden müssen. Das Programm ist so gestaltet, daß mit seiner Hilfe alle notwendigen Daten dokumentiert werden können, aber nicht müssen. Dem Studenten wird die Entscheidung, welche Daten für eine spätere sinnvolle Auswertung nötig sind, nicht abgenommen.

Zum Schluß zeigt die Darstellung der Meßergebnisse, wie gut man mit dieser Version des Experiments arbeiten kann. Die hiermit erzielbaren Ergebnisse lassen sich durchaus mit den theoretisch zu erwartenden vergleichen, im Gegensatz zu denen der „klassischen" Version des Experiments, bei der Fehler von 30% und mehr, auch bei sorgfältigem Arbeiten, durchaus üblich waren.

11. Rotierender magnetischer Dipol und *ROMA*

Die nichtlineare Dynamik ist ein Teilgebiet der Physik, das in den letzten Jahren zunehmend an Bedeutung gewonnen hat, nachdem sich bei immer mehr physikalischen Phänomenen bei genauerem Hinsehen deren nichtlinearer Charakter zeigt.

Trotz dieser steigenden Bedeutung der Chaosforschung in der modernen Physik hat sie bisher noch kaum Eingang in die Ausbildung der Physikstudenten gefunden.

Es gibt zahlreiche einfache Beispiele, anhand derer man die Phänomene des Chaos qualitativ sichtbar machen, aber auch quantitativ untersuchen kann. Etliche davon sind Freihandversuche, die es heute bereits z.T. als Spielzeug zu kaufen gibt. Oft handelt es sich dabei, physikalisch gesehen, um nichtlineare Pendelsysteme. Sie eignen sich wegen ihrer Einfachheit und Transparenz in etwas abgewandelter Form auch zum Einsatz als Versuch im physikalischen Praktikum. Ein solches System ist der sogenannte *rotierende Magnet*; ein Magnet (z.B. eine Kompaßnadel), der sich in einem magnetischen Wechselfeld frei drehen kann. Trotz seiner Einfachheit beinhaltet es erstaunlich viel Physik.[1] Der Aufbau ist auch unter dem englischen Namen *spinning magnet* oder, viel anschaulicher, als *bipolarer Motor* bekannt.

Dieses Kapitel beschreibt ein Experiment im physikalischen Anfängerpraktikum, bei dem sich die Studenten zunächst spielerisch, nur beobachtend und registrierend, der nichtlinearen Dynamik nähern sollen. Dabei lernen sie das System zunächst als solches mit klassischem Verhalten kennen, um dann die überraschende Feststellung zu machen, daß die Variation eines Parameters ausreicht, um ein chaotisches Verhalten zu bewirken. Während der weiteren Durchführung des Experiments lernen sie einige Phänomene des Chaos' im einzelnen genauer kennen und untersuchen sie zum Teil auch quantitativ.

Der mechanische Aufbau des Experiments läßt sich mit geringem Aufwand durchführen und wird ebenso beschrieben wie die Bedienung des Programms *ROMA*, mit dessen Hilfe das System quantitativ untersucht wird.

Die anschließende Beschreibung der Versuchsteile stellt einen Vorschlag dar, welche Aufgabenstellungen zu diesem Themenkreis denkbar sind. Es ist

---

[1] Theoretisch wäre es auch denkbar, einen elektrischen Dipol im elektrischen Wechselfeld zu untersuchen. Dieses System würde sich völlig analog zum hier vorgestellten verhalten, wäre aber im Aufbau wesentlich schwieriger zu realisieren.

keine Praktikumsanleitung im üblichen Sinn, da der Umfang den Zeitrahmen eines gängigen Anfängerpraktikums sprengen würde. Je nach eigener Zielsetzung soll sie zur Anregung für eigene Aufgabenstellungen dienen.

11.1 Einige Grundlagen zum Experiment

Wie im Vorwort bereits gesagt, kann es nicht Aufgabe dieses Buches sein, die zum Verständnis jedes Versuchs notwendigen theoretischen Grundlagen ausführlich darzustellen. Da es sich bei dem Themenkreis nichtlineare Dynamik jedoch um ein relativ neues Gebiet handelt, dessen Grundlagen auch noch nicht Zugang zu den üblichen Praktikumsbüchern gefunden haben und auch nur in wenigen Lehrbüchern behandelt werden, sollen diese hier, zumindest soweit zum Verständnis der durchgeführten Experimente notwendig, kurz skizziert werden. Zum vertiefenden Verständnis soll die Literaturliste zu diesem Kapitel dienen.

11.1.1 Deterministisches Chaos

Ein physikalisches System nennt man deterministisch, wenn man seine zeitliche Entwicklung durch Differentialgleichungen exakt für alle Zeiten beschreiben kann; d.h. durch die Gesetze der Physik werden Ursache und Wirkung eindeutig festgelegt. Zur Beschreibung chaotischer Systeme dienen nichtlineare Differentialgleichungen. Der Begriff *Chaos* bedeutet in diesem Zusammenhang nicht, daß sich das System jeglicher quantitativer Beschreibung entziehen würde. Chaos bedeutet vielmehr, daß kleinste Abweichungen in den Anfangsbedingungen des Systems zu völlig verschiedenen Endzuständen führen, im Gegensatz zum Verhalten klassischer, linearer (durch lineare Differentialgleichungen beschreibbarer) Systeme. Abbildung 11.1 illustriert dieses Verhalten: links ein lineares System, bei dem benachbarte Bahnkurven benachbart bleiben, rechts ein ähnliches, aber nichtlineares System, dessen Bahnkurven schon nach kurzer Zeit völlig verschieden sind. Bemerkenswert ist hier, daß in beiden Fällen die gleichen Reflexionsgesetze die Bewegung bestimmen. Bei **exakter** Kenntnis aller Anfangsbedingungen (welche z.B. aufgrund der Unschärferelation prinzipiell nicht möglich ist!) und aller im Verlauf der Zeit eintretenden Störungen wäre es auch bei einem chaotischen System möglich, sein Verhalten für alle Zeiten richtig zu beschreiben. Bewegungsgleichungen, für die keine analytischen Lösungen existieren, lassen sich dabei zumindest im Prinzip numerisch beliebig genau lösen.

Die gängigen Lehrbücher beschreiben im allgemeinen nur ausgewählte Idealfälle, die mathematisch einfach lösbar sind, sich deterministisch verhalten und einfach zu modellieren sind, z.B. die Schwingungen eines Pendels im harmonischen Kraftfeld bei kleinen Auslenkungen und vernachlässigbarer Reibung. Die physikalische Realität wird somit idealisiert dargestellt, und es

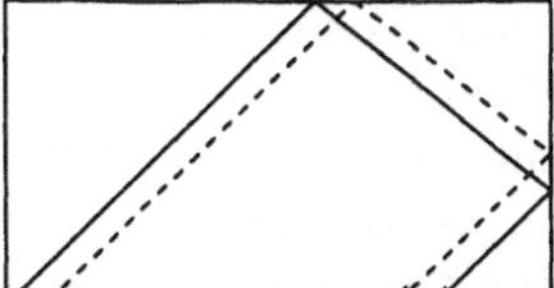 

Abb. 11.1. Beim linearen Billard (*links*) bleiben benachbarte Bahnkurven benachbart, beim nichtlinearen (*rechts*), das sich durch seine konvexe Begrenzung auszeichnet, bewegen sich anfänglich benachbarte Kugeln nach kurzer Zeit auf völlig verschiedenen Bahnen

entsteht der Anschein, man würde in einer „nichtchaotischen" Welt leben. Verschiedene Effekte, wie z.B. überlagerte Störungen, Probleme der Meßgenauigkeit, die nicht mögliche exakte Reproduzierbarkeit der Anfangsbedingungen, aber auch relativistische oder quantenmechanische Effekte, machen die reale Welt allerdings wesentlich komplizierter, als sie die Lehrbücher der Physik auf den ersten Blick erscheinen lassen. Viele Systeme, die dort auf Grund speziell gewählter Randbedingungen linear erscheinen, stellen sich in Wirklichkeit als nichtlinear heraus.

Ein sehr anschauliches Beispiel für ein chaotisches System stellt das Galton-Brett dar. Dieses Brett ist mit einem engen Raster von Stiften bestückt. Ein von oben durch dieses Raster fallende Kugel stößt immer wieder auf diese Stifte und hat bei jedem Stift die Möglichkeit, sich nach rechts oder links an dem Stift vorbei zu bewegen. Ganz gleich wie präzise man versucht, die Anfangsbedingungen der fallenden Kugel zu reproduzieren, sie wird immer einen anderen Weg nehmen,[2] abhängig von winzigen Unterschieden in Richtung und Geschwindigkeit der Kugel beim Auftreffen auf die einzelnen Stiften. Eine physikalische Abart des Galtonbretts stellt das bekannte Flipperspiel dar.

Ein weiteres gutes Beispiel für deterministisches Chaos in unserem Alltag ist das Wetter. Physikalisch gesehen handelt es sich dabei um ein thermodynamisches System mit sehr vielen Teilchen. Im Prinzip ist das zugehörige Gleichungssystem lösbar. Da es aber absolut unmöglich ist, die Anfangsbedingungen für alle Teilchen der Atmosphäre genau zu kennen, noch deren zeitliche Entwicklung für jedes Teilchen zu berechnen, wird man immer auf Näherungen angewiesen sein. Verbesserte Modelle und leistungsfähigere Computer werden die Vorhersagen der Meteorologen in Zukunft sicher zuverlässiger machen. Längerfristige Vorhersagen werden aber immer vage bleiben, da auch hier die Endzustände des Systems empfindlich auf Abweichungen der Anfangsbedingungen reagieren. Im Prinzip ist es denkbar, daß sogar der Flügelschlag eines Schmetterlings in Südamerika die Entwicklung des Wetters in Europa beeinflussen kann (Schmetterlingseffekt). Dies hat auch im alltäglichen Sprachgebrauch seinen Niederschlag gefunden: Es gibt

---

[2] Dies gilt streng genommen nur für ein unendlich großes Brett, da endliche Bretter auch nur endlich viele verschiedene Wege haben.

stabile Wetterlagen, bei denen die Vorhersage für etwa eine Woche gültig sein kann (meist verbunden damit, daß das Wetter bleibt, wie es ist) und instabile, wo eine Vorhersage innerhalb weniger Stunden überholt sein kann. Bei letzterer kann der Schmetterlingseffekt auftreten: winzige, nicht vorhersehbare Schwankungen entscheiden über die weitere Entwicklung des Systems.

Auch bei klassischen Systemen wie unserem Planetensystem braucht die Zeitskala nur entsprechend groß gewählt zu werden, um jede Vorhersage einer astronomischen Konstellation sinnlos zu machen. So hat es beispielsweise keinerlei Sinn, berechnen zu wollen, ob ein Asteroid im Laufe einiger tausend Jahre mit der Erde kollidieren wird, da einerseits seine jetzige Bahn nicht mit genügender Genauigkeit bekannt ist, andererseits noch viele kleine Störungen bis zu jenem fernen Zeitpunkt seine Bahn beeinflussen werden.

11.1.2 Attraktoren

Bei der Untersuchung des Verhaltens chaotischer Systeme ist es wenig nützlich, Amplituden-Zeit-Diagramme zu betrachten, da man hierbei oft nicht entscheiden kann, ob eine Überlagerung mehrerer harmonischer Bewegungen oder ein irreguläres Verhalten vorliegt. Zur Untersuchung des Charakters einer Bewegung eignet sich besser die Phasenraumdarstellung, bei der die Geschwindigkeit über dem Ort bzw. bei Drehbewegungen die Winkelgeschwindigkeit über dem Drehwinkel aufgetragen wird. Bei einer harmonischen Bewegung liegt eine geschlossene Bahnkurve vor. Schwingt das System mit nur einer Frequenz, handelt es sich um eine Ellipse, bei mehreren Frequenzen erkennt man ebensoviele ineinander verschlungene ellipsenähnliche Bahnen, die aber immer noch eine geschlossene Kurve bilden. Bei einer chaotischen Bewegung ist die Bahnkurve nicht mehr geschlossen und füllt, bei nichtdissipativen Systemen, im Laufe der Zeit den gesamten zur Verfügung stehenden Phasenraum aus.

Bei dissipativen Systemen, beispielsweise einem bipolaren Motor mit Reibung, beschränkt sich die Bewegung im Grenzfall langer Zeiten auf einen Unterbereich des Phasenraums. Im Falle eines gedämpften harmonischen Oszillators (z.B. einem Fadenpendel im Gravitationsfeld) wird dies, unabhängig von den Anfangsbedingungen und etwaigen Störungen, der Punkt $v=0$, $x=0$ (eindimensional, s.u.) sein. Der harmonische Oszillator wird sich diesem Punkt auf einer spiralförmigen Bahn nähern und nach endlich langer Zeit wird sein Zustand diesen Punkt erreicht haben. Das System wird gewissermaßen von ihm angezogen, weshalb man ihn als Attraktor des Systems bezeichnet.

Der gedämpfte, getriebene harmonischen Oszillator schwingt nach der Einschwingphase (vgl. Abschn. 5.4.7, Untersuchungen am Pohlschen Drehpendel) unabhängig von den Anfangsbedingungen mit konstanter Amplitude und Frequenz, die nur noch von den Systemparametern Anregungsamplitude, Anregungsfrequenz, Dämpfung und Rückstellkraft abhängen. Im Phasendiagramm bildet sich als zweidimensionaler Attraktor eine Ellipse aus.

Bei komplizierteren Systemen mit mehr als zwei Freiheitsgraden treten unter Umständen auch Attraktoren höherer Dimensionen auf.

Bei chaotischen Systemen existieren ebenfalls Attraktoren. Diese sind im allgemeinen mehrdimensional. Im Gegensatz zu klassischen Systemen, wo benachbarte Trajektorien gegen den gleichen Attraktor konvergieren, zeichnen sich chaotische Bewegungen dadurch aus, daß sich benachbarte Trajektorien im Laufe der Zeit exponentiell voneinander entfernen(vgl. Abb. 11.1). Somit hängt es empfindlich von den Anfangsbedingungen ab, gegen welchen Attraktor sie konvergieren.

11.1.3 Poincaré-Schnitte

Attraktoren können also in chaotischen Systemen sehr kompliziert sein. Dies führt dazu, daß im Phasenraum keine Struktur mehr erkennbar ist. Man muß also die Komplexität, d.h. die Dimension der Darstellung erniedrigen, um wieder zu erkennbaren Strukturen zu gelangen. Dazu wählt man feste Randbedingungen (z.B. $v=0$ und konstante Energie) und nur dann, wenn diese Randbedingungen erfüllt sind, wird ein Punkt im Diagramm abgetragen. Man macht also einen Schnitt durch den Phasenraum. Diesen Schnitt nennt man Poincaré-Schnitt.

Man kann sich das anschaulich so vorstellen, als ob die Bewegung mit einer Stroboskoplampe beleuchtet würde, die nur dann aufblitzt, wenn die gewählten Randbedingungen erfüllt sind.

Betrachtet man z.B. die periodische Bewegung eines harmonischer Oszillators, so stellt diese im Phasenraum wie bereits erwähnt eine Ellipse dar. Eine periodische Beleuchtung, immer wenn die Bedingung $v = 0$ erfüllt ist, ergibt den Poincaré-Schnitt, der in diesem Fall nur zwei Punkte (die Umkehrpunkte der Bewegung) enthält. Ein solches Bild kennzeichnet alle periodischen Bewegungen. Sind in der Bewegung mehrere Frequenzen enthalten, so zeigen sich im Poincaré-Schnitt entsprechend mehr Punkte (im allgemeinen doppelt soviele wie die Anzahl der Frequenzen).

Chaotische Bewegungen zeichnen sich dagegen dadurch aus, daß sie trotz infinitesimal unterschiedlicher Startbedingungen im Laufe der Zeit völlig unterschiedliche Zustände annehmen. Das erkennt man daran, daß im Poincaré-Schnitt ganze Flächen ausgefüllt werden.

Eine Zwischenstufe bilden die sogenannten quasiperiodischen Bewegungen, bei denen das System immer wieder in die Nähe eines einmal eingenommenen Zustands zurückkehrt. Solche Bewegungstypen erkennt man im Poincaré-Schnitt an den linienartigen Strukturen, die sich im Laufe der Zeit herausbilden.

Hat man genügend Daten zur Erstellung eines Poincaré-Schnitts, sieht man diesem sofort an, ob sich das zugehörige System periodisch (einzelne Punkte) oder chaotisch (ausgefüllte Flächen) verhält.

11.1.4 Kurze mathematische Beschreibung des bipolaren Motors

Die folgende kurze Beschreibung folgt im wesentlichen dem Artikel von Ballico ([11.1]), kann aber auch in der anderen angegebenen Literatur gefunden werden. Bei der vorliegenden Darstellung wurde vor allem darauf Wert gelegt, daß der Leser nachvollziehen kann, wie die Gleichungen zustande kommen.

Wie bereits gesagt, handelt es sich beim bipolaren Motor um ein System, bei dem sich ein magnetischer Dipol (Kompaßnadel) in einem äußeren magnetischen Wechselfeld frei drehen kann; physikalisch gesehen also um ein periodisch angetriebenes Drehpendel. Die rücktreibende Kraft hängt dabei nicht nur vom Winkel Θ zwischen dem Dipolmoment μ und dem Magnetfeld B ab, sondern ist zusätzlich mit der zeitlichen Variation des B-Feldes ($B(t) = B_0 \cdot \cos \omega t$) moduliert. Für ein solches Drehpendel gilt die Differentialgleichung

$$\frac{\mathrm{d}^2 \Theta}{\mathrm{d}t^2} + f \Theta \cos \omega t = 0$$

mit der Richtgröße $f = \mu B(t)/J$ (J ist das Trägheitsmoment des Dipols). Da das Drehpendel sehr große Auslenkungen erfährt, gilt die übliche Näherung $\sin \Theta \approx \Theta$ nicht. Die Rückstellkraft ist also nicht mehr proportional Θ sondern proportional $\sin \Theta$. Berücksichtigt man noch eine von der Geschwindigkeit ($\mathrm{d}\Theta/\mathrm{d}t$) abhängige Reibungskraft der Stärke γ, wird das System des bipolaren Motors von folgender Differentialgleichung beschrieben:

$$\frac{\mathrm{d}^2 \Theta}{\mathrm{d}t^2} + \gamma \frac{\mathrm{d}\Theta}{\mathrm{d}t} + f \sin \Theta \cos \omega t = 0. \tag{11.1}$$

Gleichung 11.1 ist eine Differentialgleichung zweiter Ordnung, die wegen des Terms $\sin \Theta$ nichtlinear ist. Sie hat keine analytische Lösung, kann aber mit numerischen Standardmethoden sehr einfach untersucht werden. Man beachte, daß sie für kleine Auslenkungen Θ, bei denen noch $\sin \Theta \approx \Theta$ gilt, wieder zu einer linearen Differentialgleichung wird. Das Pohlsche Drehpendel, ein System, für das diese Gleichung gilt, wurde in Kap. 5 behandelt. Auch jenes System zeigt bei großen Auslenkungen, bei denen die obige Näherung nicht gilt, ein nichtlineares Verhalten (dieser Fall von Nichtlinearität wird allerdings nicht in Kap. 5 behandelt, sondern es wird auf ein anderes Phänomen eingegangen).

Für den Fall kleiner Auslenkungen eines konstanten externen Magnetfelds B_0 (z.B. dem Erdmagnetfeld) und einer vernachlässigbaren Dämpfung schwingt der Dipol mit der (harmonischen) Eigenfrequenz eines ungedämpften Drehpendels:

$$\omega_0 = \sqrt{\frac{\mu B_0}{J}}. \tag{11.2}$$

Für alle Werte der Richtgröße f, für die gilt $f \geq 2\gamma$ rotiert der Dipol mit der Frequenz ω, mit der sich das äußere Magnetfeld ändert.

Das Verhalten des Systems hängt also von der Richtgröße f und der Reibung γ ab. f kann experimentell durch Variation der Feldstärke B beeinflußt werden, γ ist geschwindigkeitsabhängig und daher durch die Frequenz des Feldes zu beeinflussen. Man kann einen Parameter $S = 2f/\omega^2$ definieren (vgl. [11.3]), der das weitere Verhalten des Systems bestimmt. Für steigende Werte von S, d.h. entweder für höhere Feldstärken oder für kleinere Frequenzen, geht das System von seinem bisher geschilderten periodischen Verhalten über einige Zwischenstufen in ein chaotisches Verhalten ($S \geq 1$) über (vgl. [11.3, 11.5]).[3] An den Zwischenstufen kommt es jeweils zu Frequenzverdopplungen, d.h. im Frequenzspektrum der Dipolrotation treten dann 2-, 4-, 8-, ... fache Frequenzen auf. Die Punkte, an denen (bei Veränderung der Frequenz oder der Amplitude des externen Magnetfelds) sprunghaft diese neuen Frequenzen auftreten, nennt man Bifurkationen. Eine solche Bifurkation ist in Abb. 11.7 zu sehen. Aus dem Abstand dieser Bifurkationen kann man eine universelle Naturkonstante, die Feigenbaumkonstante δ, berechnen, für die gilt:

$$\delta = \lim_{n \to \infty} \frac{B_n - B_{n-1}}{B_{n+1} - B_n}, \qquad (11.3)$$

wobei B_n in diesem Fall die Werte der Feldstärke sind (bzw. bei Variation der Frequenz das Quadrat der Frequenz), bei denen die Bifurkationen stattfinden. Man nennt die Feigenbaumkonstante eine universelle Naturkonstante, weil man bei allen physikalischen Systemen, die Bifurkationen zeigen, denselben Wert für sie bestimmt. Eine Gruppe von Studenten bestimmte den Wert experimentell mit Hilfe des bipolaren Motors: $\delta = 4,68 \pm 0.05$ (Literaturwert: $4{,}669201609\ldots$).

Es gibt verschiedene Arten, wie ein System vom klassischen in das chaotische Verhalten übergeht. Man nennt dies verschiedene Wege ins Chaos. Der Weg über Bifurkationen oder Frequenzverdopplungen, den das System des bipolaren Motors nimmt, ist eine der Möglichkeiten, die es gibt.

Bei der experimentellen Messung eines Bifurkationsdiagramms sollte man beachten, daß S linear von der Feldstärke, aber quadratisch von der Frequenz des Feldes abhängt, somit ω der wesentlich kritischer einzustellende Parameter ist. Man sollte also zunächst versuchen, bei konstantem ω die Feldstärke zu variieren, um die Bifurkationen zu beobachten. Es soll hier nicht verschwiegen werden, daß man auch bei sorgfältigstem Aufbau und gewissenhafter Durchführung des Experiments noch etwas Glück benötigt, um genügend Bi-

---

[3] Der Phasenraum des Systems besteht zunächst aus drei Teilbereichen, getrennt durch jeweils eine sogenannte Separatrix. Jeder Bereich gehört zu einem bestimmten Bewegungstyp des Systems (Schwingung, Rotation in oder entgegen dem Uhrzeigersinn). Ohne äußeren Einfluß bleibt das System immer im gleichen Bereich (beim gleichen Bewegungstyp) des Phasenraums. Der Parameter S stellt ein Maß für den Abstand der beiden Separatrices dar. Berühren sie sich ($S = 1$), vermischen die drei Bewegungstypen und das System verhält sich chaotisch.

furkationen zur sinnvollen Bestimmung der Feigenbaumkonstante beobachten zu können.

Für Leser, die sich weitergehend mit dieser Materie beschäftigen wollen, seien hier noch einige Literaturstellen angegeben:
Meissner [11.6] und Ballico [11.1] untersuchen den bipolaren Motor und sein Verhalten nicht nur theoretisch, sondern auch experimentell, wenngleich mit einem anderen Aufbau als dem hier vorgestellten. Simm et al. beschreiben in [11.7] das System nicht nur ausführlich, sondern geben auch noch eine umfangreiche Einführung in das deterministische Chaos. Das Buch von Korsch [11.4] geht ausführlich auf viele Phänomene der nichtlinearen Dynamik ein, zusätzlich gibt es dort zu jedem behandelten physikalischen System auch ein Simulationsprogramm, mit dessen Hilfe man selbst „weiterforschen" kann. Den wohl ausführlichsten Übersichtsartikel zu diesem Thema hat Chirikov in [11.3] veröffentlicht, wo eine Vielzahl nichtlinearer Phänomene anhand von mehrdimensionalen Oszillatoren beschrieben werden.

Im Literaturverzeichnis sind noch einige weitere Artikel zu finden. Diese behandeln alle mehr oder weniger ein spezielles Experiment, meist eine technische Variante des hier beschriebenen bipolaren Motors.

11.2 Der experimentelle Aufbau

Eine Skizze des vorgestellten Experiments ist in Abb. 11.2 gezeigt. Die einfache Konstruktion besteht im wesentlichen aus zwei Plexiglasplatten von ca. 18 cm Kantenlänge, die durch zwei Seitenteile im Abstand von ca. 10 cm gehalten werden. Dieser Rahmen trägt seitlich die Halterungen für zwei Lichtschranken, einen Stecker zur elektrischen Verbindung und die Grundplatten mit den Lagern des Dipols. Der Rahmen wurde aus Plexiglas gefertigt, damit man die Drehung des Dipols leichter beobachten kann. Gleichzeitig bietet dieser Aufbau den Vorteil, daß er sich zu Demonstrationszwecken mit einem Overheadprojektor auf eine Leinwand projizieren läßt. Im Prinzip kann natürlich jedes nichtmagnetische Material als Trägerrahmen verwendet werden.

Die Elektronik des gesamten Experiments besteht neben einem kommerziell erhältlichen Interface (CASSY der Firma Leybold) aus einer Spannungsversorgung der Lichtschranken (handelsübliches Steckernetzteil) und einer Pulsformung der Lichtschrankensignale (74LS14).

Der eigentliche Dipol besteht aus einer quadratischen Aluminiumwelle als Träger, auf die in der Mitte auf zwei gegenüberliegenden Seiten zwei kleine Magnete so aufgeklebt wurden, daß sich ihre Einzelfelder zu einem Dipolfeld überlagern. Bei diesen Magneten handelt es sich um ganz einfache Ausführungen, wie sie z.B. im Modellbau verwendet werden. Man muß nur darauf achten, daß sie so magnetisiert sind, daß man sie zu einem einzelnen Dipol zusammenfügen kann (rechteckige Form, die Pole sollten an den großflächigen Seiten liegen). Auch hier wären andere symmetrische Lösungen, z.B.

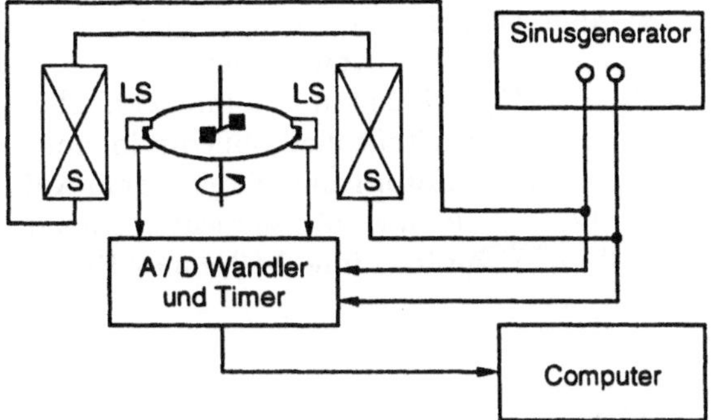

Abb. 11.2. Schematischer Aufbau des Experiments. Der Übersichtlichkeit halber wurden die beiden Helmholtzspulen zur Korrektur des Erdmagnetfeldes nicht eingezeichnet. S sind die beiden in Reihe geschalteten Spulen, LS die beiden Lichtschranken zur Detektion der Drehrichtung und -geschwindigkeit und D symbolisiert den Dipol bestehend aus den beiden Einzelmagneten

mit nur einem Magneten, denkbar, wir haben uns für eine konstruktiv einfach zu realisierende Version entschieden (weshalb wir auch eine quadratische Welle benutzen, an der die Magnete einfach festzukleben sind).

In der Mitte der Dipolwelle ist eine (wegen des Trägheitsmoments) möglichst dünne PVC-Scheibe senkrecht zur Drehachse angebracht. Diese Scheibe hat zwei Öffnungen, die um fast 180° versetzt angeordnet sind. Die Registrierung der Drehrichtung und der -geschwindigkeit des Dipols geschieht mit Hilfe zweier Gabellichtschranken und dieser Öffnungen. Aus der Reihenfolge ihres Durchgangs durch die Gabellichtschranken kann man auf die Drehrichtung des Dipols schließen. Das Prinzip dazu entspricht dem, das auch beim Pohlschen Drehpendel (Abschn. 5.2.1) angewendet wird (vgl.auch Abb. 11.4). Aus der bekannten Breite und der Zeit für einen Durchgang kann man die momentane Drehgeschwindigkeit des Dipols ermitteln.

Bei den Lagern des Dipols sollte man darauf achten, daß eine möglichst kleine Reibung erzielt wird. Sie bilden den einzigen Punkt, bei dem man sich etwas Mühe geben muß. Unsere Lösung sieht so aus, daß die Vierkantwelle des Dipols an den Enden zugespitzt wurde (Winkel $\approx 60°$). Die beiden Spitzen ruhen in zwei einstellbaren Lagerbuchsen, in die zusätzlich zur Verringerung der Reibung noch Miniaturkugellager eingeklebt wurden. Durch die Einstellbarkeit der Lager hat man einerseits die Möglichkeit, einen Kompromiß zwischen möglichst geringem Spiel und möglichst geringer Reibung der Welle zu finden, andererseits kann diese jederzeit einfach ausgebaut werden.

Das externe Magnetfeld wird von zwei in Reihe geschalteten Spulen erzeugt. Wir verwenden Spulen von je 1200 Windungen, wie sie in jedem Praktikum zu finden sind. Zur Erhöhung des magnetischen Flusses am Ort des Dipols sind zwei Eisenkerne eingeschoben. Zur Stromversorgung dient ein leistungsstarker Sinusgenerator, der im Frequenzbereich von 0,01–100 Hz von den Spulen mit etwa 1 A belastet werden kann. Das damit erzeugbare maximale Magnetfeld hat am Ort des Dipols eine Stärke von einigen mT.

Man erkennt hieraus, daß das ganze Experiment mit minimalem Aufwand erstellt werden kann. Die meisten teureren Teile sind ohnehin in einem Praktikum vorhanden, der eigentliche bipolare Motor kann mit geringem Aufwand selbst gebaut werden. Obwohl dieser Aufbau zunächst recht „fliegend" erscheint, erfüllt er die an ihn gestellten Ansprüche innerhalb eines Praktikums.

11.3 Die Datenerfassung und -auswertung mit *ROMA*

Beim vorliegenden Experiment bietet sich die Datenerfassung mit Hilfe des Computers geradezu an. Die Daten fallen relativ schnell an (im Hertz-Bereich), so daß eine Erfassung von Hand nicht möglich ist. Eine andere Alternative wäre, die Daten mittels einer eigenen Zählerhardware zu registrieren und anschließend von Hand auszuwerten. Allerdings wäre dieses Vorgehen alles andere als zeitgemäß. Darum haben wir speziell zur Datenerfassung bei diesem Experiment das Programm *ROMA* (**RO**tierender **MA**gnet) entwickelt.

11.3.1 Allgemeine Bemerkungen zum Programm

Das Programm *ROMA* erlaubt es, die Drehrichtung und die Drehfrequenz des Dipols zu erfassen und grafisch auf dem Bildschirm als Funktion der Zeit bzw. als äquidistante Folge von Punkten darzustellen. Die Drehfrequenz wird dadurch ermittelt, daß die Zeit gemessen wird, die ein Schlitz bekannter Breite zum Passieren einer Lichtschranke benötigt. Auf diese Weise kann nur die momentane Geschwindigkeit beim Durchgang gemessen werden, eine ständige Messung etwa in beliebigen Zeitabständen ist nicht möglich. Aus dieser momentanen Geschwindigkeit wird eine Drehfrequenz berechnet, so als ob sich der Dipol während einer ganzen Umdrehung mit gleichbleibender Geschwindigkeit bewegen würde.

Die Meßwerte können abgespeichert und zu einem späteren Zeitpunkt wieder geladen werden. Zu Beginn und am Ende jeder Messung bestimmt das Programm mit Hilfe eines A/D-Wandlers zusätzlich noch die Amplitude der angelegten Spannung und deren Frequenz. Abbildung 11.3 zeigt den Arbeitsbildschirm des Programms. Anhand der Menüeinträge auf der rechten Seite kann man erkennen, welche Möglichkeiten das Programm bietet. Das Hauptfenster des Bildschirms zeigt die grafische Darstellung der Meßwerte. Auf der Y-Achse ist wahlweise die Drehfrequenz oder -geschwindigkeit aufgetragen, auf der X-Achse die Zeit seit Beginn der Messung. Durch die Darstellung der Meßwerte in zwei verschiedenen Farben kann zwischen der Drehung im oder entgegen dem Uhrzeigersinn unterschieden werden.

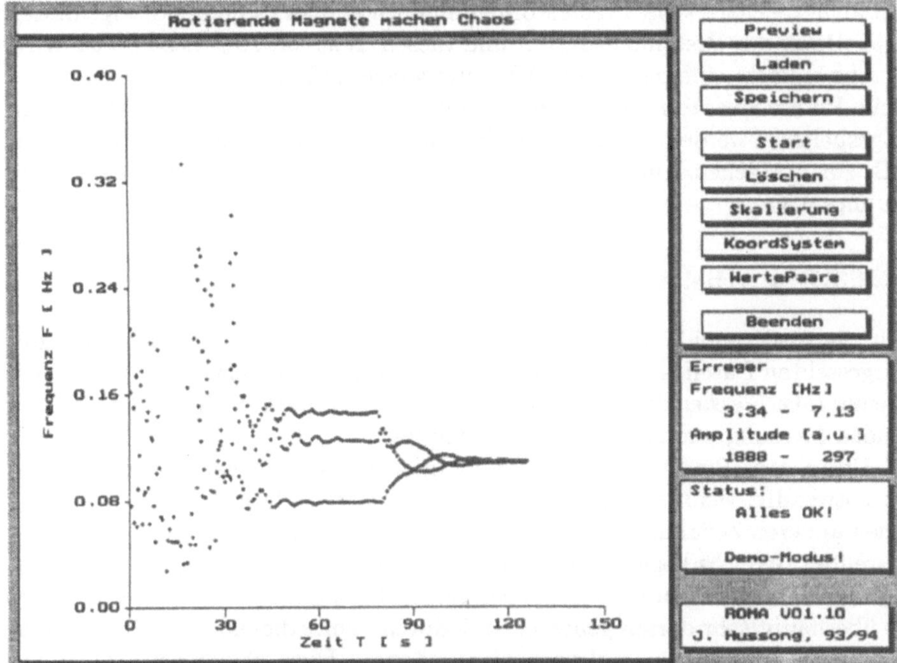

Abb. 11.3. Der Arbeitsbildschirm des Programms *ROMA*. Die Menüeinträge auf der rechten Seite sind baumartig strukturiert. Sie können mit der Maus ausgewählt werden. In den dann erscheinenden Untermenüs sind die anwählbaren Funktionen hell, alle anderen dunkel dargestellt

Damit sich Benutzer, die nicht über die notwendige Hardware zur Datenerfassung verfügen, mit dem Programm vertraut machen können, ist es mit einem optionalen Parameter /d startbar. In dem dann laufenden „Demomodus" kann man alle Operationen außer der Datenerfassung durchführen. Er eignet sich also dazu, sich mit dem Programm vor Versuchsbeginn vertraut zu machen, aber auch dazu, nach der eigentlichen Durchführung des Versuchs abgespeicherte Daten weiter auszuwerten.

11.3.2 Dateioperationen

Die ersten drei Einträge *Preview, Laden* und *Speichern* des Arbeitsmenüs beziehen sich auf mögliche Dateioperationen. Von besonderem Interesse ist hier nur der Punkt *Preview*, die beiden anderen erklären sich von selbst. Jeder kennt das Problem, beim Abspeichern eines Datensatzes einen (für DOS-Umgebungen) maximal acht Zeichen langen Dateinamen zu finden, der möglichst noch beschreibt, was speziell an dieser Datei interessant ist. Bei dem Programm *ROMA* ist dies so gelöst, daß gleichzeitig mit dem Meßdatensatz ein maximal 50 Zeichen langer Text zur Beschreibung der Messung mit abgespeichert wird. *Preview* öffnet eine Dateiauswahlbox und zeigt hinter jeder Datei das Erstellungsdatum und diesen Text an. Auf diese Weise wird es sehr einfach, eine bestimmte Messung wiederzufinden.

Beim Punkt *Speichern* ist noch zu erwähnen, daß die Daten im ASCII-Format abgespeichert werden. Damit ist es einfach möglich, sie in andere Programme, z.B. zur grafischen Aufbereitung oder zur numerischen Weiterverarbeitung, zu importieren.

11.3.3 Das Arbeitsfeld

Mit dem Menüpunkt *Start* wird eine Messung gestartet. Damit gehen die dargestellten Daten, sofern sie nicht vorher gespeichert werden, verloren. Der Menupunkt *Löschen* dient zum Löschen eines Datensatzes während einer laufenden Messung und startet die Messung neu.

Unter dem Punkt *Skalierung* kann man die Achsen neu skalieren. Dies ist notwendig, wenn sich die Frequenz sehr stark ändert, oder die Messung einen anderen Zeitraum einnimmt als geplant. Daten, die außerhalb des dargestellten Bereichs liegen, werden durch rote Punkte am jeweiligen Rand des gezeigten Fensters markiert. Sie gehen für die Messung nicht verloren. Es wurde überhaupt sehr darauf geachtet, daß durch Fehlbedienung des Programms möglichst keine Daten verloren gehen können. Dies ist ein sehr wichtiger Punkt, da Fehlbedienungen bei Programmen, mit denen man noch wenig vertraut ist, eine häufige Ursache von Fehlern darstellen. Führen diese Fehler auch noch zu Datenverlusten, sind die Studenten im Praktikum sehr schnell frustriert und können den Spaß am Experimentieren verlieren.

Das Programm bietet die Möglichkeit, die Meßwerte in zwei verschiedenen Koordinatensystemen darzustellen. Mit Hilfe des Punktes *KoordSystem* kann zwischen beiden Modi umgeschaltet werden. Sie unterscheiden sich in der Art der Darstellung der X-Achse. Im ersten Fall (wie in Abb. 11.3 zu sehen) ist sie eine Zeitachse und der Meßpunkt wird abhängig von der Zeit seit dem Start der Messung eingetragen. Das hat den Vorteil, daß die zeitliche Entwicklung der Meßwerte durch ihren Abstand im Diagramm erkennbar ist. Im zweiten Fall werden die Meßpunkte äquidistant über einer fortlaufenden Numerierung der Messung aufgetragen.

Als Hilfe bei der Auswertung dient der Menüpunkt *Wertepaare*. Wird er angewählt, so erscheint ein Untermenü, in dem die Frequenz und der Zeitpunkt bzw. die Nummer der Messung einzelner Meßpunkte angezeigt wird. Der aktuell angewählte Punkt wird mit Hilfe eines Fadenkreuzes markiert. Mittels einzelner Schalter im Menü kann man jeweils zum nächsten Datenpunkt bzw. 10 oder (durch gleichzeitiges Drücken der *SHIFT*-Taste) 100 Punkte weiterspringen.

Informationen, die für den Benutzer wichtig sein könnten, werden in einem Infofenster eingeblendet. Dort erscheinen z.B. Fehlermeldungen oder der Hinweis, daß das Programm im Demomodus gestartet wurde.

11.3.4 Die Datenerfassung

Das Programm bietet die Möglichkeit, in einem Durchgang maximal 500 Meßpunkte aufzunehmen, was sich bei allen Versuchen bisher als ausreichend
erwiesen hat. Die Datenerfassung selbst geschieht mit Hilfe des CASSY-
Interfaces der Firma Leybold. Das hat den Vorteil, daß sich auf einer Interfacekarte sowohl der benötigte Timer, als auch der A/D-Wandler befinden.
Im Prinzip ist jede andere Lösung denkbar, die Zugriff auf einen Timerbau-
stein (der durch eine ansteigende Signalflanke gestartet und eine entgegenge-
richtete Flanke wieder gestoppt werden kann) sowie auf einen A/D-Wandler
gewährleistet. Beim A/D-Wandler genügt eine sehr einfache Ausführung, da
nur überprüft wird, ob eine bestimmte Signalhöhe überschritten wird (zur
Detektion der Drehrichtung wird beim Anhalten des Timers überprüft, ob
die zweite Lichtschranke offen ist). Mit dem von uns verwendeten Interface
können Frequenzen von einigen kHz bis herab zu 0,001 Hz gemessen werden,
also ein weitaus größerer Bereich, als er in diesem Experiment vorkommt.

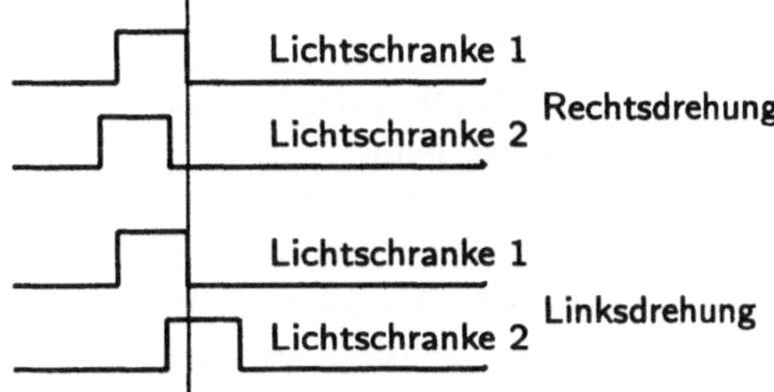

Abb. 11.4. Erfassung der Drehrichtung mit Hilfe zweier Lichtschranken: Im Falle der Rechts-
drehung ist zum Zeitpunkt des
Schließens der Lichtschranke 1 (senkrechte Linie) die Lichtschranke 2 schon geschlossen, bei
Linksdrehung noch offen

Die Erfassung der Drehrichtung geschieht dadurch, daß die zwei Öffnungen der Dipolscheibe um fast 180° versetzt so angeordnet sind, daß im Uhrzeigersinn die Öffnung 2 gerade dann die Lichtschranke freigibt, wenn Öffnung 1
die ihre wieder verschließt (vgl. Abb. 11.4). Dreht sich die Scheibe im Gegen-
uhrzeigersinn, so ist die Reihenfolge umgekehrt. Dabei muß darauf geachtet
werden, daß die beiden Flanken (Öffnen der Lichtschranke 1 und Schließen
der Lichtschranke 2) einen möglichst kleinen Überlapp haben, damit Fehlin-
terpretationen vermieden werden (z.B. langsame Umdrehung im Uhrzeigersinn kann unter Umständen nicht von schneller Umdrehung in Gegenrichtung
unterschieden werden).

11.3.5 Eine alternative Möglichkeit zur Datenerfassung

Neben der vorgestellten Möglichkeit, die Bewegung des Dipols zu registrieren,
gibt es noch weitere.

Eine davon wäre die Registrierung der Drehbewegung mit Hilfe einer
Zahnscheibe, ähnlich wie sie bei dem in Abschn. 5.2.1 vorgestellten Drehpendel verwendet wird. Sowohl die dort beschriebene Hardware als auch das

Programm *SWING* wären ohne große Änderungen auch beim bipolaren Motor zu benutzen. Diese Methode liefert mehr Daten als die hier ausführlich beschriebene (die pro Umdrehung nur einen Meßpunkt liefert), da sie die Bewegung kontinuierlich verfolgt. Das bringt mehr Informationen, hat aber den Nachteil, daß die Auswertung der Daten aufwendiger wird, zumal die Möglichkeiten des Programms *ROMA* nicht genutzt werden können. Dagegen erweist sich die direkte Darstellungsmöglichkeit des Phasenraums als Vorteil der Methode.

11.4 Mögliche Aufgabenstellungen

Die im folgenden geschilderte Aufgabenstellung der Studenten stellt in der beschriebenen Reihenfolge einen möglichen Versuchsablauf im Praktikum dar. Die Zahl der Aufgaben muß entsprechend den örtlichen Gegebenheiten und der zur Verfügung stehenden Zeit angepaßt werden.

Ein mögliches Meßprogramm könnte folgende Punkte enthalten:

- **Mit dem Experiment vertraut machen.** Hierzu zählt ein erstes spielerisches Untersuchen des Aufbaus und des Verhaltens des Dipols, je nach Kenntnisstand der Studenten. Unverzichtbar ist jedoch das grundlegende Verstehen des Meßprinzips, wenn auch ein tieferes Verständnis der Details bei manchem Studenten erst später erfolgen wird.

- **Überlegen, welche Größen beeinflussen die Meßwerte.** Hier müssen Störeinflüsse erkannt und es muß überlegt werden, ob und wie sie beseitigt werden können (z.B. Erdmagnetfeld). Es muß der Unterschied zwischen Meßgröße (z.B. Spannung an den Spulen) und zu messender Größe (die aus dem dabei fließenden Strom resultierende magnetische Feldstärke) herausgearbeitet werden. Ebenso sind die notwendigen Eichungen hier durchzuführen.

- **Erste qualitative Messungen.** Als Einstieg sollte eine möglichst einfache Messung von den Studenten verlangt werden. Es bietet sich an, nicht direkt mit chaotischen Phänomenen zu beginnen, sondern auf bereits Bekanntes, wie z.B. die Bestimmung einer Eigenfrequenz, zurückzugreifen. Man kann dabei die Aufgabenstellung dahingehend variieren, daß man wahlweise die Dämpfung des Systems oder den Parameter μ/J, von dem das Verhalten des Systems ja wesentlich abhängt, bestimmen läßt.

- **Messungen zum chaotischen Verhalten.** Nach diesen einführenden Untersuchungen hat man die Möglichkeit zu wählen, ob man möglichst viele verschiedene Aspekte (z.B. Bifurkationsdiagramm, Feigenbaumkonstante, Wege ins Chaos, Fenster im Bifurkationsdiagramm, Bistabilität, etc.) aufgreifen möchte oder ob man einzelne davon gezielt und im Detail mit entsprechendem Zeitaufwand beobachten möchte.

11.4.1 Meßaufgaben zum klassischen Verhalten des Systems

Im ersten Teil der Aufgabenstellung geht es vor allem darum, daß sich die Studenten mit der Meßapparatur und dem Programm zur Datenerfassung vertraut machen. Dazu benötigen sie zunächst keine Kenntnisse über die nichtlineare Dynamik. Sie können alle auftretenden Effekte mit Hilfe ihres Wissens aus der klassischen Mechanik (klassisches Drehpendel, allerdings in einer ungewohnten Form) erklären. Dieser Punkt erscheint uns sehr wichtig, sollen doch die Studenten zunächst ihre Unsicherheit dadurch überwinden, daß sie sich mit vertrauten Dingen beschäftigen, bevor sie an die neue, eventuell noch unbekannte Physik herangehen, entsprechend dem methodischen Lehrprinzip „vom Bekannten zum Unbekannten".

Das Verhalten qualitativ untersuchen. Zunächst sollen die Studenten sich spielerisch mit dem Verhalten des Dipols vertraut machen. Dazu beobachten sie, wie das System auf die verschiedenen Änderungen der Frequenz des externen Magnetfelds (ca. 0,1–10 Hz) bzw. deren Feldstärke (0–$\approx$ 500 µT) reagiert. Dabei werden Notizen gemacht, bei welchen Parametern es sich lohnt, das System mit Hilfe des Computers genauer zu untersuchen. Hierbei zeigt sich sogar ein Vorteil des „fliegenden Aufbaus": Da die Spulen zur Erzeugung des externen Magnetfelds von jeder Studentengruppe neu plaziert werden müssen, unterscheidet sich die Geometrie des Feldes bei jeder Gruppe etwas von der anderer Gruppen. Dadurch ändern sich immer die Parameter, bei denen interessante Effekte auftreten und ein Abschreiben aus Vorgängerheften wird zumindest in diesem Punkt unsinnig.

Eichung des Magnetfeldes. Das Drehmoment auf den Dipol ($\mu \times B$) hängt nur vom Magnetfeld am Ort des Dipols ab, welches wiederum von der speziellen Anordnung der Spulen abhängig ist. Den Studenten muß klar werden, daß die ihnen am einfachsten zugängliche Meßgröße, die die magnetische Feldstärke bestimmt, die an den Spulen anliegende Spannung ist, da diese einfach mit Hilfe des A/D-Wandlers vom Computer erfaßt werden kann. Sie müssen sich überlegen, wie die magnetische Feldstärke von dieser Spannung abhängt. Es ist im Verlauf eines Praktikums kaum möglich, daß sich die Studenten die Details der Messung genau überlegen oder gar zwischen verschiedenen Meßmethoden auswählen, trotzdem sollten sie wissen, warum sie einzelne Schritte durchführen.

Sie sollten also als erste Aufgabe, vor Beginn der quantitativen Messungen, eine Eichung der Abhängigkeit der magnetischen Feldstärke von der an den Spulen anliegenden Spannung durchführen. Dies geschieht sinnvollerweise durch Anlegen einer Gleichspannung an die Spulen und Messung der resultierenden Magnetfeldstärke mit einer Hallsonde. Dazu muß der Dipol zunächst entfernt werden; trotzdem sollte die Anordnung der Spulen möglichst in der Weise sein, wie sie auch später im Experiment sein wird.

Die entsprechenden Daten werden nicht vom Computer erfaßt, sondern in herkömmlicher Weise vom Studenten mit Papier und Bleistift. Einer späteren Auswertung mit Hilfe des Computers inklusive grafischer Darstellung der Werte (B, U), Berechnung einer Ausgleichsgeraden und eventuell einer Fehleranalyse sollte allerdings nichts im Wege stehen. Dies muß aber in eigener Regie und unter Verwendung allgemeiner Programme geschehen (vgl. Abschn. 15.2).

Im Zusammenhang mit dieser Eichmessung sollten sich die Studenten überlegen, welchen Fehler sie dadurch machen, daß sie die magnetische Feldstärke bei angelegter Gleichspannung messen, die eigentlichen Messungen aber bei Wechselspannung mit Frequenzen im Hertzbereich erfolgen. Dazu muß ihnen klar sein, daß die Induktivität der Spulen zu einem zum ohmschen Widerstand R_{rmo} zusätzlichen Widerstand führt. Dieser induktive Widerstand $(R_i = \omega L)$ erhöht den Gesamtwiderstand R_g auf den Wert $R_g = R_o + R_i$. Dadurch fließt bei Wechselstrom bei gleicher anliegender Spannung ein geringerer Strom, womit auch ein kleineres Magnetfeld induziert wird (wegen $B \propto LI$). Eine Möglichkeit zur Bestimmung der Größenordnung dieses Effekts besteht darin, die Induktivität der Spulen auszurechnen ($L = \mu_0 \mu_r A N^2 / l$; N: Windungszahl der Spule, l: Länge und A: Querschnitt) und mit Hilfe dieses Wertes ihren Wechselstromwiderstand bei der jeweiligen Frequenz zu bestimmen. Allerdings ist dies eine recht ungenaue Methode, da der Einfluß des Eisenkerns ($\mu_r \leq 1\text{--}10$) auf die Induktivität der Spule nur geschätzt werden kann. Da das zu erwartende Ergebnis aber durchaus in der Größenordnung des Ohmschen Widerstandes der Spulen liegt, ist es nötig, sich zu überlegen, wie man den Widerstand genauer bestimmen kann. Eine sehr elegante und auch relativ schnelle Methode besteht darin, den induktiven Widerstand direkt zu messen. Dazu benutzt man den ohnehin vorhandenen Sinusgenerator. Man mißt die Stromstärke durch die Spule bei einer konstanten Spannung für mehrere Frequenzen. Die Studenten müssen sich überlegen, welchen Frequenzbereich sie sinnvoller Weise wählen, da gerade bei den im Experiment benutzten Frequenzen von weniger als 10 Hz die Ablesegenauigkeit üblicher Meßgeräte aufgrund der stark schwankenden Anzeigen sehr gering ist. Ein Bereich von 10–100 Hz sollte hier sinnvoll sein. Eine kurze Ausgleichsrechnung (eventuell unter Verwendung des Computers) liefert den gewünschten Wert mit wesentlich höherer Genauigkeit, als dies durch Berechnung der Induktivität möglich wäre.

Bestimmung der Eigenfrequenz und der Dämpfung des Dipols. Wie man aus (11.2) sieht, hängt die Eigenfrequenz des Dipols im (homogenen) Magnetfeld B_0 vom Quotienten μ/J aus dem magnetischen Moment und dem Trägheitsmoment des Dipols ab. Eine weitere einführende Aufgabe für die Studenten könnte darin bestehen, zu versuchen, diesen Quotienten abzuschätzen, da er wesentlich mitbestimmt, ob sich das System chaotisch oder periodisch verhält. Dies geschieht, indem sie die Schwingungsdauer des Drehpendels bei verschiedenen Magnetfeldstärken messen. Das dazu nötige homogene Magnetfeld B_0 wird am besten mit Hilfe der zur Kompensation des Erdmagnetfeldes verwendeten Helmholtzspulen erzeugt.

Allerdings gilt (11.2) nur für vernachlässigbar kleine Dämpfung. Um den Einfluß der für die Dämpfung verantwortlichen Reibung abzuschätzen, kann man diese durch leichtes Verstellen des Andrucks der Nadellager verändern, bis sich der Wert der Eigenfrequenz (bei konstantem B-Feld) nicht mehr ändert. Eine andere, wesentlich elegantere Möglichkeit besteht darin, das Abklingen der Schwingung zu untersuchen und aus dem Verlust an kinetischer Energie pro Schwingungsperiode auf die Dämpfung zurückzuschließen.

Zur Messung richtet man den Dipol im Magnetfeld der Helmholtzspulen so aus, daß in der Ruhelage die zur Lichtschranke 1 gehörende Öffnung diese gerade freigibt. Dann stößt man den Dipol von Hand so an, daß er um diese Ruhelage schwingt, wobei die Amplitude der Schwingung aufgrund der Dämpfung immer geringer wird.

Abbildung 11.5 stellt eine solche, mit Hilfe des Programms registrierte abklingende Schwingung dar. Die Studenten sollten sich damit etwas intensiver beschäftigen, nicht weil sie dadurch besonders interessante Physik kennenlernen würden, sondern weil sie zur ihrer Erklärung das Meßprinzip verstanden haben müssen. Auf den ersten Blick scheint es sich um die normale exponentielle Abklingkurve einer gedämpften Schwingung zu handeln. Aber dieser Schein trügt, denn aufgetragen ist nicht die Maximalamplitude über der Zeit sondern eine Frequenz. Nun sollte sich aber die Frequenz einer gedämpften Schwingung während des Abklingens keinesfalls so stark (mehr als ein Faktor 10) ändern. Die Studenten müssen sich also klar werden, was das Programm in diesem Bild eigentlich darstellt.

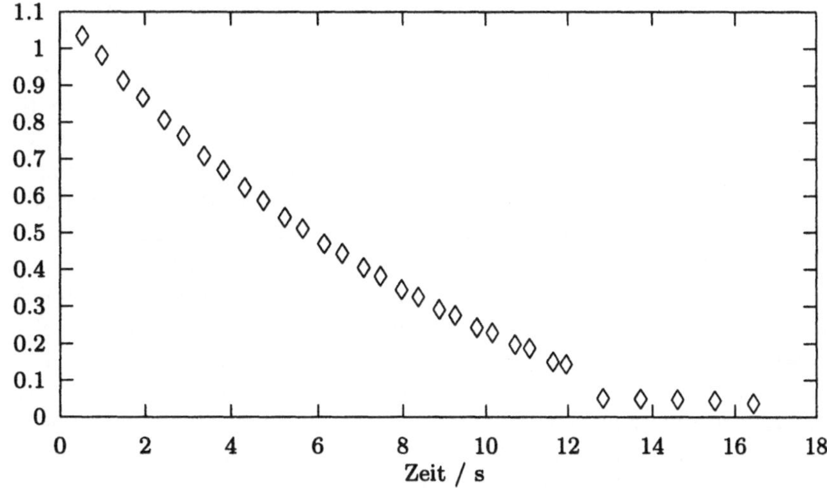

Abb. 11.5. Typische Werte, die das Programm *ROMA* für eine gedämpfte Schwingung des Dipols liefert. Genauere Details über die offensichtlich zu kleinen Meßwerte auf der rechten Seite sind im Text beschrieben

Die Lösung ist recht einfach. Das Programm bestimmt die Frequenz der Schwingung dadurch, daß bei einem festen Drehwinkel (hier sollte wie erwähnt die Ruhelage gewählt werden) die Zeit gemessen wird, die eine Öffnung bekannter Breite zum Passieren einer Lichtschranke benötigt. Es mißt also eine momentane Geschwindigkeit und rechnet daraus die Frequenz aus, die sich bei gleichmäßiger Umdrehung mit dieser Geschwindigkeit ergeben würde. Da sich die Schwingungsdauer bei der gedämpften Schwingung kaum ändert, muß sich die Geschwindigkeit beim Nulldurchgang stark verringern, wenn die Amplitude abnimmt. Dadurch „sieht" das Programm sich sehr stark ändernde Frequenzen. Die eigentlich interessierende Schwingungsdauer erhalten die Studenten aus dem zeitlichen Abstand der Nulldurchgänge.

Man kann in Abb. 11.5 erkennen, daß die Meßwerte Paare bilden. Dies hängt daran, daß der Dipol im Magnetfeld leicht verdreht aufgestellt war, wodurch die Ruhelage nicht exakt mit dem Öffnungspunkt der Lichtschranke zusammenfiel. Verwendet man zur Ermittlung der Schwingungszeit immer eine volle Schwingung, d.h. jeweils der Abstand zwischen 1., 3., 5., ... bzw. der dazwischenliegenden Nulldurchgänge, kann die Messung trotzdem fehlerfrei ausgewertet werden.

Aus dem beobachteten exponentiellen Abklingen der Winkelgeschwindigkeit beim Nulldurchgang des Pendels (hier Nullpunktsfrequenz genannt) kann man auf die Dämpfung des Systems zurückschließen. Die Dämpfung des Pendels resultiert daraus, daß im Laufe der Zeit alle Energie infolge der Reibung in Wärme umgewandelt wird und der Bewegung des Systems nicht mehr zur Verfügung steht. Beim Nulldurchgang des Pendels, also an dem Punkt, wo gemessen werden soll, hat das Pendel nur kinetische Energie, die aus der gemessenen Winkelgeschwindigkeit berechnet werden kann. Die Abnahme dieser Geschwindigkeit ist also direkt ein Maß für die Dämpfung des Pendels.

Auch die Werte am Ende der Messung, die offensichtlich abrupt zu klein werden, sollten erklärt werden können. Wieder ist die erwähnte Fehljustierung der Ruhelage die Ursache. Die Amplitude der Schwingung ist hier bereits so weit abgeklungen, daß sie nicht mehr über die Breite der gesamten Kerbe erfolgt. Somit gibt immer dieselbe Kante der Kerbe die Lichtschranke frei bzw. verschließt sie wieder. Dadurch ist die gemessene Öffnungszeit zu groß und es wird eine zu kleine Schwingungsfrequenz berechnet.

Durch Bestimmung der Eigenfrequenz in der oben geschilderten Weise bei verschiedenen Feldstärken kann man dann die Abhängigkeit der Schwingungsdauer von der Feldstärke und damit den Parameter μ/J bestimmen.

Abbildung 11.6 zeigt zwei Möglichkeiten, wie die Messung der Schwingungsdauern weiter ausgewertet werden kann. Oben ist dargestellt, wie man dies im modernen Laborbetrieb unter Zuhilfenahme eines Fitprogramms machen würde. Dabei ist es nicht notwendig, eine linearisierte Darstellung zu wählen. Das Fitprogramm berechnet normalerweise auch solche Funktionen wie in diesem Fall, bei denen eine Funktion $f(x) = \sqrt{a \cdot x}$ angepaßt wurde. Die angepaßte Funktion ist als durchgezogene Linie eingezeichnet. Man

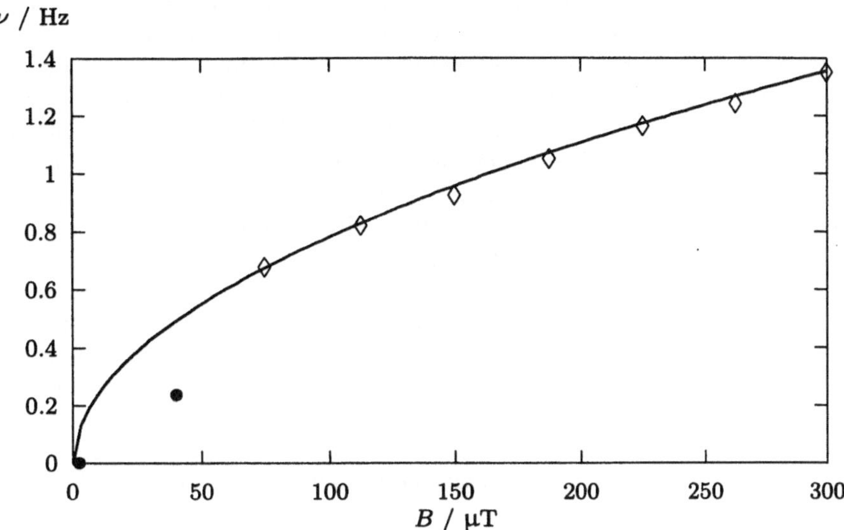

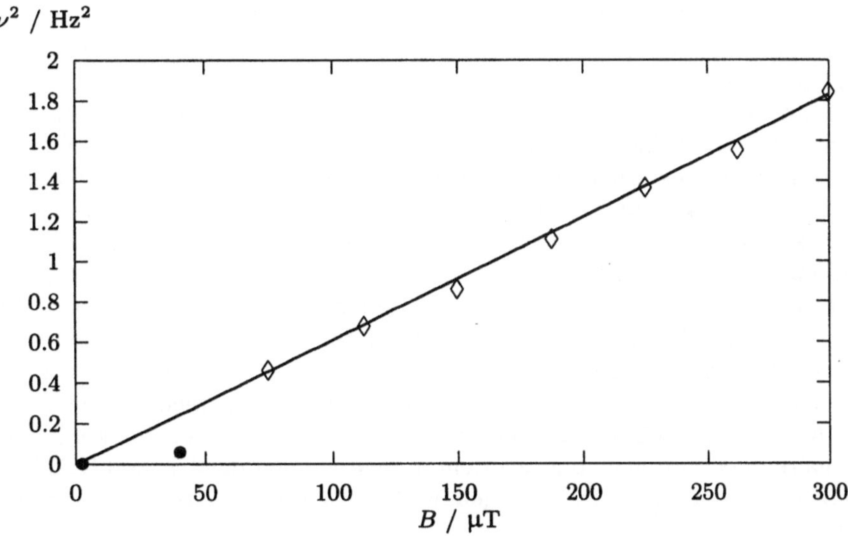

Abb. 11.6. Abhängigkeit der Schwingungsfrequenz des Dipols vom äußeren Magnetfeld. Oben ist die Auswertung mit Hilfe eines Fitprogramms zu sehen, unten unter Verwendung einer linearisierten Darstellung. Man beachte, daß die beiden ersten Werte in beiden Fällen nicht zur Berechnung der Ausgleichskurven verwendet wurden

beachte, daß die ersten beiden (als ausgefüllte Kreise dargestellten) Werte bei der Berechnung der Ausgleichskurve nicht berücksichtigt wurden; der erste Wert (0,0) stellt gar keinen Meßwert dar, durch ihn muß eine Kurve der angegebenen Form gehen; der zweite Wert liegt deshalb zu niedrig, weil bei diesen Messungen die magnetische Feldstärke der Helmholtzspulen und nicht die resultierende Feldstärke aufgetragen ist. Durch den Einfluß des Erdmagnetfelds ist die resultierende Feldstärke hier sehr klein, so daß eine kleinere Schwingungsdauer zustande kommt. Man sollte darauf achten, daß Studenten im Praktikum zu ihren Meßwerten stehen und solche „Ausreißer" in dieser Form ernsthaft diskutieren, anstatt sie einfach nicht zu dokumentieren.

Das untere Bild zeigt eine Auswertung mit Hilfe einer linearisierten Darstellung; hier wurde das Quadrat der gemessenen Schwingungsfrequenz über der Stärke des Magnetfelds aufgetragen. Die eingezeichnete Ausgleichsgerade kann in diesem Fall auch unter Benutzung eines Taschenrechners erhalten werden. Diese Form der Auswertung sollte gewählt werden, wenn kein Computer zur Verfügung steht, oder wenn die Studenten noch sehr unerfahren im Umgang mit den Fitprogrammen sind. Eine Notwendigkeit zum intensiven Üben solcher Darstellungen scheint unserer Meinung nach heute nicht mehr gegeben. Sie sind im Laboralltag kaum noch gebräuchlich und falls sie doch benötigt werden, erstellt man sie mit Hilfe des Computers.

Abschätzung des Trägheitsmoments des Dipols. Besonders eifrige Studenten können versuchen, das magnetische Moment μ des Dipols zu messen, um dann mit Hilfe von (11.2) aus der Eigenschwingung bei gegebener Feldstärke direkt das Trägheitsmoment zu bestimmen. Dazu messen sie, bei abgeschaltetem externem Feld, die magnetische Feldstärke B an den Endflächen des Dipols. Um Störeffekte wie z.B. das Erdmagnetfeld zu eliminieren, führen sie am besten eine Meßreihe mit verschiedenen Orientierungen des Dipols im Raum durch. Differenzbildung der Feldstärken von Nord- und Südpol und Mittelwertbildung der einzelnen Differenzen liefern den gesuchten Wert der Feldstärke ohne Störeinflüsse. Mit Hilfe der Größe der Endfläche (A) des Dipols errechnen sie dann den magnetischen Fluß $\Phi = B/A$ durch die Endflächen und aus deren Abstand l schließlich das Dipolmoment $\mu = \Phi \cdot l$. Diesen Aufgabenteil sollte man aber, wenn überhaupt, optional anbieten, da das Verhalten des Systems vom Quotienten aus Dipolmoment μ und Trägheitsmoment J bestimmt wird. Die genaue Kenntnis der Einzelgrößen ist nicht notwendig.

Kompensation des Erdmagnetfelds. Bevor die Studenten nun mit weiteren quantitativen Messungen am bipolaren Motor beginnen, müssen sie sich klarwerden, daß alle oben genannten Gleichungen nur für den kräftefreien Fall, d.h. ohne Einwirkung einer äußeren Kraft gelten. Der Dipol befindet sich aber im Magnetfeld der Erde (ca. 40 µT) so daß ständig eine Kraft auf ihn wirkt. Um diesen Effekt zu eliminieren, genügt es, die Horizontalkomponente des Erdmagnetfelds zu kompensieren. Dazu kann man ein Paar Helmholtzspulen benutzen, die ein dem Erdmagnetfeld entgegengerichtetes, gleichstarkes Magnetfeld erzeugen. Die Überlagerung beider Felder führt dazu, daß sich der Dipol in einem feldfreien Raum befindet. Wichtig ist dies vor allem, wenn man kleine Frequenzen benutzt, wenn also das Feld der externen Magnetspulen für längere Zeit vergleichbar oder gar kleiner als das Erdmagnetfeld ist. Als einfacher Test für die Qualität der Kompensation kann dienen, ob der Dipol in jeder beliebigen Stellung ruhig stehen bleibt, also kein Drehmoment mehr auf ihn wirkt. Technisch aufwendiger, aber auch genauer ist das Vermessen des Feldes unter Verwendung einer Hallsonde, um zu überprüfen, wie gut die Kompensation gelungen ist.

11.4.2 Untersuchungen auf dem Weg zum chaotischen Verhalten

Wie sich die Studenten dem chaotischen Verhalten des Dipols nähern, wird in diesem Abschnitt beschrieben.

Rotation des Dipols und Bifurkationen. Erhöhung der äußeren Magnetfeldstärke führt, wie oben erwähnt, zunächst dazu, daß der Dipol mit immer größerer Amplitude schwingt, um dann, wenn der Drehwinkel den Wert π überschreitet, in Rotation überzugehen. Diese Rotation erfolgt zunächst mit der Frequenz des äußeren Magnetfeldes.

Überschreitet die Feldstärke bei weiterer Erhöhung einen bestimmten Wert, so kommt es zur ersten der oben erwähnten Bifurkationen, d.h. anstatt wie bisher mit nur einer Frequenz rotiert der Dipol nun mit zwei neuen Frequenzen. Dabei zeigt auch dieses System ein typisches Einschwingverhalten. Die Frequenzen pendeln zunächst für einige Zeit um die beiden neuen Werte. Ein ähnliches Phänomen ist auch bei klassischen Drehpendeln zu beobachten und wird in Abschn. 5.4.7 im Detail diskutiert. Dieser Einschwingvorgang ist in Abb. 11.7 deutlich zu sehen. Das Ansteigen der höheren und das Absinken der niedrigeren Frequenz liegt daran, daß die Feldstärke während der gesamten Messung gleichmäßig erhöht wurde. Eine „ideale" Bifurkation, nach deren Auftreten alle externen Parameter konstant bleiben, sähe etwa wie in Abb. 11.8 schematisch dargestellt aus.

Weitere Erhöhung der Feldstärke bringt das System nach eventuellen weiteren Bifurkationen dazu, sich chaotisch zu verhalten. Dieser Übergang geschieht manchmal auch spontan und ist in einigen der Abbildungen 11.9 deutlich zu sehen. Auf der Abszisse dieser Graphen ist eine Zeit abgetragen. Gleichzeitig entspricht diese aber einer Änderung des Magnetfeldes, da während der Messung von Hand die Spannung an den Spulen erhöht wurde. Da dies aber meist nicht besonders gleichmäßig geschieht (wenn z.B. eine Bifurkation auftritt, muß ja zunächst die entsprechende Spannung an den Spulen bestimmt werden), wurde von einer Angabe der Magnetfeldstärke abgesehen.

Die Aufgabe der Studenten besteht darin, die Bifurkation zu beobachten und die zugehörige Feldstärke durch Messung der Spannung an den Spulen zu bestimmen. Dazu wird von Hand sehr langsam die Spannung an den Spulen erhöht. Beim Auftreten einer Bifurkation bietet das Programm *ROMA*

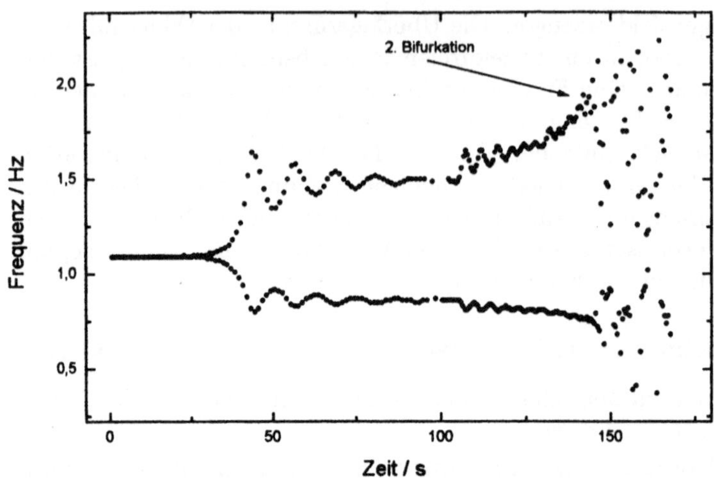

Abb. 11.7. Eine Messung bei der Bifurkationen (die erste bei t ≈ 30 s) zu sehen sind. Nach der ersten treten Schwingungen um die beiden zukünftigen Frequenzen auf, die aber im Laufe der Zeit abklingen würden, wenn keine weitere Änderung des Magnetfelds stattfinden würde. Diese Schwingungen führen dazu, daß man in diesem Bild die zweite Bifurkation, die etwa bei $t \approx 140$ s auftritt (durch einen *Pfeil* markiert) nur erahnen kann

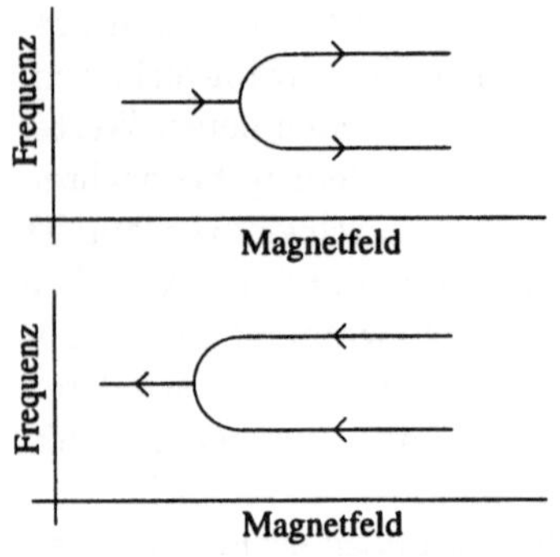

Abb. 11.8. Schematische Darstellung des Hystereseverhaltens bei Bifurkationen. Verändert man die Magnetfeldstärke von niedrigen zu höheren Werten (*oberes Bild*), tritt die Bifurkation später ein, als bei Veränderung in der umgekehrten Richtung (*unten*). Das Auseinander- bzw. Zusammenlaufen der beiden Frequenzen geschieht nicht allmählich (keilförmig), sondern tatsächlich so, wie hier schematisch dargestellt

die Möglichkeit, auf Knopfdruck die Messung kurz zu unterbrechen, um die aktuellen Werte von Frequenz und Feldstärke zu messen und anzuzeigen. Es wäre auch möglich, die Spannung mit Hilfe des Computers zu verändern, aber dazu wäre zusätzliche Hardware nötig (ein extern steuerbarer Sinusgenerator), was das Experiment nur unnötig verteuern würde. Eine billige Methode besteht darin, mit Hilfe eines kleinen Synchronmotors und eines Riemenantriebs die Veränderung der Parameter Spannung U ($\propto B(t)$) bzw. Frequenz ω vorzunehmen. Das hat den Vorteil, daß diese Veränderung relativ gleichmäßig geschieht, verurteilt aber die Studenten zur völligen Untätigkeit.

Beobachtet man mindestens drei Bifurkationen, was nach unseren Erfahrungen nicht leicht ist, sollte es mit den zugehörigen Spannungswerten möglich sein, eine erste Näherung für die Feigenbaumkonstante (vgl. 11.3) zu berechnen.

Zum Schluß können die Studenten noch versuchen, ein Bifurkationsdiagramm dadurch zu erhalten, daß sie anstelle der Magnetfeldstärke (oder Spannung an den Spulen) die Frequenz des Magnetfeldes verändern. Da, wie bereits oben erwähnt, das Verhalten des Dipols quadratisch von der Frequenz abhängt, ist dies ein sehr kritisches Unterfangen und wird nur bei sorgfältigem Arbeiten und langsamer Variation der Frequenz gelingen.

Hystereseverhalten (bei Bifurkationen). Eine weitere, eventuell optional zu bearbeitende Aufgabe könnte darin bestehen, das System bezüglich seines Hystereseverhaltens zu untersuchen. Man kann feststellen, daß der bipolare Motor, so wie alle Systeme, bei denen Bifurkationen zu beobachten sind, ein bistabiles Verhalten zeigen. Die Bistabilität tritt bezüglich des Punktes auf, an dem Bifurkationen erscheinen: Das System versucht möglichst lange in dem Zustand zu bleiben, in dem es sich gerade befindet. Das führt dazu, daß bei Erhöhung der Feldstärke die Aufspaltung in zwei Frequenzen bei höherer Feldstärke erfolgt als die Reduktion von zwei auf eine Frequenz bei Verringerung der Feldstärke (vgl. Abb. 11.8). Der Grund für diese Bistabilität ist darin zu suchen, daß das System sich in beiden Zuständen auf Attraktoren (vgl. Abschn. 11.1.2) bewegt. Um nun von einem zu einem anderen zu wechseln, muß es sich erst weit genug vom aktuellen Attraktor entfernt haben, um quasi „näher" beim neuen Attraktor zu sein. Somit kann man verstehen, daß Hin- und Rücksprung nicht bei denselben Bedingungen geschehen.

Bei diesem Punkt der Versuchsdurchführung macht sich die Möglichkeit des Programms *ROMA*, die relevanten Parameter des Versuchs (Spannung an den Spulen und Frequenz des Feldes) an bestimmten Punkten zu messen und anzuzeigen, besonders positiv bemerkbar. Tritt eine Bifurkation auf, so messen die Studenten diese Parameter und verändern sie anschließend in die andere Richtung, bis der Bifurkationspunkt wieder erreicht wird und messen sie erneut. Aus dem Unterschied der beiden Werte erkennen sie, daß eine Hysterese aufgetreten ist. Sie müssen nun überprüfen, ob diese wirklich größer als ihre Meßgenauigkeit ist und damit auch signifikant ist. Sie können versuchen, durch mehrfaches Messen die Aussagekraft ihrer Daten zu verbessern, oder untersuchen, ob die Größe der Hysterese vom Grad der Bifurkation $(1 \rightarrow 2, 2 \rightarrow 4 \ldots)$ abhängt.

11.4.3 Das Chaotische Verhalten

Am leichtesten von allen Bewegungsformen des Magneten ist seine chaotische Bewegung (direkt, visuell und am Monitor) zu beobachten. Meist befindet sich das System schon dann in einem solchen Zustand, wenn man es mit beliebigen Betriebsparametern einschaltet. Die Aufgabe der Studenten besteht darin, zu untersuchen, auf welchem Weg das System vom geordneten harmonischen Zustand ins Chaos übergeht. Dazu variieren sie, wie bereits bei der Beobachtung der Bifurkationen, entweder die Frequenz der externen Feldstärke oder deren Amplitude und nehmen das Verhalten des Magneten mit Hilfe des Programms *ROMA* auf. Dabei ist es sinnvoll, wenn sie sich bereits vorher beim spielerischen Umgang mit dem System notiert haben, bei welchen Parametern ungefähr welches Verhalten vorliegt.

Abbildung 11.9 zeigt sechs typische Messungen, wie sie die Studenten dabei erhalten können. Man erkennt einige typische Bewegungsformen des Systems.

Links oben sieht man die Messung, mit zwei Bifurkationen, die jeweils durch einen Pfeil markiert sind. Danach treten jeweils die bereits in Abb. 11.7 diskutierten Schwingungen um die neuen Frequenzen auf. Dies führt dazu, daß man nach der zweiten Bifurkation auf den ersten Blick an eine chaotische Bewegung denken könnte. Eine genauere Analyse zeigt aber, daß eine Bewegung mit vier Frequenzen und einer aufgeprägten, abklingenden Schwingung vorliegt. Da eine solche Analyse von den Studenten großes Hintergrundwissen und viel Engagement erfordert, kann sie nur als optionale Aufgabenstellung angeboten werden.

Rechts oben sieht man eine Bewegungsform, die direkt von der Rotation ohne erkennbare Bifurkationen ins Chaos übergeht. Dabei stehen die Rauten für eine Umdrehung im Uhrzeigersinn, die Kreuze markieren die entgegengesetzte Drehrichtung. Solche direkten Übergänge von einer harmonischen in eine chaotische Bewegungsform kann man sehr häufig beobachten. Sie treten immer dann auf, wenn der variierte Parameter zu schnell verändert wurde.

In der Mitte sind zwei Abbildungen zu sehen, bei denen die chaotische Bewegung wieder in eine harmonische übergeht. Im *linken* Bild kristallisiert sich eine Bewegung mit drei verschiedenen Frequenzen heraus. Noch interessanter ist das *rechte* Bild. Hier erkennt man, daß sich der bipolare Motor ganz zu Beginn mit einer einzigen Frequenz dreht, dann geht die Bewegung ins chaotische über. Wie oben geschildert, wurde die Spannung an den Spulen zu schnell erhöht. Nachden dies dann weit langsamer wieder verringert wurde, geht das System über eine Rotation mit fünf Frequenzen zum Schluß wieder in eine mit nur einer Frequenz über. Aufgrund der veränderten Randbedingungen ist dies auch eine andere als die Ausgangsfrequenz.

Links unten sieht man ein sogenanntes Fenster im Chaos. Die zunächst chaotische Bewegung stabilisiert sich kurzzeitig, wobei oft ungeradzahlige Anzahlen von Frequenzen auftreten. Danach geht die Bewegung über Bifurkationen (hier nicht erkennbar) wieder ins chaotische über.

Die *rechte* Abbildung zeigt dann nochmals den Übergang von einer Frequenz ins chaotische Verhalten und dann, wie sich daraus wieder zwei Frequenzen herauskristallisieren, wobei wieder die im ersten Bild erkennbaren Schwingungen um die zukünftige Frequenzen erkennbar sind.

Die Bilder lassen erkennen, daß man, ist die chaotische Bewegungsform erreicht, manchmal durch vorsichtiges Zurückdrehen des Parameters, den man verändert hat (z.B. die Frequenz des Magnetfelds) einen plötzlichen Über-

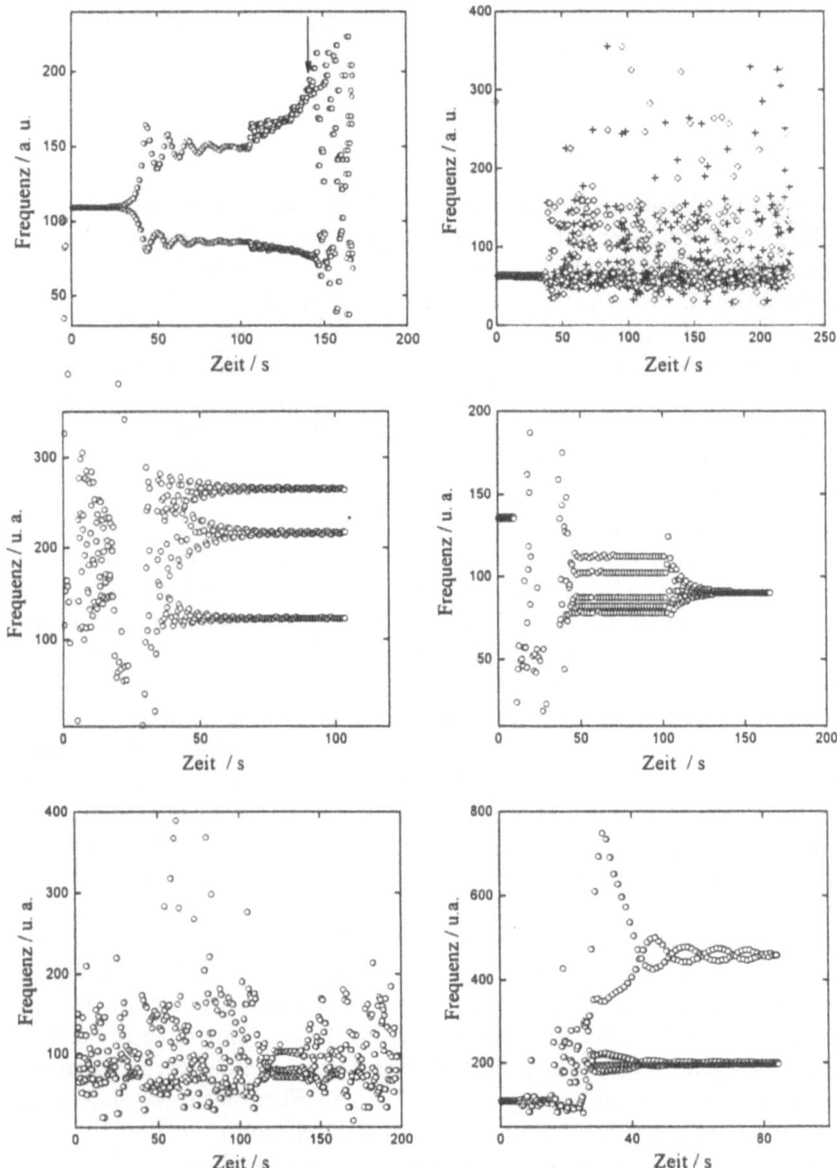

Abb. 11.9. Verschiedene typische Bewegungsformen des bipolaren Motors, wie sie von Studenten im Praktikum gemessen wurden. Die Details sind im Text näher erklärt

gang aus der chaotischen zur harmonischen Bewegung (manchmal sogar nur mit einer Frequenz) beobachten kann.

11.5 Zusammenfassung

Das vorgestellte Experiment zum bipolaren Motor stellt eine sehr einfache und preiswerte Möglichkeit dar, Studenten bereits im Anfängerpraktikum mit dem Themenkreis nichtlineare Dynamik vertraut zu machen. Es ist in seiner ganzen Struktur einfach zu durchschauen, was besonders im Anfängerpraktikum für die Studenten sehr wichtig ist, da sie dazu neigen, ihnen wenig oder nicht einsichtige Dinge einfach hinzunehmen und nicht zu hinterfragen. Gerade aus diesem Grund sollte bei der Formulierung der Aufgabenstellung darauf geachtet werden, daß deutlich gesagt wird, warum einzelne Punkte wie z.B. die Eichung der Magnetfeldstärke oder gar die Berücksichtigung des Wechselstromwiderstands bei dieser Eichung wichtig sind.

Viele Effekte, die bei der nichtlinearen Dynamik eine Rolle spielen, können mit Hilfe dieses Experiments beobachtet und zum großen Teil auch quantitativ erfaßt werden. Die Studenten messen Bifurkationen und werden damit vertraut, daß dies einer der Wege ins Chaos ist. Gleichzeitig erkennen sie, daß viele Systeme sich weder nur chaotisch, noch nur klassisch oder linear verhalten.

Die Studenten lernen den Begriff der Feigenbaumkonstante als eine universelle Naturkonstante kennen und versuchen diese zu bestimmen. Dabei werden sie zu einer sorgfältigen Arbeitsweise angeregt, da sie nur so brauchbare Ergebnisse erhalten. Man sollte allerdings darauf achten, daß die Bestimmung der Feigenbaumkonstante zu den optionalen Aufgaben zählt, da sonst etwas ungeschicktere Studenten, denen die Bestimmung nicht gelingt, benachteiligt werden.

Der „fliegende" Aufbau des Experiments hat den Vorteil, daß die Ergebnisse nicht exakt reproduziert werden können und damit die Möglichkeit des Abschreibens aus Vorgängerprotokollen weitgehend entfällt. Gleichzeitig stellt er eine Herausforderung an die Studenten dar, da nur bei sehr sorgfältiger Vorgehensweise wirklich gute Ergebnisse erzielt werden können. Andererseits bietet der Aufbau ein großes Maß an Flexibilität, so daß er die Eigeninitiative kreativer Studenten geradezu herausfordert.

Den Studenten wird einsichtig, warum an diesem Aufbau der Computer eingesetzt wird, da nur mit seiner Hilfe die sehr schnell anfallenden Daten erfaßt werden können. Gleichzeitig stellt er ein wertvolles Hilfsmittel bei der Dokumentation und Auswertung der Daten dar.

Die Vielzahl der möglichen Meßaufgaben erlaubt es, viele davon optional anzubieten. Dadurch wird die Arbeit aufgelockert, weil den Studenten keine feste Vorgehensweise vorgeschrieben ist. Sie werden dazu angeregt, Eigeninitiative zu entwickeln, und müssen sich selbst überlegen, welche Themen sie für so interessant erachten, daß sie unbedingt bearbeitet werden müssen.

Bei der vorliegenden Beschreibung wurden sehr viele Detailaufgaben zu Beginn des Versuchs geschildert, die mit dem eigentlichen Thema nichtlineare Dynamik nichts zu tun haben. Es handelt sich hierbei um Fragestellungen, die durchweg den Studenten aus den Einführungsvorlesungen bekannt sein sollten, wenn auch nicht unbedingt unter der Sichtweise, wie sie hier vorliegt. Die Breite der Darstellung soll nicht den Eindruck erwecken, daß alle angesprochenen Fragen auch wirklich im Praktikum auftauchen. Sie soll lediglich als Anregung dienen, auch einmal Dinge zu sehen, die neben dem üblichen Weg zu finden sind.

12. Der Chaosgenerator

Welche Strukturprinzipien benutzt die Natur?

Physik reduziert vielfältige Naturerscheinungen auf wenige, allgemeingültige Gesetze. Zwei ganz grundlegende Prinzipien, das Superpositionsprinzip, resultierend aus linearen Differentialgleichungen und das Skaleninvarianzprinzip, verbunden mit nichtlinearen Differentialgleichungen, stehen im Mittelpunkt dieses Versuches. Seit einigen Jahren rückt das Skaleninvarianzprinzip in das Zentrum des Interesses der Wissenschaft; Skaleninvarianz in der Biologie (z.B. Oberflächenstruktur der menschlichen Haut), in der Geographie (selbstähnliche Küstenstruktur als Phasengrenze zwischen festem und flüssigem Medium), in der Mathematik (Untersuchung von Folgen: Mandelbrotmenge) und in der Physik (Untersuchung von chaotischen Dynamiken). Die Universalität der Skaleninvarianz zeigt den interdisziplinären Horizont auf, wenn man sich mit diesem Forschungsgebiet beschäftigt [12.1]. Eine wichtige Aufgabe von Praktika ist es unter anderem, diesen neuen Forschungszweig in das bestehende Versuchsangebot zu integrieren, Freude und Interesse daran zu wecken und gleichzeitig wichtige Grundlagen zu vermitteln.

Auch mit Hilfe von elektronischen Bauelementen lassen sich chaotische Phänomene (z.B. [12.2], [12.3]) realisieren und untersuchen. In dem hier vorgestellten Versuch wird ein realer RLC-Schwingkreis aufgebaut, der mit Hilfe eines Quadriergliedes das Signal rückgekoppelt wieder in den Kreis einspeist. Er zeigt eine breite Palette nichtlinearer Phänomene (selbstähnliche Strukturen, seltsame Attraktoren, Bifurkationen, breitbandige Frequenzspektren), die im Versuch beobachtet und analysiert werden. Dieser Schwingkreis wird hier Chaosgenerator genannt.

Der Schwingkreis wird durch eine Differentialgleichung beschrieben, die mit Hilfe eines Computers berechnet wird. Diese Simulation ist nun mit dem Verhalten des realen Schwingkreises zu vergleichen. Auf der einen Seite die theoretische Simulation, auf der anderen Seite das Experiment sowie die Synthese dieser beiden Versuchselemente in Form des Vergleichs machen den hohen Reiz dieses Versuches aus.

Für die Simulation des Schwingkreises steht das Programm *CHAOSGEN* zur Verfügung. Alle Modellparameter sind veränderbar, so kann der Parametersatz des realen Schwingkreises eingesetzt werden, um vorab das Verhalten des Chaosgenerators zu erkunden. Umgekehrt kann das Programm genutzt werden, sinnvolle Parametersätze ausfindig zu machen, deren realer Nachbau lohnt. Damit eignet sich der Praktikant auch wichtige Vorgehensweisen der Industrie an. Es ist effizienter und kostengünstiger, erfolgversprechende Aufbauten zuerst durch Simulation zu erkunden, statt gleich aufwendige Versuchsreihen durchzuführen.

Zum Versuch gehört, den Chaosgenerator selbst aufzubauen, verschiedene Bauelemente zu verändern und die Auswirkungen im Verhalten des Schwingkreises zu untersuchen. An diesem Experiment können anschließend verschiedene Größen gemessen und ausgewertet werden, wobei hier auch kompliziertere Auswertungen (schnelle Fouriertransformation (FFT), Bestimmung der Feigenbaumkonstanten) zum Zuge kommen.

12.1 Theoretische Hintergründe zum Chaosgenerator

Der Rückkopplungszweig eines parallelen RLC-Schwingkreises verfügt über ein Quadrierglied. So wird das Quadrat der anliegenden Spannung in den Kreis zurückgeführt (Abb. 12.1). Er selbst ist ein elektronisches Analogon eines optischen, bistabilen und rückgekoppelten Systems. Anhand des Generators wurde das Verhalten des optischen Systems modelliert und untersucht [12.11].

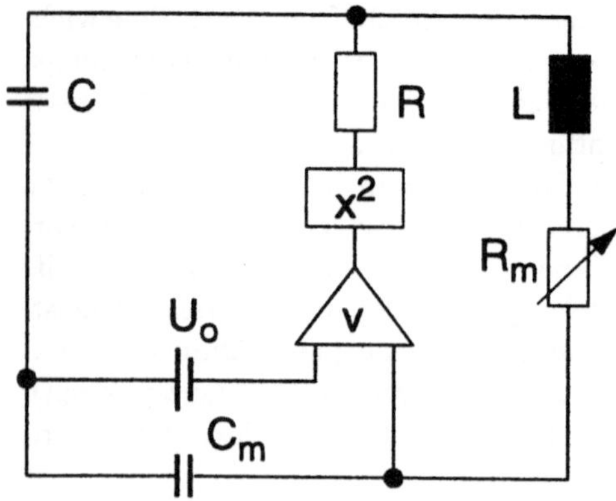

Abb. 12.1. Prinzipschaltbild des Chaosgenerators

12.1.1 Aufbau und mathematisches Modell

Die einzelnen Parameter haben folgende Bedeutung:

Parameter	Bedeutung	Voreinstellung in *CHAOSGEN*
v	Verstärkung	$1,2/\sqrt{v}$
R	Widerstand	$3,3\,\mathrm{k}\Omega$
R_m	variabler Widerstand	$50\,\Omega$
C	Kondensator	$47\,\mathrm{nF}$
C_m	variable Kapazität	$47\,\mathrm{nF}$
L	Induktivität	$100\,\mathrm{mH}$
U_0	Vorspannung	$4\,\mathrm{V}$

Der Kreis verfügt über drei komplexe Impedanzen, was zu einer Differentialgleichung dritter Ordnung führt. Sie wird mittels der Kirchhoffschen Maschenregel hergeleitet. Für die Masche mit C_m, C und R ergibt sich:

$$\frac{Q}{C} + R(\dot{Q} + \dot{Q}_\mathrm{m}) - v^2(U - U_0)^2 = 0. \tag{12.1}$$

Für die Masche mit C, L, R_m und C_m ergibt sich

$$\frac{Q}{C} - L\ddot{Q}_\mathrm{m} - R_\mathrm{m}\dot{Q}_\mathrm{m} - \frac{Q_\mathrm{m}}{C_\mathrm{m}} = 0. \tag{12.2}$$

Dies führt zur Differentialgleichung

$$\dddot{U} + a\ddot{U} + b\dot{U} + cU = d(U - U_0)^2 \tag{12.3}$$

mit den Koeffizienten

$$a = \tfrac{1}{RC} + \tfrac{R_\mathrm{m}}{L},$$

$$b = \tfrac{1}{LC}\left(1 + \tfrac{R_\mathrm{m}}{R} + \tfrac{C}{C_\mathrm{m}}\right),$$

$$c = \tfrac{1}{LCRC_\mathrm{m}},$$

$$d = \tfrac{v^2}{RC_\mathrm{m}LC}. \tag{12.4}$$

12.1.2 Numerische Betrachtungen

Das Programm *CHAOSGEN* löst die Differentialgleichung (12.3) durch numerische Integration und stellt die Ergebnisse in verschiedenen Anschauungsräumen dar. Der Benutzer wählt unter drei Integrationsalgorithmen aus. Der Euler-Algorithmus arbeitet sehr schnell, aber ungenau. Die Methode nach Heun liefert rasch Ergebnisse mit guter Genauigkeit. Der Fehlerterm liegt dabei in der Größenordnung der dritten Potenz der Zeitschrittweite ($O(\Delta t^3)$).

Das Runge-Kutta-Verfahren vierter Ordnung liefert eine hervorragende Genauigkeit zu Lasten der Rechengeschwindigkeit. In Zeiten hochgetakteter PCs ist dies aber inzwischen zu vernachlässigen.

12.1.3 Aspekte von Simulation und Experiment

Sowohl Experiment als auch Simulation bieten verschiedene Vor- und Nachteile. Während im Experiment der Kontrollparameter R_m nur mit mäßiger Genauigkeit justierbar ist, kann in der Simulation R_m nahezu beliebig genau eingestellt werden, unter gleichzeitigem Ausschluß thermischer Effekte (Drift, Rauscheffekte) an Potentiometer und Schwingkreis. Dies ist bei der Bestimmung der Feigenbaumkonstanten δ im Simulationsfall sehr vorteilhaft. Dagegen ist die Simulation eine Art Black-Box, der der Praktikant zunächst einmal vertrauen muß, während er im Experiment Signale direkt auf dem Oszilloskop beobachten und zur Analyse heranziehen kann. Während der Chaosgenerator quasi als Analogrechner in Echtzeit arbeitet, rechnet die Simulation um Größenordnungen langsamer. Dafür liefert die Simulation Ergebnisse hoher Präzision bei Erfassung von Parameterbereichen, die in der Realität nicht oder nur schwer erreichbar sind. So arbeitet das Quadrierglied nur innerhalb gewisser Spannungsgrenzen, welche die Simulation nicht kennt. Diese Aufzählung macht deutlich, daß Simulation und Experiment in diesem Versuch eine Einheit bilden, weil sie sich gegenseitig ergänzen.

12.2 Das Programm *CHAOSGEN*

Das Programm *CHAOSGEN* simuliert den Schwingkreis nach Abb. 12.1. Dazu löst es (12.3) numerisch, wobei der Benutzer wie oben beschrieben unter drei Integrationsalgorithmen auswählen kann.

Die Simulationsergebnisse werden in unterschiedlichen Darstellungen präsentiert. Unter *Phasenraum berechnen* stehen die Darstellungen im Orts- und Phasenraum und der Poincaré-Schnitt (siehe auch Kap. 11 *ROMA*) zur Verfügung. Unter *Iterative Abbildung zeichnen* wird die Abbildung $U_n \rightarrow U_{n+1}$ gebildet. *Bifurkationsdiagramm zeichnen* erstellt ein Diagramm, welches das Bifurkationsverhalten des Chaosgenerators darstellt.

In allen drei Teilprogrammen (Abb. 12.2) kann unter *Parameter ändern* der Parametersatz des Chaosgenerators verändert werden. Dadurch ist es möglich, die Simulation an reale Aufbauten anzupassen. Außerdem kann die Achsenskalierung für alle aufgetragenen Werte entsprechend den Bedürfnissen eingestellt werden. Außerdem wird unter diesem Menüpunkt der Integrationsalgorithmus für die Gleichungslösung gewählt. Es stehen das Euler-, Heun- und Runge-Kutta-Verfahren zur Auswahl.

Unter *Bild-Bearbeitung* können berechnete Bilder als Datei abgelegt oder geladen werden. Ebenfalls ist hier ein Graphikausdruck möglich, wobei mehre-

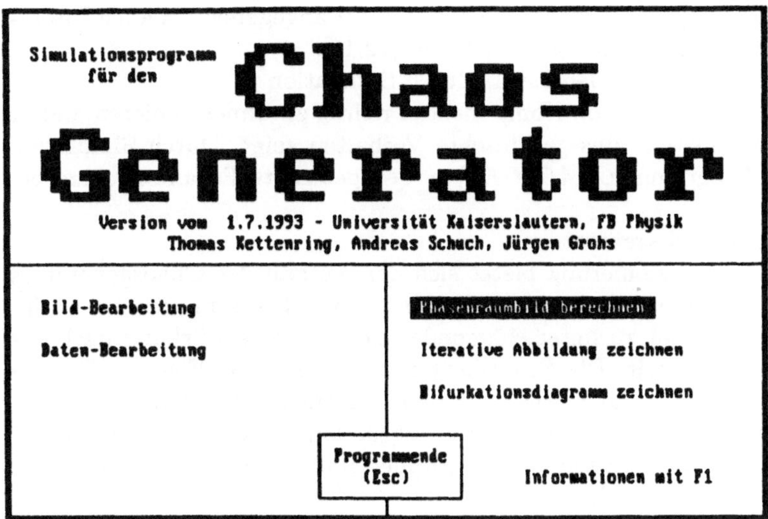

Abb. 12.2. Hauptmenü des Programms *CHAOSGEN*

re Druckertypen (Nadeldrucker, HP-Laserdrucker und PostScript-Standard) unterstützt werden.

Die *Daten-Bearbeitung* erlaubt es, die eingestellten Parametersätze abzuspeichern oder zu laden. Zu bestimmten Parametersätzen zugehörige Bilder können jedoch nicht manipuliert werden.

Mit F1 wird jeweils ein Hilfstext aktiviert und mit ESC wieder verlassen.

12.3 Aufgabenstellungen

Ziel der vorgestellten Aufgaben ist es, den Praktikanten den Strukturreichtum der nichtlinearen Phänomene aufzuzeigen. Der Versuch eignet sich auch, um eigene Untersuchungen anzuregen. Dafür sollte im Praktikum ausreichend Raum gelassen werden. Die Aufgaben hier sollen die Möglichkeiten, die dieser Versuch bietet, aufzeigen. Eine geeignete Aufgabenauswahl kann anhand der gegebenen Randbedingungen (Zeitbudget des Versuchs, Kostenfragen, Ausstattung) erfolgen. Die Aufgaben beschäftigen sich mit folgenden Themenkomplexen:

- Erschließung des Gebietes durch Literatursichtung
  In Standardvorlesungen wird sehr selten über die Konzepte der nichtlinearen Dynamik gesprochen. Deshalb ist es besonders wichtig, eine Literaturarbeit dem Versuch vorangehen zu lassen. Im Literaturanhang finden sich ausgewählte Veröffentlichungen einleitender Natur und Übersichtsartikel [12.1], [12.7]–[12.10], [12.18]. Ebenso ist Literatur zur Be-

schreibung einzelner Aspekte [12.12]– [12.17] angegeben als auch Literatur zum Chaosgenerator selbst [12.10], [12.11].

- Dimensionierung des Generators durch Simulation
  Es gilt, eine Vielzahl von Komponenten richtig zu dimensionieren, damit der Chaosgenerator das gewünschte Verhalten zeigt. Durch Simulation mit dem Programm *CHAOSGEN* werden geeignete Parametersätze bestimmt.

- Aufbau des Chaosgenerators
  Nach der Dimensionierung bietet sich der Aufbau des Chaosgenerators auf dem Protoboard oder einer Lötplatine an. Diese praktische Tätigkeit hat eine nicht zu unterschätzende, motivierende Wirkung nach der trockenen Vorarbeit. Die Praktikanten schaffen etwas Eigenes. Es entsteht damit der Antrieb, sich mit dem „eigenen" Generator auseinandersetzen und seine Geheimnisse zu ergründen. Aus Zeit- oder Kostengründen kann an die Praktikantengruppen immer wieder derselbe Generator ausgegeben werden.

- Untersuchung der Dynamik des Chaosgenerators im Experiment und der Simulation
  Zuerst wird der Generator im periodischen Bereich betrieben, die Nichtlinearität spielt keine Rolle. Es wird das Schwingverhalten in Abhängigkeit verschiedener Parameter, insbesondere des Kontrollparameters R_m untersucht. Parallel dazu sind die experimentellen Situationen nachzusimulieren und zu vergleichen. Durch Variation von R_m wird der Generator vom periodischen über den quasiperiodischen in den chaotischen Bereich geführt. Die Darstellung im Ortsraum reicht nicht mehr aus, um der Komplexität der Dynamik gerecht zu werden. Mittels anspruchsvollerer Darstellungsräume (Phasenraum, Poincaré-Schnitt) kann die Dynamik entsprechend dargestellt und diskutiert werden. Anhand der Folge der Bifurkationspunkte ist die Feigenbaumkonstante δ zu bestimmen. Experimentell kann dies zumindest näherungsweise nachvollzogen werden. Daran anschließend werden die Vor- und Nachteile zwischen Simulation und Experiment diskutiert. Im quasiperiodischen und im chaotischen Bereich wird das Ordnungsprinzip der Selbstähnlichkeit fraktaler Strukturen untersucht, was im Phasenraum mit dem Auftreten seltsamer Attraktoren korrespondiert. Nichtlineare Phänomene sind die Hysterese und die Grenzwertkrise, die an diesem System ebenfalls untersucht werden.

- Akustische Untersuchungen
  Der Chaosgenerator in Abb. 12.4 verfügt über einen Ausgang zum Anschluß eines Lautsprechers. Damit wird das Phänomen der Frequenzverdopplung hörbar gemacht. Einen quantitativen Auswerteschritt weitergehend, wird das Signal einer Fast-Fourier-Analyse zugeleitet. Durch Eichung wird die Spektrenentwicklung in Abhängigkeit von R_m untersucht.

Anhand der hohen Anzahl an möglichen Untersuchungsgebieten können individuelle Aufgabenstellungen ausgearbeitet werden. Theoretisch orientierte Praktikanten können einen Schwerpunkt auf Literaturarbeit, die Bestimmung der Feigenbaumkonstanten und die Diskussion von Phasenräumen und Poincaré-Schnitten legen. Experimentell orientierte Praktikanten können den Schwerpunkt auf den Aufbau des realen Schwingkreises und die akustischen Untersuchungen legen, dabei soll aber eine ausreichende Literaturarbeit gewährleistet sein.

12.3.1 Dimensionierung des Schaltkreises

Zur Vorbereitung des Schwingkreisaufbaues ist das Programm *CHAOSGEN* sehr nützlich. Um den Schwingkreis in seinen Komponenten zu dimensionieren, sind zunächst einige Simulationen durchzuführen. Gefordert ist, daß der Schwingkreis sowohl chaotische als auch harmonische Schwingungen bei der Variation von R_m aufzeigt. Dies funktioniert nur für bestimmte Parameterbereiche der übrigen Komponenten. Erfolgversprechende Kombinationen sind durch die Simulation erheblich schneller zu ermitteln als durch einen experimentellen Aufbau. Das Programm startet mit einem gut getesteten Parametersatz, der eine Untersuchung sehr vieler Phänomene ermöglicht.

Für bestimmte Parameterkombinationen verhält sich das System chaotisch, bei anderen nicht. Das Verhalten kann daher in Abhängigkeit von Parametern kartiert werden. Als Beispiel hierfür mag die Kartierung (Abb. 12.3) eines anderen, ähnlich chaotischen Systems dienen, das Verhalten des Duffing-Oszillators [12.4], [12.5].

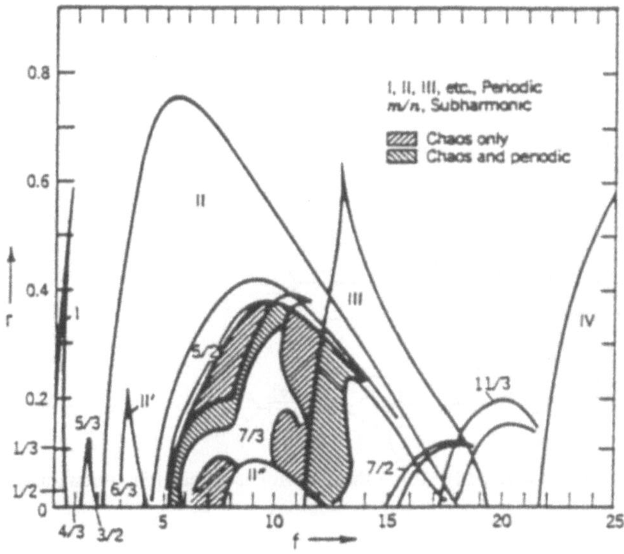

Abb. 12.3. Parameter-Diagramm für das Verhalten der vereinfachten Duffing-Gleichung $\ddot{x} + r\dot{x} + x^3 = f\cos t$, aus [12.5]

Eine andere Aufgabenstellung in umgekehrter Reihenfolge wäre, den Praktikanten einen aufgebauten Chaosgenerator als Black-Box auszuhändigen. Anhand des zu vermessenden Verhaltens und durch Vergleich mit der Simulation ist auf die Dimensionierung der verwendeten Bauteile zu schließen.

12.3.2 Aufbau des Schaltkreises

Die geringe Komponentenanzahl macht den Aufbau des Schaltkreises auf Protoboard oder einer Platine leicht im Rahmen des Praktikums möglich. Außerdem werden einfache Standardteile verwandt, die leicht zu beschaffen sind. Ein Beispiel für einen ausgetesten Aufbau gibt Abb. 12.4. Der Aufbau auf Platine gibt den Praktikanten gleichzeitig Einblick in diesen technischen Bereich. Oftmals wird die Platine am Rechner entworfen. Hier erlernt der Praktikant den Umgang mit modernen Entwurfsmethoden.

Die Operationsverstärker am Speisespannungseingang und am Ausgang zu den Verstärkerstufen dienen der Abschirmung äußerer Einflüsse und Lasten. Im Schwingkreis selbst sind alle Funktionseinheiten (Spule, Kapazitäten, Widerstände, Quadrierglied und Verstärker) deutlich erkennbar. R_m ist in einen großen und einen kleinen Widerstand aufgeteilt. Dies ermöglicht neben einer groben eine feine Einstellung des sehr sensiblen Kontrollparameters R_m. Der obere Ausgang liefert das Spannungssignal U, der untere das Spannungssignal $\dot{U}$. Der mittlere Ausgang ist geschaltet für den Anschluß eines Lautsprechers, mit dem die Dynamik des Schaltkreises unmittelbar hörbar gemacht wird.

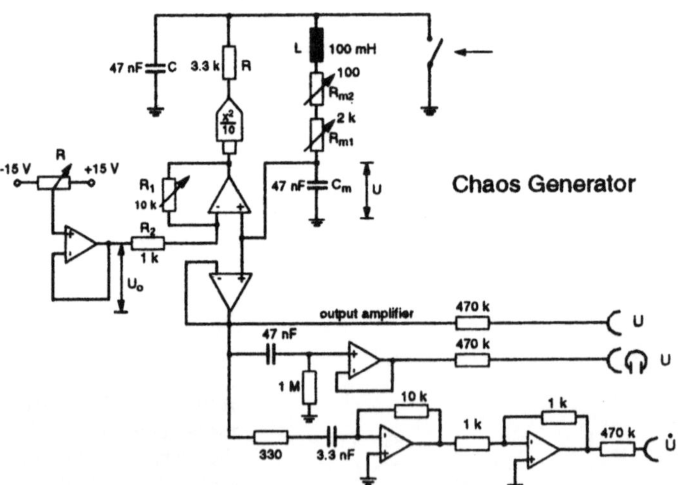

Abb. 12.4. Elektronischer Schaltkreis für den Chaosgeneratorversuch, entwickelt aus dem Prinzipschaltbild

12.3.3 Untersuchung des Generatorverhaltens bei hohen R_m

Bei hohen R_m ist die Dämpfung so stark, daß der nichtlineare Term, der durch das Quadrierglied repräsentiert wird, keine Rolle mehr spielt. Daher können die bekannten Schwingungsphänomene harmonische Schwingung, gedämpfte Schwingung, aperiodischer Grenzfall und Kriechfall hier untersucht werden (Abb. 12.5). Im Experiment ist dies am Oszilloskop ebenfalls nachvollziehbar.

Mit diesem einleitenden Experiment gewinnt der Praktikant Vertrauen in die Simulation und das Experiment, da ein neuer Versuchsaufbau ein Verhalten zeigt, das sich mit dem Erfahrungsschatz des Praktikanten deckt. Ausgehend von dieser Beobachtung wird eine Plattform geschaffen, sich in neue, unbekannte Bereiche vorzutasten.

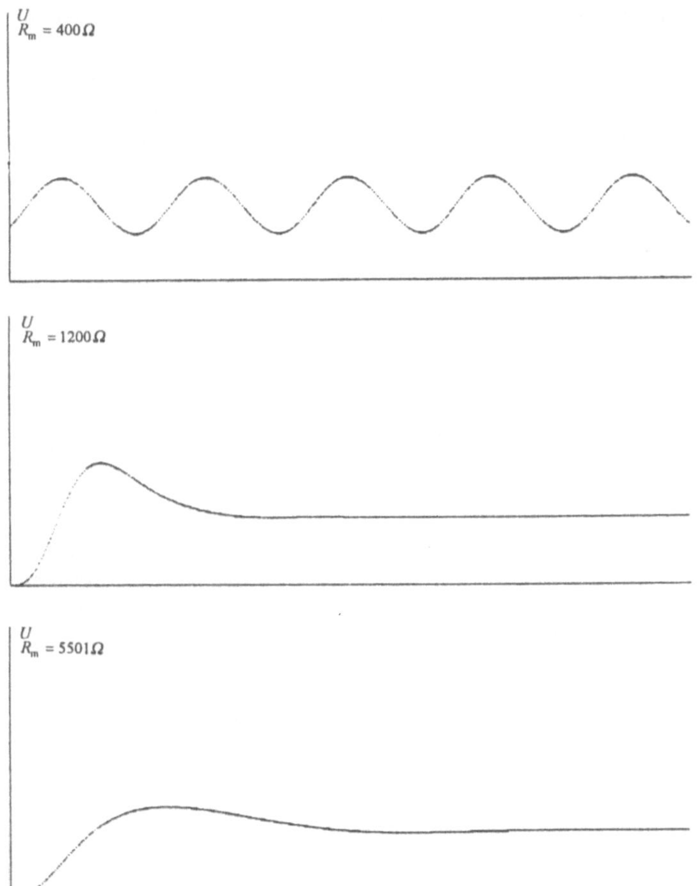

Abb. 12.5. $U(t)$-Diagramm; *oben*: Schwingfall ($R_\mathrm{m}= 400\ \Omega$), *Mitte*: aperiodischer Grenzfall ($R_\mathrm{m}= 1200\ \Omega$), *unten*: Kriechfall ($R_\mathrm{m}= 5501\ \Omega$)

12.3.4 Bestimmung der Frequenz in Simulation und Experiment

Um neben der qualitativen auch eine quantitative Übereinstimmung zwischen Simulation und Experiment zu demonstrieren, dient dieser Versuchsteil. Damit wird deutlich, daß auch meßbare Größen im Versuch nachvollziehbar sind. Die Darstellung von $U(t)$ auf dem Oszilloskop (Abb. 12.5) zeigt bei genügend hohem R_m eine harmonische Schwingung. Aus Kenntnis der Zeitskalierung läßt sich die Frequenz der Schwingung bestimmen. Aus der Simulation ist ebenfalls die Frequenz zu bestimmen. Der Zeitmaßstab ist der Parametermaske zu entnehmen. Durch Veränderung des Maßstabes kann eine höhere Genauigkeit erzielt werden. Analog dem Oszilloskop ist der Triggermodus in der Simulation sehr nützlich, um die Schwingungsanzahl am Bildschirm zu bestimmen.

Abbildung 12.6 zeigt einen Vergleich zwischen den Frequenzen des Schwingkreises und der Simulation. Die Übereinstimmung der Frequenzen innerhalb 2 % Abweichung zwischen Simulation und Experiment dient der weiteren Vertrauensbildung in die Simulation. Die systematische Überschreitung der experimentell ermittelten Werte läßt sich durch die Toleranzen der verwendeten elektronischen Bauteile begründen.

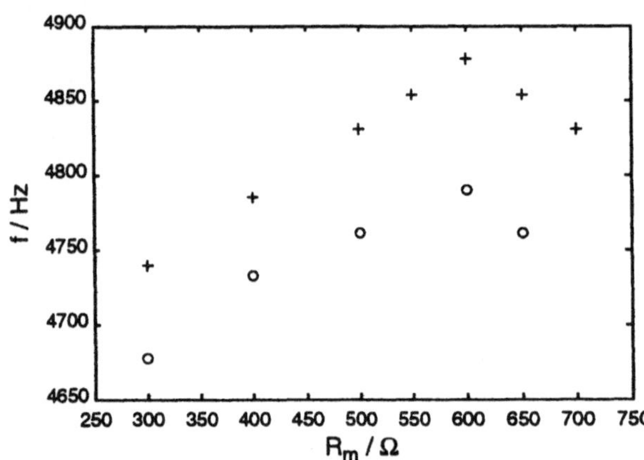

Abb. 12.6. Vergleich der Frequenzen f_sim (+) und f_exp (o). Die Simulation wurde mit dem durch den realen Schwingkreis vorgegebenen Parametersatz berechnet

Dabei wurde folgender Parametersatz (s. Tabelle S. 195) in der Simulation benutzt, wobei im realen Experiment die Komponenten diesen Werten entsprachen.

12.3.5 Dynamik bei sinkendem R_m

In Abhängigkeit von sinkendem R_m wird das Verhalten des Oszillators untersucht. Bei kleineren Werten weicht das Verhalten immer stärker von dem der harmonischen Schwingung ab. Im Ortsraum $U(t)$ überlagern sich zwei

Parameter	Bedeutung	Voreinstellung in *CHAOSGEN*
v	Verstärkung	$1{,}1882/\sqrt{v}$
R	Widerstand	3,3 kΩ
R_m	variabler Widerstand	
C	Kondensator	47 nF
C_m	variable Kapazität	47 nF
L	Induktivität	50 mH
U_0	Vorspannung	6,86 V

Der Ortsraum eignet sich immer weniger für die Darstellung der sich immer weiter verkomplizierenden Dynamik. Hier bietet sich die Phasenraumdarstellung (z.B. $[\dot{U}(U)]$) an, die der Komplexität des Darzustellenden angemessen ist.

Bei einer Frequenz (harmonische Schwingung), bildet sich im Phasenraum eine Ellipse als Trajektorie aus. Dies kann etwas dauern, bis der Schwingkreis eingeschwungen ist. Man spricht davon, das die Bewegung von der Ellipse im Phasenraum angezogen wird. Deshalb heißt die Ellipse auch Attraktor. Bei weiter sinkendem R_m tritt aus der ersten Ellipse eine zweite Ellipse heraus. Der Chaosgenerator schwingt nun auf zwei Frequenzen. Macht man einen Schnitt von der ungefähren Mitte der Ellipsen nach außen durch alle Ellipsen (nicht durch den Schnittpunkt der Ellipsen) und zählt die Schnittpunkte ab, erhält man die Frequenzanzahl (siehe Abb. 12.8). Durch Variation von R_m ist dieses Verhalten in der Simulation ebenfalls zu beobachten. Also auch bei komplizierterer Dynamik beschreibt das Modell den realen Schwingkreis

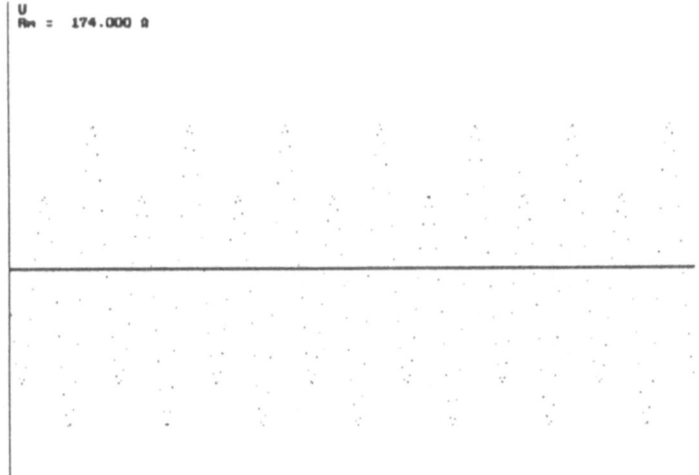

Abb. 12.7. Ortsraum $U(t)$ mit zwei sich überlagernden Schwingungen der Frequenzen f_1 und f_2

zutreffend. Diese Übereinstimmung verdeutlicht die Eignung der gewählten Modellierung, weiterhin wird die Stärke des PC-Einsatzes deutlich: Möglichkeit numerischer Simulation facettenreicher Modelle und Präsentation der Ergebnisse in direkt vergleichbarer Form.

Die Frequenzvervielfachung ist ein typisch nichtlineares Phänomen.

12.3.6 Der Übergang zwischen harmonischer, quasiperiodischer und chaotischer Dynamik

Dieser Versuchsteil dient der Beobachtung des Übergangs von harmonischer zu chaotischer Dynamik. Im Vorfeld von chaotischem Verhalten weicht die Trajektorie immer mehr von dem Attraktor ineinander geschachtelter Ellipsen ab. Die Trajektorie wird aufgeweicht (Abb. 12.9, *Mitte*). Dies ist eine Vorankündigung der sich ändernden Dynamik, weg von dem Superpositionsprinzip, hin zur Selbstähnlichkeit, die das nichtlineare Geschehen beherrscht [12.1]. Dieses Zwischenstadium wird als quasiperiodisch bezeichnet. Dies ist in der Simulation sehr deutlich zu beobachten. Hierin zeigt sich eine Stärke der Simulation. Eine Beobachtung ähnlicher Qualität im Experiment setzt ein Speicheroszilloskop im Praktikum voraus, was nicht in jedem Praktikum verfügbar ist. Außerdem arbeitet die Simulation mit einer wesentlich höheren optischen und numerischen Auflösung. Durch Farbwechsel (Betätigung von ENTER) in der Darstellung kann der quasiperiodische Charakter während der Berechnung nochmals hervorgehoben werden.

Im rechten Teil der Abb.12.9 ist eine chaotische Dynamik dargestellt, bei dem die klare Attraktorstruktur aufgelöst ist. Diese Art von Attraktor heißt auch seltsamer Attraktor.

Wie oben erläutert, bedeutet jede neue Ellipse im Phasenraum auch das Auftreten einer weiteren Frequenz. Dieses Vermehren der Frequenz wird Bifurkation genannt. Das Chaos wird in diesem System durch eine vorhergehende Folge von Bifurkationen eingeleitet. Insgesamt sind drei Wege bekannt, die chaotisches Verhalten einleiten [12.6]. Neben der hier beobachteten Bifurkation gibt es die Intermittenz und die Drei-Schritt-Bifurkation. Bifurkation tritt in allen Systemen auf, in denen die logistische Abbildung $x \rightarrow x(1 - x)$ eine Rolle spielt [12.12], [12.13]. Intermittenz tritt oft in Systemen auf, die an einem Umschlagpunkt des kritischen Parameters von normaler zu chaotischer Dynamik gefahren werden. Zum Beispiel eine Strömung, die nahe der Reynoldszahl betrieben wird, springt zwischen laminarer und turbulenter (chaotischer) Strömung hin und her. Beispiele: [12.14], [12.15]. Die Drei-Schritt-Bifurkation (Ruelle-Takens-Newhause Szenario) ist ein noch komplizierterer Vorgang, der hier nur für die Vollständigkeit aufgeführt wird [12.16], [12.17].

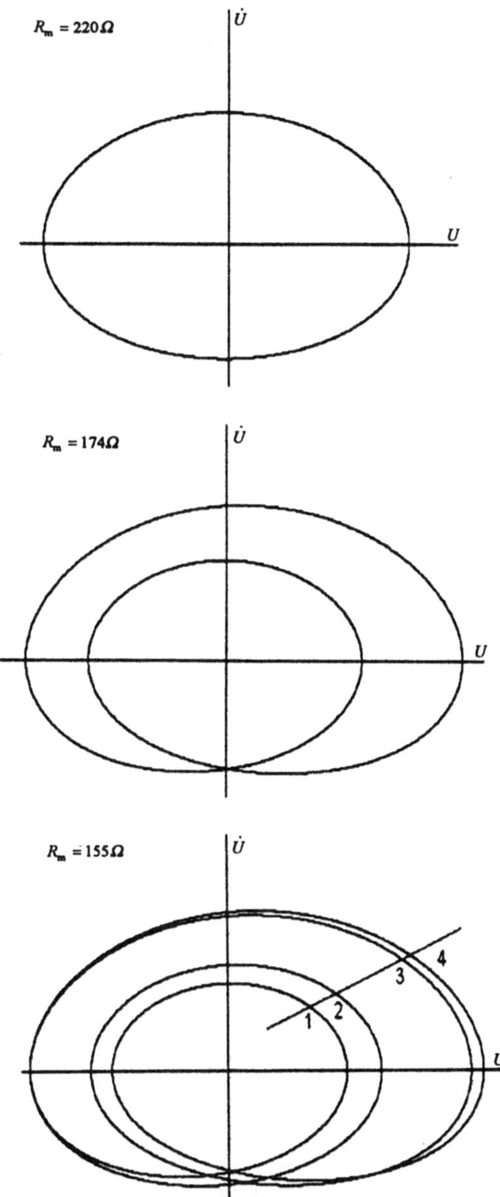

Abb. 12.8. Phasenräume $[\dot{U}(U)]$ mit einer (*oben*) $R_\mathrm{m}{=}220\,\Omega$, zwei (*Mitte*) $R_\mathrm{m}{=}174\,\Omega$ und vier (*unten*) $R_\mathrm{m}{=}155\,\Omega$ Frequenzen (Simulation mit *CHAOSGEN*)

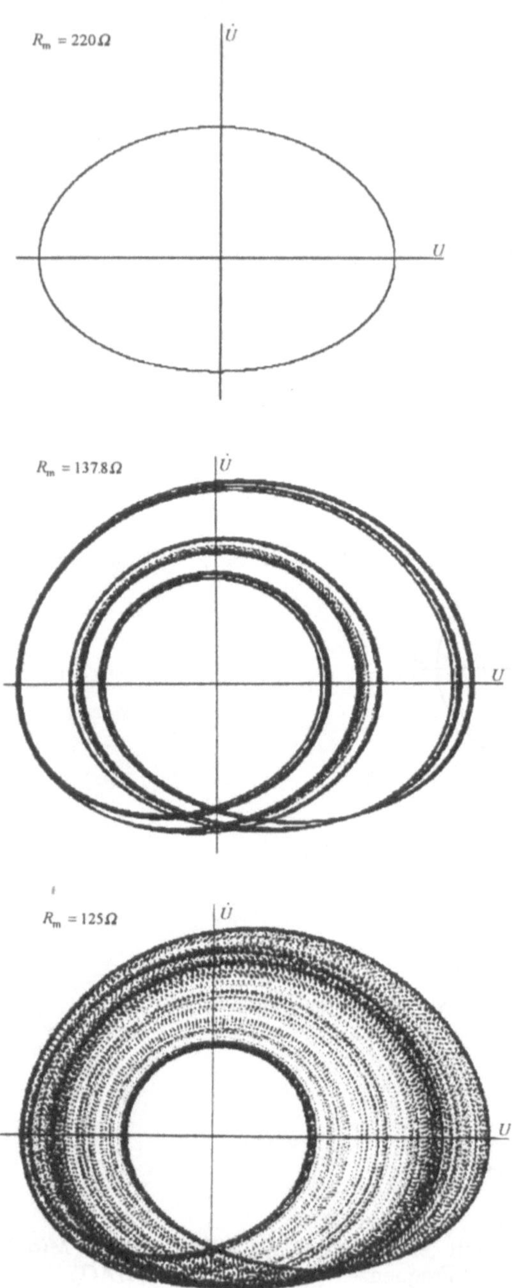

Abb. 12.9. Dynamik des Chaosgenerators im Phasenraum als Funktion von R_m: *oben*: periodisch, $R_\mathrm{m}=220\,\Omega$, *Mitte*: quasiperiodisch, $R_\mathrm{m}=137,8\,\Omega$, *unten*: chaotisch, $R_\mathrm{m}=125\,\Omega$ (Simulation mit *CHAOSGEN*)

12.3.7 Analyse des Bifurkationsverhaltens

Die Praktikanten untersuchen das Bifurkationsverhalten der Simulation und vergleichen mit dem Experiment. Dabei kann die Feigenbaumkonstante näherungsweise bestimmt werden.

Die Simulation bietet die Möglichkeit, das Bifurkationsverhalten des Systems in Abhängigkeit des Parameters R_m darzustellen. Lauterborn und Meyer-Ilse geben eine Möglichkeit an, wie auch auf dem Oszilloskop das Bifurkationsverhalten darstellbar ist [12.18]. Vorteil der Simulation ist wieder die Ausschaltung des Rauschens und die hohe numerische Präzision der Berechnung. Damit wird eine viel feinere Detailtiefe erreicht.

Im Bifurkationsdiagramm (Abb. 12.10) wird über dem Systemparameter (hier: R_m) eine das Verhalten des Systems charakterisierende Größe abgetragen. Hierzu wird die Zeit zwischen zwei gleichphasigen Nulldurchgängen von $\dot{U}$ gewählt.

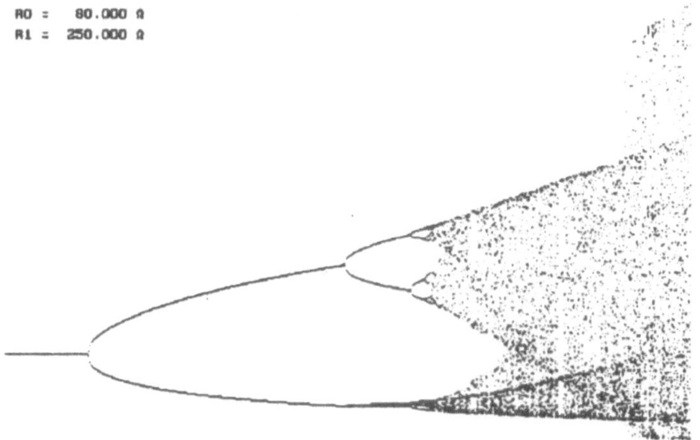

Abb. 12.10. Bifurkationsdiagramm

Eine Aufgabe wäre, für unterschiedliche Parametersätze des Chaosgenerators Bifurkationsdiagramme zu berechnen und diese zu vergleichen. Betrachtet man das Bifurkationsdiagramm der logistischen Abbildung und das des Chaosgenerators (Abb. 12.10), so sind einige Abweichungen zu erkennen [12.10]. So taucht beim Chaosgenerator hinter dem Periode-Drei-Fenster ein zweites Periode-Drei-Fenster auf, im Gegensatz zum Bifurkationsdiagramm der logistischen Abbildung. Für kleinere R_m tauchen weitere Strukturen auf, die in Abweichung zum Verhalten der logistischen Abbildung stehen, z.B. eine Sprungstelle des Systemparameters.

Eine weitere Aufgabe ist es, aus den Bifurkationspunkten die Feigenbaum-konstante [12.19] näherungsweise zu bestimmen.

Für die Feigenbaumkonstante $\delta = 4,6692016...$ gilt:

$$\delta = \lim_{n \to \infty} = \frac{R_n - R_{n-1}}{R_{n+1} - R_n} \qquad (12.5)$$

R_n geben die einzelnen Bifurkationspunkte an. Es ist eine Folge von Bi-furktionspunkten (in R_m anzugeben) zu finden und in die Rechenvorschrift einzusetzen. Dies liefert bei fortschreitendem n immer genauer die Feigen-baumkonstante δ. Da im Experiment auch die gleichen Bifurkationen auftre-ten, kann aus dem Experiment ebenfalls die Feigenbaumkonstante bestimmt werden, zumindest für die ersten Bifurkationen.

12.3.8 Betrachtung von Hystereseeffekten

Ein anderes typisch nichtlineares Verhalten ist die Hysterese. Das System verhält sich unterschiedlich, wenn der Kontrollparameter R_m von kleinen zu großen und von großen zu kleinen Widerständen verändert wird (Abb. 12.11).

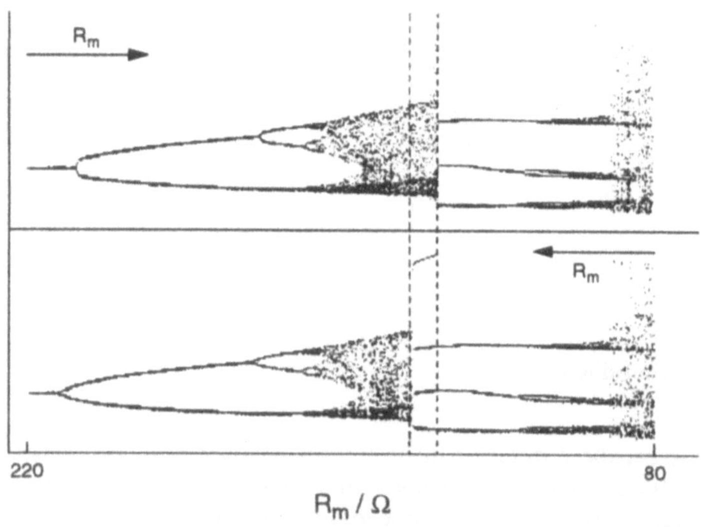

Abb. 12.11. Bifurkationsdiagramm; *unten:* von kleinen zu großen R_m, *oben:* R_m in umgekehrter Laufrichtung. Simulation mit *CHAOSGEN*)

Dies ist aber nur eine scheinbare Hysterese. Tatsächlich stammt dieses hystereseartige Verhalten von einem numerischen Effekt. Erhöht man die numerische Genauigkeit, indem die Einschwingphase länger berücksichtigt

wird (Parameter *Einschwingphase* im Menü *Bifurkationsdiagramm zeichnen*),
so verkleinert sich damit der scheinbare Hystereseeffekt.

12.3.9 Frequenzanalyse

Wie beschrieben, vermehren sich bei Verringerung von R_m die Frequenzen,
auf denen der Chaosgenerator schwingt. Die schnelle Fourier-Transformation
(siehe auch Kap. 5 *SWING*) des $U(t)$-Signals müßte die unterschiedlichen
Frequenzen in den Spektren anzeigen (Abb. 12.12). Um dies zu untersuchen,
wird ein Lautsprecher an den dafür vorgesehenen Ausgang des Chaosgenerators angeschlossen. Bei genügend hoher Dämpfung schwingt der Chaosgenerator nur auf einer Frequenz. Wird der Schwingkreis entdämpft, schwingt das
System auf zwei Frequenzen. Hört man konzentriert zu, so sind zwei Frequenzen hörbar. Bei weiterer Verringerung von R_m splittet das Spektrum in vier
Frequenzen auf bis es schließlich breitbandig rauscht (chaotische Dynamik).
Wird der Chaosgenerator im quasiperiodischen Bereich betrieben, hört man
ein unsauberes, verrauschtes Geräusch. Der akustische Eindruck vom Verhalten des Chaosgenerators erwies sich bei den Praktikanten als besonders
nachhaltig. Insbesondere hört man auch die sich einstellenden Obertöne bei
Variation von R_m über die Bifurkationspunkte hinweg.

Durch einen geeigneten Experimentaufbau wird das Signal einer A/D-
Wandlerkarte zugeführt. In Verbindung mit dem entsprechenden Programm
SPRANA[1] wird das Signal fourieranalysiert.

Im oberen Teil von Abb. 12.12 ist ein Frequenzpeak bei Kanalzahl 62 abzulesen (Grundschwingung), im mittleren Bild befinden sich vier Frequenzen
in den Kanälen 31 (subharmonische Schwingung), 62, 93 und 124. Die tiefere
Frequenz bei Kanal 31 erklärt sich durch die Periodenverdopplung, d.h. die
Periodenzeit einer Schwingung verdoppelt sich und halbiert somit die Frequenz. Auch akustisch erkennt man den Unterschied zu der Hörsituation mit
zwei Frequenzen. Damit zeigt sich experimentell, daß das Phänomen der Frequenzverdopplung nicht nur quantitativ die Anzahl der Frequenzen erhöht,
sondern auch qualitativ mit der Verdopplung der Frequenzwerte einhergeht.
Bei Eintritt von chaotischem Verhalten verschmiert das Frequenzspektrum
zu einem breitbandigem Kontinuum; es gibt keine ausgezeichneten Frequenzen mehr, auf denen der Chaosgenerator schwingt (Abb. 12.12, *unten*). Dies
ist ebenfalls ein charakteristisches Kennzeichen chaotischer Dynamik.

12.4 Zusammenfassung

Dieser facettenreiche Versuch demonstriert einen sehr sinnvollen Einsatz des
PCs im Praktikum. Er führt in eine neue, moderne Physikthematik ein, die

---

[1] Mittels *SPRANA* (Sprach-Analyse) können Audiosignale fourieranalysiert, -
synthetisiert und bearbeitet werden. *SPRANA* wurde wie die übrigen hier vorgestellten Programme am FB Physik, Universität Kaiserslautern entwickelt.

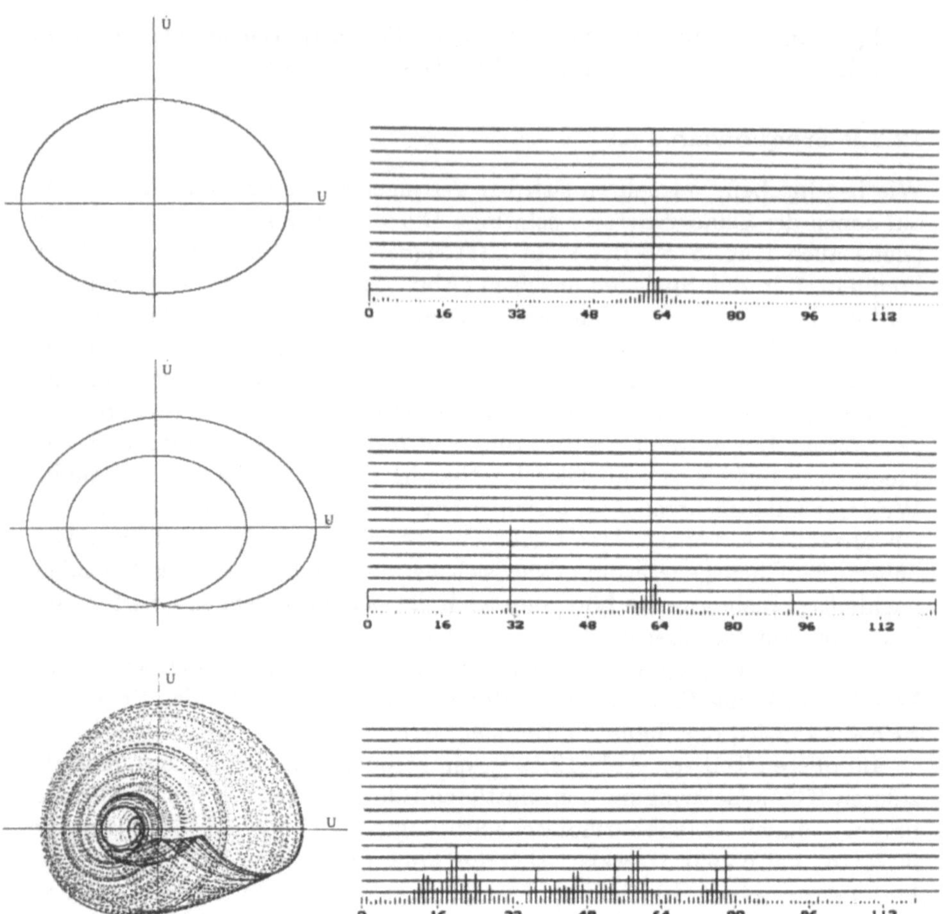

Abb. 12.12. Phasenräume $[\dot{U}(U)]$ (Simulation mit *CHAOSGEN*) korrespondierend mit Fourieranalysen verschiedener, experimentell gewonnener Signale

nichtlineare Dynamik, die in den Standardvorlesungen noch kaum behandelt wird. Reichhaltige Literaturangaben halten zur Vertiefung in die Materie an.

Darüberhinaus weist der Versuch eine vielfältige Wechselwirkung zwischen Simulation und Experiment auf. Zum einen wird die Simulation benutzt, um einen realen Aufbau zu dimensionieren. Damit lernt der Praktikant mit wichtigen und effizienten Arbeitsverfahren der Industrie umzugehen, durchaus eine Aufgabe moderner Praktika. Zum anderen werden reale Messungen zur Stichhaltigkeit der Simulation durchgeführt. Mittels einer aufeinander abgestimmten Versuchsfolge gewinnt der Praktikant Vertrauen in die Simulation und in das Experiment. Schrittweise führen die einzelnen Versuche in die chaotische Dynamik ein und stellen eine große Bandbreite an zu untersuchenden Phänomenen (Bifurkationen, quasiperiodische Verhaltensweise, chaotische Dynamik, selbstähnliche Strukturen, Hysterese, breitbandige Frequenzspektren, Subharmonische) vor. Phasenraum, Poincaré-Schnitt und Bifurkationsdiagramm sind angemessene Darstellungsarten zur Untersuchung der komplexen Dynamik. Die Fast-Fourier-Transformation-Methode (FFT) wird eingesetzt, um Spektren des Chaosgenerators zu analysieren. Daran wird ein wichtiges Unterscheidungsmerkmal zwischen chaotischer und linearer Dynamik herausgearbeitet.

13. Bildverarbeitung mit *VIVIAN*

Es gibt eine ganze Reihe von Praktikumsexperimenten, die sich mit der Analyse von Lichtintensitätsverteilungen beschäftigen. Bei den herkömmlichen Experimenten wird die Intensitätsverteilung dabei häufig fotografisch registriert. Dies hat vor allem beim Einsatz in einem Praktikum oder im Unterricht einige Nachteile, die hauptsächlich auf dem Einsatz der Fotochemie beruhen:

- Die meisten Praktikanten müssen den Umgang mit der Fotochemie erst lernen und erleben anfangs zwangsläufig einige Rückschläge.
- Für das Entwickeln geht viel Zeit verloren. Ein Entwickeln im Rahmen einer Unterrichtsstunde ist meist unmöglich.
- Eine online Kontrolle der Ergebnisse ist nicht möglich und macht häufig Nachmessungen nötig.
- Eine quantitative Auswertung ist nur mit Hilfe aufwendiger und selten vorhandener Densitometer möglich.

Moderne Verfahren benutzen häufig CCD-Arrays, wie sie auch in Videokameras eingebaut sind, um die Intensitätsverteilungen zu messen. Verbindet man solch ein Array mit einem Computer, der die Daten einliest, steht einer einfachen, schnellen und quantitativen Analyse unter Vermeidung aller oben genannten Nachteile nichts mehr im Wege.

In diesem Abschnitt wird ein Programm beschrieben, das ein universelles Hilfsmittel darstellt, einsetzbar bei vielen verschiedenen Experimenten. Es handelt sich um das Programm *VIVIAN* (**VI**sualized **VI**deo **AN**alysis), das es erlaubt, stehende (bzw. langsam bewegte) Videobilder mit Hilfe eines Computers zu bearbeiten. Es kann fast überall dort zum Einsatz kommen, wo bisher die fotografische Registrierung benutzt wurde. Grenzen sind nur dort, wo die zu untersuchenden Vorgänge zu schnell ablaufen oder zu lichtschwach sind, um mit einer Videokamera aufgezeichnet zu werden

13.1 Das Programm *VIVIAN*

Das Programm *VIVIAN* steht beispielhaft für andere, inzwischen kommerziell verfügbare Produkte. Als es entstand (etwa 1991), waren die heute üblichen Frame-Grabber-Karten und die zugehörige Software noch nicht erhältlich bzw. für ein Praktikum unerschwinglich teuer. Die Beschreibung des Programms zeigt, welche wesentlichen Merkmale eine in der Physikausbildung sinnvoll einsetzbare Bildverarbeitungssoftware beinhalten sollte.

13.1.1 Technische Details

Mit Hilfe des Programms *VIVIAN* ist es möglich, jede Art von Videosignalen zu verarbeiten. Dabei ist es völlig gleichgültig, ob diese von einer Videokamera oder einem Rekorder stammen.

Die analogen Videosignale werden mit Hilfe einer speziellen Interfacekarte (Video-Digitizer VIDEO 1000/64 der Firma M. Fricke, Berlin)[1] mit einer Tiefe von 6 Bit (entsprechend 64 Graustufen) digitalisiert. Die Karte kann in zwei verschiedenen Auflösungen betrieben werden, entweder 320×240 Pixel oder 640×480 Pixel (volle VGA-Auflösung). Um die hohe Auflösung zu erreichen, werden jeweils vier Teilbilder mit 320×240 Pixeln übertragen. Dies dauert etwa drei Sekunden, woraus die Einschränkung entsteht, daß das System nur stehende (oder sehr langsam bewegte) Bilder verarbeiten kann. Es gibt auch Wandlerkarten, welche sehr viel kürzere Wandlungszeiten haben (sogenannte Frame-Grabber-Karten). Diese sind heute schon für einige hundert DM zu kaufen. Als die Entwicklung des Programms begann, kosteten diese Karten aber noch das fünf- bis zehnfache des heutigen Preises. Außerdem stellt die geringe Wandlungsgeschwindigkeit der Karte für die vorgestellten Anwendungen kein Hindernis dar, da hauptsächlich unbewegte Bilder (Interferenzmuster, Lasermoden, etc.) aufgezeichnet werden.

Die niedrige Auflösung wird, da hier in weniger als Sekundenabstand ein völlig neues Bild zur Verfügung steht, dazu benutzt, um Justierarbeiten (z.B. Scharfstellen des Bildes) vorzunehmen. Die eigentliche Aufnahme des Bildes, welches dann auch mit Hilfe des Computers bearbeitet werden kann, geschieht ausschließlich in der hohen Auflösung.

Die Darstellung eines kompletten Bildes in hoher Auflösung erfordert immerhin die Verarbeitung von 300 kB Daten. Um bei der umständlichen Speicherverwaltung eines PCs (das Programm läuft unter DOS, nicht WINDOWS) eine erträgliche Verarbeitungsgeschwindigkeit zu erreichen, wurde darauf verzichtet, die Daten im Speicher des Rechners abzulegen. Sie werden direkt in den Videospeicher der Grafikkarte geschrieben. Dadurch ergibt sich

---

[1] Über kurz oder lang wird die oben genannte Video-Karte nicht mehr lieferbar sein. Mit dem Einsatz modernerer Karten entfallen dann evtl. auch einige Einschränkungen im Einsatz, die bisher noch gemacht werden müssen (z.B. Wahl verschiedener Auflösungen zum Einstellen bzw. zur Aufnahme des endgültigen Bildes oder die Beschränkung auf langsam bewegte Vorgänge). Die grundsätzlichen Überlegungen dieses Kapitels zu den Einsatzgebieten und der Programmstruktur (welche Auswertemöglichkeiten sollte das Programm selbst beinhalten, welche sollten besser mit anderen Programmen durchgeführt werden) bleiben trotzdem bestehen. Aus diesem Grund wird neben den ausführlichen Beispielen auch die Beschreibung des Programms nicht zu kurz kommen.

der Nachteil, daß Veränderungen am Bild nicht rückgängig gemacht werden können. Er kann umgangen werden, indem man die Bilder vor kritischen Aktionen abspeichert.

Abbildung 13.1 zeigt den Aufbau der Menüleiste des Programms. Ihr können die wesentlichen Möglichkeiten, die das Programm bietet, entnommen werden. In den nächsten Abschnitten wird auf die wichtigsten Punkte etwas näher eingegangen und die Bedienung des Programms erklärt.

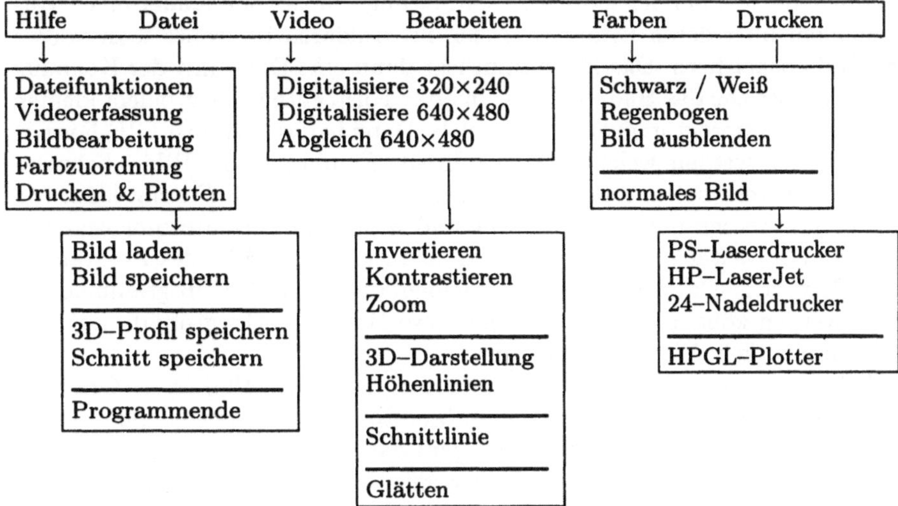

Abb. 13.1. Die Menüleiste des Programms *VIVIAN*

13.1.2 Aufnahme eines Bildes

Um ein Bild aufzunehmen, wählt man in der Menüleiste des Programms den Punkt **Video** an. Um den Bildausschnitt festzulegen und das Bild scharf zu stellen, nutzt man am besten die niedrige Auflösung. Es werden dann pro Sekunde etwa 2 neue Bilder dargestellt. Trotzdem erfordert es ein wenig Übung, das Bild scharf zu stellen. Bei vielen der später beschriebenen Anwendungen wird kein Objektiv an der Kamera verwendet. Bei der Aufnahme des Modenbildes eines Laserstrahls wird z.B. dieses direkt auf dem CCD-Array der Kamera abgebildet. Damit entfällt einerseits das lästige Scharfstellen und andererseits werden Abbildungsfehler durch die Optik vermieden.

Um die volle Dynamik der 64 Graustufen zu erreichen, bietet das Programm die Möglichkeit, die interne Verstärkung des Digitalisierers entweder manuell mit den Tasten $< + >$ und $< - >$ oder auch automatisch so lange zu verändern, bis die hellste Stelle des Bildes dem Grauwert 63 (weiß) entspricht. Dies ist allerdings nur dann sinnvoll möglich, wenn das CCD-Array der Kamera nicht bereits gesättigt ist. Dies kann man vermeiden, indem man die Blende des Objektivs schließt oder Graufilter benutzt.

Um das Bild, das für die Weiterverarbeitung gedacht ist, aufzunehmen, schaltet man auf die hohe Auflösung um. Durch Drücken der <ENTER>-Taste wird das aktuell angezeigte Bild festgehalten. Ist man mit dem Bild zufrieden, kann man durch Drücken der linken Maustaste oder der <ENTER>-Taste die Menüleiste wieder aktivieren, wobei das aktuelle Bild erhalten bleibt. Nun kann mit der Weiterverarbeitung des Bildes begonnen werden.

Hat man vor, bei der weiteren Bearbeitung gravierende Änderungen vorzunehmen, über deren Erfolg man sich im Unklaren ist, sollte man vorher das Bild abspeichern. Das Programm legt dann eine Datei mit der Kennung *.BLD an, welche das Bild in komprimierter Form enthält. Mit einem kleinen Konvertierungsprogramm kann eine solche Datei in das bekannte GIF-Format umgewandelt werden, welches z.B. die direkte Einbindung des Bildes bei zahlreichen Textverarbeitungsprogrammen erlaubt. Dieses GIF-Format kann von vielen Grafikprogrammen verarbeitet und in andere Formate umgewandelt werden. Wie weiter unten erklärt wird, kann man mit Hilfe des Programms auch PostScript-Dateien erzeugen, die ebenfalls von vielen Programmen benutzt werden können. Allerdings sind diese Dateien recht groß, da auf eine Optimierung kein Wert gelegt wurde.

Wie bereits erwähnt, liefert die Interface-Karte ein Bild in 64 Graustufen. Diese Graustufen können auf dem Monitor als Schwarzweißbild oder als Falschfarbenbild (Menüpunkt *Regenbogen*) dargestellt werden. Letzteres bietet sich vor allem dann an, wenn Bilder mit wenig Kontrast verarbeitet werden. Ebenso ist es möglich, das Bild vom Monitor völlig auszublenden (z.B. um sich mit einer eingeblendeten Grafik (s.u.) ungestört zu beschäftigen), wobei es jedoch nicht verloren geht.

13.1.3 Bearbeitung der Bilder

Die Bearbeitung der Bilder kann in zwei verschiedene Kategorien eingeteilt werden. Es gibt zum einen eine Bearbeitung des Bildes selbst und zum anderen eine Auswertung der im Bild enthaltenen Informationen (Helligkeit). Die einzelnen Möglichkeiten sind in dem Menü **Bearbeiten** in Abb. 13.1 dargestellt.

Die Bearbeitungsmöglichkeiten des Bildes selbst. Oft wird gewünscht, sich ein Detail innerhalb des Bildes genauer anzuschauen. Dazu bietet das Programm eine Zoomfunktion an. Mit Hilfe der Maus oder der Kursortasten kann ein beliebiges Rechteck innerhalb des Bildes positioniert werden, welches den gewählten Bildausschnitt darstellt. Es sei hier noch einmal daraufhingewiesen, daß das Bild nur im Videospeicher der Grafikkarte vorliegt und Bildbearbeitungsaktionen nicht rückgängig gemacht werden können. Nach dem Zoomen in einen Bildausschnitt (eventuell auch schon beim Orginalbild) kann es vorkommen, daß es keine schwarzen Stellen (Grauwert 0) im Bild mehr gibt. Dann sollte das Bild kontrastiert werden, d.h. die Skala der vorkommenden Grauwerte wird auf den darstellbaren Bereich (0 ... 63) transformiert. Dadurch ist es möglich, z.B. einen störenden, konstanten Untergrund des Bildes zu „schwärzen".

Je nach Grad des Zoomens erscheint das neue Bild mehr oder weniger stark gerastert. Das kommt daher, daß im vergrößerten Bild ein Pixel des Originals durch mehrere Pixel dargestellt wird. Um diesen Effekt zu verringern, gibt es eine Glättungsfunktion. Dabei wird der Grauwert eines jeden Bildpunktes durch einen gewichteten Mittelwert seines eigenen Grauwerts und denen der umgebenden Nachbarpunkte ersetzt. Glättet man ein Bild mehrfach, so können vorhandene feine Strukturen allerdings völlig „weggemittelt" werden.

Für manche Anwendungen ist es wünschenswert, die Graustufen des Bildes zu invertieren (entsprechend einem Schwarzweiß-Negativ; vgl. Abb. 13.2). Selbstverständlich ist auch diese einfache Operation möglich.

Daß die Bilder zu jeder Zeit abgespeichert werden können, wurde bereits erwähnt. Da man oftmals ein Bild auf dem Papier benötigt, ist es auch möglich, direkt vom Programm aus das Bild auszudrucken. Dabei kann zwischen einem Matrixdrucker (extrem langsam und hoher Farbbandverschleiß) und einem PostScript-Drucker (schnell und leise, aber teuer und daher nicht überall vorhanden) gewählt werden. Alle Druckerausgaben (und auch die weiter unten erwähnten Plotterausgaben) können in Dateien umgelenkt werden. Dies ist dann wichtig, wenn man erst später ausdrucken kann oder will.

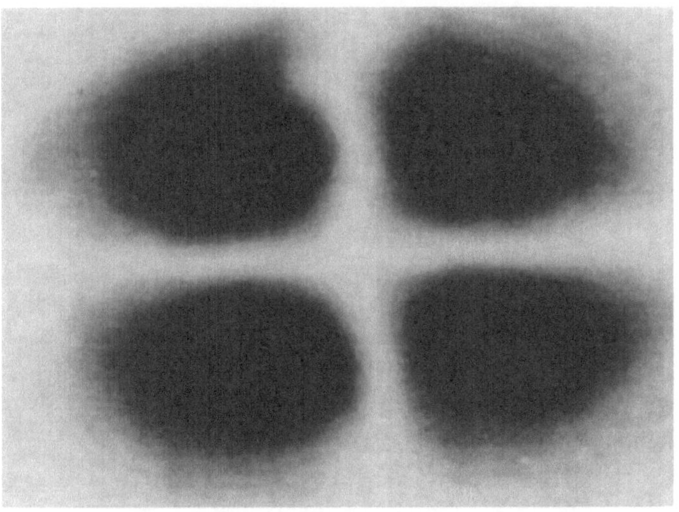

Abb. 13.2. Invertiertes Bild einer TEM$_{11}$-Lasermode

Die Möglichkeiten, den Bildinhalt (die Intensitätsverteilung) auszuwerten. Hierzu wurden zwei Möglichkeiten realisiert. Man kann den Intensitätsverlauf entlang einer beliebigen Linie (Schnittlinie) oder die Intensitäten der gesamten Fläche betrachten.

Der Verlauf der Schnittlinie, entlang derer man den Intensitätsverlauf betrachten möchte, kann mit Hilfe der Maus bzw. der Kursortasten definiert werden. Dabei können Lage, Richtung und Länge dieser Linie völlig frei gewählt werden. Nach Definition der Schnittlinie erscheint rechts unten auf dem Bildschirm eine Grafik mit dem Intensitätsverlauf. Die Y-Achse zeigt die Intensität auf einer Skala zwischen 0 und 1. Auf der X-Achse ist die Position des betreffenden Bildpunktes bezüglich des CCD-Arrays der von uns verwendeten Kamera aufgetragen. Abbildung 13.6 zeigt einen solchen Schnitt durch die TEM_{00}-Lasermode, die in Abb. 13.5 dargestellt ist.

Für die Darstellung der Intensitätsverteilung des gesamten Bildes wird eine 3D-Darstellung gewählt (vgl. Abb. 13.3). Auch sie gibt wieder die X- bzw. Y-Position der Bildpunkte bezüglich der Dimensionen des CCD-Arrays sowie die Intensität an dem betreffenden Bildpunkt an. Sowohl der Intensitätsverlauf entlang der Schnittlinie wie auch die 3D-Darstellung können als eine ASCII-Datei abgespeichert werden sowie auf einem HPGL-fähigen Plotter oder Drucker ausgegeben werden. Die abgespeicherten Daten können benutzt werden, um sie mit anderen Programmen (z.B. Tabellenkalkulations-, Fit- oder Plotprogrammen) weiter zu bearbeiten.

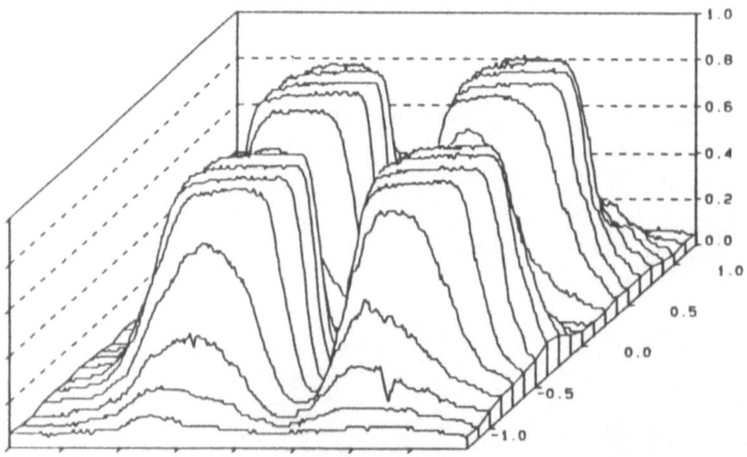

Abb. 13.3. 3D-Darstellung der Lasermode aus Abb. 13.2

13.2 Anwendungsbeispiele für das Programm

Das Programm kann im Prinzip überall dort eingesetzt werden, wo es gilt, Lichtintensitäten zu vermessen. Dabei ist eine gewisse Mindestlichtmenge (abhängig vom Typ der verwendeten Kamera) erforderlich. Die von uns verwendete Kamera benötigt eine Mindestbeleuchtung von 0,05 Lx. Es gibt jedoch noch wesentlich empfindlichere, dann aber auch entsprechend teurere Kameras.

Einige Vorteile des Programms gegenüber der fotografischen Aufzeichnung wurden bereits genannt. Ein weiterer ist finanzieller Natur: bei einer Neuanschaffung überschreiten die Kosten für Videokamera, Interface und Computer nur wenig die für eine Fotokamera und die notwendige Dunkelkammerausrüstung. Die Kosten für einen Ausdruck, und sei es auf einem Laserdrucker, liegen aber deutlich unter denen eines fotografischen Abzugs.

Inzwischen gibt es auch CCD-Arrays, die es erlauben, durch Integration der Lichtintensitäten über die Zeit, Langzeitbelichtungen durchzuführen, wodurch auch dieser bisherige Vorteil der fotografischen Methode verloren geht. Allerdings sind solche Geräte, zumindest für den Praktikumseinsatz, z.Zt. noch viel zu teuer.

Es folgen einige Anwendungsbeispiele, die zeigen, wie das vorgestellte System im Praktikum, aber auch im Schulunterricht eingesetzt werden kann.

13.2.1 Bestimmung des Auflösungsvermögens

Die Bestimmung des Auflösungsvermögens des Systems Kamera und Digitalisierer kann dazu dienen, die Benutzer mit der verwendeten Meßtechnik vertraut zu machen, sie kann aber auch zur grundsätzlichen Diskussion des Themas Auflösungsvermögen und Grenzen der Meßtechnik dienen.

Zur Bestimmung des Auflösungsvermögens kann man eine scharfe, kontrastreiche Kante aufnehmen (vgl. Abb. 13.4). Bei dem gezeigten Beispiel handelt es sich um eine Rasierklinge vor einem sehr hellen Hintergrund. Im linken Teil der Abbildung ist der Verlauf der Intensität entlang einer Schnittlinie dargestellt. Man erkennt deutlich die scharfen Kanten, die eine Ausdehnung von nur wenigen Bildpunkten haben. Im rechten Teil der Abb. 13.4 ist eine extreme Ausschnittsvergrößerung aus dem gleichen Bild gezeigt. Dadurch wurde aus jedem ursprünglichen Bildpunkt ein deutlich erkennbares Rechteck. Das Intensitätsprofil zeigt, daß die Kante über sechs Bildpunkte (die deutlich erkennbaren Stufen im Intensitätsverlauf) ausgedehnt ist. Wie man an der Skala darunter ablesen kann, erstreckt sich die „Ausdehnung" des Intensitätssprungs über rund 0,01 mm. Das entspricht dem Abstand der Dioden auf dem CCD-Array der Kamera. Damit hat man die Auflösungsgrenze des Systems erreicht.

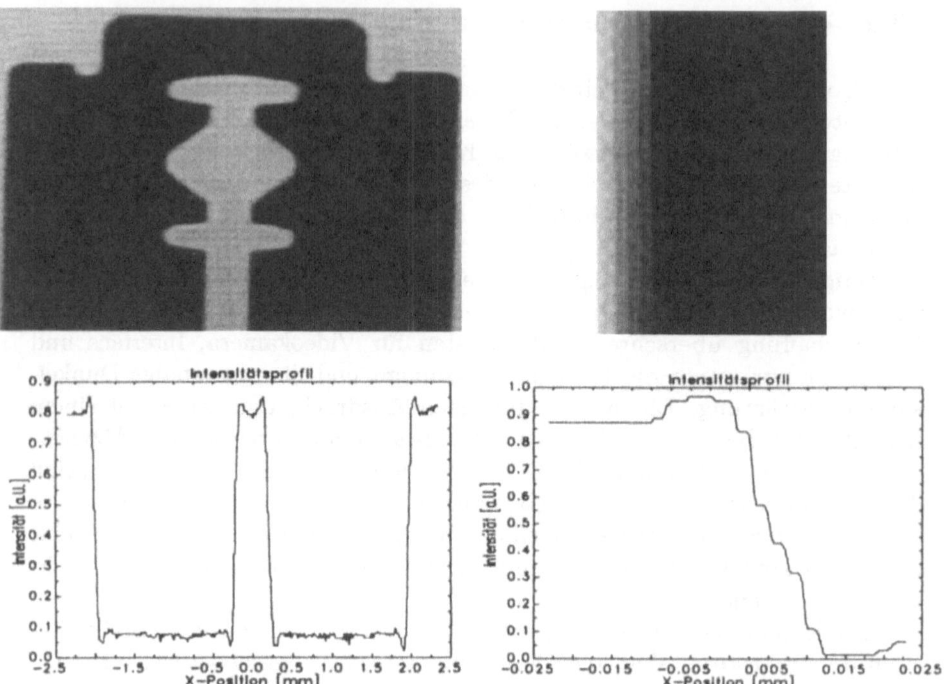

Abb. 13.4. Aufnahme einer Rasierklinge. *Links* das Orginalbild, *rechts* eine Ausschnittsvergrößerung. Das Intensitätsprofil ist jeweils darunter dargestellt

13.2.2 Modenprofil eines Laserstrahls

In vielen modernen Praktika finden sich auch Versuche zum Themengebiet Laser. Der folgende Abschnitt beschreibt ein typisches Experiment dazu. Durch den Einsatz des Programms *VIVIAN* konnte die Aufgabenstellung so abgewandelt werden, daß die Studenten nun moderne Meßtechnik gepaart mit modernen Auswertemethoden einsetzen können.

Die Aufgabenstellung dieses speziellen Teils besteht darin, den Einfluß der Justierung eines Helium-Neon-Lasers auf sein Modenbild zu untersuchen und zu dokumentieren. Dazu gehört auch z.B. zu überprüfen, ob eine TEM_{00}-Mode wirklich das zu erwartende Gaußsche Strahlprofil aufweist.

Abbildung 13.5 stellt eine typische Aufnahme einer solchen Lasermode dar. Zur Aufnahme der Modenbilder kommt die Videokamera direkt ohne Objektiv in den Laserstrahl. Da die Intensität des Lasers viel zu groß ist, muß der Strahl mit Graufiltern abgeschwächt werden. Störende Reflexe werden dadurch unterdrückt, daß die Filter unter dem Brewsterwinkel eingesetzt werden. Nachdem das Modenbild aufgenommen worden ist, besteht die Aufgabe der Studenten darin, den gemessenen Intensitätsverlauf mit dem theoretisch zu erwartenden zu vergleichen. Dazu wird er entlang einer Schnittlinie vermessen. Die entsprechenden Daten können abgespeichert werden, um

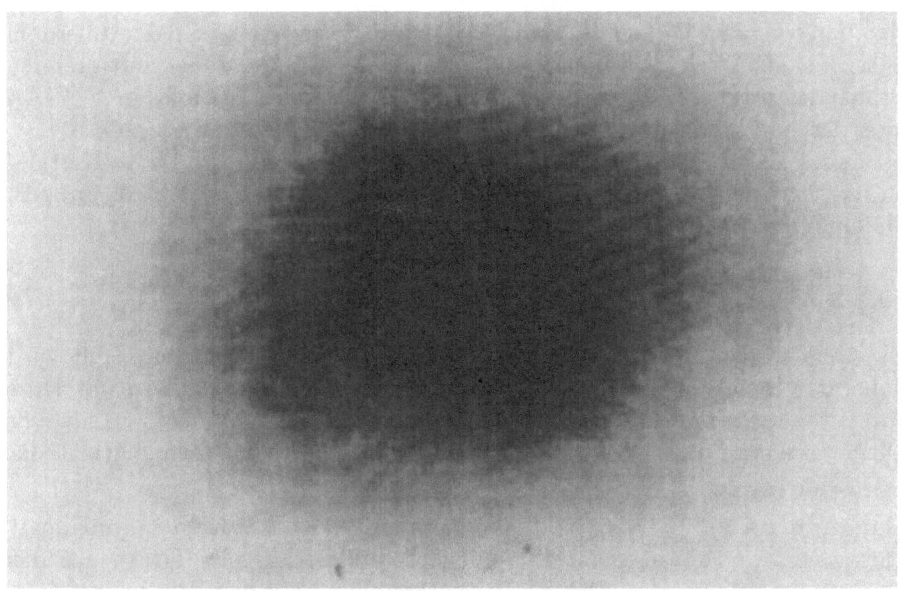

Abb. 13.5. Die TEM₀₀-Mode eines HeNe-Lasers, aufgenommen mit *VIVIAN*

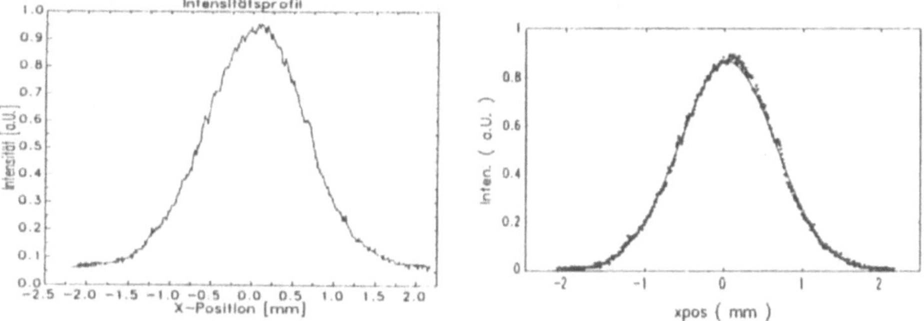

Abb. 13.6. Schnitt durch die Lasermode aus Abb. 13.5. *Links* die Darstellung wie sie *VIVIAN* liefert, *rechts* der Fit eines Gaußprofils (*durchgezogene Linie*) an die abgespeicherten Meßdaten

sie anschließend mit Hilfe anderer Programme weiter zu bearbeiten. Da das Programm *VIVIAN* bewußt keine Auswertemöglichkeiten bietet, müssen die Studenten andere verfügbare Programme nutzen. Dies hat mehrere Vorteile. Die Studenten lernen eine Arbeitsweise kennen, wie sie auch später im Labor angetroffen wird. Dabei sollten sie erkennen, daß es meist sinnvoller ist, Messung und Auswertung der Daten mit verschiedenen Programmen durchzuführen. Dies hat den Vorteil, daß die einzelnen Programme kompakt und übersichtlich bleiben. Braucht man eine spezielle Funktion, die ein Programm nicht bietet, kann man auf ein anderes ausweichen. Ein weiterer Vorteil besteht darin, daß die Studenten gezwungen sind, sich zu überlegen, welchen funktionalen Verlauf die gemessene Intensitätsverteilung hat. Außerdem müssen sie sich mit nichtlinearen Fitmethoden und den dabei auftretenden Problemen wesentlich intensiver beschäftigen, als wenn dies alles in *VIVIAN* integriert und nur mittels eines Knopfdrucks aufgerufen werden müßte.

Es soll nicht unerwähnt bleiben, daß das Programm *VIVIAN* in Kaiserslautern inzwischen auch im normalen Laborbetrieb eingesetzt wird, um z.B. die Qualität eines Laserstrahls zu beurteilen.

13.2.3 Versuche zur Beugung

Experimente zur Beugung von Licht gehören in jedes Praktikum. Oft wird dabei das Beugungsbild nicht fotografisch aufgezeichnet, sondern mit Hilfe von Fotodetektoren. Der Einsatz von *VIVIAN* bietet auch hier Vorteile, vor allem bezüglich der Geschwindigkeit und der sofortigen Verfügbarkeit der Daten im Computer.

Beugung am Spalt. Man gibt das Beugungsbild eines von einem (möglichst aufgeweiteten) HeNe-Laserstrahl beleuchteten Einzelspalts direkt auf das CCD-Array der Kamera. Die sofortige Darstellung auf dem Bildschirm (vgl. Abb. 13.7) erlaubt es, noch vorhandene Justierfehler zu beseitigen. Dies spart Zeit und ermöglicht mehrere Messungen, z.B. eine Meßreihe mit verschieden breiten Spalten. Zur Auswertung der Aufnahme wird man eine geeignete Schnittlinie hindurchlegen und den Intensitätsverlauf entlang dieser Linie diskutieren. Je nach Intention können bei der Diskussion verschiedene Schwerpunkte gesetzt werden. Man kann die direkt meßbaren (bzw. von *VIVIAN* ermittelten) Parameter Spaltbreite b, Abstand zwischen Spalt und Kamera d und Abstand der Beugungsstrukturen a_n bestimmen und daraus mit Hilfe einer Ausgleichsrechnung die Wellenlänge λ des Lasers errechnen. Eine andere Möglichkeit besteht darin, daß auch die Spaltbreite unbekannt ist und in einem *trial and error* Verfahren die Parameter der Beugungsgleichung $n \cdot \lambda = b \cdot \sin \alpha_n$ für die n-te Beugungsordnung ($\sin \alpha_n \approx a_n/d$) bestimmt werden. Ein ähnliches Verfahren wird in Abschn. 5.3.3 im Zusammenhang mit harmonischen Schwingungen beschrieben. Es hat, zumindest für unerfahrene Schüler und Studenten den Vorteil, daß sie ein Gefühl für die Bedeutung der verschiedenen Parameter bekommen, während sie bei der ersten Version der Auswertung meist mit dem Ergebnis zufrieden sind, ohne den Einfluß der einzelnen Parameter zu hinterfragen.

Vergleich von Beugung am Spalt und am Draht. Ersetzt man in dem oben beschriebenen Versuch den Spalt durch einen gleichdicken Draht, so sollte man ein zu Abb. 13.7 komplementäres Beugungsbild erhalten. Bisher wurden beide Versionen des Experiments meist qualitativ verglichen. *VIVIAN* bietet nun die Möglichkeit, auch quantitative Vergleiche durchzuführen. Aus einer solchen Aufnahme kann einiges gelernt werden. Zunächst fällt auf, daß die Summe keineswegs den erwarteten glatten Verlauf hat, sondern immer noch eine Struktur aufweist. Diese läßt sich dadurch minimieren, daß

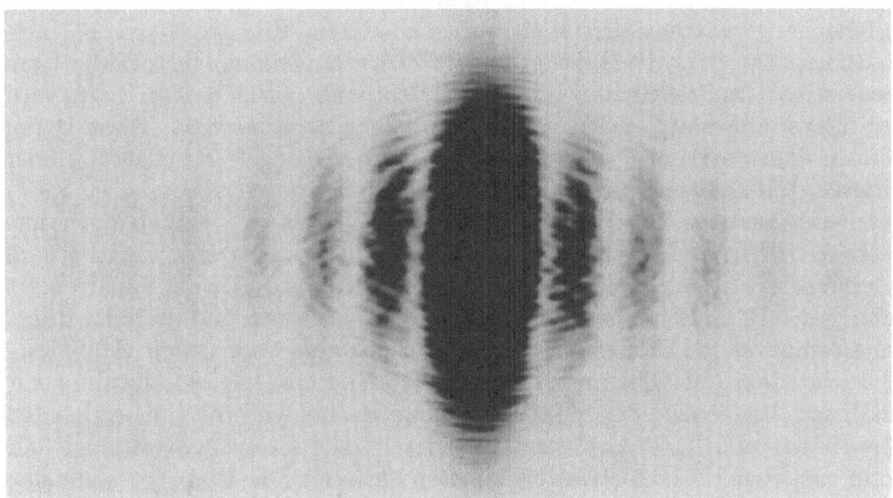

Abb. 13.7. Beugungsbild eines Einzelspalts. Die überlagerten, ringförmigen Strukturen entstanden durch Interferenzen an Graufiltern, welche verwendet wurden, um das CCD-Array der Kamera nicht zu sättigen

zunächst die Intensität beider Beugungsbilder getrennt entsprechend normiert wird. Eine weitere Verbesserung erreicht man dadurch, daß man bei einer der Aufnahmen die X-Skala leicht verändert. Dies bedeutet aber nichts anderes, als würde man die Drahtdicke bzw. die Spaltbreite ändern. Man hat also ein sehr empfindliches Meßverfahren für den Vergleich beider Größen vorliegen. Neben dem Kennenlernen dieses Verfahrens könnte eine weitere Aufgabe darin bestehen, dessen Genauigkeit durch Diskussion der Meßfehler zu bestimmen.

13.2.4 Abbesche Mikroskoptheorie

Versuche zur Abbeschen Mikroskoptheorie behandeln ebenfalls Beugungseffekte. Man kann also auch hier *VIVIAN* einsetzen. Um bessere Vergleichsmöglichkeiten mit der Theorie zu haben, beschränkt man sich meist auf die Untersuchung der Abbildung einfacher Gitterstrukturen. *VIVIAN* spielt auch hier die Vorteile online-Kontrolle der Messung und schnelle Verfügbarkeit der Daten im Computer voll aus.

Untersuchung des sekundären Bildes. Um solche Untersuchungen durchzuführen, bildet man einen Spalt vergrößert ab. Mit Hilfe von *VIVIAN* kann wahlweise das primäre oder das sekundäre Bild aufgenommen werden. Dabei wird untersucht, wie sich Manipulationen am primären Bild, z.B. das Ausblenden verschiedener Beugungsordnungen, auf das sekundäre Bild auswirken. Dazu wird wieder, wie oben beschrieben, die Kamera ohne Objektiv verwandt.

Sekundäres Bild und Fouriertransformation. Der mathematische Zusammenhang zwischen primärem und sekundärem Bild stellt eine Fouriertransformation dar. Mit Hilfe der von *VIVIAN* aufgenommenen Bilder kann dies erstmals im Praktikumsrahmen quantitativ überprüft werden. Dazu wird der Intensitätsverlauf entlang einer Schnittlinie abgespeichert. Diese Daten können dann, evtl. nach entsprechender Aufbereitung (z.B. Glättung oder Filterung), mit einem Programm zur *schnellen Fouriertransformation* (FFT) bearbeitet werden. Ein solches Programm stellt das in Kaiserslautern entwickelte *SPRANA* dar. Es erlaubt nicht nur die Fouriertransformation und Rücktransformation, sondern auch die direkte Manipulation der Spektren. So kann man z.B. im Fourierspektrum Ordnungen entfernen und nach der Rücktransformation den Einfluß auf das Orginalspektrum beobachten. Abbildung 13.8 zeigt links oben das normale sekundäre Bild eines Spalts, darunter das Bild nach Ausblenden der nullten Ordnung. Rechts sind die entsprechenden Ergebnisse von *SPRANA* zu sehen. Unten sieht man Intensitätsverteilung und Fourierspektrum zur daneben abgebildeten Messung. Das Bild oben stellt eine Simulation dieses Bildes dar. Nach der Transformation wurde im Fourierspektrum die nullte Ordnung entfernt und eine Rücktransformation durchgeführt. Man sieht die gute Übereinstimmung mit dem gemessenen Spektrum.

Es gibt noch eine ganze Reihe weiterer Untersuchungen, die auf diese Weise durchgeführt werden können. Man kann z.B. den Einfluß der höheren Ordnungen auf die Schärfe des Bildes untersuchen. Auch hier ist es wieder von Vorteil, Simulation und Messung mit Hilfe von *SPRANA* zu vergleichen. Dies bringt ein vertieftes Verständnis der Abbeschen Theorie mit sich, weil es sehr anschaulich ist. Andererseits werden die Studenten auch mit der schnellen Fouriertransformation vertraut. Eine Diskussion der Abweichungen von Messung und Simulation führt auch hier zu einem besseren Verständnis der Methode. Gleichzeitig erwerben sie ein erstes Gefühl für die Möglichkeiten, aber auch Grenzen (Stichwort Fensterfunktion, Beschränkung der Datenpunkte auf 2^n, etc.) der schnellen Fouriertransformation.

13.2.5 Bestimmung des Randwinkels zwischen einer Flüssigkeit und einem Festkörper

Als weiteres Beispiel sei eine Anwendung zur Bestimmung des Randwinkel zwischen einer Flüssigkeit und einem Festkörper (das ist der Winkel zwischen der Tangente an die Oberfläche und der Gefäßwand) genannt. Dazu nimmt man mit der Kamera die Oberfläche einer Flüssigkeit in einem keilförmigen Glasgefäß auf (Abb. 13.9). Das Bild wird ausgedruckt und die Studenten vermessen einige Punkte der Oberflächenkurve mit dem Lineal. Anschließend passen sie mit Hilfe eines Fitprogramms eine geeignete Funktion an diese Punkte an. Die Ableitung dieser Funktion im Punkt, wo die Oberfläche die Wand erreicht, liefert die gesuchte Tangente, deren Winkel φ mit der Wand der gesuchte Randwinkel ist.

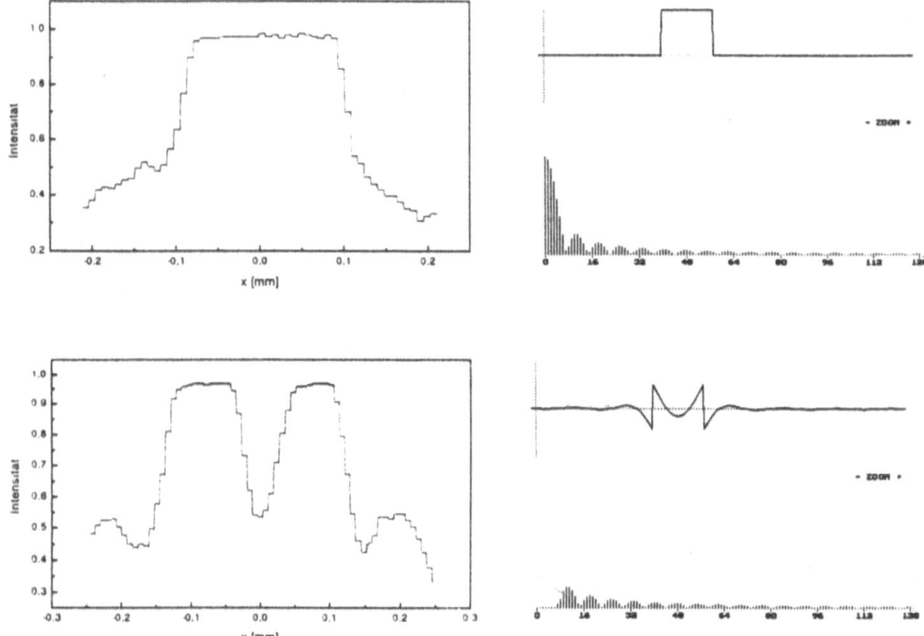

Abb. 13.8. *Links oben* das normale sekundäre Bild eines Spaltes. Mit Hilfe des Programms *SPRANA* errechnet man daraus das Bild nach Ausblenden der nullten Beugungsordnung (rechts). *Links unten* ist die zugehörige Messung und *rechts* die beiden zugehörigen Spektren in *SPRANA* abgebildet. Die entsprechenden Manipulationen werden im Text näher beschrieben

13.2.6 Vermessung mikroskopischer Strukturen

Ein letztes Beispiel für den Einsatz des Programms stellt eine interdisziplinäre Anwendung dar.

Steht ein Mikroskop mit der Möglichkeit zum Anschluß einer Videokamera zur Verfügung, kann man mit Hilfe des Programms *VIVIAN* kleine Strukturen vermessen. Neben Einsatzmöglichkeiten in der Physik sind hier auch andere, z.B. in der Biologie (Zelldimensionen, Durchmesser eines Haares, etc.) denkbar.

Nach entsprechender Eichung durch Vermessen einer Struktur bekannter Größe (z.B. eines dünnen Drahtes; nach dieser Eichung darf der Abbildungsmaßstab nicht mehr verändert werden) kann man mit Hilfe des Programms mikroskopische Strukturen vermessen. Neben der Vermessung von biologischem Gewebe ist bereits im Schulunterricht die Anwendung auf ein alltägliches Phänomen möglich: Die Vermessung eines ganz normalen Spinnennetzes! Zunächst die groben Strukturen, unter der Fragestellung, wie symmetrisch ist das Netz; dann, nach entsprechender Eichung, z.B. die Frage, sind alle

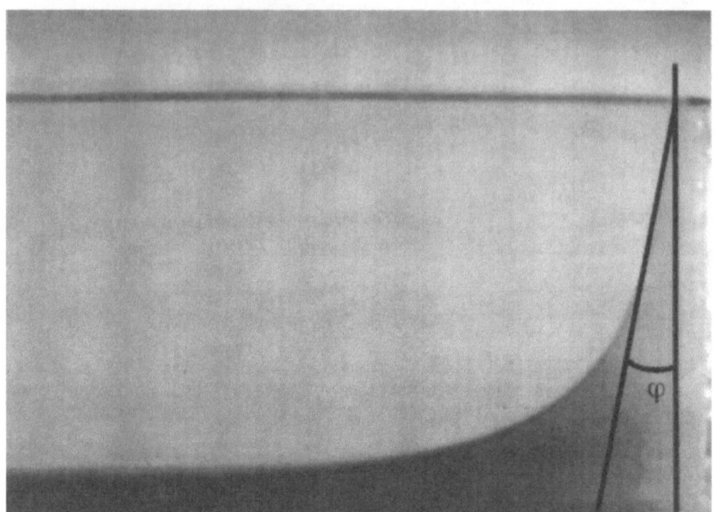

Abb. 13.9. Bild zur Bestimmung des Randwinkels zwischen einer Flüssigkeit und einem Festkörper. Der Randwinkel φ ist schematisch eingezeichnet

Spinnfäden von gleicher Dicke oder gibt es Unterschiede, die in den statischen Aufgaben der Fäden begründet sind?

Im Physikunterricht wäre z.B. die Vermessung der Dimensionen einer IC-Schaltung ein Einsatzbeispiel. Abbildung 13.10 zeigt ein Beispiel aus dem Laboralltag, wo das Programm *VIVIAN* neben der bereits oben genannten Kontrolle des Strahlprofils von Lasern noch weiter professionell eingesetzt werden kann. In diesem Fall wird es zu Dokumentationszwecken verwendet. Zu sehen ist die mikroskopische Aufnahme des Endes einer Glasfaser. Der Kern der Faser ist deutlich als heller Fleck in der Mitte zu erkennen. Bei geeigneter Eichung des Systems kann man auch die Dimensionen der Faser bestimmen.

13.2.7 Weitere Anwendungsbeispiele für das Programm

Zum Abschluß sollen noch einige weitere Einsatzmöglichkeiten von *VIVIAN* kurz angerissen werden:

- **Zeeman-Effekt:** Aufnahme der Interferenzringe eines Fabry-Perot-Interferometers zur Vermessung der Linienaufspaltung
- **Röntgenstrukturanalyse:** Vermessung von Debye-Scherrer- bzw. Laue-Aufnahmen
- **Magnetisierung:** Aufnahme und Vermessung der Größe Weißscher Bezirke

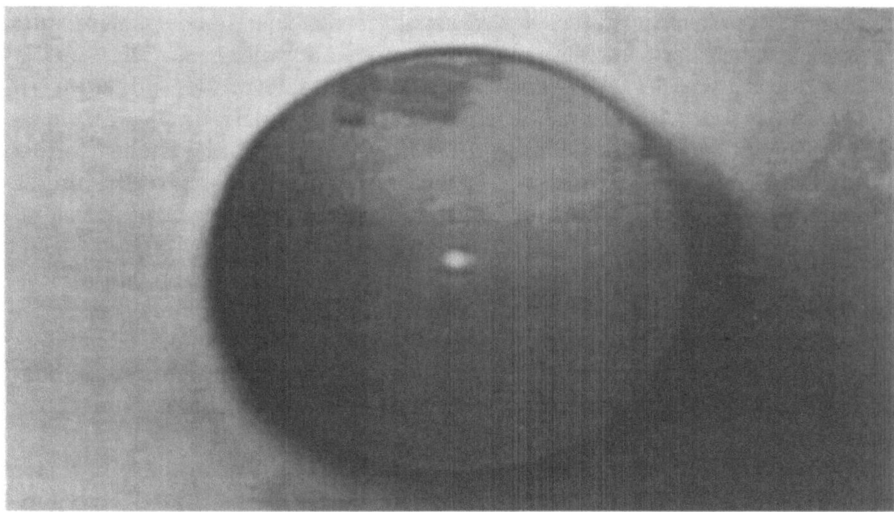

Abb. 13.10. Mikroskopische Aufnahme des Endes einer Glasfaser. Der Durchmesser der Faser beträgt etwa 200 μm, der Durchmesser des hellen Kerns etwa 10 μm. Diese Aufnahme entstand im Laboralltag und dient zur Beurteilung der Qualität des Endes einer Glasfaser. Ist das Ende nicht völlig plan, so wird das austretende Licht abnormal gebeugt und vermindert die Auflösung der nachgeschalteten Optiken

- **Schlierenoptische Temperaturmessung:** Aufnahme eines Schlierenbildes zur Bestimmung einer Temperaturverteilung nach dem sogenannten Gitterblendenverfahren.
- **Belastungsanalysen:** Zwischen zwei gekreuzten Polarisatoren wirkt eine Kraft auf ein optisch transparentes Material (z.B. Glas oder Plexiglas). Die auftretenden Spannungen lassen ein Schlierenbild des Materials entstehen, mit dessen Hilfe man die wirkende Belastung untersuchen kann.

Diese Liste stellt nur einen kleinen Ausschnitt der Einsatzmöglichkeiten des Programms dar, die dem Leser ermöglichen soll, selbst weitere Anwendungen zu finden.

13.3 Zusammenfassung

Das beschriebene Programm *VIVIAN* wird seit mehreren Jahren mit großem Erfolg im Fortgeschrittenen-Praktikum der Universität Kaiserslautern eingesetzt. Mit seiner Hilfe können Videobilder bearbeitet und ausgewertet werden. Es ermöglicht eine Vielzahl von Bildmanipulationen und eine anschließende quantitative Auswertung dieser Bilder. Gegenüber der klassischen Methode, Intensitätsverteilungen von Licht fotografisch aufzuzeichnen und auszuwerten, bietet diese Methode eine ganze Reihe von Vorteilen, die in diesem Kapitel aufgezeigt werden. Neben den Anwendungsbeispielen in der Ausbildung, die zeigen, um welch universelles Werkzeug es sich hier handelt, wird kurz gezeigt, daß auch der professionelle Einsatz im Laboralltag möglich ist.

Der Einsatz von *VIVIAN* entlastet den Benutzer von der Bildaufbereitung. Dadurch wird es ihm möglich, sich stärker mit der Physik des untersuchten Phänomens zu beschäftigen. Bei entsprechender didaktischer Aufbereitung des Versuchsaufbaus, so wie in diesem Kapitel gezeigt, bleibt ihm die verwendetet Meßtechnik trotzdem nicht verborgen und jederzeit durchschaubar.

Die Studenten des Fortgeschrittenen-Praktikums in Kaiserslautern benutzen das System *VIVIAN* mit Begeisterung. Ermöglicht ihnen doch die online-Kontrolle der Bilder eine bessere Justierung und damit optimalere Meßergebnisse und die enorme Zeitersparnis die Untersuchung interessierender Details, die bisher dem engen Zeitrahmen des Praktikums zum Opfer fielen.

Wie bereits erwähnt, ist die verwendete Hardware vermutlich in Kürze überholt und nicht mehr lieferbar. Trotzdem kann dieses Kapitel eine ganze Reihe von Anregungen zur Anwendung moderner Bildverarbeitungsmethoden in der Ausbildung geben, denn die geschilderte Vorgehensweise und die beschriebenen Beispiele sind unabhängig von der zur Zeit zur Verfügung stehenden Hardware. Sie zeigen, wie Praktikumsexperimente aufgebaut sein sollten, damit Studenten sowohl die Physik als auch die zugehörige Meßtechnik kennen und verstehen lernen.

14. Verfolgung von Bewegungsabläufen mit *CARMEN*

Viele Experimente zur Mechanik befassen sich damit, Bewegungsabläufe zu erfassen und zu analysieren. Sehr häufig geschieht dies dadurch, daß die Bewegung stroboskopisch beleuchtet und fotografisch festgehalten wird. Meist sind dabei auf einer Aufnahme mehrere Phasen der Bewegung zu sehen, so daß man bei bekannter Blitzfrequenz nicht nur die Richtung, sondern auch die Geschwindigkeit der Bewegung rekonstruieren kann.

Diese klassische Art der Bewegungsaufzeichnung hat allerdings zahlreiche Nachteile:

- Man muß mit der Fotochemie vertraut sein, um dieses Verfahren anzuwenden. Gibt man den Film zum Entwickeln in ein Labor, ergibt sich eine Zeitverzögerung, die die Durchführung solcher Versuche in einem Praktikum unmöglich macht.
- Das Ergebnis ist erst nach der Filmentwicklung zu beurteilen, was eine erhebliche Zeitverzögerung bedeutet, wenn die Messung nicht den Erwartungen entspricht und wiederholt werden muß.
- Man muß im Dunkeln arbeiten. Dies setzt spezielle Räumlichkeiten voraus, Messungen im Freien bei Tageslicht sind nicht möglich. Außerdem ist man dem ständigen unangenehmen Blitzen der Stroboskoplampe ausgesetzt.
- Die Auswertung der Bilder mit einem Computer ist kaum möglich, da die entsprechenden Programme sehr aufwendig sind und einem Praktikum kaum zur Verfügung stehen dürften.
- Folgende Bewegungsabläufe sind mit dieser Methode nur sehr schwer, oder überhaupt nicht zu registrieren:
  - Auf Video aufgezeichnete Vorgänge, z.B. einen Billardstoß.
  - Vorgänge, bei denen viele Teilchen zu berücksichtigen sind, z.B. Diffusion.
  - Vorgänge, die lange dauern und daher viele Meßpunkte liefern, z.B. Einschwingvorgänge.
  - Untersuchung ganz alltäglicher Vorgänge, wie z.B. der Bewegungsablauf beim Schaukeln.

Anhand eines kurzen Beispiels zum letztgenannten Punkt (es wird weiter unten noch ausführlicher beschrieben) soll gezeigt werden, wie es mit Hilfe des Programms *CARMEN* (**CA**mera **R**esolved **M**otion **EN**coding) möglich ist, auch solch schwierige Fälle wie z.B. die Physik des Schaukelns quantitativ zu untersuchen.

Den physikalischen Hintergrund des Schaukelns kann man mit dem Stichwort Parametrischer Oszillator umschreiben. Auch bei diesem kommt es zu einer Verstärkung der Schwingungen, wenn im richtigen Takt Energie zugeführt wird. Beim Schaukeln lernt man bereits im Kindesalter, wie man dies macht, ohne daß man je den Begriff gehört hat oder sich Gedanken darüber macht, warum es gelingt, die Amplitude der Schaukelbewegung zu vergrößern oder zu dämpfen, ohne mit der Umgebung in direktem Kontakt zu stehen.

Bei der Durchführung eines Experiments zum Thema Schaukeln bietet es sich an, dieses mit Hilfe einer Videokamera aufzuzeichnen. Dadurch hat man die Möglichkeit, gezielt verschiedene Aspekte des Bewegungsablaufs zu untersuchen, wobei es sich jedesmal um genau dieselbe Bewegung handelt. Um das Ganze zu vereinfachen, beschränkt man sich auf die Untersuchung der Bewegung des Schwerpunkts der schaukelnden Person, dessen Position man z.B. durch eine helle Taschenlampe hervorhebt.

Mit Hilfe des Programms *CARMEN* ist es dann möglich, die Schaukelbewegung zu analysieren. Es ermöglicht, die Bewegung des markierten Schwerpunkts zu verfolgen und auf verschiedene Arten darzustellen. In Abb. 14.1 ist eine dieser Darstellungsmöglichkeiten zu sehen. Sie zeigt die Amplitude einer sich aufschaukelnden Bewegung links im Überblick und rechts im Detail. Weitere Einzelheiten zur Physik des Schaukelns und zum Einsatz des Programms *CARMEN* finden sich in Abschn. 14.2.9 dieses Kapitels.

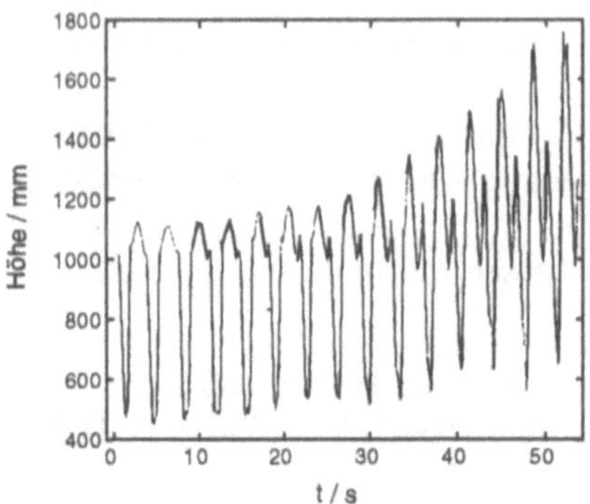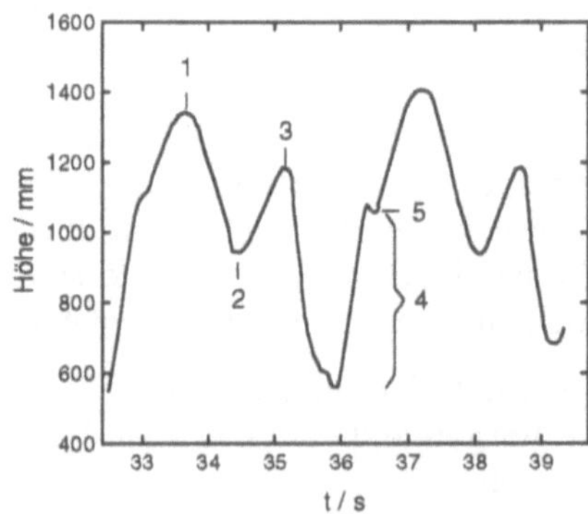

Abb. 14.1. Die Amplitude einer Schaukelbewegung beim Aufschaukeln. *Links* sieht man, wie die *Y*-Koordinate von Zyklus zu Zyklus zunimmt. *Rechts* ist ein Ausschnitt zu sehen, der Detailinformation über die Bewegung der schaukelnden Person enthält (1: vorderer Umkehrpunkt; 2: tiefster Punkt im Stehen; 3: hinterer Umkehrpunkt und Setzen; 4: Aufstehphase; 5: Ruck am Ende der Aufstehphase)

Neben einer ausführlichen Beschreibung des Programms *CARMEN* wird im folgenden Abschnitt an einer Reihe von Beispielen (Stoßversuche, physikalische Modelle auf dem Luftkissentisch, Pendelbewegungen, etc.) gezeigt, wie es im Praktikum oder im Schulunterricht einsetzbar ist. Diese Auswahl und deren Beschreibung ist so gehalten, daß es für den Leser leicht ist, selbst entsprechend den lokalen Gegebenheiten die Beispiele anzupassen bzw. neue zu finden.

14.1 Das Programm *CARMEN*

CARMEN ist ein Programm, das es ermöglicht, die Bahnkurven bewegter Objekte mit Hilfe einer Videokamera zu registrieren. Anstelle der Signale einer Kamera können auch die eines Videorekorders verwendet werden. Dies bietet sich dann an, wenn der Computer bei der Aufnahme z.B. im Freien nicht mitgeführt werden kann, ein bestimmtes Ereignis mehrfach reproduzierbar untersucht oder bereits existierende historische Aufnahmen analysiert werden sollen.

14.1.1 Hardwarevoraussetzungen

Wie bereits erwähnt, kann das hier vorgestellte System jede Art von Videoinformation verarbeiten. Die Videosignale werden mit Hilfe einer sogenannten Frame-Grabber-Karte (PC Hurricane HU01 der Firma Gatz & Hartmann, Berlin) digitalisiert und vom Programm *CARMEN* verarbeitet. Abbildung 14.2 verdeutlicht den Informationsfluß. Außer dieser speziellen Frame-Grabber-Karte sollte ein möglichst schneller Computer (486 oder höher) zum Einsatz kommen, da sonst die Bildinformationen nicht schnell genug verarbeitet werden können. Der Computer sollte über mindestens 4 MB (besser mehr) Hauptspeicher verfügen. Ansonsten wird keinerlei weitere spezielle Hardware (z.B. Grafikkarte) benötigt.

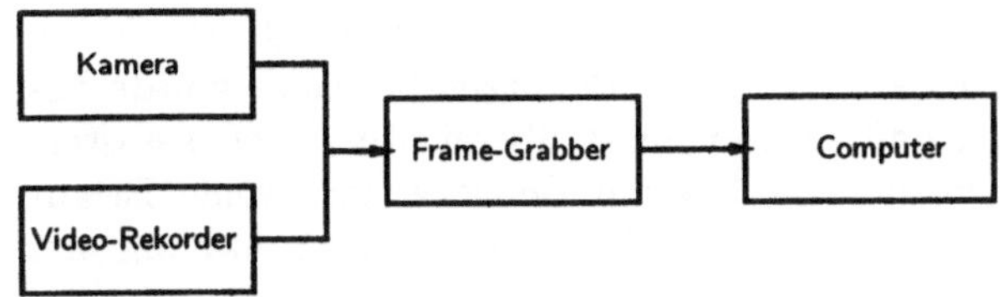

Abb. 14.2. Der Informationsfluß vom Videosignal zum Computer. Es spielt keine Rolle, ob diese von einer Kamera oder dem Videorekorder stammen

14.1.2 Funktionsweise

Das Programm erkennt Objekte aufgrund des Kontrastunterschiedes zum Bildhintergrund, d.h. es kann wahlweise helle Objekte auf dunklem Hintergrund oder umgekehrt registrieren. Für die Anzahl der Objekte gibt es keine

Beschränkung, allerdings sollte man der Übersichtlichkeit halber die Zahl möglichst gering halten.

Um den Ort eines Objekts zu bestimmen, wird die Videoinformation zeilenweise eingelesen. Während die Hardware die nächste Bildzeile bereitstellt, wird die aktuelle Zeile auf Helligkeitssprünge untersucht. Zwei aufeinanderfolgende Sprünge in entgegengesetzter Richtung markieren die Kanten eines Objekts. Aus dem Abstand der Sprünge wird der Mittelpunkt des Objekts für diese Zeile berechnet, aus der Summe aller Mittelpunkte aufeinanderfolgender Zeilen der Schwerpunkt des Objekts. Nur die Koordinaten dieses Schwerpunkts werden für die weitere Analyse gespeichert, wodurch das Programm mit vergleichsweise wenig Speicherplatz auskommt. Die Bahnkurve eines Objekts ergibt sich aus der Folge der Schwerpunkte, die von Bild zu Bild jeweils am nächsten benachbart liegen. Dadurch können im Prinzip die Bahnkurven mehrerer Objekte gleichzeitig identifiziert werden. Jedoch sind folgende Fehlersituationen möglich:

- Zwei Objekte berühren sich oder ihre Bahn kreuzt sich, wobei sie sich sehr nahe kommen. Das führt dazu, daß beiden nur ein Punkt zugeordnet werden kann. Trennen sie sich später wieder, ist nicht mehr sichergestellt, wie die beiden neuen Bahnkurven den alten zuzuordnen sind.
- Ein Objekt verläßt (zeitweise) den gewählten Bildausschnitt. Eine automatische Zuordnung der Bahn ist nicht mehr möglich.

Die nötige Geschwindigkeit der Datenverarbeitung, d.h. 25 Bilder pro Sekunde, konnte nur durch eine hardwarenahe Programmierung erzielt werden. Das hat für den Benutzer den Nachteil, daß er seinen Rechner mit einer speziellen Hardware (Frame-Grabber-Karte zur Videosignalerfassung, s.o.) ausstatten muß, um das Programm nutzen zu können. Dafür hat er aber ein universelles Werkzeug zur Verfügung, mit dessen Hilfe er eine Vielzahl von Experimenten durchführen kann.

14.1.3 Programmbedienung

Das Programm ist so geschrieben, daß es fast vollständig mit Hilfe der Maus bedient werden kann. Bei der Gestaltung der Benutzeroberfläche wurde besonderer Wert darauf gelegt, daß sie möglichst übersichtlich und selbsterklärend ist. Dies ist vor allem im Hinblick auf Benutzer mit wenig Erfahrung im Umgang mit Rechnern wichtig. Die Ausgaben erfolgen in einzelnen Fenstern, die frei auf dem Bildschirm plaziert werden können und zwischen denen man nach Bedarf umschalten kann. Dadurch ist es möglich, gerade nicht benötigte Ausgaben im Hintergrund zu halten, ohne daß sie verloren gehen. Sie stehen jederzeit durch Anklicken mit der Maus wieder zur Verfügung. Die Größe dieser Fenster kann den jeweiligen Bedürfnissen entsprechend verändert werden. Abbildung 14.3 zeigt einen typischen Arbeitsbildschirm des Programms mit verschiedenen Fenstern.

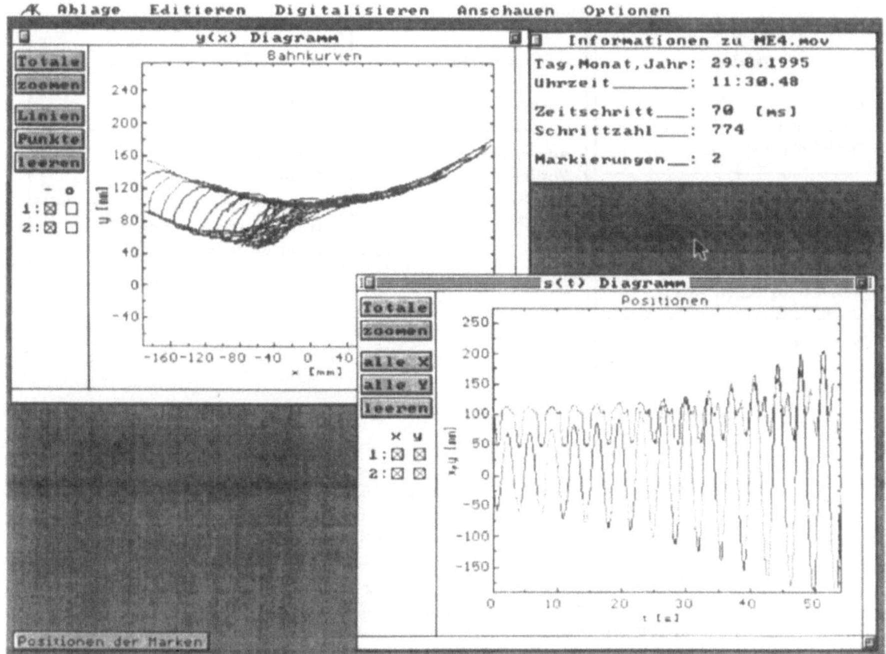

Abb. 14.3. Der Arbeitsbildschirm des Programms *CARMEN*. Zu sehen sind verschiedene Fenster, die je nach Bedarf frei plaziert werden können. Wird der Inhalt eines Fensters nicht mehr benötigt, kann dieses geschlossen werden. Es wird dann durch eine entsprechende Marke dargestellt, die durch anklicken das Fenster wieder öffnet. Im Bild ist *links unten* eine solche Marke zu sehen

Ein Test mit Studenten eines Demonstrationspraktikums für Lehramtskandidaten, die das Programm ohne Anleitung benutzen sollten, zeigte, daß das Ziel einer leichten Bedienbarkeit durchaus erreicht wurde. Obwohl viele der Studenten noch wenig Erfahrung mit Rechnern hatten, kamen alle mit dem Programm zurecht.

Die Abb. 14.4 zeigt die Menüstruktur des Programms. Die Möglichkeiten, die es bietet, sind hier im Überblick zu erkennen.

Die einzelnen Einträge haben folgende Bedeutung:

- **Ablage** betrifft die verschiedenen Ein- und Ausgabeoperationen. Neben den üblichen Dateioperationen zum Laden und Speichern von Datensätzen in einem programmspezifischen komprimierten Format können hier die Meßwerte auch im ASCII-Format abgespeichert werden. Dies ist dann wichtig, wenn sie mit Hilfe anderer Programme weiterverarbeitet werden sollen. Die Datensätze beinhalten alle während der Messung ermittelten Bahnkurven. Das Abspeichern einzelner Bahnkurven ist nicht nötig, da diese bei der Auswertung ausgewählt werden können.

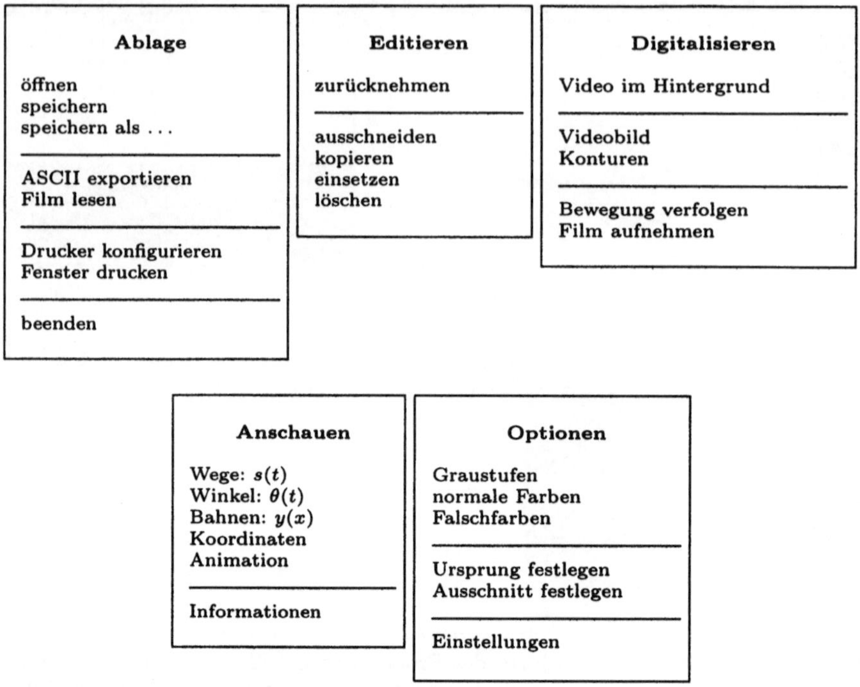

<table>
<tr><td>Ablage

öffnen
speichern
speichern als ...

ASCII exportieren
Film lesen

Drucker konfigurieren
Fenster drucken

beenden</td><td>Editieren

zurücknehmen

ausschneiden
kopieren
einsetzen
löschen</td><td>Digitalisieren

Video im Hintergrund

Videobild
Konturen

Bewegung verfolgen
Film aufnehmen</td></tr>
</table>

<table>
<tr><td>Anschauen

Wege: $s(t)$
Winkel: $\theta(t)$
Bahnen: $y(x)$
Koordinaten
Animation

Informationen</td><td>Optionen

Graustufen
normale Farben
Falschfarben

Ursprung festlegen
Ausschnitt festlegen

Einstellungen</td></tr>
</table>

Abb. 14.4. Die Menüeinträge des Programms *CARMEN*

- *Öffnen* ermöglicht das Einlesen eines Datensatzes. Nach dem Lesen des Datensatzes erscheint ein kleines Fenster auf dem Bildschirm, das wichtige Informationen zu diesem Datensatz wie z.B. Erstellungszeit, Anzahl der Datenpunkte und der erkannten Objekte, etc. enthält. Mit Hilfe dieser Informationen kann ein gesuchter Datensatz leichter identifiziert werden.
- *Film lesen* ermöglicht es, eine vorher abgespeicherte Sequenz (siehe Punkt *Film aufnehmen*) Bild für Bild von der Festplatte einzulesen. Dabei ist der Ausdruck Film nicht allzu wörtlich zu nehmen, wie man bei der Beschreibung des Punktes *Film aufnehmen* sehen kann. Mit den Tasten <PAGE UP> bzw. <PAGE DOWN> kann man zwischen den Bildern hin- und herblättern. Die Zahl der Bilder wird nur von der Kapazität der Festplatte begrenzt. Man kann diesen Punkt benutzen, um eine einmal abgespeicherte Bildsequenz im Detail zu studieren.
- *Drucker konfigurieren* ermöglicht die Wahl des Ausgabegerätes zum Drucken. Neben verschiedenen Druckertypen (HP-Laserdrucker, Post-Script-Drucker, 9- und 24-Nadeldrucker) kann man auch einen HPGL-kompatiblen Plotter ansprechen. Da eventuell mehrere dieser Geräte gleichzeitig zur Verfügung stehen und diese an verschiedene Schnitt-

stellen des Rechners angeschlossen sind, kann man auch auswählen, über welche Schnittstelle die Ausgabe erfolgen soll. Desweiteren kann jede Ausgabe in eine Datei umgelenkt werden. Dies ist dann sinnvoll, wenn am Arbeitsplatz kein Ausgabegerät zur Verfügung steht oder wenn man die Ausgabe eventuell noch editieren möchte.

— *Fenster drucken* dient zum Drucken des Inhaltes des aktiven Fensters. Es handelt sich dabei nicht um eine Hardcopy des Bildschirms, sondern die Daten des Fensters werden für jeden Druckertyp so aufbereitet, daß optimale Druckergebnisse erzielt werden.

- **Editieren** wird in der vorliegenden Form des Programms nicht unterstützt, da beim Einsatz im Praktikum die Gefahr der Manipulation besteht. In einer späteren Version sollen hier aber einige einfache Möglichkeiten geboten werden, die gemessenen Datensätze zu verändern bzw. zu korrigieren.
  Von Nutzen wird dieser Punkt dann sein, wenn der Algorithmus, der zwischen den einzelnen bewegten Punkten unterscheidet, versagt (siehe Abschn. 14.1.2). Dann besteht hier die Möglichkeit, den Datensatz so zu verändern, daß er doch noch brauchbar ist.

- **Digitalisieren** ermöglicht das Einlesen der Bilder.

  — *Video im Hintergrund* schaltet die Bilderfassung im Hintergrund ein bzw. aus. Der Inhalt des Videofensters wird dabei ständig aktualisiert, während mit dem Programm weitergearbeitet werden kann.

  — *Videobild* öffnet das entsprechende Fenster und stellt das aufgenommene Videobild darin dar.

  — *Konturen* schaltet in einen Modus, bei dem in einem eigenen Fenster nur die erkannten Helligkeitssprünge (siehe oben) dargestellt werden. Er kann dazu verwendet werden festzustellen, welche Objekte erkannt werden. Man kann hier auch überprüfen, ob geschlossene Kurven um die Objekte vorliegen, was bei schlechten Lichtverhältnissen oder zu geringem Kontrast nicht immer der Fall sein muß und dazu führt, daß der Algorithmus zur Ortsbestimmung nicht korrekt arbeiten kann.[1]

  — *Bewegung verfolgen* startet nach einer Abfrage zur Festlegung des Startzeitpunktes die Bahnverfolgung. Es wird ein Fenster geöffnet, in dem die ermittelten Bahnkurven der einzelnen Objekte (zur besseren Unterscheidbarkeit in verschiedenen Farben) dargestellt werden. Diese Darstellungsweise kann (besonders bei mehreren Objekten) schnell unübersichtlich werden, hat aber den Vorteil, daß man einen Überblick

---

[1] „Schlechte Lichtverhältnisse" bedeutet in diesem Zusammenhang nicht unbedingt zu wenig Licht. Sehr häufig sind auch der ungünstige Schattenwurf der Objekte, die ungleichmäßige Ausleuchtung des Hintergrundes, Reflexionen oder ähnliches die Ursache von Problemen. Die Erfahrung zeigt, daß man mitunter mehr Zeit benötigt um die Beleuchtung zu optimieren als für den gesamten sonstigen Versuchsaufbau.

über jenen Teil des Ortsraumes erhält, den die Bewegung erreichen kann.

- *Film aufnehmen* dient dazu, eine Sequenz von Bildern abzuspeichern. Dabei wird nur dann ein Bild abgespeichert, wenn es sich vom vorherigen unterscheidet, d.h. die erkannten Objekte sich bewegt haben. Es handelt sich also nicht wirklich um einen *Film*. Das Abspeichern eines „echten" Films wäre mit einem relativ großen Bedarf an Speicherplatz verbunden, da bei der Bildfolgefrequenz von 25 Bildern pro Sekunde, wie sie der Videonorm entspricht, riesige Datenmengen entstehen würden. Auf die Implementierung eines Komprimierungsalgorithmus wurde verzichtet, da ein Film im Zusammenhang mit dem angestrebten Verwendungszweck des Programms kaum zusätzliche Informationen enthält, sondern bestenfalls der Visualisierung des untersuchten Vorgangs dienen kann. Mit einem ganz normalen Videorekorder ist diese Aufgabe einfacher und besser zu lösen.

• **Anschauen** dient dazu, die gewonnenen Daten grafisch darzustellen. Zu den einzelnen Darstellungsarten gibt es jeweils noch weitere Untermenüs zur Konfigurierung der Darstellung. So kann man sich z.B. mit Hilfe einer Zoomfunktion gezielt einzelne interessante Bereiche des Bewegungsablaufs vergrößert darstellen lassen.

Man hat dabei die Wahl zwischen verschiedenen Darstellungsarten, die sich durch die Fenstertechnik auch gleichzeitig auf dem Bildschirm anzeigen lassen:

- *Weg* ist die Darstellung der Ortskoordinaten in Abhängigkeit von der Zeit. Es kann ausgewählt werden, welche Koordinaten welcher Objekte gezeichnet werden. Dabei werden die verschiedenen Bahnen in verschiedenen Farben präsentiert. Es können sowohl die X- als auch die Y-Koordinaten der Bahnen getrennt gewählt werden. Durch Anklicken des entsprechenden Knopfes kann das Zeichnen einzelner Bahnen ein- oder ausgeschaltet werden.

- *Winkel* dient zur Darstellung verschiedener Winkel. Dieser Modus ist vor allem dann sinnvoll, wenn es sich um kreisförmige Bewegungen, z.B. eines Drehpendels, handelt. Dabei kann gewählt werden, ob die Winkel absolut (d.h. als Winkel zwischen der Verbindungslinie Objekt ↔ Ursprung und der Y-Koordinatenachse) oder relativ (d.h. Winkel zwischen der Verbindungslinie Objekt A ↔ Objekt B und der Y-Koordinatenachse) gezeichnet werden sollen.

- *Bahnen* bewirkt die grafische Darstellung der einzelnen Meßpunkte. Es kann gewählt werden, ob nur Punkte gezeichnet oder ob diese durch Linien verbunden werden sollen. Dies ergibt ein ähnliches Bild, wie es bei der Aufzeichnung der Bahnen erzeugt wird.

- *Koordinaten* dient zum Anzeigen der einzelnen Meßpunkte. In einem Fenster werden die einzelnen ermittelten Koordinaten als X-Y-Wertepaare zusammen mit dem Zeitpunkt t ihrer Messung (gerechnet vom Beginn der Datenaufnahme) angezeigt. Dieses Fenster soll in Zukunft (wenn der Editor implementiert ist) dazu dienen, eventuelle Fehler bei der Bahnzuordnung zu verbessern.

- *Animation* spielt den aktuell geladenen Datensatz ab. Die ermittelten Positionen der Objekte werden (farblich unterschiedlich für die einzelnen Objekte) in ihrer zeitlichen Abfolge als eine Art Film abgespielt. Dabei darf man das Wort Film nicht wörtlich nehmen, denn es werden nur die erkannten Orte der Schwerpunkte, keinesfalls das ganze Bild gezeigt. Hat man gleichzeitig das Fenster *Koordinaten* geöffnet, so kann man dort mit der Maus einen Datensatz auswählen und im Animationsfenster erscheint die zugehörige Konfiguration der Ortspunkte. Bewegt man die Maus über die Datensätze, bewegen sich auch die Punkte entsprechend.
- *Information* gibt die Information zur Messung, die auch beim Laden einer Messung angezeigt wird (Erstellungszeit- und -datum, Anzahl der Datenpunkte und erkannten Objekte etc.), aus.

- **Optionen** ermöglicht eine Konfigurierung des Programmslaufs. Es kann die Art der Darstellung des Videobildes gewählt werden. Hier kann man zwischen einer normalen Darstellung, einer solchen in Graustufen und zur Verdeutlichung der Kontrastunterschiede einer Falschfarbendarstellung wählen.

- *Ursprung festlegen* ermöglicht es zu definieren, von welchem Punkt aus die ermittelten Koordinaten gemessen werden sollen (z.B. beim Pendel vom Punkt der Aufhängung aus).
- *Ausschnitt wählen* dient dazu anzugeben, welchen Teil des Bildes man bei der Bahnverfolgung berücksichtigen möchte. Dies ist wichtig, da eine Bearbeitung der gesamten Video-Information mit einer Bildfrequenz von 25 Hz nicht möglich ist, weil der Datentransfer über den Bus des Computers zu langsam erfolgt. Darum ist es sinnvoll, den Ausschnitt auf den tatsächlich benötigten Teil des Bildes zu begrenzen.
- *Einstellungen* wählt man zum Beeinflussen der Parameter der Messung und des Suchalgorithmus. Hier kann z.B. der Zeitschritt zwischen zwei Bildern (in Einheiten von 1/25 s) gewählt werden oder ob es sich um helle Objekte vor dunklem Hintergrund oder umgekehrt handelt. Man kann auch den Suchalgorithmus durch Angabe eines sogenannten Fangradius auf die Größe und Geschwindigkeit der Objekte anpassen. Der Punkt *Einstellungen* bietet auch die Möglichkeit einer Eichung der Darstellung (unterschiedlich in X- und Y-Richtung), die normalerweise in Pixeln erfolgt.

14.1.4 Weiterverarbeitung der Daten

Wie man im obigen Abschnitt sieht, bietet das Programm *CARMEN* selbst keine Möglichkeiten an, die gewonnenen Daten weiter zu verarbeiten. Man kann sie nur in verschiedener Weise grafisch darstellen und ausdrucken. Möchte man die Daten weiterverarbeiten, so besteht die Möglichkeit, sie im ASCII-Format abzuspeichern und dann mit anderen Programmen zu bearbeiten. Man hat dann die gesamte Fülle von Programmen, die der Softwaremarkt bietet (z.B. Excel, Origin, etc.), zur Verfügung.

Ist man mit der grafischen Darstellung des Programms nicht zufrieden, können die Daten mit einem anderen Programm eigener Wahl aufbereitet werden. Man kann die Daten in ein Fitprogramm importieren und Theoriekurven daran anpassen bzw. vergleichen, wie gut sie mit den erwarteten Werten übereinstimmen. Hat man periodische Vorgänge aufgezeichnet (z.B. Schwingungen), so kann man mit Hilfe einer Fourieranalyse das Frequenzspektrum untersuchen.

Diese kurze Liste ist sicherlich nicht vollständig, sie soll lediglich verdeutlichen, daß es eine Vielzahl verschiedener Möglichkeiten gibt, die mit *CARMEN* gewonnenen Daten zu bearbeiten. Sie alle im Programm selbst zu implementieren, wäre kaum möglich und auch nicht sinnvoll gewesen.

14.2 Anwendungsbeispiele

In diesem Abschnitt wird eine Reihe von Beispielen geschildert. Dabei werden einige so ausführlich beschrieben, daß es möglich ist, sie direkt zu übernehmen, andere sollten eher als Anregung für eigene ähnliche Experimente angesehen werden. Bei einigen Versuchen wurden auch klassische Varianten des Experiments (d.h. solche ohne Einsatz des Programms *CARMEN*) beschrieben, damit sowohl die Vor- als auch die Nachteile des Computereinsatzes deutlich werden.

14.2.1 Stoßversuche

Stoßversuche stellen ein klassisches Experiment zum Themenkreis Impuls- und Energieerhaltung dar, die in fast jedem Praktikum zu finden sind. Sehr gut bewährt hat sich dabei die Verwendung eines Luftkissentisches, auf dem man die Stöße von Scheiben verschiedener Massen, Materialien und Geschwindigkeiten beobachtet. Die Scheiben werden von Hand angestoßen, wobei die verschiedensten Stoßsituationen (elastisch, inelastisch, verschiedene Massen oder Stoßparameter, etc.) realisiert werden können.

Bisher geschieht die Datenerfassung meist fotografisch. Oberhalb des Tisches montiert man eine Kamera und belichtet bei stroboskopischer Beleuchtung mehrere Phasen des Stoßvorganges auf ein Bild.

Diese Vorgehensweise hat allerdings einige Nachteile:

- Es besteht keine Möglichkeit direkt zu kontrollieren, ob man bei einer bestimmten Aufnahme eine gewünschte Situation auch so getroffen hat, wie man es sich vorstellte. Damit besteht natürlich auch keine Möglichkeit, Fehlversuche sofort zu wiederholen.

- Oft werden die Praktikanten aus Zeitgründen die Filme selbst entwickeln müssen. Unerfahrenheit beim Umgang mit der Fotochemie kann dann zu Verlust von Daten und entsprechender Frustration der Praktikanten führen. Überdies stellt sich die Frage, ob aufgrund der zeitlichen Rahmenbedingungen der Praktika nicht andere, zeitgemäßere Lernziele als das Erlernen der Fotolabor-Technik im Vordergrund stehen sollten.

- Geräte zum direkten Vermessen der Negative sind recht teuer und werden in einem Praktikum nur selten zur Verfügung stehen. Darum geschieht die Auswertung oft dadurch, daß die Negative mit Hilfe eines Vergrößerers auf Millimeterpapier abgezeichnet und dann mit einem Lineal vermessen werden. Dies entspricht in keinster Weise moderner Meßtechnik und wird von den Praktikanten dann zu Recht kritisiert.

Diese Nachteile werden bei Verwendung des Programms *CARMEN* alle vermieden. Der gesamte Versuchsaufbau kann weitgehend unverändert übernommen werden, lediglich die Fotokamera über dem Luftkissentisch wird gegen eine Videokamera ausgetauscht und wie oben beschrieben mit einem Computer verbunden. Die stroboskopische Beleuchtung und damit die Notwendigkeit, in einem verdunkelten Raum zu arbeiten entfällt auch. Meist muß man, bedingt durch die Raumhöhe und den dadurch begrenzten Abstand zwischen Tisch und Kamera, ein Weitwinkelobjektiv verwenden. Man sollte darauf achten, daß dieses die Abbildung möglichst wenig verzerrt, da sonst die Auswertung ungenau wird. Vor allem bei billigen Objektiven ist es keineswegs selbstverständlich, daß diese Forderung erfüllt ist.

Die Benutzer haben auf dem Bildschirm sofort die Kontrolle, ob das Ergebnis des jeweiligen Durchgangs ihren Vorstellungen entspricht. Sie können die entsprechenden Kurven ohne großen Aufwand direkt zu Papier bringen, Negativerlebnisse durch Fehler beim Entwickeln der Filme entfallen völlig. Der dadurch bedingte Zeitgewinn ermöglicht zusätzliche Experimente, wobei man den Studenten Freiräume zum Umsetzen eigener Ideen bieten sollte.

Die Auswertung der Kurven kann anschließend entweder, wie bisher, mit Hilfe des Taschenrechners, oder aber, was viel zeitgemäßer ist, durch Bearbeitung der abgespeicherten Daten mit Hilfe von Tabellenkalkulationsprogrammen geschehen.

Wollen die Benutzer die absoluten Werte der Geschwindigkeiten zur Bestimmung von Impulsen und Energie messen, so können sie die Daten entsprechend skalieren. Dazu müssen sie nur die Skala, mit der das Programm intern arbeitet, entsprechend eichen. Dies geschieht dadurch, daß sie die absolute Größe des sichtbaren Bereichs mit Hilfe eines Maßbandes vermessen und im Hauptmenüpunkt **Optionen** (Unterpunkt *Einstellungen*) eintragen. Dabei wird dann automatisch berücksichtigt, daß die Darstellung auf dem Bildschirm eventuell verschiedene Skalierungsfaktoren für X- und Y-Achse benutzt.

Spätestens an diesem Punkt sollten sich die Studenten mit der Meßgenauigkeit, die das Programm aufgrund der Auflösung von 480×360 Pixeln bietet, beschäftigen. Will man auf diesen Punkt durch eine eigene Aufgabenstellung im Praktikum (oder Unterrichtsthema in der Schule) besonders eingehen, darf natürlich das zeitliche Auflösungsvermögen von maximal 25 Bildern pro Sekunde nicht vergessen werden.

Mit Hilfe des geschilderten Aufbaus ist es ohne weiteres möglich, Messungen zu den folgenden Spezialfällen im Themenkreis Stoßversuche durchzuführen:

- Elastische und inelastische Stöße,
- Impuls- und Drehimpulserhaltung,
- Energieerhaltung bei elastischen bzw. Energieverlust bei inelastischen Stößen,
- Stöße bei unterschiedlichen Stoßparametern,
- Rotationsenergieübertragung,
- Reflexionswinkel beim Auftreffen auf eine Wand.

Weil keine fotografischen Aufnahmen aufgearbeitet werden müssen, kann man sicher mehrere der oben aufgeführten Aspekte untersuchen lassen, ohne daß die Praktikanten dadurch unter Zeitdruck geraten. Die Tatsache, daß sie im Laufe des Versuchs sofort die Ergebnisse kontrollieren können, schafft ihnen die Möglichkeit, ganz gezielt die gewünschte Stoßsituation zu realisieren.

Einige Beispiele. Ein physikalisch interessantes Beispiel für eine Versuchsanordnung besteht darin, daß man eine Scheibe mit einer „Hantel" (zwei gleichschwere mit einer Brücke verbundene Scheiben) stoßen läßt. Markiert man zusätzlich zu den Scheiben noch die Mitte der Brücke (Schwerpunkt der Hantel), so sieht man sofort, daß diese sich nach dem Stoß geradlinig fortbewegt, auch wenn die Hantel selbst scheinbar ungleichmäßig rotiert. Mit Hilfe der Bahndaten, die von *CARMEN* ermittelt werden, kann sofort nachgewiesen werden, daß sich der gemeinsame Schwerpunkt von Hantel und stoßender Scheibe vor und nach dem Stoß geradlinig gleichförmig weiterbewegt.

Abbildung 14.5 zeigt die oben beschriebene Bewegung der Hantel, die von einem von rechts unten kommenden Puck einseitig angestoßen wurde.

Abbildung 14.6 zeigt einen Stoß, bei dem die stoßende Scheibe (Kreuz) an der gestoßenen Scheibe (Punkt) kleben bleibt. An dem Bild selbst kann man wenig erkennen, was zeigt, wie wichtig es ist, die Rohdaten weiter zu bearbeiten. Aussagekräftiger ist Abb. 14.7, in der die nachträglich berechneten Koordinaten des Schwerpunkts des Systems aufgetragen sind. Es ergibt sich die erwartete Gerade.

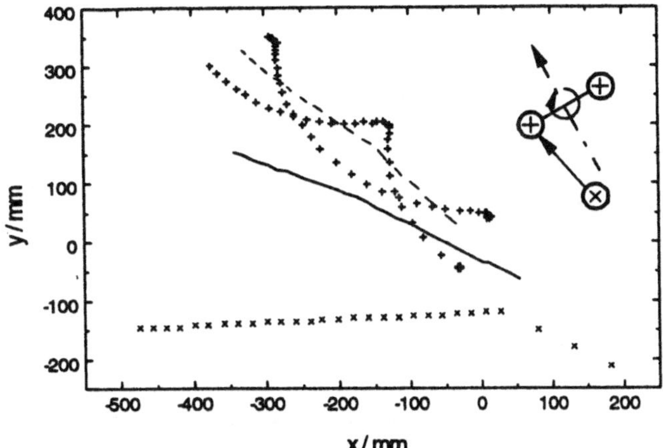

Abb. 14.5. Die Bahnkurve einer einseitig von einem von rechts unten kommenden Puck (x) angestoßenen Hantel auf dem Luftkissentisch. Es waren die beiden äußeren Scheiben (+) und der stoßende Puck (x) markiert. Deutlich ist zu erkennen, daß sich der Schwerpunkt der Hantel (gestrichelt) genau wie der Schwerpunkt des Gesamtsystems (durchgezogene Linie) entlang einer Geraden bewegt. Die Bewegung des Hantelschwerpunktes (er war bei der Messung markiert) wurde gemessen, die des Gesamtschwerpunktes nachträglich berechnet

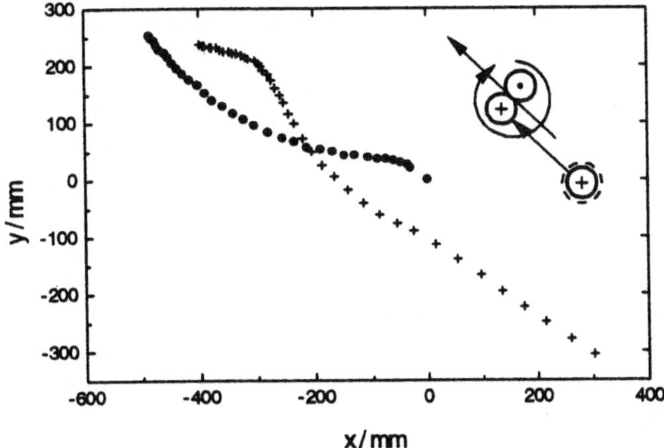

Abb. 14.6. Bahnkurven zweier Scheiben, die beim Stoß zusammenkleben. Die stoßende Scheibe (*Kreuze*) kommt von rechts unten und trifft auf die im Koordinatenursprung ruhende Scheibe (*Punkte*)

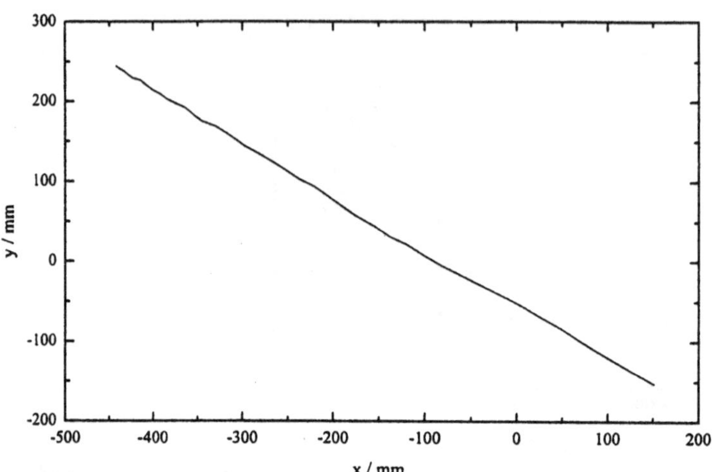

Abb. 14.7. Die Bahn des Schwerpunkts nach den Daten aus Abb. 14.6. Wie erwartet, ergibt sich eine Gerade

14.2.2 Analogieexperimente auf dem Luftkissentisch

Im Gegensatz zu den oben beschriebenen Experimenten, wo meist nur Stöße zweier Teilchen von Interesse waren, sind bei den nun beschriebenen Versuchen viele Teilchen beteiligt. Man kann auf diese Weise durch Analogieexperimente qualitativ Phänomene aus der Festkörperphysik, aber auch der Thermodynamik oder der Atomphysik untersuchen. Es handelt sich dabei durchweg um Experimente, die schon länger bekannt sind und zum Teil auch kommerziell von der Lehrmittelindustrie angeboten werden. Durch den Einsatz des Programms *CARMEN* zur Auswertung der Videoaufnahme der Bewegungen wird es zum ersten Mal möglich, die Experimente nicht nur qualitativ zu beobachten, sondern sie auch quantitativ auszuwerten. Der Leser sollte die Beispiele dieses Abschnitts als Anregung für eigene Aufbauten verstehen. Darum wurde vor allem Wert auf eine große Zahl von verschiedenen Beispielen aus mehreren Sachgebieten der Physik gelegt, weniger auf deren detaillierte Beschreibung.

Kristallstrukturen. Das erste Bespiel beschäftigt sich mit der Festkörperphysik und stammt schon aus dem Jahre 1976. Bei diesem Experiment bewegen sich magnetische Pucks auf einem Luftkissentisch. Äußere Magnetfelder simulieren die Kräfte des Kristallgitters. Es ist in [14.4] kurz beschrieben. Dort wurde noch ein fotografisches Registrierungsverfahren angewandt.

Der Luftkissentisch ist umgeben von einer Magnetspule. Um eine genügend hohe Feldstärke bei nicht zu großen Stromstärken zu erzielen, sollte der Tisch nicht zu groß sein. Abmessungen von ca. 40 cm×40 cm haben sich hier bewährt. Um mit dem Feld der Magnetspule wechselwirken zu können, sind die Scheiben magnetisch. Es sollte eine Möglichkeit bestehen, den Luftstrom zum Tisch zu regulieren, da dieser in dem Experiment das Analogon zur Wärmeenergie (Temperatur) darstellt. Das von der Spule erzeugte Magnetfeld steht für eine äußere Kraft, etwa einen Druck auf die Teilchen.

Ein erstes Experiment besteht darin, die thermische Bewegung einiger Teilchen zu beobachten. Ohne äußeres Magnetfeld werden sie um Gleichgewichtslagen möglichst weit voneinander entfernt pendeln. Schaltet man das Magnetfeld bei mäßiger Stärke des Luftstroms ein, so werden sich die Scheiben, bei entsprechender Richtung des Magnetfelds, aufgrund der äußeren Kraft aufeinander zu bewegen. Nach kurzer Zeit werden sie sich in einer symmetrischen, von der Zahl der Scheiben abhängigen Anordnung, einer Art Kristall, befinden. Eine Verstärkung des Luftstroms führt dazu, daß die Amplitude, mit der die Teilchen um ihre Gleichgewichtslage schwingen, entsprechend einer Temperaturerhöhung, größer wird. Bei weiterer Erhöhung des Luftstroms läßt sich ein „Schmelzen" des Kristalls beobachten, wobei einzelne Scheiben ihre Positionen tauschen. Dies ist ein Beispiel für einen Phasenübergang, bei dem trotz verstärkter Wärmezufuhr (Luftstrom) die Temperatur (Amplitude der Schwingung der Teilchen) nicht größer wird. Mit Hilfe von *CARMEN* kann man diese Vorgänge quantitativ untersuchen. Man zeichnet die Bahnen der Scheiben auf und kann sofort anhand der Daten die mittlere thermische Amplitude der Schwingung berechnen. Bei genauerer Untersuchung der Bahn einzelner Scheiben sieht man, daß es sich um eine zufällige Zitterbewegung um einen Gleichgewichtspunkt handelt. Es ist ebenfalls möglich, diese Gleichgewichtslagen für alle „Atome" des Kristalls zu berechnen und die Bindungswinkel und Abstände zu bestimmen. Dabei können verschiedene chemische Elemente durch unterschiedliche Massen der Scheiben simuliert werden.

Eine weitere Möglichkeit für Untersuchungen mit diesem Aufbau wäre es, zusätzliche Scheiben zu einem bestehenden „Kristall" hinzuzufügen und die Veränderung der „Kristallstruktur" zu untersuchen (z.B. den Übergang von einem Fünferring zu einem Sechserring, entsprechend der energetisch günstigsten und damit stabilen Konfiguration).

Thermodynamik. Die Grundlage der Thermodynamik bildet die Statistik der Bewegung vieler Teilchen, die sich in ihrer Bewegung gegenseitig beeinflussen. Beobachtet man diese Bewegung über einige Zeit, so kann man je nach Dauer der Beobachtung mit immer besserer Statistik Aussagen über das Teilchenensemble machen. So kann man z.B. die mittlere freie Weglänge der Scheibe und deren mittlere bzw. wahrscheinlichste Geschwindigkeit (Maxwellverteilung) bestimmen. Das Ergodentheorem [14.8] sagt dabei aus, daß es keinen Unterschied macht, ob man die Bewegungen vieler Scheiben zu einem Zeitpunkt oder die Bewegung einer Scheibe zu vielen Zeiten bestimmt. Benutzt man einen Computer, ist es sinnvoller, die letztere Methode anzuwenden. Mit Hilfe von *CARMEN* lassen sich die Bahnen einiger Scheiben über einen frei wählbaren Zeitraum verfolgen und in relativ kurzer Zeit genügend Meßwerte für eine brauchbare Statistik gewinnen. Verwendet man dabei, im Gegensatz zu den vorhergehend beschriebenen Versuchen, unmagnetische Scheiben (als Modell idealer, nicht wechselwirkender Gasteilchen), so kann man Experimente zur Thermodynamik machen. Durch farbliche Anpassung der Scheiben an den Untergrund und auffällige Farbgebung einer einzelnen Scheibe kann deren Bewegung im Ensemble der anderen Scheiben gezielt aufgezeichnet werden. Auch hier bietet es sich wieder an, durch Variation des Luftstroms Temperaturänderungen zu simulieren und deren Einfluß zu untersuchen.

In Abb. 14.8 ist ein Beispiel zu sehen, bei dem neben dem von *CARMEN* aufgezeichneten Weg eines Teilchens (im Ensemble mit vier anderen) in einem Histogramm auch eine Verteilung der Geschwindigkeiten der Teilchen dargestellt ist. Dazu wurde jeweils die Anzahl von Geschwindigkeiten innerhalb eines Intervalls $v + \Delta v$ aufgetragen. Das Aussehen des Histogramms hängt von der Wahl der Breite des Geschwindigkeitsintervalls Δv ab. Hier könnte eine der Aufgaben der Praktikanten darin bestehen, den Einfluß der Intervallbreite auf eine Fitkurve zu untersuchen und ein angemessenes Δv zu wählen. Die in das Histogramm eingezeichnete Kurve stellt das Ergebnis eines Fits der Daten an eine Maxwellverteilung dar und zeigt eine gute Übereinstimmung zwischen den experimentellen Daten und der Theorie. Berechnen die Praktikanten neben der Maxwellverteilung, deren Maximum ihnen die wahrscheinlichste Geschwindigkeit angibt, auch noch die mittlere Geschwindigkeit der Teilchen, so sehen sie direkt, daß sich diese beiden Werte unterscheiden, was für viele Benutzer zum ersten Mal ein experimenteller Beweis für diese Tatsache sein dürfte.

Der gleiche Datensatz kann auch unter anderen Gesichtspunkten ausgewertet werden. Beispiele dafür wären z.B. die Bestimmung der Diffussionskonstanten oder Betrachtungen zur Brownschen Molekularbewegung. Bei letzterem Beispiel ist es auch denkbar, Simulationsmethoden (Stichwort „Random Walk") einzusetzen oder verschiedene Methoden der statistischen Analyse einzusetzen.

Markiert man zwei verschieden schwere Scheiben und bestimmt ihre mittlere Geschwindigkeit, so sieht man direkt die langsamere Bewegung der schwereren Scheibe und kann untersuchen, wie ihre Geschwindigkeit von ihrer Masse abhängt. Die Benutzer sollten dann erkennen, daß die Geschwindigkeit der Scheiben sich so verhält, daß die kinetische Energie beider Scheiben gleich ist. Sie sollten dabei lernen, daß die kinetische Energie der Teilchen die Temperatur des „Gases" bestimmt, und nicht die Geschwindigkeit der Teilchen.

Der Zusammenhang zwischen dem Volumen des Gases und seiner Temperatur kann durch Einfügen einer verschiebbaren Wand untersucht werden. Dazu ermittelt man, mit dem oben beschriebenen experimentellen Aufbau, die mittlere Geschwindigkeit eines Teilchens, verringert dann mit Hilfe der Wand den zur Verfügung stehenden Raum (Kompression des Modellgases) und führt die gleiche Messung bei sonst unveränderten Parametern nochmals durch. Man wird feststellen, daß sich die mittlere Geschwindigkeit der Schei-

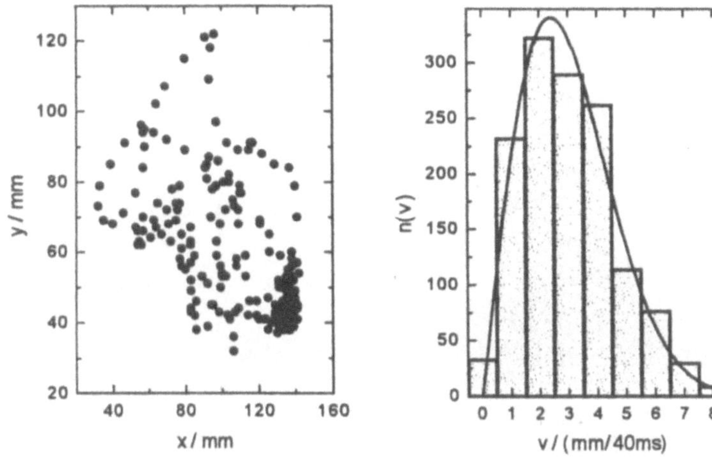

Abb. 14.8. Bestimmung der mittleren Geschwindigkeit eines Modellgases. *Links* sieht man, wie *CARMEN* die Bahn des Teilchens registriert und auf dem Bildschirm darstellt. *Rechts* wurde aus dem Abstand zweier Punkte mit Hilfe eines Tabellenkalkulationsprogramms die jeweilige momentane Geschwindigkeit berechnet und in einem Histogramm eingetragen. Die darüberliegende durchgezogene Kurve entspricht der theoretisch zu erwartenden Maxwellverteilung

be im zweiten Fall erhöht hat, was in der Realität einer Temperaturerhöhung entsprechen würde.

Barometrische Höhenformel. Ein Experiment zur Bestätigung der barometrischen Höhenformel sieht wie folgt aus:

Man neigt den Luftkissentisch wenige Grad gegen die Horizontale. Dadurch erfahren die Scheiben im Schwerefeld der Erde, analog zur Gravitationskraft auf die Gasmoleküle der Luft, eine Beschleunigung hin zum unteren Rand des Tisches. Die Höhe des Tisches teilt man in einzelne, gleichgroße Bereiche auf und beobachtet die Bewegung der Teilchen einige Zeit. Danach trägt man in einem Histogramm die Summe aller Teilchen auf, die sich innerhalb eines jeden Bereichs befinden. Dabei wird die Statistik um so besser, je mehr Aufnahmen man auswertet. Abbildung 14.9 zeigt ein Beispiel für eine solche Messung. Die Balken entsprechen der ermittelten Teilchenzahl pro Bereich Δh, die durchgezogene Kurve der nach der barometrischen Höhenformel zu erwartenden Verteilung. Man sieht die gute Übereinstimmung. Auch hier hat man sich wieder das Ergodentheorem zunutze gemacht und anstelle der momentanen Verteilung vieler Teilchen die Verteilung von nur fünf Teilchen über einen längeren Zeitraum beobachtet.

Rutherfordstreuung. Mit Hilfe des folgenden Analogieexperiments aus der Atomphysik kann die Rutherfordstreuung untersucht werden:

Man befestigt in der Mitte des Luftkissentisches eine magnetische Scheibe. Dann läßt man eine weitere magnetische Scheibe in verschiedenen Abständen, d.h. bei verschiedenen Stoßparametern, daran vorbeilaufen. Eine möglichst

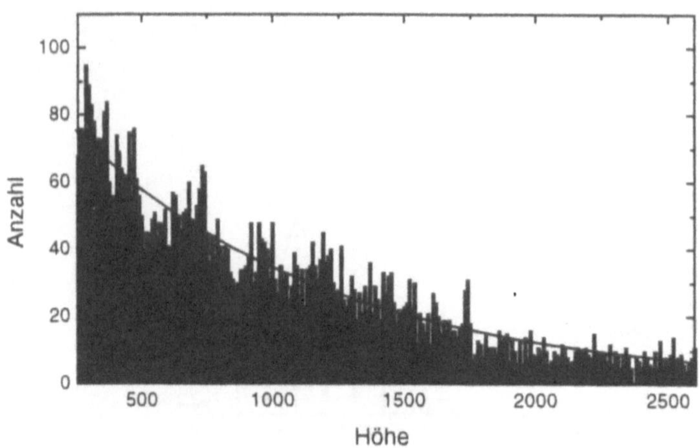

Abb. 14.9. Verifikation der barometrischen Höhenformel mit Hilfe des Programms *CARMEN*. Die Balken entsprechen den Meßwerten, d.h. der ermittelten Teilchenzahl $N(h) \approx p(h)$, die Kurve der erwarteten, exponentiell abfallenden Verteilung

gleichbleibende Geschwindigkeit kann mit Hilfe einer einfachen Abschußvorrichtung aus einem Gummiband erzielt werden. Zeichnet man mit Hilfe von *CARMEN* die Bahnen der Scheiben auf, so kann man ihre Ablenkung im Magnetfeld der festen Scheibe messen und mit der Rutherfordschen Streuformel vergleichen. Je nach Intention des Experiments (Schule oder Praktikum) kann man sich darauf beschränken die Bahnkurven nur zu zeigen oder die Rutherfordsche Streuformel zu verifizieren. Setzt man solche Experimente im Praktikum ein, ist es wichtig, daß sich die Benutzer klar darüber sind, daß sich die Wechselwirkungen in dem Modellexperiment und in der realen Rutherfordstreuung unterscheiden, da in der Simulation magnetische Dipole miteinander wechselwirken, während es im realen Experiment elektrische Ladungen (Monopole) sind. Dies bringt gleichzeitig den zusätzlichen Lerneffekt, daß sich die Praktikanten Gedanken über die Abstandsabhängigkeit der wirkenden Kraftgesetze machen müssen.

Weitere Anwendungsmöglichkeiten. Es gibt noch eine Vielzahl weiterer Anwendungsmöglichkeiten, bei denen Bahnen von Scheiben auf einem Luftkissentisch mit Hilfe des Programms *CARMEN* aufgezeichnet und später ausgewertet werden. Auch hier, wie bereits an anderen Stellen dieses Kapitels, erhebt die folgende Liste keinen Anspruch auf Vollständigkeit. Sie soll wieder Anregungen geben, selbst weitere Beispiele zu finden und verdeutlichen, wie weitgefächert die Einsatzmöglichkeiten von *CARMEN* sind.

- **Diffusion und Strömung durch eine Düse.** Man modelliert einen Schnitt durch die Düse aus Plexiglas und zeichnet mit Hilfe von *CARMEN* die Bahnen der Scheiben auf, wobei die Form der Düse und die Anzahl der Scheiben variiert werden. Dabei kann man untersuchen, wie die

Form und die Dimensionen der Düse (verglichen mit der Teilchendimension) die Strömung beeinflussen und dies wieder mit den theoretisch zu erwartenden Ergebnissen vergleichen. Zusätzlich ist eine Diskussion von auftretenden Abweichungen möglich. Sie vertieft sowohl das Verständnis der Meßmethode, als auch das des benutzten Modells. Ebenso kann der Gültigkeitsbereich verschiedener Strömungsmodelle ausgetestet werden.

- **Durchmischung von Gasen.** Zu Beginn des Experiments sind zwei Arten von Scheiben z.B. durch eine Wand getrennt auf dem Luftkissentisch angeordnet. Nach Entfernen der Wand registriert *CARMEN* die zeitliche Entwicklung ihrer Durchmischung. Verschiedene Gase können durch Scheiben unterschiedlicher Massen repräsentiert werden. Ein denkbares Ziel der Auswertung solcher Experimente könnte die Bestimmung von Diffussionskonstanten sein, ein anderes darin bestehen, daß die Trennwand nur teilweise entfernt wird und untersucht wird, wie das Maß der Durchmischung neben der Zeit auch von der Größe der Verbindungsöffnung („Leck") abhängt.

- **Experimente zum elektrischen Widerstand.** Unter dem Luftkissentisch ordnet man ein Gitter aus schwingungsfähig gelagerten Magneten an. Das elektrische Feld, das das Elektron beschleunigt und die Ursache des Stromes ist, wird durch Neigung des Tisches gegen die Horizontale simuliert. Läßt man eine magnetische Scheibe als Modell des Elektrons über den geneigten Tisch gleiten, kann man ihre Ablenkung im Feld der Gittermagneten untersuchen. Eine Bahnverfolgung mit *CARMEN* erlaubt es, Aussagen über die Geschwindigkeit der Scheibe zu machen. Man kann somit zeigen, daß sie sich mit konstanter Driftgeschwindigkeit bewegt und in der Nähe der Gittermagnete Energie dadurch verliert, daß sie diese zu Schwingungen anregt. Im Modell entspricht dies der Wärmewirkung der Elektronenbewegung. Bei diesem Aufbau wird auch sofort einsichtig, daß die Driftgeschwindigkeit eines Elektrons im Kristallgitter nicht mit seiner momentanen Geschwindigkeit übereinstimmt.

- **Elektron im Feld eines oder mehrerer Kerne.** Unterhalb des Luftkissentisches werden zur Modellierung von Kernen ein oder mehrere Magnete angebracht. Die Bewegung einer magnetischen Scheibe auf dem Luftkissentisch im Feld dieser Magnete wird mit *CARMEN* aufgezeichnet, und die Auswertung erlaubt eine Aussage über die Aufenthaltswahrscheinlichkeit des Elektrons über einen längeren Zeitraum. Die Variation der Parameter Magnetfeldstärke (entspricht dem chemischen Potential einer Bindung) und Abstand der Kerne erlaubt die Untersuchung ihres Einflusses auf die Aufenthaltswahrscheinlichkeit des Elektrons.

14.2.3 Mathematisches Doppelpendel

Ein weiteres Einsatzgebiet des Programms *CARMEN* liegt bei der Aufzeichnung von Pendelbewegungen aller Art. Es gibt bereits zahlreiche Beispiele dafür, wie man mit Hilfe eines Computers solche Bewegungen aufzeichnet und auswertet. Dabei kommen meist sogenannte Bewegungsmeßwandler, die mit Hilfe von Lichtschranken funktionieren (ähnlich dem in Abschn. 5.2.1 beschriebenen Eigenbausystem), zum Einsatz. Manchmal ist das Pendel auch auf der Achse eines Potentiometers montiert, und man mißt den sich ändernden Widerstand. Bei allen diesen Einsätzen handelt es sich jedoch um relativ einfache Pendel.

Das Haupteinsatzgebiet des Programms wird deshalb dort zu finden sein, wo die Bewegung komplizierter Pendel (z.B. Doppelpendel) untersucht werden soll. Natürlich wird man *CARMEN* auch für einfachere Fälle einsetzen, ist die notwendige Hardware erst einmal vorhanden.

Die von *CARMEN* aufgezeichneten realen Bewegungsdaten eines Doppelpendels lassen sich mit den Ergebnissen des bei uns entwickelten Programms *DPEND* [14.9] vergleichen. *DPEND* simuliert ein mathematisches Doppelpendel, das aus zwei Massen m_1 und m_2 an den Pendelarmen der Länge l_1 und l_2 besteht (vgl. Abb. 14.10) und durch numerische Integration die zugehörigen Bewegungsgleichungen löst. Die Kinematik des Systems kann im Orts- und Phasenraum, als Energiediagramm und als Poincaré-Schnitt (vgl. Abschn. 11.1.3) dargestellt werden. Weiterhin bietet es die Möglichkeit, den Austausch von kinetischer und potentieller Energie zu verfolgen.

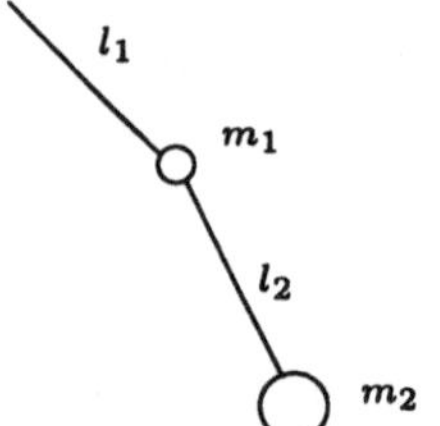

Abb. 14.10. Mathematisches Doppelpendel, bestehend aus den beiden Massen m_1 und m_2, die sich an masselosen Pendelarmen der Längen l_1 und l_2 befinden

Mit Hilfe eines Tabellenkalkulationsprogramms können die Benutzer die von *CARMEN* aufgenommenen Daten des realen Doppelpendels in einer ähnlichen Form darstellen, um sie dann mit den Ergebnissen der Simulation mit *DPEND* zu vergleichen.

14.2.4 Faden-Federpendel

Ein besonders interessantes Doppelpendel, das im Aufbau zudem wesentlich leichter zu realisieren ist, stellt das Faden-Federpendel dar. Ein solches Pendel wurde experimentell ausführlich in [14.3] untersucht. Eine theoretische Abhandlung zu diesem Thema findet sich u.a. in [14.6] oder [14.7]. In Abb. 14.11 wird der Aufbau eines solchen Pendels gezeigt. Es besteht aus einem Faden und einer daran befestigten Spiralfeder. Die gezeigte trapezförmige Aufhängung des Fadens bewirkt, daß das Pendel nur in einer Ebene (senkrecht zur Zeichenebene) schwingen kann. Das System zeigt ein äußerst interessantes, nichtlineares Verhalten, das mit den klassischen Methoden (z.B. Bewegungsmeßwandlern oder Potentiometern, etc.) kaum quantitativ untersucht werden konnte. Man kann an diesem System z.B. den Energietransfer zwischen den verschiedenen Schwingungsmoden (Faden- bzw. Federschwingung) untersuchen oder auch die Existenz stabiler Schwingungsmoden. Welche Moden auftreten, hängt empfindlich vom Verhältnis der Schwingungsdauern von Feder- bzw. Fadenpendel ab (nur für ganzzahlige Verhältnisse der Schwingungsdauern existieren stabile Schwingungsmoden).

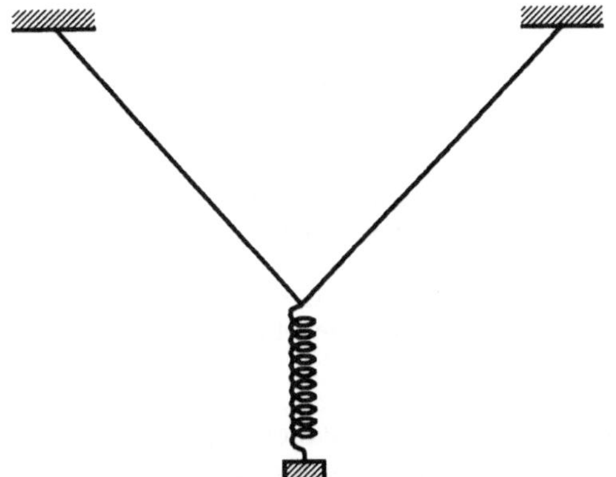

Abb. 14.11. Aufbau eines Faden-Federpendels. Durch die trapezförmige Aufhängung kann das Pendel nur senkrecht zur Zeichenebene schwingen

Ein weiterer interessanter Aspekt ist der Vergleich theoretischer Rechnungen (numerische Lösung der das System beschreibenden Differentialgleichung) mit realen Messungen. Dazu wird ein metallenes Massestück als Pendelmasse mit Hilfe eines Elektromagneten in einer definierten Position gehalten. Dadurch sind die Anfangsbedingungen der Schwingung (Federdehnung und Auslenkungswinkel) reproduzierbar festgelegt. Nach Ausschalten des Magneten wird die Pendelbewegung einige Zeit mit CARMEN aufgezeichnet. Abbildung 14.12 zeigt eine solche Aufnahme. Bei der Auswertung zählt man z.B. wieviele Schwingungen innerhalb einer Energietransferperiode (z.B. von der reinen Fadenschwingung über die Federschwingung wieder zurück zur Fadenschwingung) enthalten sind. Diese Zahl vergleicht man mit den Ergebnissen der Rechnungen.

14.2.5 Untersuchung von Flugbahnen

Bei der Aufzeichnung von Flugbahnen leistet *CARMEN* gute Dienste, da man nicht darauf angewiesen ist, den fliegenden Körper mit Hilfe eine Vielzahl von Sensoren wie z.B. Lichtschranken zu verfolgen. Ein weiterer Vorteil liegt darin, daß man die Bewegung in einem Freilandexperiment mit Hilfe einer Videokamera auf Band aufzeichnen kann, um sie später mit dem Programm auszuwerten. Da man bei dieser Art der Bearbeitung wiederholt auf dieselbe

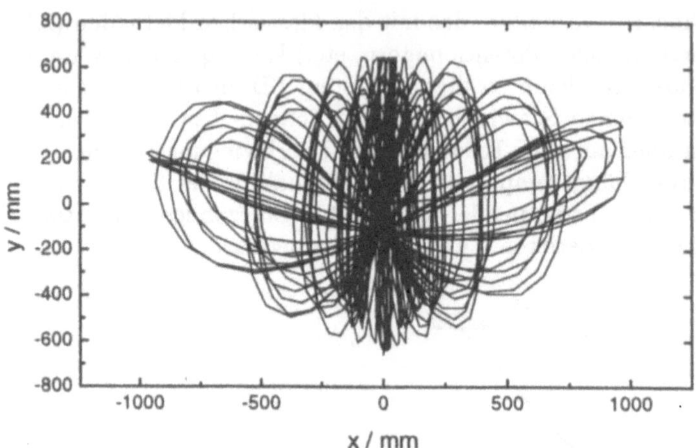

Abb. 14.12. Typische Bewegung des Pendels. Man erkennt, daß es Bereiche gibt, wo vorwiegend Fadenschwingungen (horizontal, in X-Richtung) vorliegen und Bereiche, wo Federschwingungen (vertikal, in Y-Richtung) dominieren. Man beachte dabei, daß die Aufnahme der Bewegung senkrecht zu der Darstellung in Abb. 14.11 geschehen muß, da das Pendel senkrecht zur dortigen Zeichenebene schwingt

Bildersequenz zurückgreifen kann, besteht die Möglichkeit, ganz verschiedene Auswertungen (z.B. verschiedene Ausschnitte) eines Bewegungsablaufes durchzuführen, ohne auf gute experimentelle Reproduzierbarkeit angewiesen zu sein.

Ballistische Bahnen. Hier geht es um die Möglichkeit, ballistische Bahnen geworfener Kugeln zu untersuchen. Durch Versuche im Freien kann der Einfluß des Luftwiderstandes besonders deutlich gemacht werden, wenn man die Kugeln einmal mit dem Wind und einmal gegen den Wind wirft. Dabei zeigt sich ganz von selbst der Einfluß verschiedener Kugeloberflächen oder Materialien (Styropor, Metall, etc.), wobei man das Verhältnis der wirkenden Kräfte Reibung und Gravitation gezielt untersuchen kann.

Begleitende Simulation. Die Berechnung einer Wurfparabel setzt keine weitgehenden mathematischen Kenntnisse voraus. Somit bietet es sich in diesem Fall an, die gemessenen Daten mit den Ergebnissen von Berechnungen zu vergleichen. Im einfachem Fall kann rein phänomenologisch gezeigt werden, daß die Flugbahn infolge des Luftwiderstandes von der erwarteten Form abweicht. Bei höherem Niveau ist es denkbar, aus dieser Abweichung den c_w-Wert des geworfenen Körpers zu bestimmen. Dieser könnte dann wiederum mit dem aus der Geometrie des Körpers bestimmten, theoretisch zu erwartenden Wert verglichen werden.

Kompliziertere Aufgaben. Wem die Untersuchung der Flugbahn eines Balles als zu einfach erscheint, dem bietet die Bahn eines Bumerangs sicherlich eine interessante Alternative. Markiert man mehrere Punkte auf dem

Bumerang, so kann man nicht nur seine Bahn, sondern auch seine Eigenrotation während des Flugs verfolgen. Da bei der Aufzeichnung der Bahn in den meisten Fällen eine perspektivische Verzerrung eintreten wird, die zu einer Verfälschung der Ergebnisse führen würde, muß diese natürlich auch bestimmt werden, um die Daten entsprechend zu korrigieren. Dies macht dieses Experiment schon zu einem recht aufwendigen Projekt z.B. im Rahmen einer Fach- oder gar Studienarbeit.

14.2.6 Hüpfender Ball auf einer bewegten Membran

Man zeichnet mit Hilfe des Programms *CARMEN* die Bewegung eines Balls auf, der auf einer periodisch bewegten Membran springt. Dieses System zeigt genau wie der Rotierende Magnet (vgl. Kap. 11) ein nichtlineares Verhalten. Es kann recht einfach und kostengünstig dadurch realisiert werden, daß man auf einer Lautsprechermembran eine (leichte) Metallplatte befestigt und dann den Lautsprecher mit Hilfe einer Sinusschwingung antreibt. Wegen der geometrischen Abmessungen und der maximalen Membranauslenkung empfiehlt sich dazu die Verwendung eines Baßlautsprechers. Als hüpfender Ball eignet sich eine kleine Stahlkugel sehr gut, da diese nur geringe Energieverluste bei der Reflexion zeigt. Wichtig ist die genau waagrechte Ausrichtung der Metallplatte, da sonst die Kugel nach wenigen Reflexionen von der Platte fällt.

Man beobachtet nun die Sprunghöhe der Kugel in Abhängigkeit von der antreibenden Frequenz. Je nach Phasenlage der Membranschwingung im Augenblick der Reflexion ändert sich die Energie der Kugel. Bewegt sich die Membran im Augenblick des Auftreffens nach oben, wird der Kugel Energie zugeführt, bewegt sie sich nach unten, verliert die Kugel aufgrund der geringeren Relativgeschwindigkeit zwischen Kugel und Membran Energie. Da die Steighöhe nur von ihrer kinetischen Energie im unteren Umkehrpunkt abhängt, ändert sich damit die erreichte Höhe ständig.

Analysiert man mit Hilfe von *CARMEN* die Sprunghöhe, so kann man anhand dieses Systems eine Reihe nichtlinearer Phänomene studieren, wie sie im Kap. 11 in Bezug auf den rotierenden Magneten geschildert werden. Besonders gut läßt sich hier der Weg ins Chaos über Bifurkationen beobachten.

Eine weitere Möglichkeit zur Analyse der Ballbewegung besteht darin, daß man sie als Überlagerung mehrerer periodischer Bewegungen ansieht. Durch schnelle Fouriertransformation (FFT) kann man ermitteln, wieviele Frequenzen in dieser Überlagerung vorhanden sind. Trägt man die ermittelten diskreten Frequenzen bzw. die kontinuierlichen Frequenzbänder, die chaotische Bereiche markieren, gegen die Membranfrequenz auf, so ergibt dies ein Bifurkationsdiagramm.

Auch bei diesem Beispiel bietet sich ein Vergleich mit einer Simulation an. In der Literatur ist diese Bewegung unter dem Stichwort Fermibeschleunigung bekannt. Man kann nun selbst versuchen, numerisch die entsprechenden Differentialgleichungen zu lösen, oder vorhandene Simulationsprogramme zum Studium des Systems verwenden. Gut geeignet dazu ist das Programm *FERMI*, das [14.5] beiliegt. Dort ist auch eine ausführliche Beschreibung der Physik des Systems zu finden.

14.2.7 Pendelbewegungen bei großer Amplitude

Vielen Schülern und sogar Studenten ist es nicht bewußt, daß die ihnen bekannte Lösung der Differentialgleichung des einfachen Pendels im Gravitationsfeld auf einer Näherung beruht. Nur bei Beschränkung auf kleine Auslenkungswinkel ($\sin\phi \approx \phi$), ergibt sich die bekannte Form der Lösung der Schwingungsgleichung $A(t) = A_0 \sin(\omega_0 t)$. Ebenso haben die meisten Benutzer keine Vorstellung vom zeitlichen Verlauf der Winkelgeschwindigkeit oder der Beschleunigung bei einer Schwingung.

Es liegt daher nahe, dieses Problem experimentell anzugehen. Man nutzt dabei die lernpsychologisch bekannte Tatsache, daß real beobachtete Phänomene viel leichter verinnerlicht werden als nur theoretisch behandelte. Wie bereits weiter oben erwähnt, gibt es schon eine ganze Reihe von Datenerfassungssystemen, die es ermöglichen, Meßdaten über die Bewegung eines Pendels aufzunehmen. Dabei handelt es sich durchweg um Geräte, die die Bewegung des Pendels über mechanische Kopplung in eine Spannung bzw. in Zählimpulse umsetzen. Das hat den Nachteil, daß eine zusätzliche Dämpfung in das System eingeführt wird. Verwendet man hingegen das Programm *CARMEN* zur Aufzeichnung der Bewegung, geschieht dies völlig berührungslos, so daß das System ungestört beobachtet werden kann. Abbildung 14.13 zeigt die Aufnahme der Schwingung eines Pendels bei sehr großer Auslenkung (fast 90°). Man sieht deutlich, daß die Amplitude der Auslenkung keineswegs mehr den „gewohnten" sinusförmigen Verlauf aufweist. Eine weitere Analyse der Daten zeigt, daß dies noch stärker für die Geschwindigkeit und die Beschleunigung gilt. Will man nur nachweisen, daß sich die Schwingungsdauer (bei sonst gleichen Bedingungen) bei großen Amplituden verlängert, genügt bereits eine einfache Stoppuhr, der Einsatz des hier vorgestellten Systems wäre völlig fehl am Platz!

14.2.8 Gegeneinander bewegte Koordinatensysteme

Erfahrungsgemäß haben viele Lernende anfänglich Schwierigkeiten, die Bewegungsabläufe in bewegten Bezugssystemen und die dabei auftretenden Scheinkräfte zu verstehen. Es gibt zu diesem Themengebiet Videofilme, die einen Bewegungsablauf aus verschiedenen Perspektiven (ruhende und mitbewegte Kamera) zeigen. Auch hier kann *CARMEN* wertvolle Hilfe leisten. Zwar eignen sich die kommerziellen Videoaufnahmen wegen der Vielzahl der Details in den Bildern kaum, um sie mit *CARMEN* zu bearbeiten, diese lassen sich jedoch als Anregung für eigene Aufnahmen nutzen.

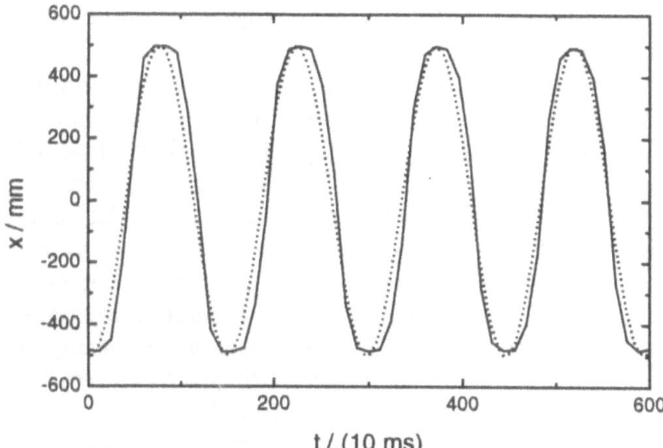

Abb. 14.13. Schwingung eines Pendels bei großer Auslenkung (ca. 90°). Die durchgezogene Linie entspricht der realen Bewegung, punktiert ist eine sinusförmige Bewegung gleicher Frequenz dargestellt

Es bietet sich in diesem Fall an, den zu untersuchenden Bewegungsablauf vorab aufzuzeichnen, um ihn dann später genauer zu untersuchen. Hat man die Möglichkeit, zwei Kameras zu verwenden, so kann man den gleichen Vorgang sowohl im ruhenden als auch im bewegten Bezugssystem aufzeichnen. Das hat den Vorteil, daß es nicht auf eine exakte Reproduzierbarkeit ankommt. Dieser Aufwand lohnt sich nur dann, wenn der Bewegungsablauf sehr empfindlich von den Anfangsbedingungen abhängt und diese nur mit großem Aufwand genügend gut reproduziert werden können.

Wertet man diese Daten mit Hilfe von *CARMEN* später aus, kann man unter Anwendung der entsprechenden Transformationsfunktionen die Daten aus dem bewegten Bezugssystem direkt in die des ruhenden umrechnen und umgekehrt. Eine anschaulichere Methode, den Einfluß des Bezugssystems auf die Bewegung zu zeigen, ist kaum vorstellbar.

Einführende Beispiele zum Themenkreis bewegte Bezugssysteme sind z.B.:

- Die Bahnkurve eines Fahrradpedals beim Radfahren.
- Die Drehimpulserhaltung auf einem Drehstuhl.
- Die Schwingung eines bewegten Pendels.

Corioliskraft. Als eines der vielen denkbaren Beispiele aus dem Gebiet der Scheinkräfte soll hier die Demonstration der Corioliskraft dienen. Der von uns benutzte Aufbau weicht von den üblichen Experimenten zur Demonstration der Entstehung der Corioliskraft etwas ab, ist aber leichter zu realisieren. Die Kamera wurde so auf einem Stativ montiert, daß sie, angetrieben von einem Experimentiermotor, um die optische Achse des Kameraobjektivs rotiert. Aus Gewichtsgründen eignen sich dafür besonders gut kleine Kameras, wie sie z.B.

in einfachen Überwachungsanlagen eingesetzt werden (diese haben überdies den Vorteil, besonders billig zu sein).

Mit diesem Kameraaufbau beobachtet man eine gleichförmig geradlinige Bewegung, z.B. die Fahrt eines Experimentierwagens, einmal bei ruhender Kamera und einmal, wenn diese sich dreht (Drehgeschwindigkeit etwa 3–5 Sekunden pro Umdrehung, abhängig von der Geschwindigkeit des Wagens).

Abbildung 14.14 zeigt eine solche Messung. Auf der linken Seite ist zu sehen, wie die Bewegung im ruhenden Bezugssystem aussieht, rechts die gleiche Bewegung, wenn die Kamera rotiert. Mit den herkömmlichen Methoden (z.B. stroboskopische Beleuchtung) kann man nur wenige Datenpunkte aufnehmen und erhält die bekannte gekrümmte Kurve, die auch in dieser Abbildung zu erkennen ist. Kann man die Bahn aber über längere Zeit verfolgen, so, wie hier geschehen, erkennt man, daß sich eine Zykloide ausbildet.

Neben der rein anschaulichen Demonstration des verschiedenen Aussehens der Bahnkurven in beiden Bezugssystemen kann man z.B. aus der rechten Darstellung (im bewegten Bezugssystem) auf die Darstellung im ruhenden System zurückrechnen. Dazu muß man das durch die Corioliskraft verursachte Wegstück $y = v \cdot \omega \cdot t^2$ jeweils subtrahieren. Die notwendigen Größen v, ω und t können ebenfalls mit Hilfe des Programms gewonnen werden:

- t wird zusammen mit jedem einzelnen Punkt als Wertetripel t, x, y abgespeichert,
- v erhält man aus dem geometrischen und zeitlichen Abstand zweier Punkte und
- ω dadurch, daß man einen Punkt auf der ruhenden Unterlage markiert und aus dem Koordinatenabstand zweier aufeinander folgenden Aufnahmen dieses Punktes die Drehgeschwindigkeit berechnet.

Die Behandlung der Corioliskraft ist nur eines von einer Vielzahl von Beispielen, wie man die Entstehung der verschiedenen Scheinkräfte veranschaulichen kann. Will man solche Beispiele im Rahmen einer Vorlesung benutzen, ist es wichtig, die nötigen Umrechnungen bereits vorher für ein entsprechendes Tabellenkalkulationsprogramm vorbereitet zu haben, damit eine Vorführung mit wenigen Tastendrücken möglich ist. Ist dagegen an einen Einsatz als Praktikumsexperiment gedacht, so ist es sinnvoll, daß die Praktikanten selbst erarbeiten, wie sie aus den abgespeicherten Daten die benötigten Größen erhalten. Dies hat neben einem vertieften Verständnis der Corioliskraft den Nebeneffekt, daß sie sich mit den Möglichkeiten der Tabellenkalkulation vertraut machen.

14.2.9 Projektarbeiten und fachübergreifende Themen

Interessante Anwendungsgebiete von *CARMEN* finden sich auch für Projektarbeiten, die wesentlich mehr Aufwand, vor allem in zeitlicher Hinsicht, erfordern als die bisher vorgeschlagenen Experimente. Sie können allerdings oft

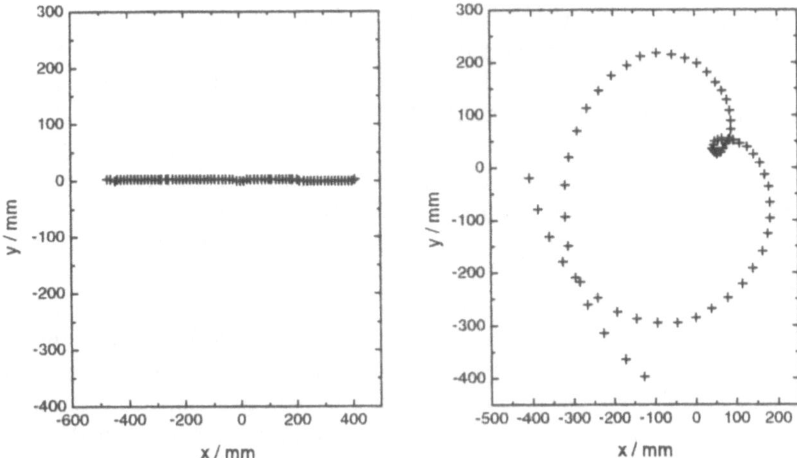

Abb. 14.14. Zur Entstehung der Corioliskraft. Dargestellt ist die gleichförmig geradlinige Bewegung eines Experimentierwagens, einmal im ruhenden (*links*) und einmal im rotierenden (*rechts*) Bezugssystem

fächerübergreifend eingesetzt werden und dabei einerseits den Blick der physikalisch Interessierten (sowohl Schüler als auch Studenten) für Dinge öffnen, die neben dem Weg liegen, andererseits aber auch Lernende, die sich zunächst nicht für die Physik interessieren, mit deren Methoden vertraut machen.

Hochsprung. Auch hier der Vorschlag für ein Freilandexperiment:
Man zeichnet den Sprung eines Hochspringers auf und läßt die Benutzer bei der Auswertung zeigen, daß der Schwerpunkt des Hochspringers beim Sprung über die Latte sich auf einer Bahn unter der Latte hindurch bewegt. Dazu müssen einige Körperstellen des Springers farblich so markiert werden, daß die Bewegung von *CARMEN* verfolgt werden kann.

Eine andere Möglichkeit (ebenfalls unter Benutzung von *CARMEN*) wurde in Abschn. 4.3.4 beschrieben. Dort geht es darum, zu untersuchen, welche Hochsprungtechnik am erfolgversprechendsten ist.

Physik beim Skifahren. In Abschn. 4.3.4 wurde ebenfalls beschrieben, wie man mit Hilfe von Dehnungsmeßstreifen und *CARMEN* verschiedene Techniken beim Skifahren, speziell den Hoch- und Tiefschwung untersuchen kann. An dieser Stelle sei darum nur auf die dort zu findende Beschreibung eines weiteren fächerübergreifenden Themas zwischen Sport und Physik hingewiesen. Sicherlich lassen sich dazu noch eine ganze Menge weiterer Einsatzgebiete von *CARMEN* und evtl. *SURFTREC* finden.

Physik des Schaukelns. Ein weiteres Projektthema wäre es, sich mit der zu Beginn dieses Kapitels erwähnten Physik des Schaukelns zu befassen. Um das Thema nicht allzu kompliziert zu machen, wird hier eine spezielle Technik des Schaukelns untersucht, bei der die schaukelnde Person auf der Schaukel steht. Man markiert am Körper der Person den Schwerpunkt und verfolgt nur dessen Bahn. Abbildung 14.15 zeigt die Aufnahme einer solchen Schaukelbewegung. Oben ist schematisch der Bewegungsablauf zu sehen, unten die entsprechende Bahnkurve. Man sieht deutlich, daß die Person am tiefsten Punkt der Bahnkurve aufgestanden ist. Somit hat sie Arbeit geleistet und dem System potentielle Energie zugeführt. Im Umkehrpunkt der Bewegung hat sie sich wieder gesetzt. Vergleicht man dies mit Abb. 14.1, so kann man leicht die dort erkennbaren markanten Stellen im Amplitudenverhalten nachvollziehen und erklären, warum sich die Amplitude der Schaukelbewegung dadurch ständig vergrößert. Eine Ausschnittsvergrößerung der erreichten Höhen (der Y-Amplitude), wie in Abb. 14.1 zu sehen, zeigt eine wiederkehrende zusätzliche Struktur auf der sinusförmigen Schaukelbewegung. Eine Untersuchung im Detail zeigt, daß diese Struktur von den Bewegungen der schaukelnden Person herrührt, die in Abb. 14.1 auch entsprechend zugeordnet wurden.

Im Rahmen eines solchen Projektes ist es auch interessant zu untersuchen, wie der Beginn der Schaukelbewegung bei Gültigkeit der Erhaltungssätze für Energie und Impuls möglich ist. Die Erfahrung zeigt, daß ein Anschaukeln ohne Abstoßen möglich ist, und jeder kennt instinktiv die dazugehörigen Bewegunsabläufe [14.1, 14.2]. Wieder spielt die Verlagerung des Schwerpunkts des Körpers die entscheidene Rolle. *CARMEN* bietet hier die Möglichkeit, diese Bewegung quantitativ zu untersuchen. Hier bietet es sich dann auch an, das Schaukeln im Sitzen zu untersuchen, wobei noch weitere Körperteile (z.B. Kopf und Beine) markiert werden müssen, was dann allerdings auch die Auswertung entsprechend erschwert.

Weiterhin kann man energetische Untersuchungen zu diesem Thema anstellen, z.B. bei bekannter Masse m der schaukelnden Person abschätzen, wieviel Energie ΔE sie dem System pro Zyklus durch Verlagerung ihres Schwerpunkts um Δh zuführt ($\Delta E = m \cdot g \cdot \Delta h$). Diesen Wert kann man dann vergleichen mit der Änderung der kinetischen Energie im tiefsten bzw. der Änderung der potentiellen Energie im höchsten Punkt der Bewegung.

14.3 Zusammenfassung

Bei dem Programm *CARMEN* handelt es sich um ein universell einsetzbares System zur Erfassung von Bahnkurven bewegter Objekte.

Die Universalität hat, wie man an der großen Anzahl der aufgeführten Einsatzmöglichkeiten sieht, den Vorteil, daß ein Werkzeug für sehr unterschiedliche Aufgaben zur Verfügung steht. Allerdings besteht der Nachteil, daß keine gezielte Auswertung bezüglich des untersuchten Systems innerhalb des Programms möglich ist. Man muß die Daten exportieren, um sie anderweitig entsprechend aufzubereiten. Das sollte aber im Hinblick auf die Vielzahl der heute zur Verfügung stehenden Programme (Tabellenkalkulation, Programme zur grafischen Aufbereitung, spezielle Auswerteprogramme z.B. zur

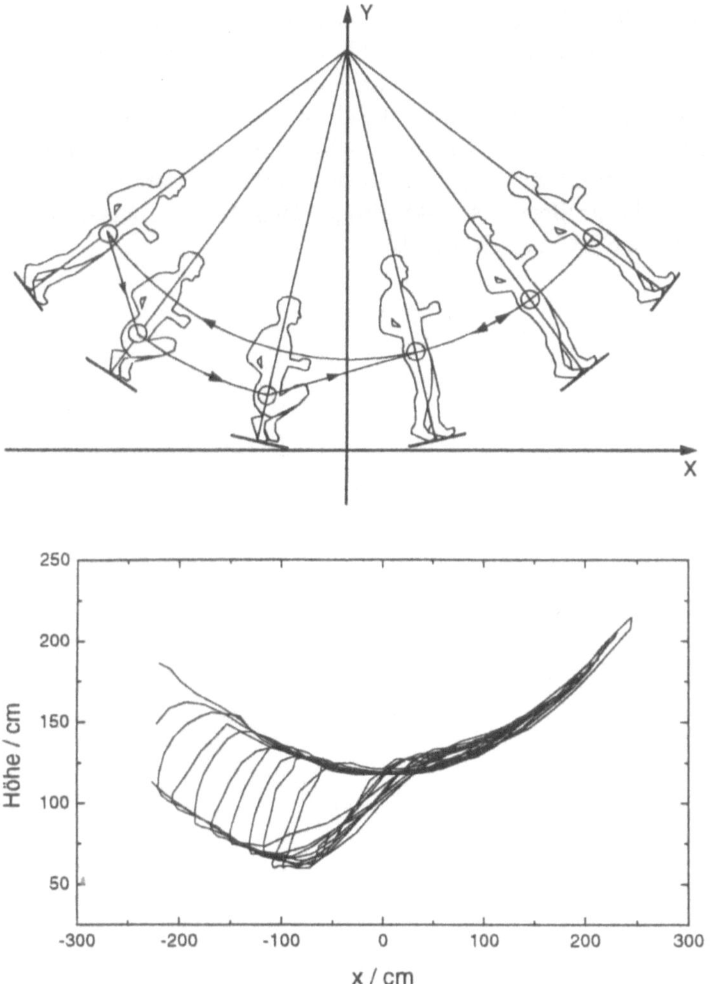

Abb. 14.15. Aufnahme einer Schaukelbewegung mit *CARMEN*. *Oben* der Bewegungsablauf, *unten* die Bahnkurve der Schaukelbewegung. Die Aufnahme entstand in der Dämmerung auf einem Spielplatz. Die schaukelnde Person war durch eine Taschenlampe an ihrem Gürtel (ungefähr ihrem Schwerpunkt) markiert

Fouriertransformation etc.), keine zu große Einschränkung sein. Darüberhinaus ermöglicht dies eine Gewöhnung an die Erfordernisse der späteren Laborarbeit, wenn Daten z.B. für eine Publikation aufbereitet werden müssen.

Die Vielzahl der aufgeführten Beispiele soll einerseits zur Nachahmung und andererseits zur Eigenentwicklung neuer Experimente dienen. Manche der genannten Beispiele sind sicherlich weniger als Versuch im physikalischen Praktikum geeignet, sondern eher als Demonstrationsexperiment in einer Vorlesung oder gar im Schulunterricht denkbar. Hier ist die Freiheit der

Lernenden gefordert. Sie sollen z.B. selbst die Freilandexperimente planen, auf Video aufzeichnen und dann mit *CARMEN* auswerten. Der Lehrer gibt nur Hilfestellung und leitet sie entsprechend an, um grobe Fehlschläge zu verhindern. Diese, in üblichen Praktika nicht durchführbaren Beispiele wurden hier aufgeführt, um die Vielfalt der Einsatzmöglichkeiten zu demonstrieren, die das Programm *CARMEN* in unterschiedlichen Gebieten der Physik bietet, wobei der fächerübergreifende Aspekt einiger Beispiele ein zusätzlicher Anreiz zum Einsatz des Systems sein dürfte.

15. Bemerkungen zu weiteren Einsatzmöglichkeiten des Computers in Praktika

Wurden in den vorhergehenden Kapiteln ganz konkrete Beispiele für den Computereinsatz im Praktikum detailliert beschrieben, so werden in diesem Kapitel allgemeinere Fragestellungen im Vordergrund stehen. Einen Schwerpunkt bildet dabei die Diskussion der Vor- und Nachteile selbstentwickelter Software gegenüber kommerziellen Produkten, sowohl bei der Meßdatenerfassung, als auch bei ihrer anschließenden Auswertung und Dokumentation. Einen weiteren Schwerpunkt bildet das Thema „Simulation im Praktikum"; sinnvoll oder nicht?

15.1 Software zur Meßwerterfassung

Wer im Praktikum ein Experiment mit Computerunterstützung plant, muß zunächst entscheiden, ob er kommerzielle Produkte oder Eigenentwicklungen einsetzen will. Dies gilt vor allem für die Software, aber auch auf der Hardwareseite ist viel Eigeninitiative möglich. Im folgenden Abschnitt werden die Vor- und Nachteile beider Möglichkeiten abgewogen.

Im Vordergrund steht dabei die Überlegung, welche Anforderungen an einen Studenten nach dem Studium, während seiner Diplomarbeit und am späteren Arbeitsplatz gestellt werden. In Forschungslabors ist es oft wichtig, daß kleinere Modifikationen sowohl an Hard- als auch an Software selbst vorgenommen werden können. In der Industrie steht neben dem kompetenten Einsatz vorhandener Software das Erstellen von Pflichtenheften für zu beschaffende Produkte eher an erster Stelle. Für alle Fälle gilt es aber die Ökonomie des Computereinsatzes, d.h. den unterschiedlichen finanziellen und zeitlichen Aufwand verschiedener Lösungsmöglichkeiten, abzuschätzen.

15.1.1 Der Einsatz kommerzieller Software

Beim Einsatz von Computern in Praktika gilt sowohl für die Meßwerterfassung als auch für die Auswertung, daß kommerzielle Produkte einen großen Leistungsumfang bieten, der für Praktikumsanwendungen oft zu groß und verwirrend ist. Bei der Meßwerterfassung ist man außerdem darauf angewiesen, Soft- und Hardware im Paket zu erwerben. Dies erschwert eine spätere Variation der Experimente. Eine Ausnahme bilden hier die Produkte der

Lehrmittelindustrie, z.B. das Interfacesystem *CASSY* der Firma Leybold. Mit diesem System ist es möglich, verschiedene Meßaufgaben durchzuführen und auch teilweise auszuwerten. Dabei ist die Bedienung so einfach gehalten, daß auch Schüler nach kurzer Einarbeitung das System benutzen können. Leider sind solche Systeme sehr teuer. Der Anschaffungspreis eines kompletten Systems übersteigt den des Computersystems um ein Vielfaches.

Dafür ist das *CASSY*-System sehr flexibel. Je nach Interesse und finanzieller Ausstattung kann man das Interface alleine, mit selbstentwickelter Software benutzen (ein Beispiel sind die in Kap. 11 beschriebenen Experimente zum bipolaren Motor), es mit zugehöriger kommerzieller Software (Beispiele finden sich in Kap. 4 über die Dehnungsmeßstreifen) betreiben oder sogar das Komplettsystem (bestehend aus Interface, Software und Detektoren; z. Zt. etwa 15 Detektoren aus allen Bereichen der physikalischen Meßtechnik) nutzen.

Aus diesen Gründen kommen vor allem für die Anfängerpraktika als kommerzielle Produkte nur die der Lehrmittelfirmen und nicht die der Laborausstatter, die viel zu umfangreich in ihren Fähigkeiten, aber auch zu komplex in der Bedienung sind, in Betracht. Auf dem Gebiet der Auswertesoftware sieht es etwas anders aus; aus diesem Grund werden in Abschnitt 15.2 die Vor- und Nachteile der verschiedenen Lösungsmöglichkeiten eingehender diskutiert.

15.1.2 Semikommerzielle Lösungen

Zwischen Eigenentwicklungen und kommerziellen Programmen liegen die sog. semikommerziellen Lösungen. Sie entstammen ursprünglich lokalen Entwicklungen für den Bereich Ausbildung und wurden erst später für den Einsatz auf breiter Ebene perfektioniert. Die Zielsetzung ist dabei recht unterschiedlich. Das in Bayern entwickelte System *OSZILAB* [15.1] simuliert ein Oszilloskop, das in den USA entstandene System *MBL* (**M**icrocomputer **B**ased **L**aboratory) ähnelt eher dem *CASSY*-System, auch wenn es vom Erscheinungsbild her professioneller wirkt. Gerade auf dem amerikanischen Markt gibt es hier eine Vielzahl neuer Entwicklungen von denen abschließend nur noch das *CUPLE*-Projekt (**C**omprehensive **U**nified **P**hysics **L**earning **E**nvironment) [15.6] genannt werden soll. Es geht weit über die hier beschriebenen Beispiele hinaus und stellt ein beliebig erweiterbares System dar, das mit dem modernen Begriff „multimediales Lernen" umschrieben werden könnte. So können z.B. neben der eigentlichen Meßwerterfassung, -verarbeitung und -darstellung auch Datenbanksysteme eingebunden werden, die Daten zum historischen Umfeld des Experiments oder auch nur benötigte Konstanten online liefern. Allerdings ist dieses Systems bisher komplett nur in englischer Sprache verfügbar, eine deutsche Adaption, speziell zugeschnitten für die Ingenieurausbildung an Fachhochschulen ist unter der Federführung von DIFF[1] entstanden.

---

[1] Deutsches Institut für Fernstudienforschung an der Universität Tübingen

15.1.3 Lokale Lösungen

Eine billige Alternative zu den kommerziellen Systemen stellt der Kauf einer A/D-Interfacekarte dar, die bereits (z. Zt.) ab etwa 100.– DM erhältlich ist. Die zugehörige Software muß dann selbst entwickelt werden und wird in den meisten Fällen speziell auf das gerade anstehende Meßproblem zugeschnitten sein. Das hat den Vorteil einer einfachen, kompakten und leicht einsetzbaren Lösung. Allerdings haben diese hardwarespezifischen Lösungen im Gegensatz zu den ebenfalls genannten „lokalen" Lösungen bei Auswerteprogrammen einen gravierenden Nachteil: Ein Transfer auf einen anderen Computer setzt voraus, daß dort genau die gleiche Interfacekarte zum Einsatz kommt („lokale" Auswerteprogramme benutzen meist keine spezielle Hardware). Spätestens wenn das Programm außer Haus gegeben werden soll, ist dies kaum noch gegeben. Darüber hinaus sind solche „lokalen" Lösungen sowohl bei der Erstellung als auch bei der Wartung sehr betreuungsintensiv und innerhalb weniger Jahre veraltet. Darum wurde in Kaiserslautern ein Lösungsweg für dieses Problem aufgezeigt, das im nachfolgenden Abschn. 15.1.4 beschriebene Software Interface System *SIS*.

Die in Kaiserslautern gemachten Erfahrungen zeigen, daß sowohl die kommerziellen als auch die „lokalen" Lösungen Vor- und Nachteile haben. Mit Hilfe „lokaler" Lösungen können Einzelaspekte eines Experiments besser hervorgehoben werden. So ist es möglich, z.B. den Weg von der Meßgröße zu der zu messenden Größe durchschaubarer zu gestalten. Der Preisvorteil wurde bereits genannt, allerdings sollte nicht vergessen werden, daß vor dem Einsatz eines selbstentwickelten Programms meist sehr viel unbezahlte Eigeninitiative steht.

Kommerzielle Produkte haben ihre Vorteile vor allem darin, daß man ohne diese Eigeninitiative zum Ziel gelangt. Ein weiterer Vorteil liegt darin, daß man die Bedienung des Programms nur einmal erlernen muß und es dann für verschiedene Experimente einsetzen kann. Diesen Vorteil erkauft man sich durch eine geringere Flexibilität des Programms.

15.1.4 Das Software Interface System *SIS*

Wie bereits oben gesagt, besteht einer der Nachteile „lokaler" Lösungen bei Meßdatenerfassungssystemen darin, daß sie wenig oder nicht portabel sind. Um diesem Zustand abzuhelfen, wurde in Kaiserslautern das Software Interface System *SIS* entwickelt. Der Name deutet schon an, daß bei diesem System softwaremäßig versucht wird, eine Portabilität zu erreichen. Das Programm kommuniziert nicht mehr direkt mit der Interfacekarte, sondern über genormte Befehle mit einem Softwaretreiber. Dies ist in Abb. 15.1 schematisch dargestellt. Der Treiber ist speziell auf die verwendete Interfacekarte zugeschnitten und übernimmt die Kommunikation mit ihr. Er muß vor dem Start des eigentlichen Programms geladen werden.

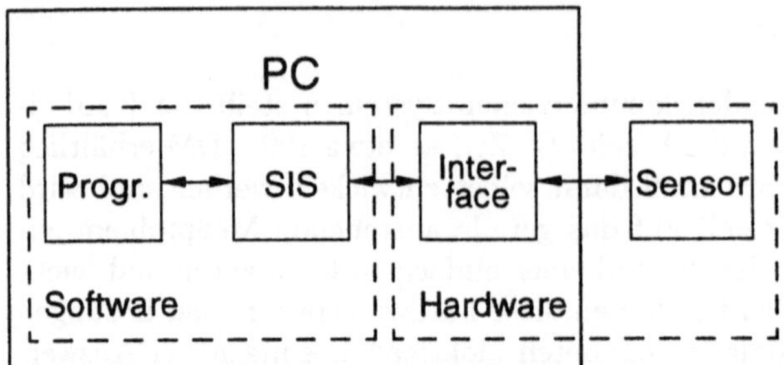

Abb. 15.1. Die Funktionsweise von *SIS*. Wie ein Interface die Verbindung zwischen der Außenwelt und dem Computer herstellt, übernimmt *SIS* softwaremäßig die Kommunikation zwischen der Interfacekarte und dem eigentlichen Programm

Soll das Meßwerterfassungsprogramm mit einer anderen Interfacekarte betrieben werden, muß lediglich ein anderer Treiber geladen werden. Eine Modifikation am Programm selbst ist nicht nötig. Ein Beispiel für den Einsatz von *SIS* bildet das Programm *FLAP*, das in Kap. 8 beschrieben wird. Es kann neben dem Leybold-System *CASSY* ohne jede Änderung mit zwei weiteren Interfacekarten zusammenarbeiten, die sich sogar gleichzeitig im Computer befinden können.[2] Man muß lediglich vor dem Programmstart durch Laden des entsprechenden Treibers entscheiden, welche Karte man benutzen möchte. Es ist sogar möglich, mehrere Karten gleichzeitig anzusprechen.

SIS kommt in seiner einfachsten Version mit sehr wenigen grundlegenden Befehlen aus, die als Funktionen und Prozeduren vom ausführenden Programm aufgerufen werden. Für *FLAP* genügen z.B. die folgenden Grundaktionen:

- Adressen festlegen (Basisadresse, Adressen der Ports etc.),
- Karte initialisieren,
- Ein- oder Ausgabekanal wählen,
- Wert lesen oder schreiben.

Es können je nach Anforderung und Fähigkeit der verwendeten Interfacekarte beliebige weitere Funktionen integriert werden. So ist es auch möglich, Zählerkarten oder Parallel I/O Karten anzusprechen.

Um einen Treiber für eine innerhalb *SIS* noch nicht unterstützte Interfacekarte zu entwickeln, ist meist nur die Änderung einiger Adressen, Register oder Steuersequenzen nötig. Anhand vorliegender Beispiele sollte dies auch für Nutzer mit nur durchschnittlichen Programmierkenntnissen kein Problem darstellen.

---

[2] Hardwareprobleme wie z.B. Adresskonflikte müssen auch weiterhin auf der Hardwareseite vermieden werden.

15.2 Meßdatenauswertung mit dem Computer

Wie im Verlauf dieses Buches deutlich wurde, gibt es zwei grundsätzlich verschiedene Einsatzarten des Computers im Praktikum, die sich durch die verwendete Software unterscheiden:

1. Programme, die gezielt auf ein bestimmtes Experiment zugeschnitten sind. Sie werden im allgemeinen neben der Steuerung des Experiments auch einen Auswerteteil für die Meßdaten enthalten. Im allgemeinen wird es sich bei diesen Programmen um „lokale" (experimentspezifische) Lösungen handeln.

2. Programme, die universell einsetzbar sind, wie z.B. *CARMEN*. Diese Universalität bedingt oft (Ausnahmen bilden einige kommerziell angebotene Produkte), daß die Programme nur zur Datenerfassung eingesetzt werden können. Jede Anwendung des Programms verlangt nach einer anderen Auswertemöglichkeit (z.B. bzgl. Grafik, Umrechnung des Meßwerts in die zu messende Größe, Darstellung der Meßwerte, etc.), die letztlich in ihrer Vielzahl nicht implementierbar ist. Dazu müssen die Daten exportiert werden, um sie dann mit Hilfe spezieller Auswerteprogramme zu bearbeiten. Genau diese Arbeitsweise ist heute in den Labors üblich. Auch dort werden Messung und Auswertung von verschiedenen Programmen übernommen. Wo sonst, als im Praktikum, sollten die Studenten diese Arbeitsweise rechtzeitig kennenlernen?

Man muß allerdings den Kenntnisstand der Schüler bzw. Praktikanten mitberücksichtigen. Sind diese nicht gewohnt, solche Auswerteprogramme zu benutzen, so kann dies zu dem oben beschriebenen nachteiligen Effekt führen, daß die Bedienung des Programms so viel Aufmerksamkeit erfordert, daß das Verstehen der einzelnen Auswerteschritte völlig in den Hintergrund tritt.

15.2.1 Einsatz verschiedener Auswerteprogramme

Es gibt heute eine Vielzahl von Programmen, die zur Auswertung von Meßdaten genutzt werden können. Alle haben Vor- und Nachteile, ein für alle Zwecke nutzbares Programm kann es nicht geben.

Kommerzielle Programme. Die seit einigen Jahre verfügbaren kommerziellen Programme haben sicher Vorteile gegenüber sogenannten lokalen Lösungen:

- Sie sind relativ betriebssicher, d.h. Fehlfunktionen kommen nur selten vor.
- Sie haben einen hohen Verbreitungsgrad, so daß es viele Studenten gibt, die sie schon kennen, bevor sie im Praktikum von ihnen eingesetzt werden sollen. Allerdings werden nur wenige die Programme als Auswerteprogramme benutzt haben.
- Sie unterliegen einer ständigen Pflege und Weiterentwicklung.

Ebenso haben diese Programme aber auch Nachteile:

- Die Vielzahl der vorhandenen Programme bedingt, daß es immer wieder Nutzer gibt, die das vorhandene Programm nicht kennen. Gleichzeitig ist es nicht möglich, alle Programme zur Verfügung zu stellen.
- Da die Programme meist nicht speziell zur Auswertung physikalischer Meßdaten entwickelt wurden, fehlen oft für die Physik nützliche Optionen wie z.B. die Möglichkeit nichtlineare Ausgleichsrechnungen durchzuführen.
- Trotz übersichtlicher und durchdachter Benutzeroberflächen bedarf es einer gewissen Einarbeitungszeit, bevor man solche Programme bedienen kann. Diese Zeit steht bei einem Experiment im Anfängerpraktikum nicht zur Verfügung, was den Einsatz dort sehr erschwert. Im Schulunterricht kann die Bedienung durch den Lehrer erfolgen, der dann allerdings genau erklären muß, welche Aufgaben das Programm übernimmt.
- Bei der Fülle der Möglichkeiten, die die Programme bieten, kann es passieren, daß die Benutzer sich z.B. bei der Wahl der grafischen Darstellung verzetteln. Es kann aber auch eines der Lernziele darstellen, diese Gefahr zu erkennen und ihr zu begegnen.
- Ein letzter Nachteil kommerzieller Produkte soll nicht verschwiegen werden: Trotz Campuslizensen für die Universitäten und Studentenrabatten für die private Nutzung der Studenten sind sie immer noch sehr teuer. Hier zeigt sich auch der oben genannte Vorteil einer ständigen Wartung und Pflege u.U. als Nachteil: will man immer auf dem neuesten Stand bleiben, wird auch dies zu einem teuren Unterfangen.

Die kommerziellen Programme können für eine Vielzahl von Aufgaben eingesetzt werden. Dabei gibt es je nach Zielsetzung des Programms verschiedene Aspekte beim Einsatz im Praktikum zu beachten.

- **Tabellenkalkulationsprogramme** können bereits im Anfängerpraktikum eingesetzt werden, wenn es darum geht, aus den Meßwerten durch einfache, sich aber oft wiederholende Rechnungen die zu messenden Größen zu bestimmen. Allerdings muß darauf geachtet werden, daß den Studenten deutlich wird, welche Umrechnungen sie vornehmen.
- **Grafikpakete** sind im Praktikum überall zur Dokumentation der Ergebnisse einsetzbar.
- **Spezialprogramme**, wie z.B. solche zur Spektrenauswertung, wozu auch das Anfitten der Linienform von Spektrallinien gehört, haben sicher erst im Fortgeschrittenen-Praktikum ihre Berechtigung.
  In diesem Umfeld ist auch der Einsatz von Programmen zur schnellen Fouriertransformation (FFT) denkbar. Man muß aber auch hier Wert darauf legen, daß den Studenten klar ist, welche Informationen sie mit Hilfe dieser Methode gewinnen können und wo die Grenzen ihrer Anwendbarkeit liegen.

- **Statistikprogramme** können ebenfalls eingesetzt werden. Gerade hier ist wichtig, daß den Benutzern klar ist, was sie gerade machen. Ohne daß Begriffe wie z.B. Mittelwert, Standardabweichung, aber auch die Bedeutung der Verteilungsfunktionen verstanden sind, sollte kein solches Programm zum Einsatz kommen.

Lokale Lösungen. Es gibt sicher an vielen Orten „lokale" und (meist) experimentspezifische Lösungen. Dabei handelt es sich um vor Ort entstandene Programme, mit deren Hilfe einfache Auswerteaufgaben an einzelnen Praktikumsversuchen durchgeführt werden können. Sie haben meist den Vorteil einer einfachen Bedienbarkeit und bieten nicht den Komfort kommerzieller Programme, leisten aber lokal begrenzt das, was sie sollen. Bis auf die letzten beiden in diesem Teil des Buches vorgestellten Beispiele stellen alle Programme solche „lokale" Lösungen dar, die speziell auf ein Experiment oder ein Meßsystem zugeschnitten sind.[3]

Als weitere Vorteile dieser „lokalen" Lösungen können gelten:

- Sie sind häufig zur Lösung spezieller, einfacher Auswerteaufgaben entstanden. Dadurch eignen sie sich auch zum Einsatz im Anfängerpraktikum. Erfordert z.B. die Auswertung eine Fouriertransformation, ist es oft sinnvoller ein eigenes, evtl. selbst geschriebenes Programm einzusetzen, das nur diesem Zweck dient. Die Option FFT eines kommerziellen Programms ist oftmals innerhalb der Menüs nur schwer zu finden und umständlich (weil zu universell angelegt) zu bedienen. Bei entsprechender Konzeption des „lokalen" Programms können die Studenten dann nebenbei auch noch einiges über die Methode der schnellen Fouriertransformation lernen, was bei kommerziellen Produkten eher unwahrscheinlich ist. Ein Beispiel für ein solches Programm ist das in Kaiserslautern entstandene und in diesem Buch mehrfach erwähnte *SPRANA*. Es wird in [15.3] ausführlich mit seinen Einsatzmöglichkeiten beschrieben.
- Der Quellcode liegt vor. Dies gibt die Möglichkeit, sie zu modifizieren und geänderten Anforderungen (auch andernorts) anzupassen. Eine allgemeine Programmpflege, d.h. die Beseitigung auftretender Fehler oder die Anpassung an die Wünsche der Benutzer ist ebenso möglich.
- Die Programme sind allgemein bekannt, wodurch fast immer jemand (Kommilitone, Betreuer etc.) ansprechbar ist, der bei auftretenden Problemen weiterhelfen kann. Ebenso kann eine kurze Einführung durch die Betreuer erfolgen. Der im allgemeinen geringe Funktionsumfang gestattet es, diese in kurzer Zeit durchzuführen. Die allgemeine Bekanntheit verlangt von den Betreuern keine zusätzliche Zeit, um sich selbst mit dem Programm vertraut zu machen.

---

[3] Allerdings gibt es auch immer wieder Hinweise, wie man die Messungen mit Hilfe kommerzieller Programme durchführen könnte.

15.2.2 Ausgleichsrechnungen

Obwohl schon mehrfach im Verlauf des Buches angesprochen, soll dem Thema Ausgleichsrechnungen auch ein eigener Abschnitt gewidmet werden, denn gerade hier sind einige Punkte, besonders bei der Ausbildung von Experimentalphysikern, zu beachten.

Allgemein gilt, daß sich der Student bei der Durchführung von Ausgleichsrechnungen mit dem Computer nicht mehr mit dem einzelnen Meßwert und dessen Einfluß auf das Ergebnis beschäftigt (Stichwort: Ausreißer in einer Meßreihe), sondern nur noch mit der Meßreihe als Ganzes. Dabei geht das Gefühl für die Meßgenauigkeit, das man sonst schon allein aufgrund der Streuung der Meßwerte erhält, völlig verloren.

Bereits erwähnt wurde die Gefahr, daß selbst einfachste Ausgleichsrechnungen, wie z.B. die Überprüfung eines linearen Zusammenhanges, mit dem Computer durchgeführt werden, obwohl sie konventionell mit Bleistift und Papier viel schneller durchzuführen wären. Dabei spielt der Wunsch nach einem optimalen Ergebnis und einer einwandfreien Präsentation desselben ebenso eine Rolle wie die Unfähigkeit, Aufwand und Resultat in eine Relation zu setzen (Stichwort: Ökonomie). Nach unseren Erfahrungen investieren die Studenten viel zu viel Zeit in unsinnige Arbeiten: es werden Daten in uninteressanten Meßbereichen aufgenommen, Grafiken werden immer wieder umgestaltet, um kleine Verbesserungen vorzunehmen, anstatt lineare Zusammenhänge bei wenigen Meßpunkten mit Hilfe eines Lineals zu überprüfen, werden aufwendige Ausgleichsrechnungen durchgeführt, etc.

Eine spezielle Variante der Ausgleichsrechnung wird im Abschn. 5.3.3 vorgestellt. Bei dieser Methode berechnet der Computer eine Funktion, die die Meßwerte beschreiben soll.[4] Durch Variation der Parameter dieser Funktion (im oben genannten Beispiel sind dies z.B. Amplitude, Phasenlage und Schwingungsdauer einer Drehschwingung) muß versucht werden, eine möglichst gute Übereinstimmung der Rechnung mit ihrer Messung zu erzielen. Dies kann visuell durch Vergleich der grafischen Darstellungen am Bildschirm geschehen, aber auch durch Minimierung der Standardabweichung zwischen Rechnung und Messung. Ersteres bringt ein Gefühl für den Einfluß einzelner Parameter, letzteres auch für die Aussagekraft der Standardabweichung. Einsetzbar ist diese Methode überall dort, wo sich die Schüler und Praktikanten mit dem funktionalen Verlauf einer Meßkurve auseinandersetzen sollen, wobei dieser Verlauf allerdings nicht zu kompliziert sein sollte.

Bei der Durchführung echter Ausgleichsrechnungen ist darauf zu achten, daß die zugehörige Mathematik bekannt ist. Die Studenten sollten zumindest prinzipiell dazu in der Lage sein, eine lineare Regression auch mit Hilfe

---

[4] Je nach Zielsetzung der Aufgabenstellung sollte die zu berechnende Funktion frei wählbar oder fest im Programm verankert sein. Ersteres bietet sich an, wenn etwas über die Funktion selbst gelernt werden soll, wenn z.B. zwischen Gauss- und Lorentzprofil unterschieden werden soll, letzteres, wenn nur der Einfluß der einzelnen Parameter auf das Ergebnis untersucht werden soll.

des Taschenrechners durchzuführen. Bei der Durchführung nichtlinearer Ausgleichsrechnungen sollte ihnen die Möglichkeit gegeben werden, sich zunächst mit der Methode als solcher vertraut zu machen. So können sie z.B. die Startwerte variieren und deren Einfluß auf das Konvergenzverhalten der Rechnung untersuchen.

15.2.3 Beispiele zu Computerauswertungen

Zahlreiche Praktikumsexperimente erfordern den Einsatz von Ausgleichsrechnungen. Die folgende Zusammenstellung von Beispielen stellt nur einen kleinen Ausschnitt daraus dar, in dem weitere, in diesem Buch nicht ausführlich geschilderte Beispiele gezeigt werden. Sie regt gleichzeitig zu weiteren, nur mit dem Computer sinnvoll möglichen Auswertungen an.

- **Mittelwertbildung.** Bei umfangreichen Meßreihen bietet sich der Computer zur Mittelwertbildung an. Er kann ihn auf Knopfdruck berechnen und gleichzeitig die Standardabweichung mit angeben. Vor allem wenn Schüler und Studenten noch unerfahren mit den entsprechenden mathematischen Methoden sind, muß ihnen hier die Möglichkeit gegeben werden, ein Gefühl zu entwickeln, wie mit Hilfe des Fehlers des Mittelwertes die Güte der Messung beurteilt werden kann. Sie müssen auch lernen, daß dieser Fehler des Mittelwertes von den statistischen Fehlern der Messung stammt und nur in den seltensten Fällen Rückschlüsse auf systematische Fehler erlaubt.
- **Harmonische Bewegungen.** Neben den oben erwähnten Berechnungen der Schwingung eines Drehpendels, kann in gleicher Weise jede harmonische Bewegung behandelt werden. So kann man beispielsweise auch Messungen am Reversionspendel oder mit der Gravitationsdrehwaage auf der Auswertungsseite aufwerten.
- **Resonanzkurven.** Je nach Umfang der Aufgabenstellung kann das Ziel die Beschreibung einer einzelnen Resonanzkurve sein oder z.B. die Untersuchung des Einflusses der Dämpfung auf die Kurvenform (Breite) und die Lage ihres Maximums.
- **Trägheitsellipsoide.** Die Bestimmung von Trägheitsmomenten gehört sicher zu den weniger interessanten Experimenten eines Praktikums. Der Einsatz des Computers kann hier die Studenten von lästiger Rechenarbeit entlasten, bietet aber auch die Möglichkeit, aus den Meßwerten das Trägheitsellipsoid zu berechnen und grafisch (möglichst dreidimensional) darzustellen. Dadurch gewinnen solch einfache Versuche nicht nur an Anschaulichkeit, sondern auch an Attraktivität.
- **Beugung am Spalt.** Die Beugung am Spalt liefert ein Interferenzmuster, das durch eine Funktion der Form $\sin^2 x / x^2$ beschrieben wird, wobei x die Parameter Wellenlänge (λ) und Spaltbreite (d) enthält. Ziel einer Ausgleichsrechnung könnte hier die Bestimmung eines dieser beiden Parameter sein.

- **Spektroskopische Linienformen.** Neben der Berechnung verschiedener in der Spektroskopie vorkommender Linienformen (z.B. Lorentz-, Gauss- oder Dispersionsprofile), wobei die Parameter Position, Breite und Intensität angepaßt werden müssen, ist auch die Auswertung komplexer Spektren, bei denen sich Linien teilweise überlappen, denkbar. Ebenso ist eine Untersuchung des Einflusses von Apparateprofilen und der entsprechenden Entfaltung mittels Computer möglich.
- **Plancksche Strahlung.** Zu den zweifellos aufwendigen Auswertungen gehört die Berechnung der Strahlung schwarzer Körper. Neben der Anpassung der Meßwerte an das Plancksche Strahlungsgesetz und die Bestimmung der Temperatur des strahlenden Körpers (z.B. eines heißen Drahtes) kann man z.B. auch die Berücksichtigung der spektralen Empfindlichkeit des Nachweissystems als Aufgabe stellen oder die Abweichung der Messung vom idealen schwarzen Körper diskutieren lassen.
- **Rutherford-Streuung.** Bei Experimenten zur Rutherford-Streuung bietet sich eine Anpassung der Meßwerte an die erwartete $1/\sin^4\Theta$-Verteilung an. Gleichzeitig kann auch die Statistik der Daten und die daraus folgende Zuverlässigkeit diskutiert werden.

Durch Aktivitäten dieser Art – im Praktikum messen und parallel dazu theoretischen Zusammenhängen mit Hilfe des Computers vertieft nachgehen – könnte der in letzter Zeit in Deutschland zu beobachtende Trend der immer strikteren Teilung der Physik in Experimentalphysik und theoretische Physik gestoppt werden.

15.3 Programme zur Dokumentation der Ergebnisse

Auch im Zeitalter der Textverarbeitungssysteme darf ein Protokollbuch nicht überflüssig werden. Seine Gestaltung zwingt die Studenten bereits bei der Vorbereitung eines Versuchs dazu, sich intensiv mit ihm auseinanderzusetzen. Sie müssen die theoretischen Grundlagen zusammentragen und kurz darstellen. Die zur Auswertung notwendigen Formeln müssen evtl. mit kurzen Erläuterungen enthalten sein. Schließlich muß der Ablauf der Messungen geplant und die entsprechenden Tabellen zur Dokumentation gestaltet werden.

Während der Messungen müssen die Studenten nicht nur die eigentlichen Meßwerte festhalten, sondern auch alle Parameter, die das Ergebnis beeinflussen könnten (z.B. die Änderung des Meßbereichs eines Meßgeräts).

Bei der Auswertung ist dann neben der Dokumentation der Ergebnisse wichtig, daß diese unter Betrachtung der Fehler kritisch diskutiert werden. Auf diese Weise bildet das Protokollheft von seiner Struktur und seinem Inhalt her bereits den Vorläufer für spätere Veröffentlichungen.

Die Vielzahl der heute verfügbaren Textverarbeitungsprogramme führt dazu, daß die Studenten im Praktikum ihre Protokollbücher mit deren Hilfe anfertigen. Dies ist einerseits begrüßenswert, da sie so schon frühzeitig die später übliche Arbeitsweise kennenlernen, andererseits birgt es aber auch einige Gefahren:

- Das Kopieren fremder Ausarbeitungen wird stark vereinfacht. Dies kann nur durch besondere Aufmerksamkeit der Betreuer verhindert werden.

- Gerade in der Phase der Versuchsdurchführung wird nur das protokolliert, was als Ausdruck vom Computer geliefert wird. Eigene Aktivitäten oder vom Computer nicht registrierte Parameter oder gar besondere Vorkommnisse, die bei der Auswertung wichtig sein könnten, werden nicht notiert.

- Es besteht die Gefahr, daß mehr Zeit und Arbeitskraft auf das Layout der Ausarbeitung als auf den eigentlichen Inhalt verwendet wird. Ein einfaches Diagramm auf Millimeterpapier oder eine Versuchsskizze von Hand erfordern wesentlich weniger Zeit, als diese Dinge am Computer zu erstellen, auch wenn das Ergebnis dann besser aussieht. An dieser Stelle müssen die Studenten lernen, Aufwand und Ergebnis in eine vernünftige Relation zu setzen. Man sollte ihnen dabei helfen, indem man deutlich macht, daß ihre Dokumentation dazu dient, nachzuweisen, wie sie das entsprechende Experiment durchgeführt und welche Ergebnisse sie erzielt haben und sie keineswegs die strengen Kriterien einer Veröffentlichung erfüllen muß.

Diese Gründe lassen es sinnvoll erscheinen, zumindest im Anfängerpraktikum den Computer beim Anfertigen von Ausarbeitungen nicht einzusetzen, sondern ein handschriftliches Protokollheft anzustreben. Diese Ansicht wird auch von Autoren in den (sonst so technikfreundlichen) USA geteilt, die dort ähnliche Projekte verfolgten (vgl. [15.4]). Natürlich können Teile dieser Hefte, z.B. Ausdrucke von Meßtabellen oder Grafiken mit Hilfe des Computers erstellt sein, nicht aber das ganze Heft. Im Fortgeschrittenen-Praktikum kann dann eine Dokumentation der Messungen mit Hilfe des Computers erfolgen. Aber auch hier ist darauf zu achten, daß ein vernünftiges Verhältnis zwischen Layout und physikalischem Inhalt gewahrt bleibt.

15.4 Die Simulation im Praktikum

Die Simulation eines physikalischen Vorgangs gewinnt immer stärkere Bedeutung. Dies gilt sowohl für alle Bereiche der Physik als auch zunehmend in der Industrie, wo mit dem Bau von Prototypen erst begonnen wird, nachdem sich mit Hilfe von Simulationsrechnungen ein erfolgversprechender Weg herauskristallisiert hat. In der Experimentalphysik wird heute kein größeres Experiment mehr angegangen, ohne daß im Vorfeld die experimentellen Parameter mit Hilfe von Simulationsrechnungen abgeklärt worden wären. In der theoretischen Physik werden Modelle z.B. über die Sternentstehung dadurch überprüft, daß man mit Hilfe von Simulationsrechnungen, die auf diesen Modellen basieren, den Lebensweg eines Sterns berechnet und anhand von Beobachtungen überprüft, wie weit die Vorhersagen der Modelle damit übereinstimmen.

Neben den klassischen Gebieten der theoretischen und der Experimentalphysik hat sich in den letzten Jahren computational physics (es gibt leider bisher keine gängige deutsche Bezeichung) als weiteres eigenständiges Gebiet herausgebildet. Sie beschäftigt sich mit der Computersimulation von Vorgängen aus allen Bereichen der Physik. Auch aus diesem Grund ist es wichtig, daß Studenten möglichst früh mit Simulationsprogrammen in Berührung kommen.

In der Ausbildung zum Thema Simulation besteht zur Zeit noch ein sehr großes Defizit. In kaum einem Studienplan des Faches Physik und schon gar keinem Lehrplan wird man diesen Begriff finden. Wo kann also ein Student die nötigen Kenntnisse erwerben? Eigene Lehrveranstaltungen (als Pflichtveranstaltung) verbieten sich, da allerorten eine Straffung des Studiums angemahnt wird. Bleibt nur der Weg, das Thema Simulation in bestehende Lehrveranstaltungen zu integrieren. Hier bieten sich einerseits die Übungen zu den Einführungsveranstaltungen und andererseits die Praktika an. Im Rahmen dieses Buches soll die letztere Möglichkeit etwas näher untersucht werden.

15.4.1 Einsatzmöglichkeiten

In einem Praktikum sollten das Experiment, das Erlernen der Experimentierkunst und der Meßtechnik im Vordergrund stehen. Es ist wenig sinnvoll, dort „Experimente" einzuführen, die nur als Simulationsexperimente auf dem Computer durchgeführt werden, ohne daß gleichzeitig die Ergebnisse entweder in ein Experiment einfließen oder mit seiner Hilfe überprüft werden. Dies umso mehr, als ein wichtiges Lernziel im Zusammenhang mit Simulationsrechnungen darin besteht, ein Gefühl für deren Zuverlässigkeit zu erwerben.

Die Zuverlässigkeit einer Simulationsrechnung wird von Faktoren wie

- dem Gültigkeitsbereich des zugrundeliegenden Modells,
- der verwendeten numerischen Methode,
- oder der Rechengenauigkeit

bestimmt. Der Student muß diese Faktoren überblicken und wenn möglich beeinflussen können.

Anforderungen an die Simulation im Praktikum. Das in Abschn. 8.2 und 8.4.2 vorgestellte Beispiel zeigt, daß eine begleitende Simulation im Grundpraktikum, ja sogar im Schulunterricht möglich ist. Ihr Einsatz kann sogar zu einem vertieften Verständnis der Thematik führen. Dabei müssen aber folgende Punkte unbedingt beachtet werden:

- Es muß ein möglichst einfach zu bedienendes Simulationsprogramm zum Einsatz kommen, da die zeitlichen Rahmenbedingungen eines Praktikums oder einer Unterrichtsstunde keine Zeit zur Einarbeitung in ein komplexes Programmpaket lassen.

- Mit wenigen Ausnahmen (siehe unten) muß ein Vergleich der Ergebnisse mit Messungen möglich sein. Eine Grundvoraussetzung dafür besteht in der Verwendung üblicher SI-Einheiten (kein cgs-System!) im Simulationsprogramm. Nur so ist gewährleistet, daß die Benutzer Vertrauen zu der verwendeten Methode gewinnen.

- Gleichzeitig muß eine Diskussion von Abweichungen zwischen Messung und Rechnung gefordert werden, um ein Gefühl für die Grenzen von Methode bzw. Modell zu entwickeln. Außerdem fördert dies die Bereitschaft der Benutzer zu ihren Ergebnissen zu stehen und sie zu verteidigen; eine Tugend, die sonst in den Praktika (und nicht nur dort) eher unterdrückt wird.

- Es darf nicht der Eindruck entstehen, die Simulation sei besser (genauer) als die Messung.

- Führt die Simulation über die Grenzen des experimentell zugänglichen Bereichs hinaus, muß den Benutzern klar sein, daß das benutzte Modell evtl. Grenzen hat und wo diese liegen.

- Nach Möglichkeit sollte neben dem zugrunde liegenden physikalischen Modell auch die verwendete numerische Methode zur Lösung der entsprechenden Gleichungen angesprochen werden. Dabei auch das Thema Rechengenauigkeit anzusprechen, versteht sich von selbst.

- Viele Simulationsprogramme bieten Möglichkeiten, die normale Meßwerterfassungssysteme nicht bieten. So werden z.B verschiedene Arten der Visualisierung angeboten; man kann wählen, ob ein Bewegungsablauf im Ortsraum, im Phasenraum oder gar als Poincaré-Schnitt durch den Phasenraum dargestellt werden soll. Dies bildet eine Brücke zum Verständnis dafür, daß physikalische Vorgänge oft nicht in dem physikalisch beobachtbaren Koordinatensystem, sondern in anderen, durch mathematische Transformationen gebildeten Räumen dargestellt werden, die eine viel höhere Informationsdichte bieten, aber auch ein höheres Abstraktionsvermögen verlangen. Solche Darstellungen von Hand zu erstellen, verbietet sich aufgrund der Fülle der Daten meist von selbst.

15.4.2 Beispiele

Es gibt verschiedene Arten, wie die Simulation im Praktikum eingesetzt werden kann. In diesem Buch finden sich einige konkrete Beispiele dafür. Sie lassen sich in zwei Gruppen aufteilen.

In der ersten Gruppe finden sich Experimente, bei denen die Unterschiede zwischen einem idealisierten und einem realen Experiment herausgearbeitet werden. Dazu zählen die schon erwähnten Experimente zum elektrischen Feld (Kap. 8). Hier kann untersucht werden, wie sich die realen Meßbedingungen (z.B. Meßfehler oder Unsymmetrien in der aufgemalten, idealerweise symmetrischen Anordnung) auf die Unterschiede zwischen Rechnung (ideal) und Messung (real) auswirken. Ein anderes Beispiel bildet die Messung der Wärmeleitfähigkeitskonstanten mit Hilfe des Programms *WAERME*. In dieses ist die Möglichkeit integriert, während langwieriger Datenaufnahmen Simulationsrechnungen zum Thema durchzuführen (vgl. Kap. 9). Dabei ist es z.B. denkbar, die Unterschiede zwischen einem idealen Medium (ohne Wärmeverluste) und einem realen (mit Verlusten) zu erarbeiten und mit den Messungen zu vergleichen.

Zu einer weiteren Art gehört das in Kap. 12 beschriebene Experiment am Chaosgenerator. Hier wird die Simulation benutzt, um sich vorab mit den Eigenschaften eines Systems vertraut zu machen. Mit ihrer Hilfe werden die Parameter des realen Experiments festgelegt. Erst dann wird es wirklich aufgebaut. Dies entspricht genau der heutigen Vorgehensweise in Industrie und Forschung.

Es sind noch viele andere Beispiele denkbar, von denen hier nur einige kurz angerissen werden sollen:

- **Magnetfeld.** In einer ähnlichen Art wie bei der Simulation elektrischer Felder ist auch eine begleitende Simulation zum Thema Magnetfelder machbar. Ein zugehöriges Simulationsprogramm *MFELD* [15.5], ähnlich einfach in der Bedienung wie *EFELD*, aber mit einer moderneren Benutzeroberfläche, wurde zu diesem Zweck entwickelt. Mit seiner Hilfe ist es möglich, das Magnetfeld beliebig positionierbarer paralleler und unendlich langer Leiter zu berechnen. Durch Variation der Rasterweite kann die Rechengenauigkeit beeinflußt werden. So läßt sich ein Gefühl für die Zuverlässigkeit der Ergebnisse entwickeln. Zoomfunktionen ermöglichen es, Details des berechneten Feldes zu betrachten, um z.B. seine Homogenität zu überprüfen.
- **Optik.** Will man in der Optik Berechnungen von Strahlverläufen durchführen, werden diese sehr schnell kompliziert und setzen die Verwendung eines Computers voraus. Auch wenn solche Rechnungen nicht unbedingt den Begriff Simulation verdienen, sollen sie als Beispiel für den Einsatz des Computers beim Vergleich von Rechnung und Messung im Praktikum aufgeführt werden. Als konkrete Beispiele seien die Berechnung von Linsensystemen und ihrer Abbildungsfehler oder die Eigenschaften eines Laserresonators genannt. Eine andere, evtl. auch für den Schulunterricht denkbare Einsatzmöglichkeit ist die Untersuchung der Strahlverläufe, wenn sie sie sich bei sonst identischen Bedingungen in Medien mit unterschiedlichen Brechungsindices ausbreiten.

Nichtvergleichende Simulation. In manchen (seltenen) Ausnahmefällen bietet sich die Simulation auch dann an, wenn kein direkter Vergleich mit einem Experiment möglich ist. Hierbei sind allerdings einige zusätzlichen Gesichtspunkte zu beachten.

- **Meßtechnisch nicht zugängliche Bereiche.** Bei manchen Experimenten würden sich zusätzliche Erkenntnisse ergeben, könnte man die Parameter über einen weiteren Bereich variieren, wobei dies aus verschiedenen Gründen (z.B. Gesundheitsgefahren für die Studenten, meßtechnisch zu aufwendig und zu teuer für ein Praktikum, zu komplizierter Aufbau, etc.) nicht machbar ist. Hier bietet es sich an, mit Hilfe einer Simulation diese Bereiche zu erschließen. Dieser Einsatzbereich der Simulation bildet eine der Ausnahmen von der oben genannten Regel, daß eine Möglichkeit zum Vergleich der Ergebnisse von Simulation und Messung gegeben sein sollte. Umso wichtiger ist es, daß die Studenten eine Kritikfähigkeit für die Tragfähigkeit der gemachten Extrapolationen entwickeln und zuvor in den meßtechnisch zugänglichen Bereichen die genannten Vergleiche durchgeführt haben. Vorsicht ist hier bei einigen kommerziellen Produkten geboten, die es z.B. zulassen, Rechnungen zur klassischen Mechanik mit Parametern durchzuführen, bei denen korrekterweise relativistisch gerechnet werden müßte (vgl. [15.2]).

- **Visualisierung physikalischer Effekte.** Experimente, die einen makroskopischen Effekt zeigen, ohne daß im Detail erkennbar ist, wie dieser zustande kommt (z.B. Streuexperimente in der Quantenphysik, aber auch die Entstehung eines Regenbogens) lassen den sinnvollen Einsatz von Simulationsrechnungen zur Veranschaulichung dieser unsichtbaren Vorgänge ebenfalls zu. Auch hier sollte als vertrauensbildende Maßnahme die Möglichkeit bestehen, den Schritt vom Detail zum makroskopisch sichtbaren Effekt zu machen, um mit dem Experiment zu vergleichen. Für die genannte Simulation von Streuexperimenten würde dies z.B. bedeuten, daß das Programm die Möglichkeit bieten muß, ganze Scharen von Trajektorien zu berechnen, um so mit den Messungen vergleichbare Wahrscheinlichkeiten zu bestimmen.

Ein anderes Feld der Simulation befaßt sich mit der Planung von Experimenten und Bauteilen:

Simulation in der Planungsphase eines Experiments. Wie bereits weiter oben erwähnt, sind Simulationsrechnungen in der Planungsphase großer Experimente (z.B. beim Bau von Teilchenbeschleunigern) heute unerläßlich. Umso wünschenswerter wäre es, wenn es auch in Praktika, unter dem Stichwort freies Lernen, Experimente gäbe, die von den Studenten vor der Durchführung zunächst eine Planungsphase erfordern, in deren Verlauf sie unter Einsatz der Simulation Bauteile dimensionieren und/oder Parameterbereiche suchen, in denen die zu untersuchenden Systeme ein interessantes Verhalten zeigen. Leider läßt die heutige Struktur des Studiums und erst recht die der bestehenden Praktika kaum solche Vorgehensweisen beim Experimentieren zu. Das in Kap. 12 vorgestellte Experiment stellt die einzige uns bekannte Ausnahme dar, die auch wirklich in einem Praktikum eingesetzt wird. In dieser Richtung weitere Experimente anzubieten, würde die bestehenden Praktika attraktiver für die Studenten gestalten und ganz andere Lernziele ermöglichen. Allerdings bedeutet dies bei der Betreuung einen erheblichen Mehraufwand.

Zum Schluß sei beispielhaft noch ein weiteres Gebiet der Physik genannt, in dem Simulationen eine wichtige Rolle auch in Praktikumsexperimenten spielen können:

Nichtlineare Systeme. Das weite Gebiet der Nichtlinearen Dynamik bietet eine Fülle von Einsatzmöglichkeiten für Simulationen. Dazu gehört z.B. die in Abschn. 14.2.3 genannte Untersuchung des Doppelpendels. Es wird die reale Bewegung eines Doppelpendels mit der von einem (einfachen) Simulationsprogramm berechneten verglichen. Dabei zeigt sich, daß Realität und Simulation schon nach kurzer Zeit divergieren. Auch eine enorme Steigerung des Aufwandes auf Seiten der Simulation bringt dabei kaum Gewinn. Dies führt zu einer der fundamentalsten Erkenntnisse in der nichtlinearen Dynamik: Prinzipiell gehorchen chaotische Systeme den Gesetzen der Physik; sie befinden sich aber in solch kritischen Zuständen, daß selbst unmeßbar kleine Abweichungen in den Anfangszuständen zu völlig verschiedenen Endzuständen führen.

Simulationen auf diesem Gebiet eignen sich nicht, Vertrauen in die Methode zu gewinnen, da sie sehr schnell die Realität nicht mehr treffend beschreiben. Hier kann aber gezeigt werden, daß Systeme, deren Verhalten im Detail nicht vorausberechenbar ist, trotzdem im globalen Verhalten richtig beschrieben werden können.

15.5 Zusammenfassung

Dieses abschließende Kapitel des experimentellen Teils beschreibt zusätzliche Möglichkeiten, wie der Computer im Praktikum eingesetzt werden kann. Dabei wird sowohl auf den Einsatz kommerzieller Produkte, als auch auf den selbstgefertigter Lösungen eingegangen. Besonderer Wert wird darauf gelegt, zu zeigen, wo die Vor- und Nachteile der einzelnen Lösungsmöglichkeiten liegen. Es werden verschiedene Alternativen diskutiert und jeweils darauf hingewiesen, wo sich im Lernprozeß Schwierigkeiten ergeben könnten. Hierbei wird auch eine Möglichkeit aufgezeigt, wie man „lokale" Lösungen bei der Experimentsteuerung und Meßwerterfassung so gestalten kann, daß sie auf andere Computersysteme (auf PC-Basis!) portiert werden können. Einen weiteren wichtigen Schwerpunkt des Kapitels bildet das Thema Simulation im Praktikum.

Je nach Niveau des Praktikums (Anfänger- oder Fortgeschrittenen-Praktikum) müssen ganz unterschiedliche Maßstäbe bei der Bewertung des Einsatzes von Programmen angelegt werden. Dies gilt einerseits für die Komplexität der eingesetzten Programme, vor allem bei der Datenerfassung, andererseits aber auch für den Umfang des Computereinsatzes bei der Datenauswertung und Dokumentation.

Die angeführten Beispiele zeigen, wie zukünftig der Einsatz von Computern in Praktika aussehen könnte. Zum Teil überschneiden sich hier die Argumente mit denen aus dem ersten Teil des Buches. Es soll aber konsequent gezeigt werden, wie man Computer in der Physikausbildung zukünftig einsetzen sollte, ohne dabei die Aspekte der Didaktik zu vernachlässigen. Denkt man die aufgezeigten Beispiele konsequent zu Ende, kommt man zu dem Schluß, daß viele konventionelle Experimente im Praktikum unter dem Aspekt moderner Anforderungen an Naturwissenschaftler und daraus resultierender Lernziele nicht mehr zeitgemäß sind. Wie dieser Zustand geändert werden kann, ob ein Experiment durch ein anderes ersetzt oder durch den Einsatz moderner Meßtechnik aufgewertet werden soll, muß von Fall zu Fall vor Ort entschieden werden. Der Aufwand dürfte bei beiden Möglichkeiten ähnlich sein. In jedem Fall sollte man beachten, daß durch den Einsatz des Computers eine Flexibilität der Experimente möglich wird, die das Engagement der Studenten herausfordert und es gleichzeitig ermöglicht, die Anforderungen an das Leistungsvermögen der einzelnen Praktikanten anzupassen. Im Idealfall sollten die Studenten in weiten Grenzen selbst entscheiden können, in welchem Umfang sie den Computer einsetzen möchten. Dies setzt aber nicht nur die Bereitschaft voraus, bestehende Strukturen aufzubrechen, sondern fordert vor allem das Engagement der Betreuer der Experimente. Mit ihnen und ihrem Einsatz steht und fällt das Konzept eines modernen Praktikums.

Teil III

Das Computerpraktikum
Numerik und Interfacing

Die im zweiten Teil dieses Buches beschriebenen Experimente dienen vor allem dazu, daß sich die Studenten in einer eher pragmatischen Weise an den Einsatz des Computers gewöhnen. Dabei steht immer die Physik im Vordergrund; ein Detailwissen darüber, was auf der Computerseite geschieht, kann nicht vermittelt werden. Die Erfahrung zeigt aber, daß gerade dieses Wissen bei einer späteren Labortätigkeit gefragt ist. Die Gründe dafür sind vielfältig:

- **Softwareentwicklung.** Für manche Probleme bietet der Markt keine kommerziellen Lösungen an. Dies gilt sowohl für spezielle Auswerteverfahren, als auch für selbstentwickelte experimentelle Aufbauten. Dann ist es nötig, die entsprechenden Programme selbst zu schreiben und zu pflegen.
- **Fehlersuche.** Gängige Bedienungsanleitungen beinhalten oft wenig Hinweise, die bei einer Fehlersuche hilfreich sein könnten. Stammen Soft- und Hardware auch noch von verschiedenen Herstellern und ist nicht klar, auf welcher Seite der Fehler liegt, ist der Benutzer ganz auf sich gestellt. Verfügt er dann über keine entsprechenden Kenntnisse, wird die Fehlersuche sehr schwer und langwierig.
- **Konfiguration.** Bei Änderungen an der Hardware ist es oft nötig, die Software neu zu konfigurieren. Obwohl viele Programme über die Möglichkeit verfügen, dies menügesteuert durchzuführen, ist die Kenntnis der auftretenden Fachbegriffe unerläßlich.
- **Kaufentscheidung.** Beim Neukauf von Software muß nicht nur entschieden werden, ob sie für den gedachten Zweck brauchbar ist und ob es evtl. bessere Produkte gibt. Es muß auch darauf geachtet werden, inwieweit sie auch noch bei sich ändernden Aufgabenstellungen einsetzbar bleibt.
- **Kompetenz.** Wird ein Komplettsystem, bestehend aus Hard- und Software, gekauft, so kann es in den wenigsten Fällen direkt so, wie geliefert, am Experiment eingesetzt werden. In den meisten Fällen sind Anpassungen an die lokalen Gegebenheiten nötig. Nur der, der über ein fundiertes Wissen verfügt, kann mit dem Hersteller einen guten Kompromiß zwischen „das ist technisch nicht machbar" (Hersteller) und „das wird zwingend benötigt" (Anwender) heraushandeln.

Da die oben genannten Inhalte in keiner gängigen Lehrveranstaltung vermittelt werden, wurde in Kaiserslautern das Computerpraktikum *Numerik und Interfacing* entwickelt. In seinem Verlauf werden die Grundlagen der oben genannten Kenntnisse vermittelt. Der Besuch des Praktikums war freiwillig, wurde aber dringend empfohlen, zumal in seinem Rahmen ein vorgeschriebener Numerikschein erworben werden konnte. Die Lehrveranstaltung hat sich so gut bewährt, daß sie im neuen Studienplan des Fachbereichs, der 1997 verabschiedet wurde, verpflichtend im vierten Semester (zwischen Anfänger- und Fortgeschrittenen-Praktikum) für alle Studenten festgeschrieben ist.

16. Das Computerpraktikum

Die neue Lehrveranstaltung *Computerpraktikum – Numerik und Interfacing*
hat sich als sinnvoll erwiesen, da – wie einführend erwähnt – deutliche Defizite in der Ausbildung der Studenten innerhalb der genannten Bereiche festzustellen sind. Durch die weiter zunehmende Integration des Computers in
Forschung und Wissenschaft wird der größte Teil der angehenden Physiker im
Beruf bzw. schon während der Diplomarbeitsphase mit der genannten Problematik konfrontiert. Eine Umfrage in den Forschungslabors der Arbeitsgruppen des Fachbereichs Physik der Universität Kaiserslautern im Jahre 1992
ergab zum Beispiel, daß zu diesem Zeitpunkt an allen der ungefähr 35 bis 40
Experimente ein Computer zum Einsatz kam. Etwa die Hälfte der Experimente wurde als komplette Systeme eingekauft, die übrigen in eigener Regie
zusammengestellt beziehungsweise entwickelt. Generell mußte jedoch die verwendete Software auf die speziellen Arbeitsbedingungen angepaßt werden.

16.1 Ziele des Praktikums

Das Praktikum richtet sich in erster Linie an die Studenten des Studienganges
Diplom-Physik.[1] Zum einen sollen diese mit numerischen Lösungsverfahren
physikalischer Probleme vertraut gemacht werden, zum anderen sollen sie
die Möglichkeiten der modernen Meßwerterfassung und Regeltechnik unter
Einsatz des Computers kennenlernen. Sie sollten dann in der Lage sein, einfache Verbindungen zwischen dem Rechner und einem Experiment selbständig
vorzunehmen.

Wie bereits in Teil I dieses Buches erläutert, können die erforderlichen
Qualifikationen nur teilweise in den bereits bestehenden Lehrveranstaltungen vermittelt werden. So gibt es beispielsweise die Möglichkeit, in die vor-
lesungsbegleitenden Übungen Aufgaben einzuarbeiten, die unter Zuhilfenahme eines Computers zu lösen sind. Des weiteren sollten in den etablierten
Anfänger- und Fortgeschrittenen-Praktika mehr computergestützte Experimente angeboten werden. Mit diesen Maßnahmen können aber größtenteils

---

[1] Gleichwohl sollten auch die Studenten des Lehramts hinreichend Kompetenz
erwerben, um mit benutzerfreundlichen Systemen der Lehrmittelindustrie um-
gehen und auftretende Fragen beantworten zu können.

nur Berührungsängste gegenüber dem PC abgebaut und die grundlegende Handhabung eines Computers eingeübt werden. Aufgrund des ohnehin schon dicht gedrängten Zeitplanes eines solchen Anfänger- bzw. Fortgeschrittenen-Praktikums ist es kaum möglich, daß die Studenten sich tiefergehende Gedanken über die versuchsrelevanten Programme und die Funktion der verschiedenen Hardwarekomponenten machen, geschweige denn selbständig eine Planung für die Steuerung des Experiments und die Aufnahme der Meßwerte erstellen, um diese dann zu realisieren.

Zur weitgehenden Behebung dieser Ausbildungslücke kommt daher unseres Erachtens nur ein eigenständiges Computerpraktikum in Frage, das sich ausschließlich mit den o.g. Lerninhalten auseinandersetzt. Eine Verlängerung der Regelstudienzeit ist dadurch nicht zu erwarten, da diese spezielle, hier vorgestellte, neue Lehrveranstaltung, in den normalen Studienablauf integriert werden konnte. Die Diplomprüfungsordnung (in Kaiserslautern und den meisten anderen Physikstudienorten) sieht ohnehin die Teilnahme an einem numerischen Praktikum (in Kaiserslautern eine vier-stündige Vorlesung mit zusätzlicher zweistündiger Übung) vor. Allerdings war es bislang oft üblich, dieses Praktikum im Rahmen von Lehrveranstaltungen anderer Fachbereiche (z.B. Informatik oder Mathematik) zu absolvieren. Die dort gebotenen Inhalte entsprechen zwangsläufig nur selten den Belangen des Diplom-Physikers.

16.2 Ansätze anderer Universitäten

Zur Erläuterung, mit welchen Maßnahmen andere physikalische Fakultäten die Ausbildung am Computer verbessern möchten, seien hier drei Fallbeispiele aufgezeigt. Die mathematisch-naturwissenschaftliche Fakultät der Martin-Luther-Universität Halle bietet im dritten Studiensemester ein *physikalisches Praktikum* [16.5] an, dessen Inhalte sich auf den Bereich Elektronik bzw. Meßtechnik konzentrieren, mit dem Ziel, den Studenten das Zusammenwirken von physikalischen Meßverfahren und der Meßwertaufnahme mit Mikrorechnern näher zu bringen. Aus den folgenden Themen werden dazu drei zur Bearbeitung ausgewählt:

- Analog-Digital-Wandlung,
- Mittelwertbildende Verfahren,
- Transientenrecorder,
- Ausbreitung von Wellen,
- FET-Kennlinien,
- Übertragungskennlinien von Gattern.

An der Fakultät Physik der Universität Regensburg hat sich ein Kurs *Messen mit dem PC* etabliert, der angehenden Diplom-Physikern Wissen zum Laboreinsatz von Computern vermitteln soll. Inhalte sind dabei:

- Übersicht über die PC-Hardware, Einführung in die Systemprogrammierung,

- Benutzung der seriellen Schnittstelle (wird häufig im Labor benötigt),
- Interrupt-Verarbeitung,
- Ein- und Ausgabe von digitalen Signalen, Zähler-/ Timer-Betrieb,
- Analogdaten-Verarbeitung,
- der IEC-Bus,
- Grafik zur Kontrolle der Meßergebnisse.

Vorausgesetzt werden dabei Programmierkenntnisse in Turbo-PASCAL 5.0, wobei Beispielprogramme zu allen Themen jederzeit verfügbar sind. Des weiteren liegt ein sehr ausführliches Begleitskript [16.6] vor, das vor allem auf technische Details eingeht.

Im Lehrangebot des Interfakultativen Institutes für Anwendungen der Informatik der Universität Karlsruhe sind gleich zwei Veranstaltungen vorgesehen [16.4], die jedoch deutlich unterschiedliche Schwerpunkte setzen. Das *Mikrorechnerpraktikum I* soll die Studenten mit der Programmierung, den Grundlagen des Aufbaus und einigen Anwendungsmöglichkeiten von Mikrorechnern vertraut machen. Es entspricht damit ungefähr dem Computerpraktikums Teil „Interfacing". Ein spezielles *Computer-Theoretikum* versucht anhand ausgesuchter Aufgaben der Physik bzw. Mathematik aus den Bereichen

- Mechanik, Elektrodynamik bzw. Elektrotechnik,
- Datenanalyse,
- Datenbanken,

Kenntnisse der numerischen Problemlösung zu vermitteln und ist daher durchaus mit dem Teil „Numerik" des Computerpraktikums vergleichbar. Damit kommt das Angebot an der Universität Karlsruhe dem Computerpraktikum in Kaiserslautern schon recht nahe. Die Nachteile liegen aber in der interfakultativen Auslegung der Veranstaltungen, d.h. es werden noch zu wenig physikalische Fragestellungen angesprochen, und darin, daß kein qualifizierter Schein erworben werden kann.

16.3 Das Konzept des Praktikums

Das Computerpraktikum soll hauptsächlich Studenten des Studienganges Diplom-Physik ansprechen. Da die Veranstaltung sowohl im Sommer- als auch im Wintersemester angeboten wird, ist ein gewisser Spielraum für die Einordnung im Studienablauf vorhanden.

Das Praktikum geht sowohl auf die Interessen der Studenten der theoretischen Physik als auch die der Experimentalphysik bzw. technischen Physik gezielt ein. Es bietet sich also an, während des Ablaufs der Veranstaltung eine Teilung vorzunehmen. In den ersten sechs Wochen findet daher eine vierstündige Einführungsvorlesung statt, die von allen Praktikanten besucht wird. Danach erfolgt eine Aufspaltung in die beiden Teile „Numerik" und „Interfacing".

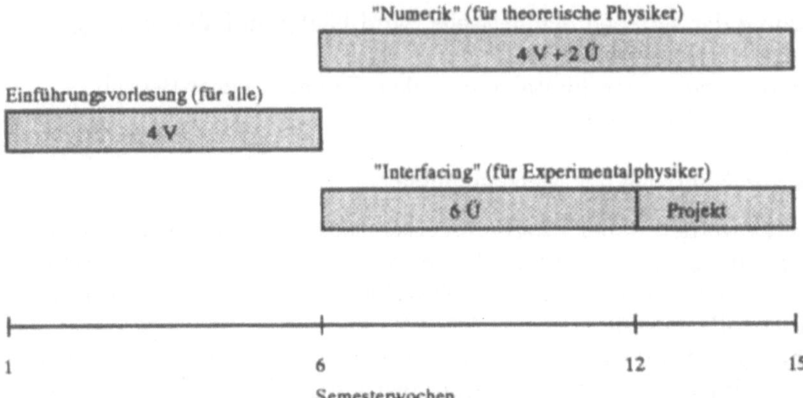

Abb. 16.1. Der Zeitplan des Computerpraktikums. Die Ziffern stehen für die Wochenstundenzahl; mit V sind die Vorlesungsstunden und mit Ü die Übungsstunden gekennzeichnet

16.3.1 Die Teile des Praktikums

Das Praktikum gliedert sich, wie angedeutet, in einen Numerik- und einen Interfacing-Teil. Da sich der Numerikteil nur wenig von bereits vorhandenen anderen Lehrveranstaltungen unterscheidet, wird sich die Beschreibung des Praktikums hier vor allem auf den Interfacingteil beschränken.

Der gemeinsame Einführungsteil. Dieser Teil besteht aus einer vierstündigen Vorlesung und zwei Übungsstunden am Computer pro Woche. In seinem Verlauf werden Grundlagen vermittelt, die für alle Praktikumsteilnehmer von Bedeutung sind. Zusätzlich dient er dazu, eine gemeinsame Wissensbasis zu schaffen, auf der die nachfolgenden Kurse aufbauen können.

Der Numerikteil des Praktikums. Im theoretisch orientierten Zweig „Numerik" sollen die Studenten lernen, eine ihnen gestellte Aufgabe mathematisch so zu formulieren, daß sie sich numerisch lösen läßt. Ein wichtiges Lernziel ist die richtige Analyse und Bewertung dieser Computerergebnisse. Hierzu gehört sowohl die Kenntnis verschiedener Verfahren der Numerik, deren Konvergenzeigenschaften wie auch die sorgfältige Fehleranalyse. Dazu findet weiterhin zweimal pro Woche eine zweistündige Vorlesung statt. Zusätzlich werden zwei Übungstermine eingerichtet, in denen je nach Länge des Semesters insgesamt drei bis fünf Übungsblätter zu bearbeiten sind.

Der Interfacingteil des Praktikums. Dieser Teil beinhaltet insgesamt sechs reine Praktikumsstunden pro Woche (je nach Länge des Semesters, in der Regel 13 bis 15 Wochen, sind also insgesamt 78 bis 90 Stunden eingeplant). Der (laut Studienordnung unbenotete Schein) wird den Studenten zugestanden, wenn sie mindestens vier Stunden pro Woche anwesend waren, über ihr Vorgehen bei der Lösung der Aufgaben ein detailliertes Protokollheft geführt haben und die Übungen sinnvoll bearbeitet wurden.

Den Betreuern kommt im Rahmen dieses Konzepts eine besondere Bedeutung zu, was sich schon allein an ihrer Zahl, vier Betreuer für maximal 24 Praktikanten, sehen läßt. Anders als in üblichen Praktika, sollen sie weniger als Kontrolleur der Praktikanten, sondern als deren Ratgeber fungieren. Sie sollen zusammen mit den Praktikanten die Lösungswege erarbeiten. Dabei helfen sie vor allem mit, Schwachstellen der Lösungsstrategien zu suchen und allzu große Irrwege zu vermeiden.[2]

Der „Interfacing-Teil" legt den Schwerpunkt auf die computergestützte Meßwerterfassung. Ziel ist es, den Studenten einen Einblick in das Zusammenwirken von physikalischen Meßverfahren, elektronischer Meßtechnik und dem Computer, sowie der Anwendung standardisierter Schnittstellen bei der Experimentautomatisierung zu geben und sie somit auf künftige Laborsituationen vorzubereiten. Daneben sollen aber ebenfalls allgemeinere Qualifikationen wie die Einarbeitung in Originaldokumentationen und Datenblätter, der Umgang mit oft unzureichenden Informationen (z.B. fehlerhafte und unzulängliche Handbücher) und die Arbeit in einem Team vermittelt werden.

In der ersten Phase werden drei Übungsblätter ausgegeben, für die je zwei Wochen Bearbeitungszeit vorgesehen sind. Anschließend verbleiben noch zwei bis drei Wochen zur Durchführung eines Projektes, in welchem das in den Übungen zuvor Erlernte angewandt und damit vertieft werden soll. Das Projekt ist als Freiarbeit für die Studenten gedacht und ist somit ein wichtiger Bestandteil des Praktikums, da es in besonderer Weise die Kreativität und das eigenverantwortliche Handeln der Praktikanten fördert. Obwohl es zwangsläufig am Schluß der Lehrveranstaltung liegt, sollte es auf keinen Fall zu kurz kommen und ausreichend Zeit dafür eingeplant werden. Denn vor allem während der Planungsphase des Projektes, in der sich die Studenten die anzuwendende Meßmethode (unter Berücksichtigung der zur Verfügung stehenden Hardware), die gewünschte bzw. erreichbare Meßgenauigkeit, mögliche Fehlerquellen etc. überlegen müssen, werden Anforderungen gestellt, wie sie in keinem anderen Praktikum, sehr wohl aber in einem Forschungslabor zu finden sind.

Die Voraussetzungen, welche die Studenten zur Teilnahme an einem solchen Praktikum mitbringen sollten, sind Grundkenntnisse in Analysis und einer höheren Programmiersprache (FORTRAN, PASCAL oder C) und vor allem die Bereitschaft, sich auch eventuell über die geforderte Pflichtstundenzahl hinaus zu engagieren, da die Aufgaben und vor allem das Projekt zum Teil sehr arbeitsintensiv sind.

---

[2] Kleine Irrwege, noch dazu, wenn sie mit einem Lerneffekt verbunden sind, bleiben den Studenten immer noch offen. Erst wenn abzusehen ist, daß ein großer Zeitverlust zu erwarten ist, greifen die Betreuer ein. Auch dies ist ein Beitrag zum freien Lernen, das im Projektteil des Praktikums ganz im Vordergrund steht.

16.4 Inhalte

Die Aufteilung des Praktikums – in einen Zweig für theoretisch und einen
für experimentell interessierte Studenten – beinhaltet zwangsläufig, daß sich
auch die Inhalte unterscheiden. Trotzdem bedeutet diese Aufteilung nicht,
daß ein Student der sich auf Theoretische Physik spezialisieren möchte, auch
unbedingt den Numerik-Teil der Lehrveranstaltung besuchen muß.

16.4.1 Der Einführungsteil

Im Rahmen der Einführungsvorlesung werden folgende Themenkreise angesprochen:

- Unterweisung in die Benutzung der vorhandenen Hardware,
- Einführung in UNIX,
- Vergleich verschiedener Programmiersprachen (z. B. FORTRAN - PAS-
  CAL),
- Integrationsverfahren (Einschritt- und Mehrschrittverfahren),
- Runge-Kutta-Verfahren 4. Ordnung,
- weitere Beispiele aus „Numerical Recipes – The Art of Scientific Compu-
  ting" [16.3].

Dieses o.g. Buch von W.H. Press et. al. beinhaltet mathematische Formu-
lierungen aus der analytischen Physik, wobei verschiedene Algorithmen zur
Lösung der Probleme diskutiert werden. Es bietet den Quelltext ca. 200
lauffähiger Programme bzw. Algorithmen in FORTRAN, PASCAL oder C.

16.4.2 Praktikumsteil „Numerik"

Die Schwerpunkte der Vorlesung liegen in der klassischen Mechanik auf in-
tegrablen und nichtintegrablen Systemen und in der statistischen Physik
auf Monte-Carlo-Methoden und kritischen Phänomenen. Im Wintersemester
93/94 wurden zum Beispiel folgende Bereiche behandelt [16.2]:

- **Einleitung, physikalische Grundlagen:** kollektive Dynamik am Beispiel des Phasenüberganges, universelles kritisches Verhalten bei Phasen-
  übergängen 2. Ordnung und die Renormierungsgruppe, Zustandssummen
  und Pfadintegral, Isingmodell.
- **Computerberechnung von Gittersystemen:** direkte Abzählverfah-
  ren, Hochtemperatur- und Tieftemperaturreihenentwicklung, deterministische und stochastische Simulationsverfahren.
- **Monte-Carlo-Methoden:** Pseudo-Zufallszahlen und ihre statistischen
  Eigenschaften, Monte-Carlo-Integration hochdimensionaler Integrale, dynamische Monte-Carlo-Verfahren, statistische Analytik von Monte-Carlo-
  Daten, Phänomene des „critical slowing-down".

- **Computersimulation in der klassischen statistischen Physik:** Monte-Carlo-Simulationen von diskreten und kontinuierlichen Spinmodellen, Phasenübergänge und kritische Exponenten, Beispiele u.a. Cluster- und Mehrgitterverfahren für Ising- und Potts-Modelle.
- **Computersimulation in der Quantentheorie:** Pfadintegrale und Monte-Carlo-Simulation, quantenmechanischer eindimensionaler anharmonischer Oszillator, diskretes Gauß-Modell für relativistische massive Teilchen, nichtabelsche Gittereichtheorie und Quarkconfinement, Monte-Carlo-Simulation der SU(2)-Gittereichtheorie.

Die Aufgaben auf den Übungsblättern sind als kleine Projekte anzusehen, deren Bearbeitung relativ viel Zeit (ca. zwei Wochen) in Anspruch nimmt. Im Wintersemester 93/94 wurden folgende Themen ausgegeben:

- Runge-Kutta-Verfahren 4. Ordnung,
- Adaptives Runge-Kutta-Verfahren,
- Monte-Carlo-Simulation des zweidimensionalen Ising-Modells,
- Cluster-Monte-Carlo-Algorithmus,
- der Phasenübergang des zweidimensionalen Ising-Modells.

16.4.3 Praktikumsteil „Interfacing"

Ziel des „Interfacing-Teils" ist vor allem, den Studenten zu zeigen, wie mit Hilfe des Computers Meßdaten erfaßt und anschließend weiterverarbeitet werden können. Zu diesem Zweck bearbeiten sie drei Aufgabenblätter, die aufeinander aufbauen. Zum Schluß bearbeiten sie ein sog. Projekt, bei dem ihnen nur die Aufgabenstellung genannt wird. Sie müssen dann selbst entscheiden, mit welchen Hilfsmitteln und unter Verwendung welcher Methoden sie die gestellte Aufgabe lösen wollen. Gleichzeitig ist ihnen freigestellt, wo sie Schwerpunkte bei der Bearbeitung setzen wollen.

16.4.4 Inhalte des „Interfacing-Teils" des Praktikums

Schon zu Beginn dieses Praktikumsteils werden die Studenten darauf hingewiesen, daß die drei Übungsblätter aufeinander aufbauen und am besten so programmiert werden sollte, daß die Lösungen vorhergehender Aufgaben möglichst ohne Änderungen weiter verwendet werden können. Die drei Themengebiete der Aufgabenblätter sind bekannt, die genauen Inhalte werden aber erst dann bekanntgegeben, wenn sie wirklich zur Bearbeitung anstehen. Die Themenkomplexe sind so ausgewählt, daß erstens die wichtigsten Gebiete des Rechnereinsatzes im Labor angesprochen werden und zweitens die Aufgaben aufeinander aufbauen.

Um die Studenten von vornherein mit den elektronischen Medien und dem von ihnen benutzten Netzwerk, welches verschiedene Betriebssysteme vereint, vertraut zu machen, erhalten sie ihre Anleitungen und Aufgabenblätter nicht in konventioneller Papierform. Zu Beginn des Praktikums erhalten sie eine e-Mail, in der ihnen mitgeteilt wird, wo sie auf ihrem Fileserver die notwendigen Anleitungen und Übungsblätter (die jeweils zur gegebenen Zeit freigegeben werden) finden können.

Die einzelnen Aufgabenblätter umfassen folgende Themengebiete:

1. Grafik. Es soll eine Unit (Programmbibliothek) zur Darstellung von Daten in einem Koordinatensystem erstellt werden, wobei die einzelnen Arbeitsschritte vorgegeben sind (z. B. Entwurf einer Struktur zur Organisation von Daten im Speicher; Erzeugung einer Struktur, die ein Koordinatensystem beschreibt etc.). Besonderer Wert wird auf das strukturierte und modulare Programmieren gelegt, wodurch das algorithmische Denken geübt werden soll.

2. Digitalisierung. Hier soll eine Unit entworfen werden, die es erlaubt, Daten von beliebigen Kanälen der A/D-Karte aufzunehmen und zu speichern. Damit wird die Datenverarbeitung in Echtzeit eingeübt und die Bedeutung des Abtasttheorems hervorgehoben, wobei wieder einzelne Schritte vorgegeben und erläutert werden.

3. Interrupts, I/O- und Zählerkarte. Mit diesem Übungsblatt werden drei Aufgabengebiete behandelt. Erstens die Interruptprogrammierung, bei der eine Unit entwickelt werden soll, mit deren Hilfe Zeiten gemessen werden können. Zweitens der Aufbau einer Datenübertragungsstrecke mit Hilfe des I/O-Bausteins 8255 und drittens der Entwurf einer Struktur, mit der die drei Zähler des Zählerbausteins IC 8253 möglichst einfach angesprochen werden können.

Einige der Aufgaben sind so gestaltet, daß die Zusammenarbeit mit einer Nachbargruppe gefordert ist. So soll z.B. im zweiten Übungsblatt eine Gruppe versuchen, den funktionalen Verlauf eines Signals zu entschlüsseln, das von einer anderen generiert wird. Im dritten Blatt soll ein kleines Programm geschrieben werden, um mit einer anderen Gruppe zu kommunizieren, ähnlich wie dies das UNIX-Tool *talk* ermöglicht. Dies spornt die Studenten zusätzlich an, fördert die Arbeit im Team (ohne gewisse „Normen" mit der Nachbargruppe zu vereinbaren, sind die Aufgaben nicht lösbar) und lockert die Arbeitsatmosphäre auf.

16.4.5 Das Projekt

Nachdem die drei Übungsblätter bearbeitet wurden, sollen die dort erworbenen Kenntnisse in Form eines Projekts umgesetzt werden. Dabei steht wieder das Stichwort „freies Lernen" im Vordergrund. Die Studenten suchen sich aus einem Katalog (s.u.) zunächst eine Aufgabe aus. Dann müssen sie entscheiden, wie sie diese, unter Berücksichtigung der vorhandenen Möglichkeiten (Hard- und Software) lösen wollen. Es ist ihnen ebenso freigestellt, wo sie die Schwerpunkte ihrer Aktivitäten (z.B. möglichst schnell, möglichst genau, möglichst einfach, etc.) setzen wollen.

Zur Bearbeitung im Rahmen des Projektes standen bislang drei Alternativen zur Wahl. Zum einen die Steuerung eines Gleichstrommotors, welches eine klassische Aufgabe der Steuerungstechnik repräsentiert und sich sehr gut dazu eignet, die drei Themenbereiche Steuern, Messen und Regeln zusammenzufassen. Zum zweiten ebenfalls ein Projekt zu diesem Themenkreis, eine Temperaturregelung mit der Aufgabenstellung, einen Tauchsieder mit dem Computer so zu steuern, daß ein Gefäß mit Wasser auf einer konstanten Temperatur gehalten wird. Zuletzt eine von Praktikanten selbst eingebrachte Idee; ein computergesteuertes Akku-Ladegerät. Hier spielt neben Messen und Steuern (Regelung des Ladestroms) die Kommunikation mit der RS232-Schnittstelle eines Gleichstromnetzgerätes zur Regelung der Ladespannung eine große Rolle. Bei diesen Vorschlägen muß es keineswegs bleiben, denn es existieren bereits konkrete Aufgabenstellungen und Lösungsmuster für sieben weitere Projekte:

- Kräftemessung mit Dehnungsmeßstreifen (DMS),
- Daten von Meßgeräten über RS232-Schnittstelle auslesen,
- Testen verschiedener Fit- und Filteralgorithmen,
- Anfitten von Funktionen an gemessene Signale,
- Glättung von Meßdaten,
- Kennlinien von Halbleitern vermessen,
- Logiktester.

Weiterhin denkbar sind:

- explizite PID-Regelung,
- Barcodelesen mit X-Y-Schreiber,
- Fourieranalyse von Audiosignalen,
- Optische und elektrische Charakterisierung von Laserdioden,
- Untersuchung schwingender mechanischer Systeme,
- Messung und Untersuchung von Atomspektren,
- Intensität reflektierten Lichts in Abhängigkeit vom Winkel (Fresnel-Formel),
- Optische Kommunikation,
- Roboterarm-Steuerung,
- Ultraschall-Entfernungsmesser,
- Elektrokardiogramm,
- Analyse von Lasermoden,
- verschiedene Methoden zur Messung der Schallgeschwindigkeit,
- Signalglättung für akustische Signale in lauter Umgebung,
- Kohärenzmessungen mit einem computerisierten Michelson-Interferometer,
- Optische Fourier-Spektroskopie (Fabry-Perot)
- Intensitätsverteilung von Beugungsbildern,
- Drahtlose Temperaturuntersuchung,
- Laserstrahlwaage zur Massenbestimmung,
- Druckerinterface für Mehrrechneranlagen.

Diese Liste läßt sich beliebig verlängern. Viele der Vorschläge sind aus Zeit- oder Kostengründen in der vorgegebenen Form des Praktikums nicht zu realisieren. Es ist aber denkbar, daß Studenten, die bereits über genügende Vorkenntnisse verfügen, denen also die Bearbeitung der Übungsblätter ohne zusätzlichen Lerngewinn möglich wäre, direkt ein zeitaufwendiges Projekt angehen. Daß dies überhaupt realisierbar ist, zeigen Beispiele aus den USA.

Um festzustellen, über welche Kenntnisse die Studenten verfügen, sind allerdings zusätzliche Tests nötig. Läßt man die Studenten ihre Programmier- und Hardwarekenntnisse selbst einschätzen, so ist ihre Einschätzung nach der Erfahrung der Autoren oft falsch. Viele überschätzen ihre Kenntnisse (was zum Teil auf dem Wunsch beruht, in einem besseren Licht zu erscheinen), es gibt aber auch Fälle, wo sie sich deutlich unterschätzen.

Die Struktur des Praktikums ist so flexibel angelegt, daß die Studenten einen gewissen Einfluß auf die Inhalte nehmen können. Die einzelnen Übungsblätter können so bearbeitet werden, daß sie selbst Schwerpunkte setzen können. Erst recht kommt diese Freiheit bei der Projektarbeit zum Tragen. Die Struktur beinhaltet aber auch, daß sich die Inhalte des gesamten Praktikum stetig weiterentwickeln und den Erfordernissen anpassen (können und müssen). Bei einem Praktikum, das *moderne* Meßtechnik vermitteln will, ist dies unumgänglich, da diese sich in einem rasanten Tempo entwickelt. Dies steht ganz im Gegensatz zu einer Lehrveranstaltung konventioneller Art, z.B. einem Anfängerpraktikum oder gar einer Einführungsvorlesung, wo es zwar auch den Zwang zum Einsatz moderner Meßtechnik gibt, wo aber die Entwicklung wesentlich langsamer abläuft und immer noch auch viele konventionelle Methoden und Themen ihren Platz haben müssen.

16.5 Organisation des Praktikums

Einige Hinweise auf die notwendige Hardwareausstattung und den Organisationsaufwand zur Durchführung des Praktikums sollen zeigen, daß es, bei geschickter Nutzung vorhandener Ressourcen, mit vergleichsweise geringem finanziellem Aufwand durchgeführt werden kann.

16.5.1 Rechnerarbeitsraum

Bei der Ausstattung des Computerraumes wurde besonders auf den geringen finanziellen Aufwand geachtet. So handelt es sich bei den Rechnern um ausrangierte Exemplare aus den Labors des Fachbereichs. Ebenso wurde für die Interfacekarten die preisgünstigste Version ausgewählt. Dies hat zwar den Nachteil, daß die vorhandenen Geräte nicht den aktuellen Stand der Technik widerspiegeln (fast jeder Student dürfte einen schnelleren Computer zu Hause haben) und die Aufgaben den Möglichkeiten der Interfacekarten angepaßt werden mußten. Andererseits sollte es den Praktikanten aber erlaubt sein, bei ihren Experimenten Fehler zu begehen, d.h. es kann auch einmal ein Bauteil zerstört werden, ohne daß damit der finanzielle Rahmen des Praktikums gesprengt wird. Den Praktikanten stehen darum Computer folgender Konfiguration zur Verfügung:

- Typ: AT 286 oder 386,
- mindestens 640 kB RAM,
- VGA-Grafik,
- numerischer Coprozessor,
- 5 1/4"-Laufwerk, einige Computer zusätzlich mit 3 1/2"-Laufwerk und/oder Festplatte,
- Vernetzung, als File-Server dient dazu bisher eine SUN-SPARC-Workstation,
- DCI SmartLab 12 Bit A/D-D/A-Karte (sehr preisgünstig),
- Zählerkarte.

Da möglichst in Zweiergruppen gearbeitet werden soll, ist somit die maximale Teilnehmerzahl im Praktikumsteil „Interfacing " beschränkt (bisher auf 24 Studenten pro Semester). Der Computerraum ist für die Praktikanten von Montag bis Donnerstag jeweils von 13 Uhr bis 18 Uhr geöffnet. Innerhalb dieser Zeit stehen für zwei Stunden, der sog. Kernzeit, während der möglichst alle Studenten anwesend sein sollten, zwei Betreuer zur Verfügung.[3]

16.5.2 Die Arbeitsgruppen

Die einzelnen Arbeitsgruppen bestehen jeweils aus zwei Praktikanten. Dies begrenzt zwar die Kapazität des Praktikums, aber es hat sich gezeigt, daß schon bei einer Gruppengröße von drei Praktikanten der Lerneffekt für den Einzelnen drastisch sinkt. Von den Arbeitsgruppen wird erwartet, daß sie an zwei Nachmittagen pro Woche anwesend sind, um mit ihren Betreuern die Lösungswege für die gestellten Aufgaben zu besprechen. Dabei ist es Aufgabe der Betreuer zu beachten, daß beide Gruppenmitglieder an der Erarbeitung beteiligt sind, wobei es natürlich auch zur Arbeitsteilung kommen kann. Wenn allerdings ein Partner für die Meßwerterfassung, der andere für deren grafische Darstellung zuständig ist, müssen doch beide zumindest prinzipiell die Arbeit des anderen verstanden haben.

16.5.3 Finanzieller Rahmen

Der finanzielle Aufwand zur Einrichtung des Computerpraktikums besteht aus dem Kauf der Interfacekarten, dem Bau von Funktionsgeneratoren und

---

[3] Im Sinne des freien Lernens müssen die Praktikanten nicht immer anwesend sein, es wird auch akzeptiert, wenn sie zu Hause Vorarbeiten geleistet haben. Dies stellt wiederum an die Betreuer erhöhte Anforderungen, da sie entscheiden müssen, ob diese Arbeit wirklich vom Praktikanten selbst erbracht wurde; z.B. dadurch, daß sie gezielte Fragen nach den einzelnen Funktionen des Programms stellen.

Interfaceboxen und der Beschaffung von Material für die Projekte. Sind keine Computer vorhanden, kommt noch die Rechnereinrichtung hinzu. Der Betreueraufwand beträgt vier wissenschaftliche Hilfskräfte zu je sechs Stunden pro Woche.[4] Für eine Erstausstattung waren pro Arbeitsplatz weniger als 1000.– DM nötig. Darin ist die Arbeitszeit zum Eigenbau von Interfaceboxen (hier wurden die Anschlüsse aller Interfaces gesammelt und waren sowohl über Bananenstecker, als auch BNC-Anschlüsse erreichbar) und der Funktionsgeneratoren (im wesentlichen ein IC von Typ ICL 8038) nicht enthalten, da diese Arbeit z.T. von den Betreuern und Technikern anderer Praktika und z.T. von der Elektronikwerkstatt der Universität übernommen wurde.

Insgesamt stellt die Praktikumsausrüstung, wie sie an der Universität Kaiserslautern eingesetzt wird, einen Gegenwert von ca. 15 000 DM (incl. einem geschätzten Restwert von 1000 DM pro PC, der sicher recht hoch ist!) dar. Dieser Basisbetrag ist auch darum so gering, weil die Einrichtungen vorhandener Praktika (z.B. Oszilloskope, Multimeter etc.) zum Teil mitgenutzt werden können. Die laufenden Kosten pro Jahr liegen in der Größenordnung von einigen tausend DM; abhängig davon, wieviel an neuer Hardware (sowohl Computer, als auch Kleinteile z.B. für die Projekte) angeschafft wird. Hinzu kommen die Kosten für die Betreuer.

16.5.4 Betreuer

Wie bereits mehrfach erwähnt, kommt den Betreuern in dieser Form des Praktikums eine ganz besondere Bedeutung zu. Insgesamt werden (für die in Kaiserslautern mögliche Betreuung von maximal 24 Studenten) vier wissenschaftliche Hilfskräfte benötigt. Zu ihren Aufgaben gehört neben der Betreuung der Studenten auch die Erstellung der Übungsblätter und der Aufbau bzw. die Pflege der Geräte, was vor allem in der Anfangszeit des Praktikums zum Teil einen deutlichen Mehraufwand erfordert.

Die Aufteilung der Arbeitszeiten wird so vorgenommen, daß während der Kernzeiten des Praktikums (montags bis donnerstags von 14 Uhr bis 16 Uhr) zwei der Betreuer ständig anwesend sind bzw. von 16 Uhr bis 18 Uhr mindestens ein Betreuer in seinem Arbeitsraum erreichbar ist, so daß die Studenten im Prinzip zu jeder Zeit fachkundige Hilfe in Anspruch nehmen können.

Zu den Voraussetzungen, die ein Betreuer mitbringen sollte, ist neben guten Kenntnissen in mindestens einer höheren Programmiersprache und der Handhabung der verschiedenen Betriebssysteme die Fähigkeit zu nennen, individuell auf die Praktikanten eingehen zu können. Denn der Betreuer sollte sich weniger als „Aufpasser" sehen, sondern vielmehr den Studenten beratend zur Seite stehen. Dabei sollte er ihnen einerseits den nötigen Freiraum lassen, eigene Wege einzuschlagen, andererseits die Studenten aber davor bewahren, sich zu tief in eine Sackgasse zu begeben.

---

[4] Dabei wird vorausgesetzt, daß die notwendige Hardware bereits installiert ist.

16.6 Erfahrungen und Aussichten

Vom Beginn des Computerpraktikums im Wintersemester 93/94 bis zum Sommersemester 96 haben ca. 100 Studenten die Veranstaltung durchlaufen und es kamen zehn verschiedene Betreuer zum Einsatz. Nach den ersten beiden Semestern wurde eine ausführliche Umfrage unter den Praktikanten und den Betreuern des „Interfacing"-Kurses [16.1] vorgenommen, deren Ergebnis auch heute noch repräsentativ ist.

Eine Befragung der Praktikumsbetreuer, inwieweit die Studenten die gesteckten Lernziele erreicht haben, kam zu dem Schluß, daß ein Großteil der Praktikanten das Soll erfüllt hat, einige jedoch den Anforderungen nicht ganz gerecht wurden. Als Gründe dafür wurde zum einen eine starke Inhomogenität unter den Studenten bezüglich der mitgebrachten Programmierkenntnisse genannt. Zum anderen befanden sich einige Praktikumsteilnehmer noch im Grundstudium und waren daher nicht in der Lage oder nicht willens, die notwendige Zeit zu einer ausreichenden Bearbeitung der Aufgaben aufzubringen. Es hat sich nämlich im Laufe der Zeit herausgestellt, daß im Mittel ungefähr zehn statt der vorgesehenen sechs Stunden pro Woche an Arbeit von den Studenten in das Praktikum investiert werden. Dies muß natürlich verglichen werden mit normalen Lehrveranstaltungen mit z.B. vier Stunden Vorlesung und zwei Stunden Übungen, wo ebenfalls noch etliche Zeit zur Nach- und Vorbereitung aufgebracht werden muß und die Studenten keineswegs mit der im Stundenplan vorgegebenen Zeit auskommen.

Sowohl von den Praktikumsbetreuern als auch von den Praktikanten selbst wurde die Bedeutung der Projektarbeit hervorgehoben. Da diese nicht nur wichtige Qualifikationen vermittelt, sondern sich auch als sehr interessant darstellt, wurde von beiden Gruppen gleichermaßen der Wunsch geäußert, dem Projekt zukünftig einen noch größeren zeitlichen Rahmen zur Verfügung zu stellen. Ansonsten war die Mehrheit der Teilnehmer mit dem Verlauf des Praktikums sehr zufrieden. Nach ihrem Ermessen hätten sich ihre Programmierkenntnisse durchgehend verbessert und auch ihr Umgang mit dem PC bzw. der Hardware sei deutlich sicherer geworden.

Abschließend gesehen, hat sich das vorliegende Konzept eines Computerpraktikums nach Ansicht der Autoren bewährt. Es stellt eine Innovation am Fachbereich Physik der Universität Kaiserslautern dar und trägt unbestritten zur Verbesserung der Physikausbildung bei. Es kann sich sogar studienzeitverkürzend auswirken, da die Einarbeitungszeit während der Diplomarbeitsphase damit verringert wird. Außerdem findet eine deutlich bessere Anpassung der Lehre an die Anforderungen an den Physiker in der Industrie statt.

Schlußwort

Die Entwicklung einer postindustriellen Gesellschaft wird wesentlich davon abhängen, in welchem Maße die Chancen der Informations- und Kommunikationstechnologie genutzt werden. Ebenso beginnen neue High-Tech-Bereiche wie Biotechnologie, Mikrosystemtechnik oder medizinische Physik eine noch nicht abschätzbare Dynamik und Einfluß auf unser Lebensumfeld zu entfalten. In der konsequenten Anwendung der intelligenten Datenaufnahme, Datenverarbeitung, Datenfernübertragung, Erstellung von Simulationsverfahren, Regelung komplexer Prozesse befindet sich ein erhebliches Potential zur Lösung heutiger und zukünftiger Probleme. Eine gute Ausbildung muß die Handhabung dieser neuen Techniken vermitteln und zum kompetenten, kritischen Umgang mit diesen neuartigen Möglichkeiten befähigen. Dafür ist es erforderlich, diesen Wandel im Anforderungsprofil der Physikausbildung zu verankern, im Rahmen dieses Buches werden speziell die Möglichkeiten des Einsatzes von PCs in Physikpraktika beleuchtet.

Die Analyse des derzeitigen Standes der Anfängerpraktika im *ersten Teil* des Buches zeigt, daß diese neuen Anforderungen vielerorts erst Eingang in die Lernzielkataloge der Anfängerpraktika finden müssen, um entsprechende Fertigkeiten zu vermitteln. Auf der Ebene der Praktikumsliteratur spiegelt sich diese Situation wider. Es wird aufgezeigt, welche neuen Elemente ein modernes Praktikum beinhalten sollte und wie sich der Lernzielkatalog unter den neuen Aspekten ändert, ohne daß wesentliche und unverzichtbare Grundfertigkeiten in der Physikausbildung nicht mehr vermittelt werden. Ebenfalls werden die Randbedingungen aufgezeigt, unter denen eine Neuorientierung stattfinden kann. Durch den maßvoll, kritischen PC-Einsatz besteht die Chance,

- die erhebliche Veränderung der Arbeitswelt in Praktika zu reflektieren,
- den Computereinsatz didaktisch sinnvoll zu gestalten,
- moderne Sensorik in Praktika zu verankern und Prakikanten daran auszubilden,
- einen größeren Spielraum für Eigeninitiative zu gewähren,
- den traditionellen Inhalt davon angemessen um Elemente der modernen Physik weiter zu entwickeln.

Bereits bestehende Ansätze zu Veränderungen im In- und Ausland werden kurz vorgestellt.

Im *zweiten Buchteil* werden elf wohlausgesuchte Programmbeispiele ausführlich besprochen hinsichtlich Vor- und Nachteilen des PC-Einsatzes, Bedienung der Programme, didaktischer Anforderungen und Beispielen. Die Programme wurden im Rahmen des Projektes entwickelt. Dabei liegen folgende klassifizierende Leitgedanken zugrunde:

1. Überarbeitung bestehender Versuche (z.B. *RAP*, *XLINES*).
2. Der Computereinsatz macht neue Phänomene bei klassischen Versuchen zugänglich oder verbessert erheblich die Auflösung der Meßwerte (z.B. *SWING*, *MOTOR*).
3. Moderne Sensorik erschließt neue Physikbereiche für Praktika.
4. Einbindung von Simulationen (z.B. *ROMA*, *CHAOSGEN*).
5. Komplexe Programmwerkzeuge bieten Auswertemöglichkeiten für einen breiten Querschnitt von Problemen (z.B. *VIVIAN*, *CARMEN*).

In unterschiedlicher Wichtung treten in einzelnen Versuchen oft mehrere Leitgedanken auf. Abschließend werden weitere Einsatzmöglichkeiten des PCs diskutiert. Dabei werden auch Vor- und Nachteile kommerzieller Programme gegenüber lokalen Lösungen besprochen. Ebenfalls wird der PC-Einsatz in der Auswertung und der Dokumentation besprochen.

Bisher wurde das Konzept verfolgt, den Praktikanten eine PC-Lösung anzubieten, durch die mit Hilfe einer fertigen Software und der Sensoranbindung Phänomene quantitativ erfaßt werden. Die kreative Leistung liegt aber in der Aufgabe, zu gegebenen Problemen solche Lösungen selbst entwickeln zu können: Physik des Problems, Findung geeigneter Sensoren, Interfaceauswahl, Kenntnisse von Programmiersprachen, Besonderheiten von Computern, numerische Methoden zur Auswertung der gewonnenen Daten etc. Zur Problemlösung sind also Kenntnisse und Verfahren aus den Bereichen Physik, Mathematik und Informatik zielgerichtet zu kombinieren. Es muß das Ziel wissenschaftlicher Ausbildung sein, nach der Phase der Nutzung vorgefertigter Meßstrukturen (Versuche in Anfängerpraktika) Studenten zu befähigen, selbständig Lösungsvorschläge zu konzipieren und aufbauen zu lassen.

Der *dritte Teil* des Buches beschäftigt sich mit einer möglichen Realisierung dieses Anspruchs. Es wurde ein neues Praktikum *Numerik und Interfacing* konzipiert, welches nach einer Phase der Theorievermittlung bezüglich numerischer Mathematik (Verfahren, Konvergenzeigenschaften, Fehleranalyse) Rücksicht auf die Neigungen der Teilnehmer nimmt. Theoretisch orientiertere Studenten beschäftigen sich mit ausgewählten Simulationsproblemen; experimentell Begabte absolvieren ein Praktikum, indem anhand von realem Datenmaterial und kleinen Versuchsaufbauten die Lösung vorgegebener Probleme eingeübt wird. Daran schließt sich eine Meßphase an, die Aufschluß über die Qualität der eingeschlagenen Problemlösung gibt. Dies führt meistens zu einer Verbesserung des Aufbaus. Durch kleine Projektarbeiten, wo studentische Anregungen willkommen sind, wird Freude und Engagement am eigens ausgewählten Versuch geweckt. Das motivierende Element, eigene Probleme zu untersuchen oder Schwerpunkte setzen zu können, findet natürlich in beiden Praktikumszweigen Anwendung.

Der PC hat drastisch die Arbeitswelt verändert. In diesem Buch wird aufgezeigt, wie diese Veränderungen in physikalischen Praktika Berücksichtigung finden können.

Über die Schnittstelle Mensch-Maschine lassen sich Personen- und Warenströme präzise lenken, komplizierte Fertigungsanlagen exakt steuern, Patienten sicher medizinisch betreuen, erhebliche Mengen an Energie einsparen u.v.m. Dadurch werden Arbeitsplätze geschaffen und Wohlstand und soziale Stabilität im internationalen Wettbewerb gemehrt. An wesentlichen Schnittstellen in dieser filigranen Anwendungsvielfalt sind Physiker gefordert ihren Beitrag zu leisten. Dazu ist eine solide Vorbereitung in Schule und Hochschule unerläßlich. Hierzu einen Anstoß zu geben, ist Anliegen dieses Buches.

Anhang

A. Ursprünglicher Lernzielkatalog bei der Umfrage

Zur Verdeutlichung, welche Lernziele in der bisherigen Literatur noch nicht genannt wurden, sind diese *kursiv* gedruckt. Sie betreffen meist den Einsatz von Computern und moderner Meßtechnik.

Versuchsvorbereitung (VV):
Der Student soll ...

VV. 1: die physikalischen Grundlagen des Versuchs, die erwarteten Zusammenhänge und Vorgänge verbal beschreiben und mathematisch formulieren können.

VV. 2: erwartete Zusammenhänge in qualitativen und quantitativen Diagrammen darstellen können.

VV. 3: physikalische Beziehungen durch Einheitenbetrachtungen überprüfen können.

VV. 4: bei indirekten Messungen zwischen Meßgröße und zu messender Größe unterscheiden können.

VV. 5: bei indirekten Messungen den Zusammenhang zwischen Meßgröße und zu messender Größe qualitativ und/oder quantitativ darstellen und formulieren können.

VV. 6: prinzipiell angeben können, wie eine Eichkurve gewonnen wird.

VV. 7: induktive und deduktive Arbeitsmethoden unterscheiden und anwenden können.

VV. 8: die Arbeit der Versuchsdurchführung sinnvoll teilen und Kooperation mit anderen Studenten üben können.

VV. 9: in komplexen Vorgängen einzelne Teilaspekte erkennen können.

VV. 10: einen Versuch planen und die Planung unter Berücksichtigung des Aufwandes an Material und Arbeitszeit erläutern können.

VV. 11: *die Anwendungsmöglichkeiten des zu benutzenden Programms während der Versuchsvorbereitung mit Hilfe der Programmanleitung erarbeiten können.*

VV. 12: *mit Hilfe von Simulationsprogrammen die Größenordnungen der experimentell zu bestimmenden Werte ermitteln können.*

VV. 13: *Programme bei der Vorbereitung des Versuchs anwenden können, z.B. Recherchen nach Literatur, Experimentiermitteln und -methoden, Textverarbeitung etc.*

VV. 14: *kleine Programme oder Programmteile zur Durchführung und Auswertung der Versuche schreiben können.*

Versuchsaufbau (VA):
Der Student soll ...

VA. 1: eine Prinzipskizze (Schaltbild, schematische Skizze) für eine vorgegebene experimentelle Situation anfertigen können.

VA. 2: bei gegebenen Aufbauten die Funktion der einzelnen Geräte beschreiben können.

VA. 3: die Übereinstimmung von Prinzipskizze und Versuchsanordnung überprüfen können.

VA. 4: einen experimentellen Aufbau zur Messung vorgegebener Größen mittels gegebener Geräte realisieren können.

VA. 5: einen Versuchsaufbau nach Anweisung vervollständigen können.

VA. 6: den Aufbau und die Funktionsweise von Apparaten bzw. Instrumenten im Prinzip beschreiben können.

VA. 7: die günstigsten Meßbereiche der Instrumente angeben und auswählen können.

VA. 8: die Grenzen der Meßgeräte mit Hilfe von Datenblättern angeben können.

VA. 9: für eine vorgesehene Messung das geeignete Meßgerät auswählen können.

VA. 10: die Eignung einer bestimmten Anordnung für eine bestimmte Aufgabe überprüfen können.

VA. 11: für eine gegebene Aufgabe die geeigneten Apparate auswählen und benutzen können.

VA. 12: die Funktionsweise und den Aufbau bestimmter Instrumente und Apparate im Detail beschreiben können.

VA. 13: verschiedene Anordnungen für eine bestimmte Aufgabe in bezug auf Meßgenauigkeit, Empfindlichkeit usw. miteinander vergleichen können.

VA. 14: weitere Experimente zur Überprüfung einer Theorie oder Hypothese vorschlagen können.

VA. 15: bekannte Verfahrensweisen in ähnlichen Situationen anwenden können.

VA. 16: Teile einer Anordnung entwickeln und konstruieren können.

VA. 17: die Ökonomie verschiedener Anordnungen miteinander vergleichen können.

VA. 18: Geräte sinnvoll und sicherheitsbewußt einsetzen können.

VA. 19: *ein Grundwissen über Sensoren, Interfaces und die Kopplung des Experiments an den Computer haben.*

Versuchsdurchführung (VD):
Der Student soll ...

VD. 1: die Meßergebnisse in übersichtlicher Form festhalten können; die Form soll selbstständig gewählt werden und z.B. die Spalteneinteilung von Tabellen vorausschauend gestaltet werden.

VD. 2: die Gewohnheit entwickeln, alle Meßwerte und Tätigkeiten zu protokollieren.

VD. 3: mit und an einer Versuchsanordnung bestimmte Operationen durchführen kön_nen.

VD. 4: die Operationen in der richtigen Reihenfolge durchführen können.

VD. 5: die Geräte mit Hilfe der Gebrauchsanweisung bedienen können.

VD. 6: die Meßgeräte richtig und möglichst genau ablesen können.

VD. 7: Nullabgleich und Justierung von Geräten und einfachen Anordnungen durchführen können.

VD. 8: bei gegebenem Variationsbereich einer unabhängigen Größe die Grössenordnung der abhängigen abschätzen können.

VD. 9: bei Variation einer unabhängigen veränderlichen Größe die Intervallschritte im Hinblick auf die Auswertung geeignet wählen können.

VD. 10: das Verhalten einer Anordnung bei bestimmten Operationen vorhersagen können.

VD. 11: komplizierte Anordnungen justieren und eichen können.

VD. 12: die Versuchsanordnung unter verschiedenen Bedingungen zur Feststellung des Einflusses auf die Variablen testen können.

VD. 13: Untersuchungsstrategien entwickeln und durchführen können.

VD. 14: Kontrollen für ein Experiment vorschlagen können.

VD. 15: auftretende Fehler bzw. unkontrollierbare Faktoren erkennen und beseitigen können.

VD. 16: nicht gerechtfertigte Annahmen feststellen können.

VD. 17: lernen unabhängige Variablen einzeln zu variieren.

VD. 18: *on-line-Programme zur Durchführung der Versuche benutzen können.*

Auswertung (AW):
Der Student soll ...

AW. 1: lernen, daß die Ergebnisse zusammengestellt, beschrieben und diskutiert (gedeutet) werden.

AW. 2: Informationen, die in Graphen, Tabellen und Matrizen vorliegen, lesen und erläutern können.

AW. 3: typische Arbeitsmittel und Auswertehilfen kennen und einsetzen können.

AW. 4: die Meßpunkte (mit Fehlern!) in Diagramme einzeichnen können.

AW. 5: die Meßpunkte – wenn nötig – miteinander verbinden und die entsprechenden Zeichengeräte richtig handhaben können.

AW. 6: die Koordinatenachsen für unabhängige und abhängige Variablen gemäß der geltenden Übereinkünfte (DIN-Normen) wählen und beschriften können.

AW. 7: den Maßstab der Darstellung so festlegen können, daß die Darstellung der Genauigkeit der dargestellten Werte entspricht.

AW. 8: Meßwerte in linearisierter Form darstellen können.

AW. 9: die Steigung einer Geraden mit den zugehörigen Fehlern aus einem Diagramm bestimmen können.

AW. 10: *numerische Verfahren wie lineare Regression, Glätten, Filtern, Fitten von Meßwerten etc. anwenden können (auch wenn er die mathematischen Hintergründe der Verfahren im Detail noch nicht kennt).*

AW. 11: *eine Fehlerabschätzung mit Hilfe des Computers durchführen können.*

AW. 12: *die Daten, die der Computer sowohl bei der Messung als auch bei der Auswertung liefert, kritisch beurteilen können.*

AW. 13: *zeigen, daß er in der Lage ist, algorithmisch zu denken.*

AW. 14: *Versuche mittels vorgegebener off-line-Programme auswerten können.*

AW. 15: *Versuche mittels vorgegebener on-line-Programme auswerten können.*

AW. 16: Fehlerformeln zu den zur Auswertung nötigen Formeln herleiten können.

AW. 17: absolute und relative Fehler ineinander umrechnen können.

AW. 18: Ergebnisse entsprechend des ermittelten Fehlers runden können.

AW. 19: Abweichungen erkennen, die durch das Meßverfahren und den Versuchsaufbau bedingt sind (systematische Fehler), und diese von zufälligen Fehlern unterscheiden können.

AW. 20: systematische Fehler der Meßwerte – soweit möglich – korrigieren und die durch die systematischen Fehler gegebenen Grenzen einer Versuchsanordnung abschätzen können.

AW. 21: die Zuverlässigkeit der Meßwerte und Ergebnisse beurteilen können.

AW. 22: davon überzeugt sein, daß ein Ergebnis nur mit der Angabe des zugehörigen Fehlers interpretierbar ist.

AW. 23: die Übereinstimmung bzw. Abweichung innerhalb der Fehlergrenzen mit bekannten Gesetzmäßigkeiten erkennen und diskutieren können.

AW. 24: aus den Ergebnissen neue Probleme aufwerfen und/oder neue Experimente vorschlagen können.

Betrachtet man speziell die Lernziele, die den Einsatz eines Computers betreffen, so läßt sich folgende Liste zusammenstellen (die meisten Lernziele wurden oben bereits genannt, an einigen Stellen findet sich aber eine Differenzierung): **Der Student soll ...**

C. 1: *im Vorfeld des Experiments die Anwendungsmöglichkeiten (und Grenzen) des benutzen Programms erarbeiten können.*

C. 2: *mit Hilfe von Simulationsprogrammen relevante Parameter (Größenordnungen der Meßwerte, interessante Versuchsparameter, Grenzen des Versuchsaufbaus, etc.) bestimmen können.*

C. 3: *Programme in der Vorbereitungsphase der Versuche anwenden können.*

C. 4: *mit einem Textverarbeitungsprogramm vertraut sein.*

C. 5: *kleinere Programmieraufgaben selbst übernehmen können.*

C. 6: *ein Grundwissen über Sensorik und Interfacing haben.*

C. 7: *on-line-Programme zur Versuchsdurchführung benutzen können.*

C. 8: *numerische Verfahren bei der Auswertung anwenden können (auch wenn ihm die mathematischen Hintergründe noch fehlen).*

C. 9: *speziell die Methode der linearen Regression, das Glätten, Filtern und Fitten von Meßwerten beherrschen.*

C. 10: *Versuche mittels vorgegebener off-line-Programme auswerten können.*

C. 11: *Versuche schon während der Messung on-line auswerten können, soweit die benutzen Programme die Möglichkeit dazu bieten. Er soll auch in der Lage sein, zu erkennen, welche Teile der Auswertung von off-line-Programmen übernommen werden müssen und wie der Datentransfer zu bewerkstelligen ist.*

C. 12: *Auswerteprogramme veränderten Bedingungen anpassen können.*

C. 13: *zeigen, daß er in der Lage ist, algorithmisch zu denken.*

C. 14: *eine Fehlerabschätzung mit Hilfe des Computers durchführen können.*

C. 15: *die vom Computer gelieferten Daten sowohl bei der Messung als auch bei der Auswertung kritisch beurteilen können.*

C. 16: *Vor- und Nachteile der klassischen Vorgehensweise (ohne Computer) gegenüber der modernen (mit Computer) erkennen und kritisch gegeneinander abwägen können.*

C. 17: *Meßdaten mit den Ergebnissen von Simulationsrechnungen vergleichen können.*

B. Bewertung der eingesetzten on/off-line Programme

Die folgende Liste soll helfen die Entscheidung zu erleichtern, ob ein Programm sinnvoll im Rahmen eines Praktikumsversuchs einsetzbar ist. Sie wurde am Fachbereich Physik der Universität Kaiserslautern entwickelt und lehnt sich an den ASK-Kriterienkatalog zur Bewertung von off-line Programmen an.

1. Allgemeine Kriterien
   a) Läuft das Programm auf 'üblichen' PC's oder benötigt man besondere Voraussetzungen?
   b) Läuft das Progamm zuverlässig (Absturz- und Fehlersicherheit)?
   c) Ist das Themengebiet praktikumsrelevant?
2. Programm (an den ASK-Bewertungsbogen angelehnt)
   a) Gliederung und Lesbarkeit der Oberfläche
      i. Wahl der Farben
      ii. Wahl der Schrift (Größe, Stil)
      iii. Wird nach Wichtigkeit der Menüpunkte unterschieden
      iv. Sind Begriffe eindeutig
      v. Passen Eingabemasken zusammen
      vi. Attraktivität der Darstellung
      vii. Übersichtlichkeit
   b) Dialogführung
      i. Geschwindigkeit des Programms (Maskenaufbau, Rechnung)
      ii. Laienbedienbarkeit (selbsterklärend, ...)
         – insbesondere Speichern, Laden und Ausdrucken von Dateien
      iii. Einstellen der Parameter, falls Simulation möglich
      iv. Hilfefunktion
      v. Gibt es Beispiele
      vi. Tiefe der Menüs
   c) Dokumentation
      i. Angaben zur benötigten Hardware
      ii. Form und Übersichtlichkeit
      iii. Erläuterungen zur Theorie
      iv. Vollständigkeit
      v. Hinweise zur Benutzung, sind Beispiele vorhanden
   d) Anleitung

    B. Bewertung der eingesetzten on/off-line Programme

    i. Angaben zu PC und Interface
    ii. Form und Übersichtlichkeit
    iii. Nötiges Bedienungswissen, evtl. Beispiel

3. Zum Experimentalteil (des Programms)
  a) Führung durch das Versuchsprogramm
    i. Unterscheidung der Versuchsteile
    ii. 'roter Faden'
    iii. Möglichkeit zur Variation bei Versuchsteilen
  b) Meßwertaufnahme
    i. Offensichtliche Fehler (Nullabgleich, ...)
    ii. Möglichkeit der Eichung
    iii. Reproduzierbarkeit
    iv. Durchschaubarkeit der Datengewinnung
    v. Schnelligkeit
  c) Meßwertdarstellung
    i. Tabellen
    ii. Grafik
      A. Format
      B. Deutlichkeit
      C. Skalierung
      D. Farben
  d) Meßwertbearbeitung
    i. Fitprogramm
    ii. Darstellungsform (z.B. logarithmisch, ...)
    iii. Datenformat kompatibel
    iv. Drucken von Meßwerten (Tabellen) und Grafiken
4. Gesamteindruck

Literaturverzeichnis

Kapitel 1

1.1 J. Becker, H.J. Jodl
Physikalisches Praktikum
VDI-Verlag, Düsseldorf, 1991

1.2 J. Becker, A. Färbert, H.J. Jodl
CD-Sensoren in physikalischen Praktika
PhuD 2 (1990), 163–169

1.3 U. Diemer, H.J. Jodl
Computer in Praktika
Phys. Bl. **48** (1992), 739

1.4 U. Diemer, B. Ruffing, A. Kuhn, H.J. Jodl
Rechnerunterstützte Messung der Oberflächenspannung von Flüssigkeiten
PhuD **4**, 1994, 309 – 315

1.5 W. Ilberg et. al.
Physikalisches Praktikum
Teubner, Stuttgart, 1994

1.6 H.J. Jodl
Use of Computers in Problem Solving and in Students Laboratory
Proceedings of the international College Park Conf. on Undergraduate Phys.
Education
Univ. of Maryland, August 1996

1.7 F. Kohlrausch
Praktische Physik, Band 1 – 3
Teubner, Stuttgart, 1996

1.8 G. Pohl
Fundamente der Physik
Verlag Handwerk und Technik, Hamburg, 1976

1.9 G. Ruickoldt
Ergebnisse einer Umfrage zum Physikalischen Praktikum
Phys. Bl. **52** (1996), 1022

1.10 K. Schmalenberger
Lernzielanalyse des physikalischen Anfängerpraktikums und deren Veränderung durch den Computereinsatz
Wissenschaftliche Prüfungsarbeit für das Lehramt an Gymnasien, Fachbereich
Physik, Universität Kaiserslautern, 1994

1.11 B. Schwitzgebel
Computereinsatz im physikalischen Praktikum
Wissenschaftliche Prüfungsarbeit für das Lehramt an Gymnasien, Fachbereich
Physik, Universität Kaiserslautern, 1995

1.12 G. Theysohn
Die „Kombinierte Lehreinheit – Einführung in die Physik"
Dissertation, Fachbereich Physik, Universität Kaiserslautern, 1981
1.13 W. Walcher
Praktikum der Physik
Teubner, Stuttgart, 1989
1.14 W. Westphal
Physikalisches Praktikum
Vieweg, Braunschweig, 1974
1.15 J. Wilson
The Cuple Physics Studio
J. Phys. Teacher **32**, 1994, 518–523

Kapitel 2

2.1 B.S. Bloom
Taxonomie von Lernzielen im kognitiven Bereich
Beltz, Weinheim, 1974
2.2 H. Luft
*Rechnereinsatz im Grundlagenpraktikum Physik für Studenten ingenieur-
technischer Fachrichtungen*
Dissertation, Fachbereich Physik, Universität Rostock, 1991
2.3 R. Malek
Entwicklung einer Didaktik der experimentellen Ausbildung in Laborpraktika
Dissertation, Fachbereich Physik, TU Dresden, 1988
2.4 H. Nägerl
Didaktik physikalischer Praktika
PhuD **2** (1974), 137–143
2.5 G. Ruickoldt
Lehrinhalte des physikalischen Anfängerpraktikums / Fachrichtung Physik
Bestätigtes Arbeitsmaterial WMK Praktikum, Rostock, Juni 1988
2.6 K. Schmalenberger
*Lernzielanalyse des physikalischen Anfängerpraktikums und deren Veränderung
durch den Computereinsatz*
Wissenschaftliche Prüfungsarbeit für das Lehramt an Gymnasien, Fachbereich
Physik, Universität Kaiserslautern, 1994

Kapitel 3

3.1 B. Baser, H.J. Jodl
ALBERT Version 1.0 – Experimente ohne Aufbau
*ALBERT und andere Programmpakete zu physikalischen Experimenten im
Vergleich*
Phys. Bl. **51** (1995), 305 – 306
3.2 U. Diemer, H.J. Jodl
Computerpraktikum – Numerik und Interfacing
Phys. Bl. **50** (1994), 473
3.3 U. Diemer, H.J. Jodl
Computer in Praktika
Phys. Bl. **48** (1992), 739

3.4 R.G. Fuller, D.A. Zollman
Physics Info Mall v 4.0
Kansas State University and University of Nebraska - Lincoln, 1994

3.5 R. Girwitz
Computer und Physik; Eine Befragung unter Physik-Studienanfängern an der Universität Würzburg
PhuD **3** (1994), 205–216

3.6 H.J. Jodl
Use of Computers in Problem Solving and in Students Laboratory
Proceedings of the College Prak Conf. on Undergraduate Phys. Education
Univ. of Maryland, Aug. 1996

3.7 H.J. Korsch, H.J. Jodl
Chaos; A Programm Collection for the PC
Springer, Berlin, Heidelberg, 1998

3.8 N.R. Reger
*Handreichungen für den Physikunterricht im Gymnasium Band 4
„Computereinsatz im Physikunterricht"* (incl. CD)
Staatsinstitut für Schulpädagogik und Bildungsforschung, München, 1996

3.9 B. Schwitzgebel
Computereinsatz im physikalischen Praktikum
Wissenschaftliche Prüfungsarbeit für das Lehramt an Gymnasien, Fachbereich
Physik, Universität Kaiserslautern, 1995

3.10 R. Schneider
Rechner in physikalischen Computerübungsaufgaben
Wissenschaftliche Prüfungsarbeit für das Lehramt an Gymnasien, Fachbereich
Physik, Universität Kaiserslautern, 1996

3.11 Bacon, Swithenby
*A Strategy for the Integration of IT-Led Methods into Physics – The STOMP
Approach*
Computer and Education, June 1996

3.12 N. Treitz, H. Harrais
*Ergebnisse einer Umfrage zum Computereinsatz im Unterricht unter
Schüler(inne)n und Lehrer(inne)n in Nordrhein-Westfalen*
PhuD **1** (1991), 22–28

3.13 J. Wilson
The Cuple Physics Studio
J. Phys. Teacher **32**, 1994, 518–523

Kapitel 4

4.1 R. Ballreich, W. Baumann (Hrsg.)
Biomechanische Leistungsdiagnostik
Berlin, 1983

4.2 Bergmann-Schaefer
Lehrbuch der Experimentalphysik Band 1
W. de Gruyter, Berlin, 1992

4.3 D. Clüsserath
*Moderne Meßmethoden im Physikunterricht am Beispiel des Dehnungsmeß-
streifens*
Wissenschaftliche Prüfungsarbeit für das Lehramt an Gymnasien, Fachbereich
Physik, Universität Kaiserslautern, 1996

4.4 U. Diemer, B. Ruffing, A. Kuhn, H.J. Jodl
     Rechnerunterstützte Messung der Oberflächenspannung von Flüssigkeiten
     PhuD **4**, 1994, 309 – 315
4.5 F. Fetz (Hrsg.)
     Biomechanik des alpinen Skilaufs
     Stuttgart, 1991
4.6 F. Kohlrausch
     Praktische Physik
     Teubner, Stuttgart, 1985
4.7 H.-J. Menzel, R. Preiß (Hrsg.)
     Forschungsgegenstand Sport
     Frankfurt a.M. 1990

Kapitel 5

5.1 G. Duffing
     Erzwungene Schwingung bei veränderlicher Eigenfrequenz und ihr technische Bedeutung
     Vieweg, Braunschweig, 1918
5.2 Y. Ueda
     Steady Motions exhibited by Duffing's equation: A picture book of regular and chaotic motions
     in: H. Bai-Lin, D.H. Feng and J.-M. Yuan, editors, *New Approaches to Nonlinear Problems*
     SIAM, Philadelphia, 1980
5.3 F.C. Moon
     Chaotic Vibrations
     J. Wiley, New York, 1987
5.4 C.E. Shannon
     A mathematical theory of communication
     Bell Syst. Techn. J., **27**, 379-423, 623-656

Kapitel 6

6.1 K. Schmalenberger
     Lernzielanalyse des physikalischen Anfängerpraktikums und deren Veränderung durch den Computereinsatz
     Staatsexamensarbeit, FB Physik, Universität Kaiserslautern, 1994
6.2 B. Schwitzgebel
     Computereinsatz im physikalischen Anfängerpraktikum
     Staatsexamensarbeit, FB Physik, Universität Kaiserslautern, 1995
6.3 J. Becker, H.J. Jodl
     Physikalisches Praktikum
     VDI Verlag, Düsseldorf, 1991
6.4 F. Kohlrausch
     Praktische Physik
     Teubner, Stuttgart, 1985
6.5 C. Gerthsen, H. Vogel
     Physik
     Springer, Berlin Heidelberg, 1997

6.6 P. Marmier
Kernphysik Band I
Verlag der Fachvereine an der ETH, 1977
6.7 W. Demtröder
Experimentalphysik 4, Kernteilchen und Astrophysik
Springer, Berlin Heidelberg, 1998
6.8 M. Alonso, E.J. Finn
Physik, Band III, Quantenphysik und statistische Physik
Intereuropean Editors, Amsterdam, 1974
6.9 T. Mayer-Kuckuk
Kernphysik
Teubner, Stuttgart, 1984
6.10 K. Bethge
Kernphysik
Springer, Berlin Heidelberg, 1996
6.11 I.N. Bronstejn, A. Semendjajew
Taschenbuch der Mathematik
Teubner, Leipzig, 1975

Kapitel 7

7.1 J. Puetz (Hrsg.)
Einführung in die Elektronik
Fischer, Frankfurt 1988
7.2 U. Tietze, Ch. Schenk
Halbleiter-Schaltungstechnik
Springer, Berlin 1993
7.3 C. Gerthsen, H. Vogel
Physik
Springer, Berlin Heidelberg 1997

Kapitel 9

9.1 H. Parsche, K. Luchner
Experimente zur nichtstationären Wärmeleitung
PhuD **4**, 1978, 301 – 312

9.2 I. Ràfols, J. Ortín
Heat conduction in a metallic rod with Newtonian losses
Am. J. Phys. **60**, 1992, 846 – 852

Kapitel 10

10.1 Bergmann Schaefer
Lerhbuch der Experimentalphysik Band 1
W. de Gruyter, Berlin, 1992

10.2 W. Demtröder
      Experimentalphysik 2 Elektrizität und Optik
      Springer, Berlin, Heidelberg, 1995
10.3 F. Kohlrausch
      Praktische Physik
      Teubner, Stuttgart, 1985
10.4 B. Schwitzgebel
      Computereinsatz im physikalischen Anfängerpraktikum
      Wissenschaftliche Prüfungsarbeit für das Lehramt an Gymnasien, Fachbereich
      Physik, Universität Kaiserslautern, 1995

Kapitel 11

11.1 M.J. Ballico, M.L. Sawley
      The bipolar motor: A simple demonstration of deterministic chaos
      Am. J. Phys. **58** (1), 1990, 58–61
11.2 K. Briggs
      Simple experiments in chaotic dynamics
      Am. J. Phys **55** (12), 1987, 1083–1089
11.3 B.V. Chirikov
      A universal instability of many–dimensional oscillator systems
      Phys. rep. **52**, 1978, 263–379
11.4 H.J. Korsch, H.J. Jodl
      Chaos; A Programm Collection for the PC
      Springer, Berlin, Heidelberg, 1998
11.5 E. Marega Jr., S.C. Zilio, L. Ioriatti
      *Electromechanical analog for Landau's theory of second–order
      symmetry–breaking transitions*
      Am. J. Phys. **58** (7), 1990, 655–659
11.6 H. Meissner, G. Schmidt
      A simple experiment for studying the transition from order to chaos
      Am. J. Phys **54** (9), 1986, 800–804
11.7 C.W. Simm, M.L. Sawley, F. Skiff, A. Pochelon
      On the analysis of experimental signals for evidence of deterministic chaos
      Helv. Phys. Act. **60**, 1987,510–551
11.8 H.T. Smith, J.A. Blackburn
      Experimental study of an inverted pendulum
      Am. J. Phys **60** (10), 1992, 909–9111
11.9 A. Ohja, S. Moon, B. Hoeling, P.B. Siegel
      Measurements of the transient motion of a simple nonlinear system
      Am. J. Phys. **59** (7), 1991, 614–619

Kapitel 12

12.1 S. Großmann
      Selbstähnlichkeit: Das Strukturgesetz in und vor dem Chaos
      Phys. Bl. **45**, 172-180 (1989)
12.2 M.T. Levinsen
      The chaotic oscilloscope
      Am. J. Phys. **61**, 155-165 (1993)

12.3 R.L. Zimmermann, S. Celaschi, L.G. Neto
The electronic bouncing ball
Am. J. Phys. **60**, 370-375 (1992)

12.4 G. Duffing
Erzwungene Schwingung bei veränderlicher Eigenfrequenz und ihre technische Bedeutung
Vieweg, Braunschweig 1918

12.5 F.C. Moon
Chaotic Vibrations
J. Wiley, New York 1987

12.6 J.-P. Eckman
Roads to turbulence in dissipative dynamical systems
Rev. Mod. Phys., **53**, 643 - 654 (1981)

12.7 S. Großmann
Chaos – Unordnung und Ordnung in chaotischen Systemen
Phys. Bl. **39**, 139-145 (1983)

12.8 H. G. Schuster
Deterministisches Chaos, Eine Einführung
VCH Verlag, Weinheim 1994

12.9 R.W. Leven, B.-P. Koch, B. Pompe
Chaos in dissipativen Systemen. 2. Aufl.
Akademie Verlag, Berlin 1994

12.10 H.J. Korsch, H.-J. Jodl
Chaos, A Program Collection for the PC
Springer, Berlin Heidelberg 1998

12.11 F. Mitschke, N. Flüggen
Chaotic behaviour of a hybrid optical bistable system without time delay
Appl. Phys. B. **35**, 59-64 (1984)

12.12 M. R. Schroeder
Selbstähnlichkeit: Fraktale, Chaos und Potenzgesetze
Physik in unserer Zeit **20**, 144-152 (1989)

12.13 M. Cirrillo, N.F. Pedersen
On bifurcations and transition to chaos in a Josephson junction
Phys. Lett. **90 A**, 150-152 (1982)

12.14 P. Mannevile, Y. Pomeau
Intermittency and the Lorenz model
Phys. Lett **75 A**, 1-2 (1979)

12.15 W.J. Yeh, Y. H. Kao
Intermittency in Josephson junctions
Appl. Phys. Lett. **42**, 299-301 (1983)

12.16 S. Martin, H. Leber, W. Martienssen
Oscillatory and chaotic states of the electrical conduction in Barium Sodium Niobate Crystals
Phys. Rev. Lett. **53**, 303-306 (1984)

12.17 S. Martin, W. Martienssen
Circle maps and mode locking in the driven electrical conductivity of barium sodium niobate crystals
Phys. Rev. Lett. **56**, 1522-1525 (1986)

12.18 W. Lauterborn, W. Meyer-Ilse
Chaos
Physik in unserer Zeit **17**, 177-187 (1986)

12.19 M. J. Feigenbaum
       Quantitative universality for a class of nonlinear transformations
       J. Stat. Phys. **19**, 25-52 (1978)

Kapitel 14

14.1 W. Bürger
      Schaukeln für Anfänger
      Bild der Wissenschaft **10**, 1994, 88 – 89
14.2 W. Bürger
      Schaukeln für Fortgeschrittene
      Bild der Wissenschaft **11**, 1994, 114 – 115
14.3 C. Franz
      CARMEN Programm zur Aufzeichnung und Auswertung von Bewegungs-abläufen im Physikunterricht
      Wissenschaftliche Prüfungsarbeit für das Lehramt an Gymnasien, Fachbereich Physik, Universität Kaiserslautern, 1995
14.4 H.J. Jodl, N. Scheifele
      Analogieexperimente zur Festkörperphysik mit dem Luftkissentisch
      Praxis der Naturwissenschaften **25**, 1976, 253 – 256
14.5 H.J. Korsch, H.J. Jodl
      Chaos; A Programm Collection for the PC
      Springer, Berlin Heidelberg, 1998
14.6 H.M. Lai
      On the recurrence phenomenon of a resonant spring pendulum
      Am. J. Phys. **52**, 1984, 219 – 223
14.7 M.G. Olsson
      Why does a mass on a spring sometimes misbehave?
      Am. J. Phys. **44**, 1976, 1211
14.8 F. Reif
      Statistische Physik und Theorie der Wärme
      W. de Gruyter, Berlin, New York, 1985
14.9 B. Ruffing, Ch. Laue, R. Getto, B. Baser
      Programm *DPEND*
      Universität Kaiserslautern, Fachbereich Physik, 1994

Kapitel 15

15.1 *Programm Oszilab*
      K. Rechenberger, Zentralstelle f. Computer im Unterricht, Augsburg
15.2 B. Baser, H.J. Jodl
      ALBERT Version 1.0 – Experimente ohne Aufbau
      ALBERT und andere Programmpakete zu physikalischen Experimenten im Vergleich
      Phys. Bl. **51** (1995), 305 – 306
15.3 U. Diemer, P. Vorwieger, H.-J. Jodl
      Akustische Signalanalyse
      PhuD **4**, 1992, 286–301

15.4 D.W. Preston, R.H. Good
Computers in the general physics laboratory
Am. J. Phys. **64**, (6), 1996, 766–772
15.5 Ch. Laue, B. Baser
Programm MFELD
FWU, München; Best. Nr. 6100960
15.6 J. Wilson
The Cuple Physics Studio
J. Phys. Teacher **32**, 1994, 518–523

Teil III

16.1 K. Burkhardt
Computerpraktikum: Numerik und Interfacing, Dokumentation und didakti-sche Analyse einer Lehrveranstaltung
Wissenschaftliche Prüfungsarbeit für das Lehramt an Gymnasien, Fachbereich Physik, Universität Kaiserslautern; Oktober 1994
16.2 S. Meyer
Skriptum zur Vorlesung Numerik
Fachbereich Physik, Universität Kaiserslautern, 1993
16.3 H.W. Press, et al
Numerical Recipes. The Art of Scientific Computing
Cambridge Univ. Press; 1993
16.4 H.M. Staudenmaier
Skript zum Mikrorechnerpraktikum
Interfakultatives Institut für Anwendungen der Informatik, Universität Karls-ruhe
16.5 R. Tannert
Die Entwicklung und Realisierung der Lehrkonzeption zu den Themenberei-chen Informatik und elektronische Meßtechnik in der Physikausbildung
Dissertation, Math.-Naturwiss. Fakultät der Universität Halle -Wittenberg, 1993
16.6 F. Wünsch
Messen mit dem PC
Universität Regensburg, Fakultät Physik, Dezember 1990

Sachverzeichnis

Springer
und
Umwelt

Als internationaler wissenschaftlicher
Verlag sind wir uns unserer besonderen
Verpflichtung der Umwelt gegenüber
bewußt und beziehen umweltorientierte
Grundsätze in Unternehmens-
entscheidungen mit ein. Von unseren
Geschäftspartnern (Druckereien,
Papierfabriken, Verpackungsherstellern
usw.) verlangen wir, daß sie sowohl
beim Herstellungsprozess selbst als
auch beim Einsatz der zur Verwendung
kommenden Materialien ökologische
Gesichtspunkte berücksichtigen.
Das für dieses Buch verwendete Papier
ist aus chlorfrei bzw. chlorarm
hergestelltem Zellstoff gefertigt und im
pH-Wert neutral.